Technisch-wissenschaftliche Abhandlungen der Osram-Gesellschaft

6. Band

Mit Beiträgen von

P. Brauer · A. Danneil · W. Dawihl · A. Dresler · H. Dziergwa · R. Fries
H. G. Frühling · W. Gurski · H.-J. Helwig · I. Henze · O. Herrmann · G. Heyne †
K. Ittig · R. Knütter · E. Krautz · G. Kressin · W. Lang · K. Larché · A. Lompe
F. Mähnert · J. Marterstock · F. Michalk · W. Münch · H. Pfau · H. Ramert
W. Rix · F. Schaefer · W. Schilling · H. Schirmer · R. Schmidt · U. Schmidt
M. Schön · K. Schröter † · W. Schwiecker · O. Sorge · M. Thomas · A. Weber †
M. Wendt

Herausgegeben unter Mitwirkung der
Wissenschaftlich-Technischen Dienststelle
der Osram-Gesellschaft
von

Dr. phil. Wilfried Meyer
Honorarprofessor an der Techn. Univ. Berlin
Leiter der Forschungs- und Entwicklungslaboratorien
der Osram G.m.b.H. K.-G.

Mit 169 Abbildungen

AF754968

Springer-Verlag
Berlin / Göttingen / Heidelberg
1953

Alle Rechte, insbesondere das der Übersetzung
in fremde Sprachen, vorbehalten.
Ohne ausdrückliche Genehmigung des Verlages ist es auch nicht gestattet,
dieses Buch oder Teile daraus auf photomechanischem Wege
(Photokopie, Mikrokopie) zu vervielfältigen.
ISBN 978-3-642-52639-8 ISBN 978-3-642-52638-1 (eBook)
DOI 10.1007/978-3-642-52638-1
Copyright 1953 by Springer-Verlag OHG., Berlin / Göttingen / Heidelberg.
Softcover reprint of the hardcover 1st edition 1953

Herrn Dr. Ernst Friederich zum Gedächtnis.

Am 13. Juni 1951 verstarb Dr. Ernst Friederich, der länger als 35 Jahre als Leiter einer Reihe von Versuchsabteilungen und später als Leiter und Geschäftsführer der Studiengesellschaft in unserem Hause tätig war. Ihm verdanken wir neue wissenschaftliche Erkenntnisse und eine große Zahl von bedeutungsvollen technologischen Arbeiten, die zum Teil in den vorhergehenden Bänden der Technisch-wissenschaftlichen Abhandlungen niedergelegt sind; sie zeugen von dem hohen Grad seines Könnens. Die von Herrn Dr. Friederich in der langen Zeit seines Wirkens gewonnenen Ergebnisse sind auch heute noch von hohem Wert und dienen auf vielen Gebieten als Grundlage unserer Arbeiten.

Vorwort.

Um weiteren Kreisen der Wissenschaft und Technik die in zahlreichen wissenschaftlichen und technischen Zeitschriften erschienenen Berichte über die Forschungs- und Entwicklungsarbeiten der Osram-Gesellschaft zugänglich zu machen, hatte sich die Osram-Gesellschaft entschlossen, diese Veröffentlichungen in den sogenannten „Technisch-wissenschaftlichen Abhandlungen aus dem Osram-Konzern" zusammenzufassen. In den Jahren 1930 bis 1943 erschienen insgesamt 5 Bände dieser Abhandlungen. Bei Beendigung des Krieges lagen die Unterlagen für einen 6. Band fertig vor; sie sind infolge der Kriegsereignisse verlorengegangen.

Da bei Kriegsende die Laboratorien der Osram-Gesellschaft völlig demontiert waren, mußten in Berlin und im Westen erst neue Forschungs- und Entwicklungslaboratorien errichtet und mit den nötigen Einrichtungen versehen werden. Es vergingen daher einige Jahre, ehe die Entwicklungs- und Forschungsarbeiten wieder in Angriff genommen werden konnten.

In der Zwischenzeit (etwa seit 1949) ist die frühere Tätigkeit auf diesem Gebiet wieder voll in Gang gekommen, so daß in dem nunmehr vorliegenden 6. Band über diese Arbeiten berichtet werden kann. Bestand der größte Teil der in den ersten 5 Bänden veröffentlichten Arbeiten aus Zusammenfassungen, Auszügen oder Überarbeitungen von bereits erschienenen Arbeiten und nur zu einem kleinen Teil aus Erstveröffentlichungen, so überwiegen in diesem Band die Erstveröffentlichungen (25 Arbeiten) gegenüber 17 Zusammenfassungen bereits erschienener Veröffentlichungen. 5 Arbeiten beruhen auf Untersuchungen, die noch vor 1945 durchgeführt wurden.

Unsere Forschungsarbeiten hatten sowohl die reine Grundlagenforschung wie die Zweckforschung zum Gegenstand. Der überwiegende Teil der Arbeiten befaßte sich theoretisch und experimentell mit der Nieder- und Hochdruckentladung in Gasen und Dämpfen und mit Fragen der Festkörperphysik, insbesondere der Elektronenemission, der Umwandlung von Ultraviolettstrahlung in sichtbare Strahlung, sowie der unmittelbaren Erzeugung sichtbarer Strahlung durch Leuchtstoffe und damit zusammenhängenden technologischen Fragen.

Es liegt in der Natur der Sache, daß die rein wissenschaftlichen Forschungs- und Entwicklungsarbeiten im Augenblick noch nicht so weit gefördert sind, daß darüber bereits in dem früheren Umfange berichtet werden kann. Viele der in der

Nachkriegszeit in Angriff genommenen Arbeiten sind zur Zeit noch nicht veröffentlichungsreif. Neben den Beiträgen, die sich mit der Physik der Lichtquellen und ihrem Zubehör befassen, enthält der vorliegende Band Arbeiten aus den Gebieten der Glastechnik, der Metallkeramik, der physikalischen Meßtechnik, der analytischen Chemie und der Lichttechnik.

Wir halten die Herausgabe der jetzt schon fertigen Arbeiten für gerechtfertigt und hoffen, daß der vorliegende 6. Band die gleich günstige Aufnahme wie die früher veröffentlichten 5 Bände finden wird.

Berlin und Heidenheim-Brenz, im September 1952.

ALFRED R. MEYER
Dr. phil., Dr.-Ing. e.h.

Inhaltsverzeichnis[1].

Ein nach Verfassern alphabetisch geordnetes Inhaltsverzeichnis befindet sich auf den Seiten 219 bis 220.

[1] Originalarbeiten sind durch ein Sternchen (*) vor dem Verfassernamen gekennzeichnet.

Über das Betriebsverhalten von Leuchtstofflampen[1].

Von

A. Lompe und **I. Henze.**

Mit 7 Abbildungen.

Verschiedentlich ist schon berichtet worden über die Leuchtstofflampen und die allgemeinen Grundlagen ihrer Lichterzeugung durch die kurzwellige Ultraviolett-Strahlung des Quecksilberdampfes, die in einer Niederdruckentladung entsteht. Da der Stromtransport in den Leuchtstofflampen durch eine Gasentladung, eben die Quecksilber-Niederdruckentladung erfolgt, die besonderen Gesetzmäßigkeiten unterworfen ist und daher auch besondere Eigentümlichkeiten aufweist, soll im folgenden untersucht werden, wie sich diese Eigenschaften auf den praktischen Betrieb der Leuchtstofflampen auswirken. Von den Vorgängen, die zum Brennen der Lampen führen, der Zündung, wollen wir dabei absehen.

Während des Betriebes bildet sich zwischen den Enden einer Leuchtstofflampe ein Spannungsabfall, die sogenannte Brennspannung. Sie setzt sich aus der Summe der Spannungsabfälle an den Elektroden und längs der positiven Säule zusammen, wobei nur die letztere die Quelle der Strahlungsemission ist. Der Spannungsabfall an den Elektroden ist erforderlich, um den die Elektrizitätsleitung bildenden Ladungsträgern den Übergang aus der Netzleitung in den Gasraum zu ermöglichen und ebenso umgekehrt wieder den Übergang aus dem Gasraum in die Netzleitung. Die Aufgabe der Elektroden ist es, mit möglichst geringem Energieaufwand diese Übergänge zu bewerkstelligen. Der Spannungsabfall längs der positiven Säule stellt die eigentliche Energieaufnahme der Leuchtstofflampen dar und gibt letzten Endes den Anlaß zu ihrer Lichtemission.

Um wirtschaftliche Lampen zu erhalten, muß man daher den Spannungsabfall an den Elektroden möglichst klein halten im Verhältnis zu dem in der positiven Säule. Dies wird bei den Leuchtstofflampen erreicht durch die Benutzung von sogenannten Oxydelektroden. Sie werden durch den Lampenstrom instand gesetzt, die Übergänge der Ladungsträger mit einem Spannungsabfall von weniger als 20 Volt zu bewerkstelligen. Umfangreiche Untersuchungen haben ergeben, daß die Brennspannung von Leuchtstofflampen etwa die Hälfte der Spannung des Versorgungsnetzes haben soll. Es bleibt daher für die positive Säule bei der in Deutschland weitaus am häufigsten vorkommenden Netzspannung von 220 Volt ein Spannungsabfall von rd. 90 Volt übrig. Da der Spannungsabfall an den Oxydelektroden von Schwankungen der Betriebsstromstärke weitgehend unabhängig ist, wird das elektrische Verhalten der Leuchtstofflampen von den Eigenschaften der positiven Säule bestimmt.

Für das Verhalten der positiven Säule ist die Abhängigkeit ihrer Längsfeldstärke von der Stromstärke maßgebend. Bis auf spezielle Fälle, wie in reinem Helium oder gewissen Gasmischungen unter bestimmten Bedingungen, nimmt die Längsfeldstärke mit wachsender Stromstärke ab, und zwar im allgemeinen bei

[1] Abdruck der in der Zeitschrift „Lichttechnik" 4 (1952) H. 10, S. 266–268 erschienenen Arbeit.

gleicher Gasdichte um so stärker, je kleiner der Rohrdurchmesser des Entladungsraumes und je kleiner der Betrag der Stromstärke ist. Die Leuchtstofflampen haben, entsprechend ihrer Ausbildung, also im allgemeinen eine fallende oder negative Stromspannungskennlinie. Um daher die Leuchtstofflampen an der Spannung des Versorgungsnetzes von meistens 220 Volt Wechselstrom betreiben zu können, erfordern sie ein strombegrenzendes Vorschaltgerät, welches eine so stark steigende Stromspannungskennlinie besitzt, daß sich der für jede Lampentype vorgeschriebene Stromwert einstellt. Grundsätzlich kann man als ein solches Vorschaltgerät entweder einen Ohmschen Widerstand, eine Drosselspule, einen Kondensator oder eine Kombination von Drossel und Kondensator nehmen. Da aber ein Kondensator wegen der im Betrieb auftretenden großen Stromspitzen die Lebensdauer der Lampen erheblich beeinträchtigt und ein Ohmscher Widerstand einen schlechten Wirkungsgrad bedingt, benutzt man fast ausschließlich eine Drosselspule. Das Verhalten der Leuchtstofflampen zusammen mit dem zugehörigen Vorschaltgerät im praktischen Betrieb, z. B. bei Netzspannungsschwankungen, wird also außer von den Eigenschaften der Lampen selbst auch noch von den des betreffenden Vorschaltgerätes bestimmt.

Wegen der Inbetriebsetzung der Leuchtstofflampen mit einem besonderen Zündmechanismus, auf den hier, wie schon gesagt, nicht näher eingegangen werden soll, werden an eine solche Drosselspule ganz bestimmte Anforderungen gestellt. Diese haben es erforderlich gemacht, besondere Prüfbedingungen vorzusehen, nach denen eine Type für den Betrieb von Leuchtstofflampen zugelassen werden kann. In den Listen für Leuchtstofflampen werden für jede Lampentype Werte für die mittlere Brennspannung und die mittlere Stromstärke angegeben. Aus diesen ergeben sich dann die Daten für die Drosselspule. Bei der Herstellung von Leuchtstofflampen in großen Stückzahlen werden nun deren Daten um die angegebenen Mittelwerte schwanken, nach den Listenangaben um etwa $\pm$ 10 Volt. Andererseits treten in den Versorgungsnetzen häufig Schwankungen der Spannung auf, die selbstverständlich Änderungen der Betriebsbedingungen der Lampen zur Folge haben.

Wie schon erwähnt, stellt sich ein solcher Arbeitspunkt der Lampen ein, wie er durch die Kennlinie der Lampe und die des Vorschaltgerätes, im allgemeinen der Drosselspule, bestimmt wird. Da bei allen Gasentladungen die Brennspannung die abhängige und die Stromstärke die unabhängige Variable ist, wollen wir zur Kennzeichnung einer Leuchtstofflampe deren Brennspannung verwenden. Hierzu nehmen wir zweckmäßig diejenige Brennspannung, die vorhanden ist, wenn der Strom auf den listenmäßig festgesetzten Wert eingestellt ist, z. B. bei der 25-W-Type auf 290 mA. Aus der Vielzahl der möglichen Brennspannungen haben wir dieser Brennspannung einen besonderen Namen gegeben, nämlich Normalspannung. Der Name soll andeuten, daß diejenige Brennspannung gemeint ist, die bei dem Betriebe mit normaler Stromstärke vorhanden ist. Es ist also die Normalspannung gleich der Brennspannung beim Listenstrom. Wir erhalten damit eine Größe, die bei weitgehender Unabhängigkeit von den Schaltelementen des Stromkreises nur von den Eigenschaften der Lampe selbst abhängt. Wir wollen nun im folgenden zuerst untersuchen, welche Betriebsverhältnisse sich einstellen, wenn die Normalspannung einzelner Lampen bei der Serienherstellung von ihrem Listenwert abweicht, und dann den Einfluß von Änderungen der Netzspannung.

Um die Verhältnisse besonders deutlich zu machen, wurden zum Teil besondere Lampen angefertigt, welche größere Abweichungen von der Normalspannung besaßen, als sie üblicherweise bei der Fabrikation vorkommen. Außerdem wurden alle Untersuchungen mit einer geprüften Drosselspule durchgeführt, die bei einer 25-W-Lampe, deren Normalspannung gleich der Listenspannung von 105 Volt war, genau den vorgeschriebenen Strom von 290 mA ergab. Die Versorgungsspannung konnte durch einen Regeltransformator verändert werden. Außer der Lampenstromstärke und der Brennspannung wurden noch die Leistungsaufnahme der Lampe sowie die des Stromkreises und die Netzfrequenz gemessen. Letztere schwankte zwischen 49,5 und 50 Hz. Die Raumtemperatur betrug ca. 18° C.

Zuerst wurde untersucht, welche Stromstärken sich ergeben, wenn unter den oben angegebenen Verhältnissen Lampen mit verschiedenen Normalspannungen an das Netz angeschlossen werden. Die Abhängigkeit der sich einstellenden Stromstärke von der Normalspannung für verschiedene Versorgungsspannungen ist aus Abb. 1 zu entnehmen. Die eingezeichneten Kurven sind von ca. 30 Lampen mit Normalspannungen von 90 bis 120 Volt erhalten, die nacheinander bei Netz-

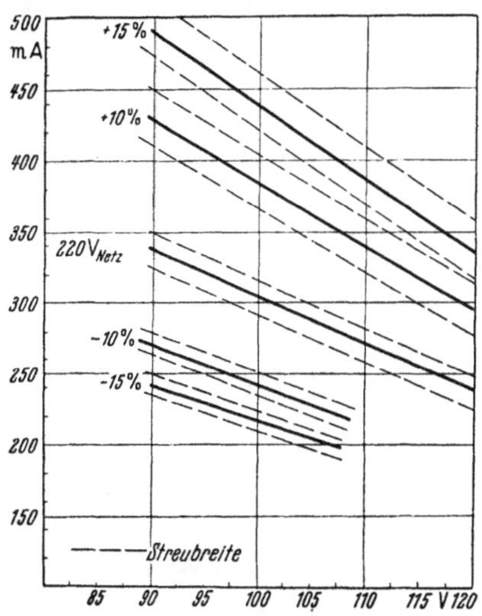

Abb. 1. Abhängigkeit der Stromstärke eines Stromkreises mit fest eingestellter Drossel von der Normalspannung unterschiedlicher 25-W-Leuchtstofflampen bei verschiedenen Netzspannungen.

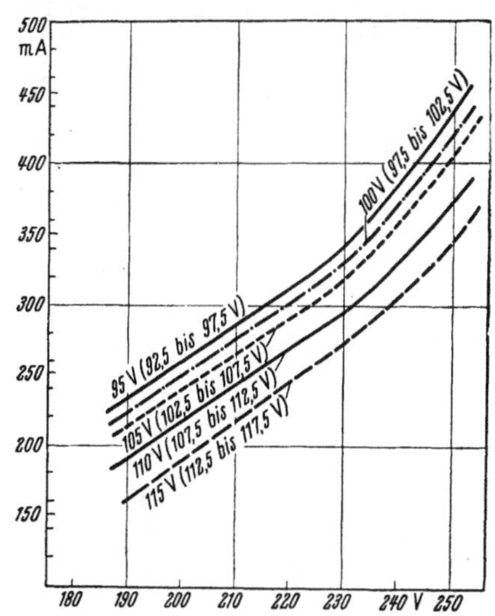

Abb. 2. Abhängigkeit der Stromstärke eines Stromkreises mit fest eingestellter Drossel von der Netzspannung; Gruppen verschiedener Normalspannungen als Parameter.

spannungen von 220 Volt sowie Werten von ± 5, ± 10 und ± 15% davon gemessen wurden. Die Streuung der erhaltenen Stromstärkewerte um die gezeichneten Kurven beträgt ± 4%. Weicht die Normalspannung einer Lampe um 5 Volt vom Listenwert ab, so ändert sich die Stromstärke im Lampenkreis um 16 mA, wenn die Netzspannung 220 Volt beträgt. Bei einer Abweichung von 10 Volt vom Listenwert beträgt die Änderung der Stromstärke 32 mA. Entsprechend höher bzw. tiefer liegen die Werte bei erhöhter oder erniedrigter Netzspannung. Änderungen der Normalspannungen und der Stromstärken sind also mit hinreichender Näherung umgekehrt proportional. Ändert sich bei einer Netzspannung von 220 Volt die Normalspannung um ± 5% von dem Listenwert 105 Volt, so weicht der Strom um ∓ 5,5% vom Listenwert 290 mA ab, bei einer Änderung von ± 10% dagegen um ∓ 11%. Diese prozentuale Stromänderung in Abhängigkeit von der Normalspannung ist, bezogen auf den Stromwert bei der Normalspannung 105 Volt, bei allen untersuchten Netzspannungen von 187 bis 253 Volt nahezu die gleiche.

Gänzlich anders liegen die Verhältnisse bei Änderungen der Netzspannung. In Abb. 2 ist die Abhängigkeit der sich einstellenden Stromstärke von der Netzspannung eingetragen. Als Parameter sind hierbei verschiedene Normalspannungen genommen. Die Punkte der Kurven stellen Mittelwerte aus Lampen verschiedener Normalspannungsgruppen dar. Diese Gruppen umfassen Bereiche von jeweils 5 Volt mit Mittelwerten von 95, 100, 105, 110 und 115 Volt. Während die Kurven in ihrem unteren Teil, d. h. bei kleinen Netzspannungen, geradlinig ver-

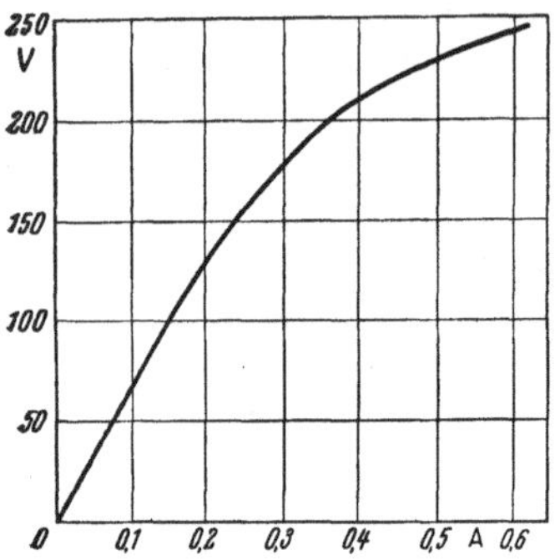

Abb. 3. Kennlinie der benutzten Drosselspule.

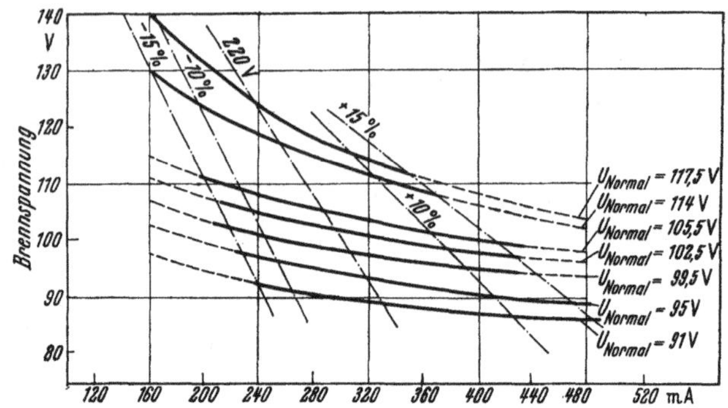

Abb. 4. Stromspannungskennlinien von 25-W-Leuchtstofflampen. Die Werte auf den eingezeichneten Geraden entsprechen den veränderten Netzspannungen.

laufen, sind sie in einem Gebiet von etwa 300 bis 400 mA stark gekrümmt. Danach haben sie wieder annähernd geradlinigen Verlauf. Es ergeben sich so bei Lampen der Spannungsgruppe 105 Volt (102,5 bis 107,5 Volt) und Schwankungen der Netzspannung von $\pm 5\%$ Änderungen der Stromstärke vom Listenwert in der Größe von etwa $\pm 10\%$ und bei Schwankungen von $\pm 10\%$ in der Größe von $+ 27$ bzw. $- 19\%$. Die Stromänderungen gehen also nicht proportional mit den Netzspannungsänderungen. Sie können nicht einander proportional sein, da der induktive Widerstand der Drosselspule infolge der Sättigung des magnetischen Kerns mit steigender Stromstärke absinkt, also die Stromspannungskennlinie der Drossel nicht linear ist. Die starke Krümmung der Kurven in Abb. 2 entspricht dem Sättigungsknick der Drosselkennlinie, die in Abb. 3 wiedergegeben ist.

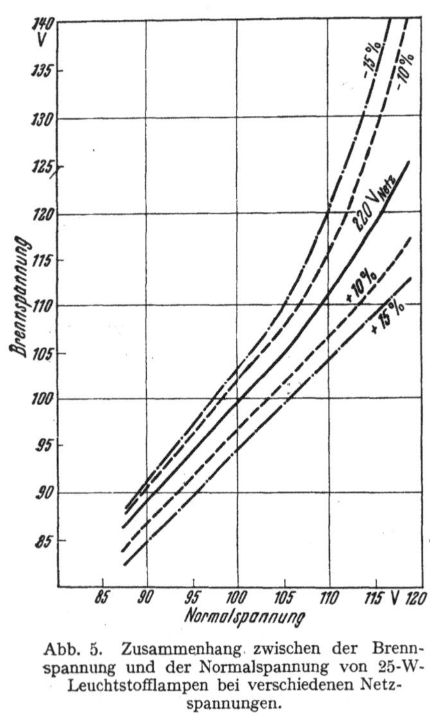

Abb. 5. Zusammenhang zwischen der Brennspannung und der Normalspannung von 25-W-Leuchtstofflampen bei verschiedenen Netzspannungen.

Aber auch die Stromspannungskennlinien der Lampen sind nicht linear, da es die Kennlinien ihrer Längsfeldstärken nicht sind. Für Lampen mit Normalspannungen zwischen 91 und 117,5 Volt sind die Kennlinien in Abb. 4 dargestellt. Zur besseren Übersicht sind die Geraden eingezeichnet, die gleichen Netzspannungen entsprechen, und mit deren Werten bezeichnet. Hohe Netzspannungen ergeben die großen Stromstärken und kleinen Änderungen der Brennspannungen. Bei niedrigen Netzspannungen dagegen sind bei den dann vorhandenen kleinen Stromstärken die Änderungen der Brennspannungen größer. Mit zunehmender Normalspannung ist ein immer stärker werdendes Fallen der Kennlinie, besonders bei den kleinen Strömen, festzustellen.

Der Zusammenhang zwischen der Brennspannung der einzelnen Lampen und ihrer Normalspannung ist in Abb. 5 dargestellt mit der Netzspannung als Parameter. Entsprechend dem Verlauf der Kennlinien nach Abb. 4 läßt sich leicht erkennen, daß die für niedrige Netzspannungen erhaltenen Kurven bei höheren Normalspannungen eine starke Abbiegung nach oben haben. Dies ist auf die größere Widerstandsänderung der Lampen bei den dort vorhandenen kleinen Stromstärken zurückzuführen, die z. T. ganz erheblich unterhalb der Sollstromstärke von 290 mA liegen, nämlich bis herab zu 160 mA.

Wir wollen nun untersuchen, welchen Einfluß Änderungen der Normalspannung und der Netzspannung auf die Wirkleistung einer Lampe bzw. des gesamten Stromkreises haben. Die Leistungsaufnahme des ganzen Stromkreises, die zum größten Teil von der Lampe verbraucht wird, ändert sich selbst bei großen Abweichungen der Normalspannung von der Listenspannung nur sehr wenig, solange die Netzspannung gleich bleibt, wie Tab. 1 für 220 V zeigt.

Tabelle 1.

Normalspannung ..	90 V	105 V	120 V
Leistungsaufnahme	32,5 W	32 W	30 W

Tabelle 2.

Normalspannung ..	90 V	105 V	120 V
Leistungsaufnahme			
bei $U_{Netz} = 198$ V	26 W	25,5 W	22 W
bei $U_{Netz} = 242$ V	42 W	40 W	38 W

Es ergeben sich also bei Abweichungen der Normalspannung von der Listenspannung 105 V von ± 15 % Änderungen der Leistungsaufnahme von nur −6,3 % bzw. + 1,6 %. Ähnlich liegen die Verhältnisse bei anderen Netzspannungen. Eine Übersicht hierüber gibt Tab. 2 für Netzspannungen von 220 V ± 10 %. Der Grund für dieses Verhalten ist darin zu sehen, daß den Änderungen der Normalspannungen fast genaue Reziprozität der Stromstärken entsprach, während die Änderungen der Normalspannung mit der Brennspannung gering waren.

Wegen der in Abb. 2 gezeigten Abhängigkeit der Stromstärke von der Netzspannung ist jedoch zu erwarten, daß bei Schwankungen der Netzspannung größere Änderungen der Leistungsaufnahme auftreten werden. In den Tab. 1 und 2 ist dieses Verhalten auch klar zu erkennen. So ist z. B. bei Lampen mit der Normalspannung 105 V bei einer Änderung der Netzspannung von + 10 % die Leistungsaufnahme auf 40 W gestiegen, d. h. um 25 %, und bei − 10 % auf 25,5 W gesunken, d. h. um 20 %. Die Lampenleistung allein ändert sich bei ± 10 % Netzschwankung nur um etwa ± 15 %. Die Abhängigkeit der Leistungsaufnahme von der Netzspannung bei Lampen mit der Normalspannung 105 V ist in Abb. 6 dargestellt. Kurve I zeigt die prozentuale Änderung der Leistung des ganzen Stromkreises und Kurve II die der Leistung der Lampe allein. Die stärkere Abhängigkeit des Gesamtleistungsverbrauchs bei Überspannungen hat seine Ursache in der Bemessung der Drosselspule, da mit den höheren Belastungen die Eisen- und Kupferverluste stärker ansteigen.

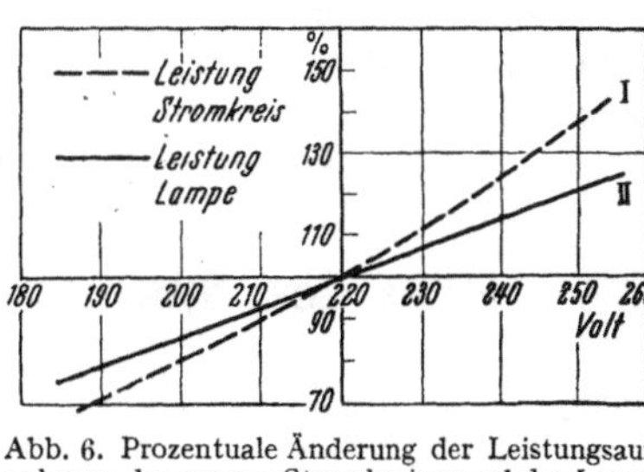

Abb. 6. Prozentuale Änderung der Leistungsaufnahmen des ganzen Stromkreises und der Lampe allein in Abhängigkeit von der Netzspannung.

Die Abhängigkeit der Lampenleistung von der Normalspannung ist noch kleiner als die schon geringe Abhängigkeit des gesamten Stromkreises von der Normalspannung. Der Lichtstrom ändert sich selbstverständlich entsprechend der Änderung der Leistung der Lampe und nicht der des Stromkreises.

Zum Schluß haben wir noch den Zusammenhang zwischen dem Leistungsfaktor einer Anlage und der Normalspannung bei verschiedenen Netzspannungen untersucht. Das Ergebnis ist in Abb. 7 dargestellt. Der Wirkleistungsanteil nimmt demnach erwartungsgemäß bei höheren Normalspannungen und kleineren Netzspannungen zu. So ergibt sich für eine Änderung der Normalspannung von 90 V auf 120 V eine Erhöhung des cos φ von 0,45 auf 0,60, wobei er bei der Normalspannung 105 V einen Wert von 0,5 hat. Für die Normalspannung 105 V beträgt der cos φ bei 10% Netzspannungserniedrigung 0,55 und bei 10% Erhöhung 0,45. Die Änderungen gehen also im allgemeinen mit der Netzspannung umgekehrt proportional. Mit der Normalspannung besteht kein linearer Zusammenhang, bei größeren Normalspannungen nimmt er stärker zu als bei kleineren.

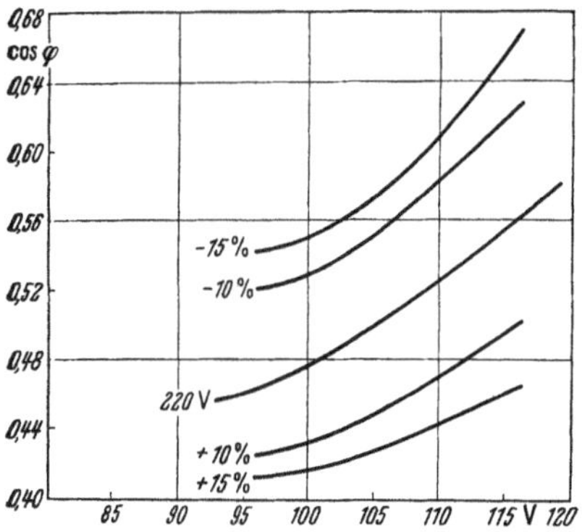

Abb. 7. Abhängigkeit des Wirkleistungsanteiles einer 25-W-Leuchtstofflampenanlage von der Normalspannung der Lampe.

Zusammenfassend kann man feststellen, daß das Betriebsverhalten der Leuchtstofflampen sowohl von der Höhe der Normalspannung als auch von Schwankungen der Netzspannung beeinflußt wird. Dabei übertreffen die prozentualen Änderungen in Abhängigkeit von der Netzspannung diejenigen von der Normalspannung erheblich. Dies gilt in besonderem Maße von der Änderung der Stromstärke und damit der Leistung.

Zusammenfassung.

Am Beispiel der 25-W-Leuchtstofflampen wurden die Einflüsse von Brennspannung und Stromspannungskennlinie der Lampen sowie der Höhe der Netzspannung auf das elektrische Betriebsverhalten von Leuchtstofflampen untersucht. Hierbei wurden besonders die sich ergebende Stromstärke, die Leistungsaufnahme und der Wirkleistungsanteil (cos φ) behandelt. Um eine Kennzeichnung der einzelnen Lampen zu erhalten, wurde ein neuer Begriff, die Normalspannung, eingeführt. Sie ist gleich der Brennspannung bei normaler Stromstärke, d. h. der Listenstromstärke. Allgemein kann festgestellt werden, daß das Betriebsverhalten der Leuchtstofflampen sowohl von der Höhe der Normalspannung als auch von Schwankungen der Netzspannung beeinflußt wird. Dabei sind die Änderungen in Abhängigkeit von der Netzspannung erheblich größer als die von der Normalspannung.

Über den Spannungsstoß von Glimmzündern[1].

Von

H. Dziergwa.

Mit 3 Abbildungen.

Der Glimmzünder als Mittel zum Betrieb von Leuchtstofflampen vereinigt in sich trotz größter Einfachheit eine erstaunlich hohe Zahl verschiedener Funktionen. Diese Eigenschaft machte ihn bisher konkurrenzlos. Es ist aber auch selbstverständlich, daß bei der geringen Zahl verfügbarer Parameter eine jede dieser Funktionen nicht beliebig gesteigert werden kann, weil dies auf Kosten anderer Eigenschaften geschehen müßte. Greifen wir eine dieser Funktionen

[1] Originalmitteilung.

heraus, nämlich die Erzeugung des elektrischen Spannungsstoßes, der das Durchzünden der Lampe bewirken soll.

Für Leuchtstofflampen, die an sich schwer zünden, sei es, daß sie als Außenbeleuchtung stark abgekühlt sind, sei es, daß sie das schwerer zündbare Gemisch Krypton-Quecksilberdampf enthalten, wünscht man sich hohe und kräftige Zündstöße. Auf der anderen Seite kann und wird unter normalen Bedingungen ein hoher Spannungsstoß eine Lampe zünden, ohne daß die Elektroden genügend vorgeheizt sind. Diese sogenannten Kaltzündungen bewirken eine Verarmung der Elektroden an Erdalkalioxyd und verkürzen somit die Lebensdauer. Um hier den optimalen Mittelweg möglichst genau einhalten zu können, muß der Hersteller die Mittel kennen, welche den Spannungsstoß beeinflussen und außerdem in der Lage sein, einen größeren Posten Glimmzünder hinsichtlich dieser Eigenschaft zu überprüfen.

Hier macht sich die Tatsache geltend, daß der Glimmzünder die an ihn gestellten Forderungen nur in statistischer Weise erfüllt. Das Schließen und besonders das Öffnen des vom Glimmzünder gesteuerten Brückenstromes sind unerwünscht oder wirkungslos, wenn diese Einsätze in diejenige Zeit fallen, in der die Wechselspannung des Netzes ihr Maximum durchläuft. Die nützlichen Ausgleichsvorgänge fehlen in diesem Falle. Sie erreichen erst ihre maximale Stärke, wenn Schließen und Öffnen zeitlich mit dem Nulldurchgang der Netzspannung zusammenfallen. Einerseits ist dann der Einschaltstrom besonders hoch. Er bewirkt, soweit er gewisse Grenzen nicht überschreitet, eine schnelle Aufheizung der Elektroden[2]. Andererseits erreicht der Spannungsstoß beim Öffnen ebenfalls seinen höchsten Wert, wenn die Wechselspannung des Netzes durch Null geht. Der in der Drossel beim Öffnen des Stromkreises zusammenbrechende Kraftfluß erzeugt einen Impuls, dessen Spannung über die Zeit integriert in Voltsekunden, beispielsweise mit einem Fluxmeter, gemessen werden könnte. Der Wert dieses Spannungs-Zeit-Integrals ist jedoch nicht von der Drossel oder dem Glimmzünder, sondern bekanntlich nur von der Netzspannung und deren Frequenz abhängig.

$$\int U\,(\text{Stoß})\,dt = \frac{\sqrt{2}}{\omega}\,U\,(\text{Netz})_{eff}.$$

Für den Wert des Integrals erhält man also bei 220 V und 50 Hertz 0,99 Voltsekunden. Hierbei ist lediglich die Voraussetzung gemacht, daß der Spannungsabfall in der Schaltung bei stationärem Netzstrom rein induktiv ist und daß OHMsche Spannungsabfälle vernachlässigt werden können (Abb. 1).

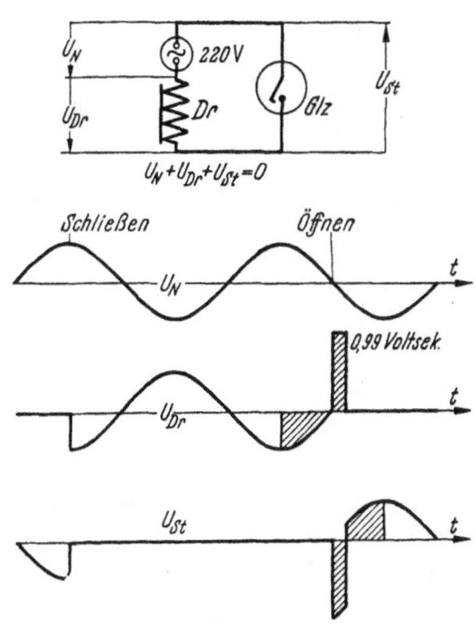

Abb. 1. Spannungsstoß des Glimmzünders (schematisch). Schraffierte Flächenstücke sind gleich.

Das Integral kann sich aus negativen und positiven Beträgen zusammensetzen, die einzeln hohe Werte erreichen können. Andererseits kann es aber auch aus niedrigen Spannungen unter 220 Volt bestehen, die sich längere Zeit aufrechterhalten. Die Höhe des Spannungsstoßes in Volt ist annähernd ein Maßstab für die Energie, welche für die Zündung der Lampe zur Verfügung steht.

---

[2] Das Auftreten dieser hohen Einschaltströme dürfte ebenso häufig sein, wie das Auftreten maximaler Spannungsstöße beim Öffnen des Brückenkreises. In einer Arbeit von R. PUTZ (Lichttechnik 2, 1950, S. 227—229) findet man u. a. ein Oszillogramm eines Zündvorganges mit 13 Stromspitzen, deren höchste bei 0,28 A Dauerstrom der Lampe 3,4 A beträgt.

Die statistische Arbeitsweise des Glimmzünders sowie die Notwendigkeit, bei der Herstellung größere Mengen zu überprüfen, bedingen eine spezielle Methode des Messens. Ganz allgemein ist es zweckmäßig, von Größen, die statistisch von der Phase der Netzspannung abhängen, nur den Maximalwert zu bestimmen, weil man so ungenaue und zeitraubende Mittelwertsbildungen vermeidet. Der naheliegende Weg, mit einem Oszillographen zu arbeiten, führt zu Unsicherheiten in der Erkennung von hohen und dünn geschriebenen Spannungsstößen. Geeigneter ist eine bekannte, von H. Böhm[3] beschriebene Anordnung.

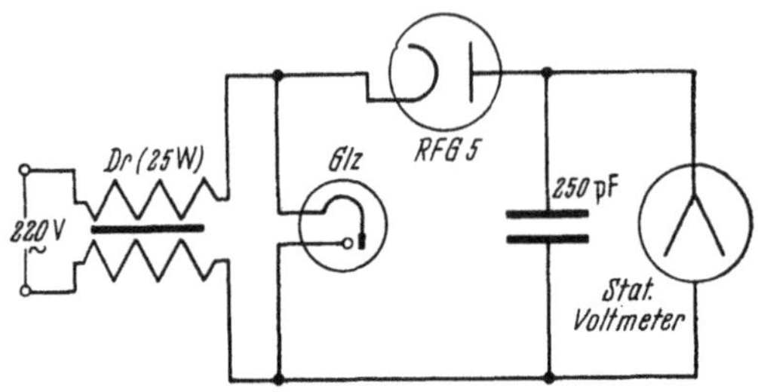

Abb. 2. Anordnung zur Messung der maximalen Stoßspannung von Glimmzündern.

Abb. 2 zeigt eine Schaltung, die für Betriebsmessungen geeignet ist und dort auch mit gutem Erfolg seit nahezu 3 Jahren angewendet wird. Der Glimmzünder liegt über eine zweigeteilte Drossel am Netz und arbeitet 30 Sekunden im Dauerbetrieb als Impulserzeuger. Eine gut isolierende Gleichrichterröhre (RFG 5) richtet diese Spannungsstöße gleich und führt sie einem ebenfalls gut isolierten Kondensator von etwa 250 pF zu. Die Isolation aller Teile jenseits des Gleichrichters muß so gut sein, daß die Ladung des Kondensators während der Messung nicht in merklichem Betrage abfließen kann. Der Kondensator erreicht in der Regel nach etwa 5—10 Stößen seine maximale Spannung. Die Betriebsdauer von 30 Sekunden bietet eine gewisse Gewähr dafür, daß der Zünder einige Male zu einem optimalen Zeitpunkt geöffnet und damit die maximale Stoßspannung erreicht hat. Bei Verwendung von Vakuumzündern wird der Meßbereich des Voltmeters (3200 V) bereits nach 2—3 Zündstößen überschritten. Bekanntlich tritt bei unsymmetrischen Glimmzündern mit Gasfüllung, wobei eine Elektrode aus dem Bimetallstreifen mit großer Oberfläche und die andere Elektrode aus dem Kontaktstift mit verhältnismäßig kleiner Oberfläche besteht, eine Gleichrichterwirkung auf. Der Spannungsstoß ist wesentlich höher, wenn der Kontaktstift zum Zeitpunkt des Öffnens gerade negativ ist. Die Apparatur gestattet, beide Spannungsstöße getrennt zu messen. Die Tab. 1 zeigt die statistische Verteilung der Meßwerte, die an einer größeren Zahl von Zündern gemacht worden sind, wobei der Gasdruck (Ne + 3% H_2) im Glimmzünder variiert worden ist.

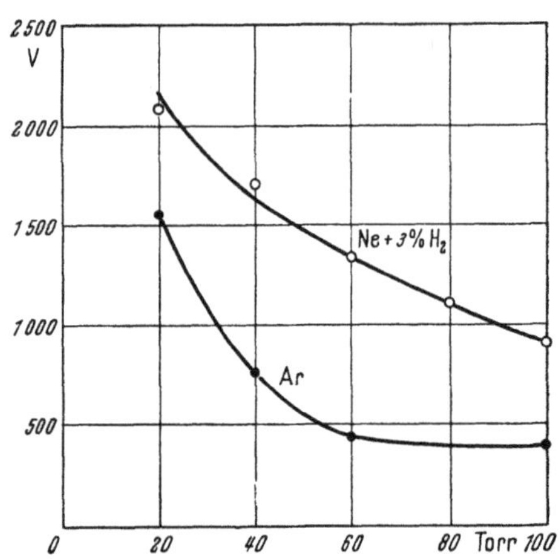

Abb. 3. Maximale Stoßspannung von Glimmzündern in Abhängigkeit von der Gasfüllung. Nickelstift 0,4 ⌀ · 4 mm als Kathode.

Die Ergebnisse stimmen im wesentlichen überein mit denen, die F. H. Rixton[4] erhalten hat. Die Abb. 3 zeigt die Mittelwerte der eben angegebenen Meßreihe im Vergleich zu einer anderen, wobei die Glimmzünder eine Argonfüllung erhalten hatten. Bemerkenswert ist die Tatsache, daß die Stoßspannung in Glimmzündern

[3] ATM V 3383/1 (1949).
[4] Glow switch transients for starting fluorescent lamps, Ill. Engg. 46 (1951), S. 21.

mit Argonfüllung wesentlich niedriger als in denen mit Neonfüllung ist. Neben der Wahl in der Gasfüllung des Glimmzünders hat man auch die Möglichkeit, durch Vergrößern oder Verkleinern der Oberfläche der Elektroden im Glimmzünder die Höhe des Spannungsstoßes zu beeinflussen, wobei noch zu beachten ist, daß die Höhe des Zündstoßes mit der Lebensdauer des Glimmzünders ansteigen kann.

Tabelle 1. Verteilung der Stückzahl von Glimmzündern mit unsymmetrischem Aufbau auf ihre maximale Stoßspannung. Nickelstift 0,4∅ · 4 mm als Kathode. Füllung: Ne + 3% H_2.

	20 Torr	40 Torr	60 Torr	80 Torr	100 Torr
2600 V	1				
2500	6				
2400	7				
2300	6				
2200	8				
2100	10				
2000	6	2			
1900	8	9			
1800	3	11			
1700	3	15			
1600	4	14	2		
1500	1	11	5		
1400	5	4	15		
1300			21	4	
1200			18	14	
1100			5	22	4
1000			2	16	20
900			1	10	17
800				1	8
700					7
600					3
500					3
Stück	68	66	69	67	62

Bimetallstreifen 11 · 2,5 · 0,4 mm als Kathode.

	20 Torr	40 Torr	60 Torr	80 Torr	100 Torr
800 V	3				
700	54	2			
600	11	55			
500		9	58	8	4
400			11	58	58
300				1	1
Stück	68	66	69	67	63

Für die Anwendung ergibt sich eine Reihe von Schlußfolgerungen. In der Regel werden Zünder mit hoher Stoßspannung auch die höchste Zündenergie abgeben und damit für den Betrieb schwerer zündender Lampen als geeignet erscheinen. Ein parallelgeschalteter Kondensator sollte die Möglichkeit bieten, den Zündstoß zu erniedrigen und den Abklingvorgang zeitlich auszudehnen, ohne dabei zusätzlich Energie im Zünder zu verbrauchen, wie es der Fall ist, wenn man die Zündspannung mit anderen Mitteln im Zünder selbst erniedrigt. Es steht jedoch fest, daß der Einfluß eines parallelgeschalteten Kondensators nur zum Teil rein elektrischer Natur ist. Eine erhebliche Rolle für die Arbeitsweise des Glimmzünders spielt ganz allgemein das Verschweißen der Kontaktstellen. Durch den

Kondensator findet eine Verschweißung der Kontaktstellen im Glimmzünder statt, die wesentlich stärker ist als beim Betrieb ohne Kondensator. Von dieser Tatsache kann man sich leicht überzeugen, wenn man einen Glimmzünder mit einem Bimetall sehr geringer Rückstellkraft verwendet, der ohne Kondensator normal arbeitet, aber beim Betrieb mit Kondensator (5000—10000 pF) durch Dauerschweißen unbrauchbar wird. Auch bei einem normalen Glimmzünder bewirkt dieser Umstand, daß die Öffnung des Kontaktes erst erfolgt, wenn das Bimetall durch die Abkühlung bereits eine große Vorspannung erhalten hat. Das Abspringen des Bimetallstreifens, welches an einem feinen Geräusch gut erkannt werden kann, bewirkt wiederum eine Erhöhung des Zündstoßes, so daß in der Praxis beide Einflüsse sich etwa ausgleichen und von einem nennenswerten Einfluß des Kondensators auf die Höhe der Stoßspannung nicht gesprochen werden kann.

Ganz andere Gesichtspunkte ergeben sich jedoch, wenn man die Glimmzünder im Hinblick auf die Lebensdauer der Lampe betrachtet. Das ist von Wichtigkeit bei der Verwendung von Lampen, die unter sonst normalen Bedingungen häufig geschaltet werden. Von besonders schädlichem Einfluß sind die bereits erwähnten Kaltzündungen, d. h. Zündungen bei nicht genügender Vorheizung der Elektroden. Diese Kaltzündungen werden in erheblichem Maße hervorgerufen durch Zünder, die eine hohe Stoßspannung aufweisen. Hier spielt der Umstand eine Rolle, daß der Zündstoß besonders hoch ist, wenn der Öffnungsvorgang gerade in die Halbperiode der Netzspannung fällt, in der der Kontaktstift des Zünders mit seiner kleinen Oberfläche negativ ist. Die Kaltzündung erfolgt dann in der Weise, daß diejenige Elektrode, welche mit dem Kontaktstift des Glimmzünders verbunden ist, gerade Kathode ist. Diese Erscheinung wird besonders instruktiv, wenn man an einem Lampenposten Versuche über Schaltfestigkeit mit Glimmzündern unsymmetrischer Bauart anstellt. Durch extrem häufiges Schalten (jede Minute!) läßt sich mit Sicherheit erreichen, daß die eben erwähnte Elektrode zerstört wird, während die andere völlig unversehrt bleibt. Lampen, die häufigem Schalten ausgesetzt sind, werden also vorteilhafterweise mit einem Glimmzünder betrieben, der symmetrisch ist und eine Stoßspannung liefert, die wohl für eine sichere Zündung ausreichend ist, aber wiederum nicht so hoch, daß Kaltzündungen eintreten können. Auf diese Weise konnte in den letzten Jahren die Lebensdauer von Leuchtstofflampen bei extrem häufigem Schalten (einmal pro Minute) auf das Doppelte der früher üblichen erhöht werden. Bei normalem Betrieb ist die Schalthäufigkeit natürlich viel geringer und der Einfluß des Glimmzünders tritt etwas zurück. Hierüber gibt im einzelnen die Arbeit von M. Wendt: „Die Beurteilung der Lebensdauer der Leuchtstofflampen in ihrer Abhängigkeit vom Schalten und vom Zünder“[5] Auskunft.

Die hier mitgeteilten Ergebnisse, welche in der Praxis bereits eine große Rolle spielen und in der Entwicklung ihren Niederschlag gefunden haben, sind in kollegialer Zusammenarbeit mit den Herren M. Wendt und G. Greeff entstanden.

---

[5] Vgl. die unmittelbar folgende Arbeit (S. 11).

Die Beurteilung der Lebensdauer der Leuchtstofflampen in ihrer Abhängigkeit vom Schalten und vom Zünder[1].

Von

M. WENDT.

Mit 4 Abbildungen.

Die Qualität einer Lampe ist im wesentlichen durch ihre Lichtausbeute und ihre Lebensdauer bestimmt. Bei der Glühlampe ist es durch entsprechende Wahl der Abmessungen des Leuchtdrahtes möglich, die Lebensdauer beliebig zu erhöhen — allerdings nur bei erheblicher Verringerung der Lichtausbeute. Die Lebensdauer ist der 7. Potenz der Lichtausbeute umgekehrt proportional nach der bekannten Gleichung

$$\frac{L_1}{L_2} = \left(\frac{\eta_2}{\eta_1}\right)^7 .$$

In der Frühzeit der Glühlampe spielte die Forderung nach einer möglichst langen Lebensdauer, die also nur bei geringerer Lichtausbeute erreichbar ist, eine hervorragende Rolle. Später erkannte man, daß es den jeweiligen Umständen (besonders dem Preis des elektrischen Stromes) entsprechend eine wirtschaftlichste Lebensdauer der Lampe gibt, bei der die Gesamtkosten für die Erzeugung des Lichtes am kleinsten sind. Die Glühlampenhersteller streben daher heute alle praktisch die gleiche mittlere Lebensdauer, meist 1000 bis 1500 Stunden, an.

Bei der Leuchtstofflampe ist die Lebensdauer nicht in gleicher Weise von der Lichtausbeute abhängig. Ihre Lichtausbeute ist hauptsächlich durch die Eigenschaften des Leuchtstoffes, ihre Lebensdauer durch die Güte der Oxydkathoden bestimmt. Lichtausbeute und Lebensdauer können ziemlich unabhängig voneinander geändert werden, wenn auch andere Faktoren, z. B. Gasfüllung (Gasart und -druck), Umgebungstemperatur usw. unter Umständen von nennenswertem Einfluß auf beide sein können. Die Lichtausbeute der Leuchtstofflampe ist zur Zeit etwa viermal so groß wie die der entsprechenden Glühlampe, ihre Lebensdauer ist vier- bis sechsmal größer. Sowohl in der Lichtausbeute als auch in der Lebensdauer sind noch einige Fortschritte zu erwarten. Die Hersteller des In- und Auslandes sind ständig bemüht, die Lebensdauer ihrer Leuchtstofflampen zu verbessern, und in der Werbung spielt die Angabe einer möglichst hohen Lebensdauer zur Zeit eine große Rolle.

Ferner soll einleitend noch auf zwei andere Unterschiede dieser beiden Lampenarten hingewiesen werden. Die Lebensdauer der Glühlampen ist bekanntlich sehr stark von Änderungen der Betriebsspannung abhängig. Eine Erhöhung der Spannung um nur 5% ergibt schon die halbe Lebensdauer — bei etwa 10%iger Verbesserung der Lichtausbeute. Auch hierfür gilt eine Exponentgleichung:

$$\frac{L_1}{L_2} = \left(\frac{V_2}{V_1}\right)^n ; \quad n = 13 \text{ bis } 14 .$$

Bei der Leuchtstofflampe ist die Lebensdauer innerhalb gewisser Grenzen (bis $\pm 8\%$ Spannung) fast unabhängig von Schwankungen der Netzspannung. Erst größere Änderungen sind von nennenswertem Einfluß auf die Lebensdauer,

[1] Originalmitteilung.

wobei starke Unterspannungen ebenso wie hohe Überspannungen lebensdauerverkürzend wirken. Ab 200 Volt können unter erschwerenden Umständen bei sehr tiefen Temperaturen unter null Grad außerdem Zündschwierigkeiten auftreten. — Während die Lebensdauer der Glühlampe durch häufiges Schalten kaum beeinflußt wird, ist die Leuchtstofflampe jedoch einer bestimmten Schaltempfindlichkeit unterworfen. Es ist daher üblich, jede Soll-Lebensdauer für diese Lampen durch die zugehörige Schaltweise (in Praxis meist eine Brennperiode von 2—3 Stunden) näher zu kennzeichnen. Im folgenden soll nun ausführlich dargelegt werden, in welcher Weise die Leuchtstofflampen als schaltempfindlich anzusehen sind und welcher Gesetzmäßigkeit diese Schaltempfindlichkeit der Lebensdauer bei verschiedenen Zündern unterliegt.

Diese Untersuchung macht es notwendig, bestimmte Lebensdauerwerte zugrunde zu legen. Wir haben bei unseren Betrachtungen und graphischen Darstellungen eine mittlere Lebensdauer von 4500 Stunden für den 3-Stunden-Schaltrhythmus angenommen, ohne damit über die Lebensdauer der Osramlampen an sich bestimmte Angaben machen zu wollen. Es mag zur Kennzeichnung der Entwicklung jedoch erwähnt werden, daß die neueren 40-Watt-Leuchtstofflampen im Durchschnitt 5000—6000 Brennstunden ergeben haben und für die Lampen der neuesten Fertigung unter normalen Betriebsbedingungen rund 7500 Stunden anzusetzen sind. (Die 25-Watt- und insbesondere 16- und 10-Watt-Lampen haben wegen der dünneren Elektrodenwendeln allgemein eine etwas kürzere Lebensdauer).

Wenn Leuchtstofflampen ohne Unterbrechung gebrannt oder nur äußerst selten, z. B. alle 240 Stunden einmal geschaltet werden, so ist hierbei leicht eine mittlere Lebensdauer von 8000—10000 Stunden zu erreichen. Diese Schaltweise kommt für den praktischen Gebrauch jedoch kaum in Frage. Die gleichen Lampen ergeben dagegen eine sehr kurze mittlere Lebensdauer von etwa 400—1000 Stunden, wenn sie sehr häufig — beispielsweise jede Minute einmal — geschaltet werden. Auch diese Brennweise hat für die praktische Anwendung der Lampe keine Bedeutung. Diese extreme Auswirkung größter Schalthäufigkeit auf die Lebensdauer — u. U. rund 60000 Schaltungen und mehr während der Lebensdauer — braucht also nicht zu erschrecken. Bei den für die Praxis wichtigsten Schaltrhythmen von 2—8 Stunden liegt der Einfluß der Schalthäufigkeit auch unter ungünstigen Umständen in erträglichen Grenzen, wie wir sehen werden. Die Lebensdauer einer Leuchtstofflampe ist nämlich selbst durch die Angabe der Schaltweise noch nicht ausreichend bestimmt. Die Eigenschaften des zur Zündung der Entladung erforderlichen Zündgerätes — meist wird vorteilhaft ein einfacher Glimmzünder verwendet — haben außerdem einen u. U. nennenswerten Einfluß auf die Lebensdauer der Lampe. Der Glimmzünder ist eine als Bimetallschalter ausgebildete Glimmlampe, die parallel zur Leuchtstofflampe geschaltet wird. Unter dem Wärmeeinfluß der Glimmentladung schließt der Bimetallstreifen die Kontakte des Glimmzünders kurzzeitig und bewirkt dadurch eine Aufheizung der Oxydkathoden der Lampe. Wenn der beim Öffnen der Kontakte von der Drossel erzeugte Zündstoß (von 500—1500 Volt) auf eine ausreichend vorgeheizte Oxydkathode trifft, die genügend Elektronen emittiert, ist die unvermeidliche Lebensdauerverringerung durch das Schalten beachtlich kleiner als bei sogenannter „Kaltzündung", d. h. ungenügender Vorheizung der Oxydkathoden. Die Durchbildung geeigneter Zünder ist für die Lampenhersteller daher von größter Wichtigkeit.

Im folgenden soll versucht werden, diese zunächst etwas kompliziert erscheinenden Zusammenhänge näherungsweise durch einfache Kurven darzustellen. Als Ordinate wollen wir die mittlere Lebensdauer bei einer bestimmten Brennweise und als Abszisse die zugehörige Brennperiode dieser Brennweise wählen (man könnte hier auch die Anzahl der erlebten Schaltungen eintragen). Um einen möglichst großen Bereich erfassen zu können, erweist sich ein doppelt-logarithmisches Koordinatensystem als zweckmäßig, wie es auch bereits 1949 in einer englischen Veröffentlichung[2] für die Schaltabhängigkeit der Lebensdauer von Leuchtstofflampen verwendet wurde. Bei der logarithmischen Darstellung ergibt sich, daß die bei verschiedenen Schaltweisen beobachtete mittlere Lebensdauer eines einheitlichen Lampenpostens auf einer sehr schwach gekrümmten, fast geradlinigen Kurve liegt, wenn man die durch die statistische Lebensdauerstreuung oder andere Ursachen bedingten Unregelmäßigkeiten interpolatorisch ausgleicht. Die Krümmung ist so gering, daß die praktischen Ergebnisse häufig selbst über einen größeren Bereich auf einer geraden Linie zu liegen scheinen. Eine geradlinige Extrapolation bis zur maximalen Grenzlebensdauer, die ohne jegliches Schalten erreicht wird, wäre jedoch offensichtlich falsch. Die Lebensdauerkurve müßte nach Art der bekannten Sättigungskurven ganz allmählich in den Grenz-

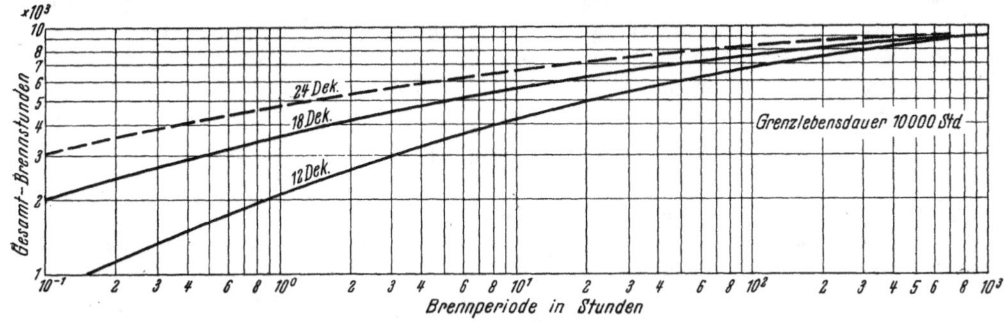

Abb. 1. Die Lebensdauer der Leuchtstofflampe in Abhängigkeit von der Brennperiode bei verschiedenen Zündern.

lebensdauerpunkt — Brennperiode gleich Gesamtlebensdauer — einmünden, d. h. in der Nähe dieses Punktes möglichst parallel zur Abszissenachse verlaufen. Für Zünder mit mehr oder weniger guter Vorheizung ergeben sich etwas verschieden gekrümmte Kurven, die sich also mit verschiedener Neigung dem Grenzwert nähern. In der Nähe der Grenzlebensdauer werden die Lebensdauerunterschiede für die verschiedenen Zünder verschwindend klein. Alle diese Forderungen lassen sich in erster Näherung sehr gut durch Kreisbogen mit sehr großen Radien erfüllen, deren höchster Punkt die Grenzlebensdauer ist. In der graphischen Darstellung Abb. 1 beträgt die angenommene Grenzlebensdauer rund 10000 Stunden. Die Kurven 1, 2 und 3 sind Kreisbogen mit den Radien von 12, 18 und 24 Dekaden der gerade vorliegenden logarithmischen Teilung.

Lebensdauer-Kurve 1 bezieht sich auf einen Glimmzünder, der die Oxydkathoden nicht genügend vorheizt.

Lebensdauer-Kurve 2 entspricht Glimmzündern oder Startern mit verhältnismäßig guter Vorheizung.

Lebensdauer-Kurve 3 scheint eine optimale Grenzkurve für die günstigsten Eigenschaften eines Zünders bezüglich der Lebensdauer der Lampe darzustellen.

Die Radien der Kreisbogen, in unserer Darstellung 12, 18 und 24 Dekaden, könnten im gewissen Sinne als Gütemaß für die entsprechenden Zünder angesehen werden. Die Lebensdauer der Lampen mit Glimmzündern alter Bauart mit hoher Stoßspannung und sogenannter „Kaltzündung" liegt etwas oberhalb von Kurve 1. (Die sehr hohe Stoßspannung dieser Glimmzünder gewährleistet bei Kältebetrieb jedoch auch unter ungünstigen Spannungsbedingungen noch eine einwandfreie

[2] Ruff, Hull u. Mills, Trans. Illum. Eng. Soc. (London) 14 (1949) H. 3, S. 57–86.

Zündung.) Kurve 2 entspricht ziemlich gut dem neuen Osram-Starter St 111. Zünder mit absolut einwandfreier Vorheizung stellen die Glüh- und Relaiszünder dar. Für diese Zünder lagen zwar nur wenige Versuchsergebnisse vor, ihre Lebensdauerkurve liegt jedoch schätzungsweise bei Kurve 3. (Der Glühzünder bietet bei seiner praktischen Anwendung in mancher Hinsicht Schwierigkeiten. Er ist außerdem teurer als der Glimmzünder und wird aus diesen Gründen nur selten verwendet.)

Die weitere Überprüfung der gezeigten Kreisbogenschar erfolgte in der Hauptsache an Osram-Lampen mit 3 Torr Argonfüllung. Es standen Versuchsreihen von 25-Watt- und 40-Watt-Lampen, die mit zwei verschiedenen Glimmzündertypen in 4 bzw. 5 verschiedenen Schaltrhythmen gebrannt wurden, zur Verfügung. Außerdem konnten zahlreiche Brenndauerversuche, die im Zwei- bzw. Dreistundenschaltrhythmus und versuchsweise parallel mit extrem häufigem Schalten geprüft wurden, hierfür ausgewertet werden. Innerhalb der statistisch zu erwartenden Lebensdauerstreuung ist die Übereinstimmung der bisherigen Erfahrungswerte mit den theoretischen Kurven als gut zu bezeichnen. Die mathematische Annäherung einer zwar beliebigen, jedoch sehr schwach gekrümmten Kurve durch einen Kreisbogen ist im vorliegenden Fall darum so gut, weil praktisch nur ein verhältnismäßig kleines Stück des Kreisbogens von 10° bzw. höchstens 25° Zentriwinkel ausgewertet wird. Es liegt daher die Vermutung nahe, daß auch die Lebensdauern der Lampen anderer Fabrikate für die verschiedenen Schaltrhythmen auf ähnlich verlaufenden Kreisbogen liegen. Die Lebensdauer der englischen Lampen liegt nach der 1949 veröffentlichten Kurve sogar ziemlich genau auf einem Kreisbogen von rund 13 Dekaden. Ältere amerikanische Lampen zeigen nach den wenigen uns bekannt gewordenen Ergebnissen[3] im Bereich vom $^1/_2$- bis 3-Stunden-Schaltrhythmus z. T. einen auffallend steilen Verlauf, was auf eine sehr große Schaltempfindlichkeit hindeuten würde.

Für die praktische Auswertung von Versuchsergebnissen nach dieser Methode ist es notwendig, die wichtigsten mathematischen Eigenschaften des vorgeschlagenen theoretischen Kreisbogensystems zu kennen. Ein Kreis ist bekanntlich durch drei seiner Punkte bestimmt. Sind zwei Lebensdauerwerte eines Lampenpostens mit einem bestimmten Zünder für verschiedene Schaltweisen bekannt und berücksichtigt man als dritte Bestimmung die definitionsgemäße Lage der Grenzlebensdauer, so sind allein schon hierdurch die Größe der Grenzlebensdauer und der Radius des Kreisbogens, auf dem die Lebensdauerwerte für alle beliebigen anderen Schaltrhythmen liegen, bekannt, wie es sich auch analytisch darlegen läßt. Bezeichnet man die Koordinaten der beiden Lebensdauerpunkte mit a_1, b_1 und a_2, b_2 und die gesuchten Koordinaten des Kreismittelpunktes mit x_1, y_1, so hat der Grenzlebensdauerpunkt die Koordinaten x_1, y_2. Aus den beiden sich hieraus ergebenden Kreisgleichungen

$$(a_1 - x_1)^2 + (b_1 + y_1)^2 = (y_2 - y_1)^2$$
$$(a_2 - x_1)^2 + (b_2 - y_1)^2 = (y_2 - y_1)^2$$

und der dritten Gleichung für die Bedingung der Grenzlebensdauer $y_2 = x_1$ ist es möglich, alle gesuchten Größen zu bestimmen. Bei der numerischen Berechnung sind für a_1, b_1 und a_2, b_2 die logarithmischen Werte einzusetzen.

Die geometrische Konstruktion (Abb. 2) für die Lage des Kreismittelpunktes und der Grenzlebensdauer ergibt sich aus zwei Lebensdauerpunkten, wenn man den ausgezeichneten Schnittpunkt der Mittelsenkrechten dieser beiden Punkte mit der Diagonalen $x = y$ als Projektionszentrum (inneres Ähnlichkeitszentrum)

---

[3] VORLANDER u. RADDIN, Illum. Engg. 45 (1950) H. 1, S. 21–28.

für die gesuchten Kreise auffaßt. Man beginnt mit einer Hilfsfigur beliebigen Maßstabes und zeichnet in umgekehrter Reihenfolge zuerst den Kreis und dann die übrigen Stücke winkeltreu ein. Nach der Bestimmung des Maßstabverhältnisses zwischen Original und Hilfsfigur sind alle gesuchten Größen gegeben. (Den Hinweis auf diese Konstruktion verdanke ich Herrn Dr. Dziergwa.) In der Praxis ergibt sich, daß die Methode einfachen Probierens mit einem Stangenzirkel (von etwa 2 m Länge bei den üblichen logarithmischen Teilungen) schnell zu dem gesuchten Kreisbogen führt und für die meisten Fälle ausreichend genaue Resultate liefert.

Bei der Lebensdauerprüfung wird man es fast immer mit Leuchtstofflampen verschiedener Grenzlebensdauer zu tun haben. Bedenkt man außerdem, daß die Güte des verwendeten Zünders auf die Lebensdauer von Einfluß sein kann, so

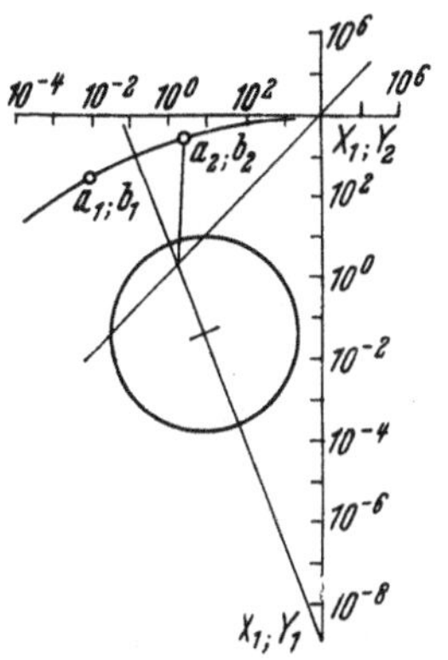

Abb. 2. Geometrische Konstruktion des gesuchten Kreises.

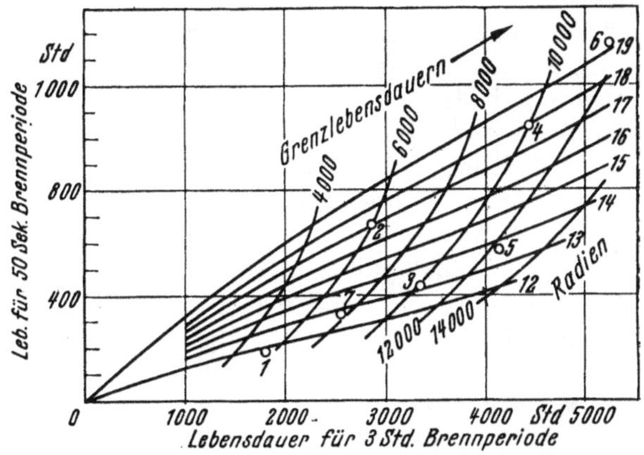

Abb. 3. Kurvenschar für alle Lebensdauerwerte mit verschieden guten Zündern.

müßte man sich zur richtigen Beurteilung von Lampe und Zünder jedesmal aus zwei Parallelversuchen mit dem gleichen Zünder bei verschiedener Schaltweise die zugehörige Lebensdauerkurve erst zeichnen bzw. berechnen. Es ergibt sich jedoch die Möglichkeit, alle gewünschten Werte allgemein aus einer einzigen graphischen Darstellung mit einem Kurvennetz verschiedener Grenzlebensdauern und verschiedener Radien (verschiedene Zündergüte) zu entnehmen, wenn man die Parallelversuche immer in der gleichen Weise ausführt, z. B. mit einer Brennperiode von 1 Minute und 3 Stunden, wobei die beiden Lebensdauerpunkte zur Erhöhung der Genauigkeit der Methode möglichst weit auseinanderliegend gewählt werden mögen.

Wir denken uns dazu in einem doppel-logarithmischen Koordinatensystem, entsprechend Abb. 1, für jede Grenzlebensdauer von 5000, 6000, 7000 usw. bis 12000 Stunden Kreisbogen mit den Radien von 12, 13, 14 usw. bis 19 Dekaden der logarithmischen Teilung gezogen und bestimmen die Schnittpunkte dieser Kreisbogenscharen mit den Abszissen der beiden Brennperioden (unser Beispiel in Abb. 3: 50 Sekunden und 3 Stunden). Dann können zwei Punkte eines bestimmten Kreisbogens durch einen einzigen Punkt dargestellt werden, wenn man die Lebensdauerwerte für die beiden gewählten Brennperioden als Ordinate bzw. Abszisse wählt. Die Übertragung aller obenerwähnten Schnittpunkte in dieses neue (nicht log.) Koordinatensystem der Abb. 3 ergibt ein Kurvennetz gleicher Grenzlebensdauer und gleicher Radien, deren Schnittpunkte einem bestimmten Punktepaar (zwei verschiedenen Lebensdauerwerten) entsprechen. Alle Werte für die Darstellung wurden der Einfachheit halber graphisch gewonnen. Hierdurch sind kleine Ungenauigkeiten in der Zeichnung unvermeidlich. Aus dieser graphischen Darstellung können nun die folgenden Fragen ohne weiteres beantwortet werden:

1. Sind die zwei mittleren Lebensdauerwerte bei den genannten verschiedenen Schaltweisen eines unbekannten Lampenpostens bestimmt, so kann man folgendes ablesen:

a) die mittlere Güte des untersuchten Lampenpostens, ausgedrückt durch den Wert der Grenzlebensdauer,

b) die mittlere Güte des verwendeten Zünders, ausgedrückt durch den Radius des Kreisbogens (in Anzahl Dekaden der logarithmischen Teilung),

c) die erreichbare mittlere Lebensdauer bei Benutzung beliebiger anderer Zünder.

2. Ist die mittlere Lebensdauer mit einer Schaltweise, z. B. 50 Sekunden, bekannt und kennt man ferner die mittlere Güte des verwendeten Zünders, so ergibt sich aus Abb. 3:

a) die mittlere Güte des geprüften Lampenpostens,

b) die mittlere Lebensdauer bei der anderen Schaltweise (im vorliegenden Fall eine 3-Stunden-Brennperiode) unter Verwendung des gleichen Zünders,

c) wie oben unter 1c.

3. Ist eine mittlere Lebensdauer, wie im Fall 2, bekannt, kennt man ferner die mittlere Güte der verwendeten Lampen, so ergibt sich ohne weiteres aus Abb. 2:

a) die mittlere Güte des untersuchten Zünders,

b) wie oben unter 2b,

c) wie oben unter 1c.

4. Nimmt man die mittlere Güte der Lampen und der Zünder als bekannt an, so zeigt Abb. 3 die zu erwartende mittlere Lebensdauer für die beiden vorgegebenen Brennperioden bei jedem beliebigen Lampenposten und jedem beliebigen Zünder an.

Schließlich wollen wir die folgenden sieben praktischen Beispiele, deren Ergebnisse in Abb. 3 eingetragen wurden, betrachten.

Zeichen	Kennzeichnung der Leuchtstofflampen	Grenzlebensdauer etwa Stunden	Kennzeichnung des Glimmzünders	Radius des Kreisbogens etwa Dekaden
1	alte Osramlampen	5 000	ungenügende Vorheizung	12
2	schlechte Versuchslampen	6 000	gute Vorheizung	17
3	neuere Osramlampen	10 000	ungenügende Vorheizung	13
4	der gleiche Lampenposten wie 3	10 000	gute Vorheizung	18
5	gute Versuchslampen	12 000	ungenügende Vorheizung	13,5
6	der gleiche Lampenposten wie 5	12 000	gute Vorheizung	19
7	ältere englische Lampen	7 500	englische Glimmzünder	13

Alle Versuche mit einem Glimmzünder ungenügender Vorheizung, gekennzeichnet durch die Punkte 1, 3, 5, 7, liegen auf Kreisbogen vom Radius 11,5 bis

13,5 Dekaden. Die mit einem Glimmzünder guter Vorheizung gefundenen Ergebnisse (2, 4, 6) lassen sich Kreisbogen vom Radius 17—19 Dekaden zuordnen. Es scheinen hiernach für die gleichen Zünder bei sehr kleiner Grenzlebensdauer der Leuchtstofflampen etwas kleinere Radien als bei sehr hoher Grenzlebensdauer in Frage zu kommen. Die Verwendung dieser Radien zur Gütebeurteilung wäre also nur mit Einschränkung möglich. Wenn man sich in Abb. 3 die Verhältniszahlen der beiden Lebensdauerwerte als dritte Kurvenschar $\left(\frac{L_1}{L_2} = \text{const.}\right)$ eingezeichnet denkt, so schneiden diese geraden Linien die im Bereich der Grenzlebensdauern von 4000—12000 Stunden sehr schwach gekrümmten Kurven konstanter Radien in sehr spitzen Winkeln. Dem Lebensdauerfaktor 8 entsprechen die Radien 12—13, dem Faktor 4,25 etwa die Radien 17,5—18,5. Auf Grund der uns bekannten bisherigen Parallelversuche scheint der Lebensdauerfaktor für einen bestimmten Zünder selbst bei Lampen mit sehr unterschiedlicher Grenzlebensdauer zwischen 5000—12000 Stunden fast immer der gleiche zu sein. Der Lebensdauerfaktor für zwei bestimmte Brennweisen wäre zur Gütebeurteilung der Zünder also u. U. noch geeigneter als der Radius des zugehörigen Kreisbogens. Dabei soll nicht unerwähnt bleiben, daß auch eine Betrachtung der Kreisbogen von einem bestimmten Radius für extrem weit auseinanderliegende Grenzlebensdauerwerte (10000—1000 Stunden) über einen größeren Bereich als für die praktischen Versuche in Frage kommt, zu Unstimmigkeiten führt, wie aus Abb. 4a hervorgeht.

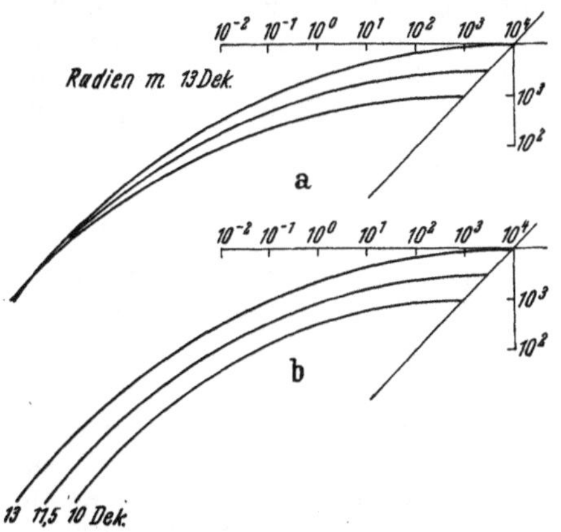

Abb. 4.

Verschiedene Darstellung der Kreisbogenmethode über einen extrem großen Bereich.

Um das Lebensdauerverhältnis beim Betrieb mit 50-Sekunden- und 3-Stunden-Brennperiode für einen bestimmten Zünder bei verschiedenen Grenzlebensdauerwerten der Leuchtstofflampen konstant zu halten, wie es die obenerwähnten praktischen Versuche ergeben haben, müßten also für den gleichen Zünder bei verschiedener Grenzlebensdauer etwas verschiedene Radien angenommen werden, z. B. statt 13,0 für eine Grenzlebensdauer von 10000 Stunden, 12,0 für 5000 Stunden (vergl. die Kurven 4b).

Diese Überlegungen haben für die normale praktische Anwendung der Kreisbogenmethode zunächst keine große Bedeutung. Es erübrigt sich daher, hier auf mögliche Änderungen des vorgeschlagenen Systems näher einzugehen, die unzweckmäßigerweise eine Komplizierung hereinbringen würden. Trotzdem möchten wir es nicht unterlassen, auf eine diesbezügliche Änderung, d. h. Verschiebung der Kreisbogenscharen hinzuweisen, wodurch eine nur wenig veränderte, ebenfalls anschauliche Methode zustande kommt.

Wenn man die Mittelpunkte der Kreisbogen von allen Grenzlebensdauerwerten $\leq$ 10000 Stunden gemeinsam auf der Abszisse 10000 annimmt und nur entsprechend der verschiedenen Grenzlebensdauer verschieden hoch ansetzt, erhält man eine gegenüber der Abb. 3 veränderte Kurvenschar, bei der die Kurven $R =$ const. nun wirklich genau gerade Linien sind, die den durch den Nullpunkt gehenden Geraden gleicher Lebensdauerfaktoren entsprechen. Für die beiden Schaltrhythmen 50 Sekunden und 3 Stunden fallen die Kurven $R = 13$ bzw. $R = 18$ Dekaden nunmehr mit den Lebensdauerfaktoren 8 bzw. 4,25 für alle möglichen Grenzlebensdauerwerte zusammen. In diesem etwas veränderten Kurvensystem würde die Grenzlebensdauer jedoch nicht mehr genau definitionsgemäß eingezeichnet sein.

Eine genaue Erfassung der mittleren Grenzlebensdauer durch wirkliche Brenndauerversuche ist in doppelter Hinsicht schwierig: einerseits wegen der langen ununterbrochenen Brennzeit von über einem Jahr, andererseits wegen der hierbei häufig auftretenden sehr großen Streuung der Einzellebensdauerwerte.

Um alle besonderen Eigenschaften der Leuchtstofflampen im Rahmen der dargelegten allgemeinen Gesetzmäßigkeit erkennen bzw. eine u. U. erforderliche Verfeinerung der Methode vorschlagen zu können, wird es einer großen Zahl weiterer Parallelversuche an Lampen mit Oxydkathoden stark verschiedener Eigenschaften bedürfen. Auch der Einfluß der Gasfüllung (Gasart und -druck) sowie der Temperatureinfluß auf die Lebensdauer müßten noch eingehender untersucht werden.

Zum Schluß scheint der Hinweis notwendig, daß die aufgezeigte gesetzmäßige Abhängigkeit der Lebensdauer von der Schalthäufigkeit wegen der vielen Faktoren, die die Lebensdauer einer Leuchtstofflampe mitbeeinflussen können, für Gütevergleiche verschiedener Fabrikate nicht ohne weiteres benutzt werden kann. Ebenso wie die verschärfte Lebensdauerprüfung mit hoher Überspannung bei den Glühlampen nicht für exakte Gütevergleiche fremder Fabrikate herangezogen werden kann, ist ein zuverlässiger Gütevergleich für Leuchtstofflampen durch abgekürzte Prüfung mit hoher Schalthäufigkeit unmöglich. Bei den Glühlampen werden durch den Exponentausdruck nur diejenigen Zusammenhänge erfaßt, die im wesentlichen durch die Verdampfung des Glühdrahtes bedingt sind. Der aufgezeigte Kreisbogenverlauf der Lebensdauerkurve bei den Leuchtstofflampen gilt uneingeschränkt nur für den Fall, daß die Lebensdauer der Lampe im wesentlichen durch sogenannte Oxydarmut der Glühkathode verursacht wird, wobei man die Abnutzung der Oxydkathode sowohl durch normales Brennen als auch den Zündvorgang beim Einschalten erfaßt. Vorausgesetzt wird ferner ein gleichbleibender Schaltrhythmus für die ganze Lebensdauer. Es gibt besonders bei den Leuchtstofflampen zunächst noch eine Reihe von Fehlern, wie z. B. Luftlampen und bestimmte Elektrodenfehler, die bei einer Auswertung besonders betrachtet werden müssen. Schließlich muß noch erwähnt werden, daß zu kurze Schaltpausen, bei denen die Lampen — insbesondere die Oxydkathoden — nicht genügend abkühlen können, häufig einen nennenswerten Einfluß auf die Lebensdauer zeigen.

Nachdem wir die allgemeine Gesetzmäßigkeit des Schalteinflusses auf die Lebensdauer der Leuchtstofflampen ausführlich kennengelernt haben, soll über ihre sogenannte Schaltempfindlichkeit in der Praxis noch abschließend etwas gesagt werden. So ergeben sich nämlich bei den neuesten Startern für die wichtigsten Schaltrhythmen zwischen 2 und 5 Stunden nur Lebensdauerunterschiede von $\pm 10\%$. Diese Tatsache berechtigt fast dazu, die Leuchtstofflampen in diesem Bereich als schalt*un*empfindlich zu kennzeichnen. Bei den sonst praktisch vorkommenden Schaltrhythmen zwischen 2 und 8 Stunden sind im extremen Fall durch einen Glimmzünder guter Vorheizung 40% bzw. 20% höhere Lebensdauer zu erwarten als bei einem Zünder mit schlechter Vorheizung.

Über die Bestimmung der Plasmatemperatur im Xenon-Hochdruckbogen [1].

Von

K. LARCHÉ und H. SCHIRMER.

Wir befinden uns gegenüber der Aufgabe, die Temperatur des Plasmas einer Hochdruckentladung zu bestimmen, in ähnlicher Lage wie der Astrophysiker gegenüber dem Problem der Oberflächentemperatur leuchtender gasförmiger Sterne. Die Sonne und die Sterne können in erster Näherung als schwarze Strahler angesehen werden. Bei der Bogensäule des Xenon-Hochdruckbogens kann es sich wegen ihrer geringen geometrischen Abmessungen nicht um einen schwarzen Strahler handeln, jedoch haben die Beobachtungen von SCHULZ [2], BAUM und DUNKELMANN [3] sowie ANDERSON [4] gezeigt, daß die Energieverteilung der Strahlung einer Xenon-Hochdruckentladung der eines schwarzen Körpers sehr ähnlich ist. Dieses experimentelle Ergebnis deckt sich nicht mit Folgerungen der KRAMERSschen Theorie der kontinuierlichen Absorption, die (nach gewissen Vereinfachungen) für den kontinuierlichen Absorptionskoeffizienten Frequenzabhängigkeit im Sinne der reziproken PLANCKschen Funktion fordert, mithin eine für alle Spektralgebiete konstante Emission pro Frequenzeinheit unter der Voraussetzung, daß das Gas als wasserstoffähnlich angesehen werden kann [5]. Es liegt daher nahe, die Abhängigkeit des Absorptionskoeffizienten von der Frequenz als sehr viel weniger stark anzusehen als die KRAMERSsche Theorie der kontinuierlichen Absorption für Wasserstoff, analogiemäßig auf das Xenonatom übertragen, fordern würde.

In einfachster Form kann man offenbar den oben angeführten Beobachtungen dadurch gerecht werden, daß man den Absorptionskoeffizienten als konstant ansetzt (unabhängig von der Wellenlänge), also die Bogensäule des Xenon-Hochdruckbogens als einen grauen Strahler ansieht. In gleicher Weise zeigen übrigens auch die Beobachtungen an der Sonnenatmosphäre (in der neben Wasserstoff und Helium maßgeblich das H^--Ion wirksam ist) eine über das optische Gebiet hinaus ins Ultrarote hineinreichende gute Konstanz des Absorptionskoeffizienten, so daß der Absorptionskoeffizient auch hier für viele Zwecke mit großer Annäherung als konstant angenommen werden kann [6].

Über die nach der vorliegenden Arbeitshypothese durchgeführten Berechnungen sowie über die Erweiterung durch Einführung eines von der Wellenlänge abhängigen Absorptionskoeffizienten unter Beibehaltung der grauen Natur der Strahlung wird von einem von uns (Sch.) ausführlich im folgenden Aufsatz berichtet.

---

[1] Abdruck der in Naturwiss. 39 (1952) S. 376 erschienenen Mitteilung.
[2] P. SCHULZ: Reichsberichte f. Physik, Bd. 1 (1944) S. 147; Ann. d. Physik, Bd. 1 (1947) S. 95.
[3] W. A. BAUM u. L. DUNKELMAN: J. opt. Soc. Amer. Bd. 40 (1950) S. 782.
[4] W. T. ANDERSON: J. opt. Soc. Amer., Bd. 41 (1951) S. 385.
[5] A. UNSÖLD: Ann. d. Physik, Bd. 33 (1938) S. 607.
[6] A. UNSÖLD: Physik der Sternatmosphären, Berlin 1938.

Über die Berechnung der Temperatur einer Xenon-Hochdrucksäule aus Leuchtdichtemessungen*.

Von

H. SCHIRMER.

Mit 8 Abbildungen.

Es wird die Theorie einer graustrahlenden Gassäule entwickelt und gezeigt, wie Leuchtdichte und Strahlungsfluß von der jeweiligen Temperatur und dem Absorptionskoeffizienten der Säule abhängen. Anschließend wird die Änderung des Absorptionskoeffizienten mit der Temperatur untersucht; bei Kenntnis einer auftretenden Konstanten K ist es möglich, die Absorption einer Xenonsäule zu berechnen, wenn die Temperatur bekannt ist. Diese Konstante K wird am Bogen einer wassergekühlten Xenon-Hochdrucklampe bestimmt durch Messung der Leuchtdichte und Berechnung der Temperatur mit Hilfe der SAHA-Gleichung aus der im Bogen umgesetzten elektrischen Energie. Zur Berechnung der Temperatur muß eine Untersuchung über die Beweglichkeit der Elektronen und damit über Atom- und Ionenquerschnitt durchgeführt werden. Mit Hilfe der Theorie des Graustrahlers und der nun bekannten Konstanten K ist es jetzt möglich, aus einer Leuchtdichtemessung allein bei beliebigen Xenon-Hochdrucklampen auf die Temperatur zu schließen. In einem Schlußabschnitt wird die Arbeitshypothese, die Xenonsäule als Graustrahler anzusehen, einer kritischen Untersuchung unterzogen.

In der vorhergehenden Notiz ist die Arbeitshypothese aufgestellt worden, auf Grund der beobachteten Energieverteilung der Strahlung von Edelgas-Hochdruckbögen diese als Graustrahler aufzufassen. Im folgenden wird diese Vorstellung ausgebaut durch Überlegungen über den Zusammenhang zwischen Leuchtdichte und Temperatur des Bogens, für den die Abhängigkeit des Absorptionskoeffizienten von der Temperatur bekannt sein muß. Diese Abhängigkeit ist erst vollständig gegeben bei Kenntnis einer auftretenden Konstanten. Diese Konstante wird empirisch bestimmt durch Messungen der Leuchtdichte und der abgeführten Wärmeenergie der zylinderförmigen Bogensäule einer wassergekühlten Xenon-Hochdrucklampe, die theoretisch besonders einfache Verhältnisse bietet. Zu diesem Zweck muß die Temperatur des Zylinderbogens bekannt sein, die aus der SAHA-Gleichung auf Grund der im Bogen umgesetzten elektrischen Energie berechnet werden kann.

Im folgenden wird zuerst die theoretische Behandlung der Xenonsäule als Graustrahler durchgeführt. Anschließend wird die Temperaturbestimmung des Bogens behandelt. Zum Schluß wird gezeigt, daß die vollständige Kenntnis der Änderung der Absorption mit der Temperatur deren Bestimmung bei beliebigen Xenonbögen ermöglicht.

1. Die Säule des Xenon-Hochdruckbogens als Graustrahler.

Beobachtungen von P. SCHULZ[1], BAUM und DUNKELMANN[2] sowie ANDERSON[3] haben gezeigt, daß die Energieverteilung der Strahlung einer Xenon-Hochdruckentladung der eines schwarzen Körpers ähnlich ist (Abb. 1).

Es ist nun notwendig, die Formeln für die Leuchtdichte und die Abstrahlung eines grauen Strahlers, für den

$$\varkappa_\lambda = \bar{\varkappa} = \text{const} \tag{1}$$

* Originalmitteilung.

[1] P. SCHULZ: Reichsberichte für Physik, Bd. 1 (1944) S. 147; Ann. d. Physik, Bd. 1 (1947) S. 95.

[2] W. A. BAUM u. L. DUNKELMAN: J. opt. Soc. Amer. Bd. 40 (1950) S. 782.

[3] W. T. ANDERSON: J. opt. Soc. Amer. Bd. 41 (1951) S. 385.

gilt, aufzustellen; hierbei möge $\varkappa_\lambda$ der Absorptionskoeffizient sein, definiert durch die Gleichung

$$I_\lambda = I_{\lambda 0}\, e^{-\varkappa_\lambda l}\,. \tag{2}$$

Entsprechend würde also gemäß (1) gelten

$$I = I_0\, e^{-\bar{\varkappa} l}\,. \tag{2'}$$

Nun ist die Emission eines grauen Strahlers pro Volumeneinheit und Raumwinkel 1 gemäß dem KIRCHHOFFschen Satz (also unter der Voraussetzung thermischen Gleichgewichts) proportional dem Absorptionskoeffizienten $\bar{\varkappa}$ (cm^{-1})

$$\varepsilon = \bar{\varkappa}\, B_e \ (\text{erg/cm}^3\,\text{sec})\,, \tag{3}$$

wobei

$$B_e = \int S_\lambda\, d\lambda \tag{4}$$

(S_λ PLANCK-Funktion) die Intensität der Gesamtstrahlung in erg/cm² sec („Strahldichte") des schwarzen Körpers gemäß dem STEFAN-BOLTZMANNschen Gesetz bedeutet.

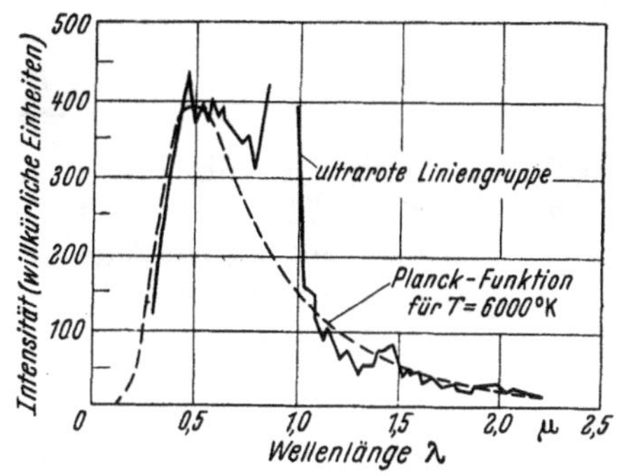

Abb. 1. Energieverteilung der Strahlung eines Xenon-Hochdruckbogens; Druck 35 Atm., Stromstärke 25 A. (Nach P. SCHULZ, Reichsberichte für Physik Bd. 1 (1944), S. 147. Gestrichelte Kurve: PLANCK-Funktion für T = 6000°.

Eine Säule der Länge $\bar{l}$ emittiert daher unter Berücksichtigung der Selbstabsorption nach Anwendung von (2′) und (3) pro cm² und sec

$$\left.\begin{aligned} B_e' &= \int_0^{\bar{l}} \bar{\varkappa}\, B_e\, e^{-\bar{\varkappa} l}\, dl\,,\\ B_e' &= (1 - e^{-\bar{\varkappa}\bar{l}})\, B_e\,. \end{aligned}\right\} \tag{5}$$

Diese Gleichung gilt für optisch dicke Schicht ($\bar{\varkappa}\,\bar{l} \gg 1$) und reduziert sich im Falle optisch dünner Schicht ($\bar{\varkappa}\,\bar{l} \ll 1$) auf

$$B_e' = (\bar{\varkappa}\,\bar{l})\, B_e\,. \tag{5'}$$

$\bar{\varkappa}\,\bar{l} = \bar{\tau}$ wird als optische Tiefe der betrachteten Schicht bezeichnet.

Entsprechend (4) kann auch eine zur Strahldichte B_e' des grauen Strahlers gehörende – der PLANCK-Funktion analoge – Funktion S_λ' definiert werden als:

$$B_e' = \int S_\lambda'\, d\lambda\,. \tag{4'}$$

Nun ist die Leuchtdichte B eines schwarzen Körpers definiert durch

$$B = C \int S_\lambda\, V_\lambda\, d\lambda \tag{6}$$

(V_λ spektrale Empfindlichkeit des Auges, C Konstante) und entsprechend die Leuchtdichte B' eines grauen Strahlers

$$B' = C \int S_\lambda'\, V_\lambda\, d\lambda\,. \tag{6'}$$

S_λ' und S_λ sind miteinander verbunden gemäß (5) und (5′), die für die Größen S_λ' und S_λ genau so gelten wie für die (durch Integration gewonnenen) Größen

B_e' und B_e wegen der Allgemeingültigkeit des KIRCHHOFFschen Satzes:

$$S_\lambda' = (1 - e^{-\bar{\varkappa} l})\, S_\lambda\,, \tag{5''}$$

$$S_\lambda' = (\bar{\varkappa}\, l)\, S_\lambda\,. \tag{5'''}$$

Durch Einsetzen von (5'') und (5''') in (6') unter Beachtung von (6) folgt sofort für optisch dicke Schicht

$$\boxed{B' = (1 - e^{-\bar{\varkappa} l})\, B} \tag{7}$$

für optisch dünne Schicht

$$\boxed{B' = (\bar{\varkappa}\, l)\, B} \tag{7'}$$

Weiterhin ergibt sich die Energie der Gesamtstrahlung eines grauen Strahlers (bezogen auf den Raumwinkel 4π) nach (3) und (4) in erg/cm³sec, also der aus der Volumeneinheit austretende Strahlungsfluß kontinuierlicher Strahlung im Falle optisch dünner Schicht

$$4\,\pi\,\varepsilon = \Phi^*_{e\,\text{Kont.}} = \bar{\varkappa}\, 4\,\pi \int_0^\infty S_\lambda\, d\lambda\,,$$

$$\boxed{\Phi^*_{e\,\text{Kont.}} = \bar{\varkappa}\, a\, c\, T^4} \tag{8}$$

a $= 7{,}64 \cdot 10^{-15}$ erg/cm³ grad⁴, $c = 3 \cdot 10^{10}$ cm/sec.

Um aus einer Leuchtdichtemessung allein auf die Temperatur schließen zu können, ist es notwendig, die Abhängigkeit des Absorptionskoeffizienten $\bar{\varkappa}$ von der Temperatur zu kennen.

Wollte man den Absorptionskoeffizienten für Xenon theoretisch berechnen, so müßte man folgendermaßen vorgehen[4]: Auf Grund quantenmechanischer Rechnungen müßte die Abhängigkeit des Absorptionskoeffizienten $a_{n,\nu}$ eines Atoms (Wasserstoff, Xenon) im n-ten Quantenzustand von der Frequenz ν des Lichtes bekannt sein.

Diese Ausdrücke a für die verschiedenen Quantenzustände n müßten multipliziert werden mit der Zahl der jeweiligen Atome im n-ten Quantenzustand, pro Atom im Grundzustand gerechnet.

Die Zahl der Atome im n-ten Quantenzustand, pro Atom im Grundzustand, ist nach der BOLTZMANNschen Formel

$$n^2\, e^{-(E_1 - E_n)/kT}\,;$$

auf je ein Atom im Grundzustand ($n = 1$, Ionisierungsenergie E_1) kommen so viel Atome im n-ten Quantenzustand. Die jeweiligen Gewichte der verschiedenen Zustände sind hierbei noch nicht berücksichtigt, was später noch durch einen Faktor geschehen muß[5].

Multiplikation und anschließende Summation über n würde dann den gesamten atomaren Absorptionskoeffizienten liefern:

$$\varkappa_\nu = C\, e^{-E_1/kT} f(\nu)\, \Sigma\, g\,(n)\, e^{E_n/kT}\,. \tag{9}$$

Hierbei ist $f(\nu)$ durch die (für Xenon unbekannte) Funktion $a\,(n, \nu)$ bedingt, $g\,(n)$ durch $a\,(n, \nu)$ sowie durch die BOLTZMANNformel. Zur Berechnung von $\varkappa_\nu$

[4] A. UNSÖLD: Physik der Sternatmosphären, Berlin 1938.
[5] A. UNSÖLD: Ann. d. Physik, Bd. 33 (1938) S. 607.

müßte auch noch die sogenannte „erzwungene Emission“ berücksichtigt werden, was nach der Theorie durch Anbringen des Faktors $(1 - e^{-h\nu/kT})$ geschieht, der in unserem Falle praktisch gleich 1 ist; die PLANCK-Funktion kann durch das WIENsche Gesetz ersetzt werden.

Wir wollen die Beobachtungen durch Annahme eines konstanten Absorptionskoeffizienten deuten, also $f(\nu)\Sigma$ als nur gering frequenzabhängig ansehen. In gleicher Weise zeigen übrigens auch die Beobachtungen an der Sonnenatmosphäre (in der neben Wasserstoff und Helium maßgeblich das H^--Ion wirksam ist) eine über das optische Gebiet hinaus ins Ultrarote hineinreichende gute Konstanz des Absorptionskoeffizienten, so daß auch hier für viele Zwecke mit großer Annäherung der Absorptionskoeffizient als konstant angenommen werden kann[4]. Eine kritische Betrachtung dieser Annahme folgt am Schluß der Arbeit.

Nach Multiplikation des atomaren $\varkappa_\nu$ mit der Zahl der Atome pro cm³ $\frac{p}{kT}$ erhält man somit einen Ausdruck für den mittleren Absorptionskoeffizienten $\bar{\varkappa}$ in cm⁻¹:

$$\boxed{\bar{\varkappa} = K \frac{p}{T^m} e^{-eV_i/kT}} \tag{10}$$

Für m ist gemäß der KRAMERSschen Theorie[4] der Wert 3 anzusetzen, während die SAHA-Gleichung $(\Phi_e^* \sim n_e n_i)$ den Wert $m = 3{,}5$ liefert. Der Unterschied ist unwesentlich; wir entscheiden uns für $m = 3$.

Für die theoretisch einfach zu behandelnde zylindrische Bogensäule der wassergekühlten Xenon-Hochdrucklampe von 6000 Watt (Type XBF 6001) läßt sich die Temperatur durch Betrachtung der umgesetzten elektrischen Energie über die SAHA-Gleichung berechnen. Aus Leuchtdichtemessungen und Messungen der durch das Kühlwasser abgeführten Energie läßt sich auf diese Weise bei dem einfachen zylindrischen Bogen die Konstante K bestimmen, die nun ihrerseits bei den Kurzbogenlampen dazu verwendet werden kann, allein aus Leuchtdichtemessungen auf die Temperatur zu schließen.

2. Die Bestimmung der Temperatur der Bogensäule einer wassergekühlten Xenon-Hochdrucklampe.

Zur Durchführung der folgenden Betrachtungen wird der zylinderförmige Bogen durch einen gleichförmigen Bogen („Effektivbogen“) konstanter („effektiver“) Temperatur T_{eff} vom („effektiven“) Radius R_{eff} ersetzt[6], was, wie die Ergebnisse zeigen werden, im Falle der wassergekühlten Xenon-Hochdrucklampen mit sehr großer Näherung zulässig ist. Gefordert wird, daß der effektive Bogen dieselbe elektrische Leistungsaufnahme und dieselbe Abstrahlung aufweist wie der wirkliche Bogen. Auf Grund der ELENBAAS-HELLERschen Differentialgleichung für zylinderförmige Entladungen, die nichts anderes darstellt als den Energiesatz, ist

$$R_{\text{eff}}^2\, j\, (T_{\text{eff}}) = \int_0^{R_0^2} j\, d r^2\,, \tag{11a}$$

$$R_{\text{eff}}^2\, \Phi_e^*\, (T_{\text{eff}}) = \int_0^{R_0^2} \Phi_e^*\, d r^2 \tag{11b}$$

[6] W. ELENBAAS: The High Pressure Mercury Vapour Discharge, Amsterdam 1951.

(j Stromdichte in A/cm², Φ_e^* Energie der Strahlung in erg/cm³ sec, R_0 Radius der Kapillare)$^+$.

Der Radius R_{eff} läßt sich aus der Messung der Leuchtdichteverteilung $I\,(z)$ des Bogens bestimmen (siehe Abb. 6). Aus $I\,(z)$ wird mittels der ABELschen Integralgleichung[7, 6] $i\,(r)$ berechnet; diese Kurve kann, wie aus der Herleitung der ABELschen Integralgleichung hervorgeht, mit $\Phi_e^*\,(r)$ identifiziert werden.

Für eine vorgegebene Leistung (etwa 6000 W) unterscheiden sich rein numerisch (ohne Rücksicht auf die Dimension) Φ_e^* und B' nur durch einen Zahlenfaktor. Daher kann $i\,(r)$ (abgesehen von diesem Faktor) mit $B'\,(r)$ identifiziert werden, so daß (11 b) geschrieben werden darf

$$R_{\text{eff}}^2\, B'\,(T_{\text{eff}}) = \int_0^{R_0^2} B'\, d\, r^2\,. \tag{11c}$$

Da das schließliche Ergebnis zeigt, daß die Temperatur über den größten Teil des Radius R_0 des Zylinderbogens sich nur wenig ändert (Abb. 6), ist der Faktor über diesen größten Teil des Radius konstant, wie durch Vergleich von (7′) und (8) für Temperaturen zwischen 6000° und 6500° sofort folgt, so daß Gleichung (11c) entsprechend (11b) zu Recht besteht^{++}.

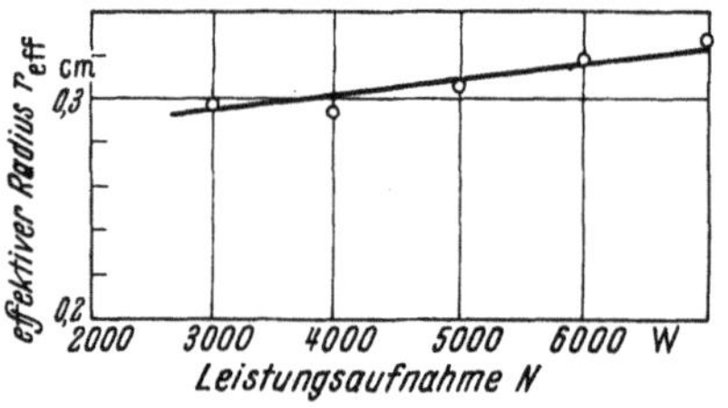

Abb. 2. Abhängigkeit des effektiven Radius der Bogensäule von der elektrischen Leistungsaufnahme.

$B'\,(T_{\text{eff}}) = B'_{\text{eff}}$ sowie B'_{max} liefert die Messung, $B' = B'\,(r)$ daraufhin die Rechnung über die ABELsche Gleichung, damit (11c) schließlich R_{eff} noch vor jeder weiteren Kenntnis der Zustandsgrößen.

Abb. 2 zeigt die Abhängigkeit des errechneten effektiven Radius von der Leistung. R_{eff} nimmt mit steigender Leistung zu, was auch zu erwarten ist. Der Innendurchmesser der Kapillare beträgt 0,68 cm, ihr Radius R_0 also 0,34 cm. Bei größerer Leistung ist die Wärmeabfuhr des Bogens größer; diese Vergrößerung kann nur durch Erhöhung des Temperaturgradienten am Rande bewerkstelligt werden, was notwendigerweise zu einer Zunahme des effektiven Radius führen muß.

Nun sind auch $V_{\text{eff}} = \pi\, R_{\text{eff}}^2\, l$ (l Länge der Säule), $F_{\text{eff}} = 2\, R_{\text{eff}}\, l$, $\bar{l} = \frac{\pi}{2}\, R_{\text{eff}}$ ($\bar{l}$ mittlere geometrische Weglänge) für verschiedene elektrische Leistungen bekannt.

Der folgende Weg der Berechnung der (Elektronen-) Temperatur aus aufgenommener elektrischer Energie und SAHA-Gleichung ist schon von P. SCHULZ[8] beschritten worden, wenn auch in technisch etwas anderer Form als hier.

Aus

$$j = e\, n_e\, b_e\, E \tag{12}$$

$^+$ Zwecks Berücksichtigung der Linienstrahlung setzen wir

$$\Phi_e^* = 1{,}2\, \Phi_{e\,\text{Kont.}}^*$$

[7] H. HÖRMANN: Zschr. f. Physik, Bd. 97 (1935) S. 539.

$^{++}$ Aus (7′) und (8) ergibt sich

$$\Phi_{e\,\text{Kont.}}^* = \left(\frac{ac}{\bar{l}}\right)\left(\frac{T^4}{B}\right) B'\,,$$

mithin für das obige Temperaturintervall mit sehr großer Näherung

$$\Phi_e^* = \text{const} \cdot B'.$$

[8] P. SCHULZ: Ann. d. Physik (6) Bd. 1 (1947) S. 319.

(n_e Zahl der Elektronen pro cm³, E Feldstärke) folgt schließlich unter Zugrundelegung der Formel für die Beweglichkeit b_e[9, 10]

$$b_e = \sqrt{\frac{6}{\pi}} \, \frac{e\,\lambda_e}{\sqrt{3\,m\,k\,T}}^{+} \tag{13}$$

(λ_e freie Weglänge der Elektronen) für die Energiekonzentration pro cm³ L^* bei Heranziehung der SAHA-Gleichung für n_e

$$L^* = j\,E = (C_1\,p^{-1/2}) \left[\left(\frac{e\,V_i}{k}\right)^{3/4} E^2\right] \vartheta^{3/4}\, e^{-1/2\,\vartheta}. \tag{14}$$

Hierbei ist

$$\vartheta = \frac{k\,T}{e\,V_i}$$

die sogenannte „reduzierte Temperatur"[9],

$$C_1 = \frac{\text{const}}{Q_a + \frac{n_i}{n_a} Q_i} \tag{14'}$$

ist bedingt durch[8]

$$\lambda_e = \frac{1}{n_a} \, \frac{1}{Q_a + \frac{n_i}{n_a} Q_i} \tag{13'}$$

und die auftretenden atomaren Konstanten, wobei Q_a den Atomquerschnitt, Q^i den Ionenquerschnitt, n_a die Zahl der Atome, n_i die Zahl der Ionen pro cm³ bedeuten.

Die gesamte in der Entladung umgesetzte elektrische Leistung N ist bekannt. Ein (sehr kleiner) Prozentsatz der Leistung N geht als Elektrodenverlust verloren. Es ist daher $N_{Bg} = F\,N$. Der Wert von F ist nicht sehr sicher, so daß die Errechnung der Konstanten K um den Faktor 1,05 bis höchstens 1,1 unsicher sein kann, was für die schließlich ins Auge gefaßte Temperaturbestimmung eine Unsicherheit von etwa 15° bis 25° zur Folge hat.

Aus

$$\frac{N_{Bg}}{V_{\text{eff}}} = L^* \tag{15}$$

---

[9] W. WEIZEL u. R. ROMPE: Theorie elektr. Lichtbögen und Funken, Leipzig 1949.

[10] W. WEIZEL: Lehrbuch der theoret. Physik, Bd. II, Berlin 1950.

+ Die häufig gebrauchte LANGEVINsche Beweglichkeitsformel[11], die statt $\sqrt{\frac{6}{\pi}}$ den Faktor 0,81 enthält, stellt die Verhältnisse sicherlich nicht gut dar, da sie mit Hilfe von Betrachtungen über Diffusionsvorgänge abgeleitet ist. Im elektrischen Feld werden die Elektronen jedoch zwischen zwei Zusammenstößen mit Gasatomen beschleunigt, während bei der Diffusion dies nicht der Fall ist. Auf diesen Punkt hat H. F. MAYER[12] hingewiesen. Der Ausdruck (13) entspricht vollständig Betrachtungen von LENARD und H. F. MAYER[13], spezialisiert auf den Fall des Elektrons als stoßendes Teilchen ($m \ll M$).

[11] P. LANGEVIN: Ann. d. Chem. et de Physik (7) Bd. 81 (1905) S. 245.

[12] H. F. MAYER: Ann. d. Physik, Bd. 62 (1920) S. 358.

[13] P. LENARD u. H. F. MAYER: Ann. d. Physik, Bd. 60 (1919) S. 329; Ann d. Physik, Bd. 61 (1920) S. 665.

ist die linke Seite der Gleichung (14) berechenbar; damit ϑ und damit die Temperatur, wenn nur die Abhängigkeit von Q_a und Q_i (Atom- und Ionenquerschnitt) von der Temperatur erfaßbar ist.

Nun ist nach WEIZEL[10]

$$b_e = \frac{e}{m} \overline{\left(\frac{\lambda_e}{v}\right)}. \tag{16}$$

Die Mittelung über die MAXWELLsche Geschwindigkeitsverteilung der Elektronen[14] liefert somit entsprechend (13′)

$$b_e = \frac{e}{m} \frac{1}{n_a} \int_0^\infty \frac{1}{\left(Q_a + \frac{n_i}{n_a} Q_i\right) v} \frac{4}{\sqrt{\pi}} \frac{v^2}{w^3} e^{-\frac{v^2}{w^2}} \, dv, \tag{17}$$

wobei

$$w = \sqrt{\frac{2kT}{m}}.$$

Die Beweglichkeitsformel (13) entsteht hieraus einfach dadurch, daß

$$Q = Q_a + \frac{n_i}{n_a} Q_i$$

als konstant angenommen und die Integration dann ausgeführt wird.

Q_a ist durch RAMSAUERS Messungen als bekannt anzusehen[15], Q_i kann — entsprechend dem Vorgehen von GVOSDOVER[16] — mittels Anwendung der (auf Elektronen bezogenen) RUTHERFORDschen Streuformel angesetzt werden zu

$$Q_i(v) = \mu \, 2\pi \frac{e^4}{m^2 v^4} \ln\left(1 + \frac{m^2 v^4}{e^4 n_i^{2/3}}\right). \tag{18}$$

Hierbei ist μ ein empirischer Faktor, der sich aus dem Vergleich mit dem von MAECKER und PETERS[17] an Wasserstoff ermittelten Resultaten ergibt.

MAECKER und PETERS haben den Querschnitt von Wasserstoffionen bei hohen Temperaturen bestimmt und als Ergebnis gefunden, daß man die durch die Ionen bedingte Elektronenbeweglichkeit $b_e^{(I)}$ in der Form

$$b_e^{(I)} = \sqrt{\frac{6}{\pi}} \frac{e}{\sqrt{3mkT}} \frac{1}{n_i \, a \, \frac{\pi}{2} \frac{e^4}{(kT)^2} \ln\left(\frac{3kT}{2e^2 n_i^{1/3}}\right)} \tag{19}$$

darstellen kann, wobei a ein empirischer Zahlenfaktor und der mit a multiplikativ verbundene Ausdruck die von GVOSDOVER angegebene Formel für den Ionenquerschnitt ist.

Für a ist von den Autoren als Durchschnittswert $\sqrt{\frac{6}{\pi}} \cdot 0{,}55 = 0{,}76$ angegeben worden, bezogen auf die Beweglichkeitsformel (19). Die veröffentlichten Messungen zeigen, daß a mit fallender Temperatur stetig abnimmt. Wir haben diese Abnahme als reell angesehen und mittels Extrapolation einen Wert $a = 0{,}55$ für Temperaturen von der Größenordnung 6500° angesetzt, wie sie in dem von uns betrachteten Bogen tatsächlich vorkommen, wiederum bezogen auf die Beweglichkeitsformel (19).

---

[14] G. MIERDEL: Wiss. Veröff. Siemens, Bd. 17 (1938) S. 277.

[15] C. RAMSAUER u. R. KOLLATH: Hdbch. d. Physik XXII, 2, Berlin 1933.

[16] S. D. GVOSDOVER: Phys. Zschr. Sowj. Bd. 12 (1937) S. 164.

[17] H. MAECKER u. T. PETERS: Zschr. f. Phys. Chemie Bd. 198 (1951) S. 318.

Dann läßt sich ein empirischer Faktor μ bestimmen mittels der Forderung, daß entsprechend (17) und (18)

$$b_e^{(I)} = \frac{e}{m} \frac{1}{n_i} \int_0^\infty \frac{1}{Q_i(v)\, v} \frac{4}{\sqrt{\pi}} \frac{v^2}{w^3} e^{-\frac{v^2}{u^2}} dv \tag{20}$$

gleich dem aus (19) folgenden Wert für $b_e^{(I)}$ sein soll.

Es ergibt sich μ zu 0,40 mit ganz geringer Änderung zwischen 5500° und 7000°, die vernachlässigt werden kann.

Da der Durchmesser des Xenonatoms von der Größenordnung 10^{-8} cm, die Entfernung $n_i^{-1/3}$, bis zu der die Wirksamkeit jedes einzelnen Xenonions angesetzt werden darf, von der Größenordnung 10^{-6} cm ist, so ist der Durchmesser des Atoms gegenüber der wirksamen Strecke der COULOMBfelder als klein anzusehen. Infolgedessen darf das von MAECKER und PETERS an Wasserstoffionen gefundene Ergebnis auf Xenonionen übertragen werden; auch die häufig benutzte, von GVOSDOVER angegebene Formel macht keinen Unterschied zwischen Ionen verschiedener Elemente. Weiterhin kann gezeigt werden, daß Raumladungserscheinungen, die zu einer Modifizierung des COULOMBschen Gesetzes in der Form $\frac{e}{r} e^{-r/D}$ (D DEBYE-Radius)[18] führen würden, wegen ihrer Geringfügigkeit keinerlei Einfluß auf das Ergebnis haben können.

Man kann jetzt formal einen Querschnitt $\overline{Q}$ so definieren, daß dieser, in die Beweglichkeitsformel (13) eingesetzt, denselben Wert für die Beweglichkeit liefert wie die nach (17) unter Berücksichtigung des empirischen Faktors μ ausgeführte exakte Integration.

Nun sind alle Größen bekannt, um aus Gleichung (14) die (Elektronen-) Temperatur T_e zu berechnen und damit die Konstante K aus Leuchtdichtemessung und Messung der abgeführten Wärmeenergie gemäß der oben entwickelten Theorie zu bestimmen. Die Rechnung liefert für $\overline{Q}$ Werte zwischen $4{,}0 \cdot 10^{-16}$ cm² bei 5500° und $9{,}8 \cdot 10^{-16}$ cm² bei 7000°. Aus Gleichung (14) lassen sich nun aus L^* die zugehörigen Temperaturen T_e berechnen, damit die Konstante K bestimmen.

Die erste vorläufige Berechnung in dieser Form ergab für K den empirischen Wert

$$\boxed{K = 2{,}3 \cdot 10^{11}} \tag{21}$$

wenn p in *dyn*, $\bar{\varkappa}$ in cm^{-1} gemessen wird, bezogen auf Xenon.

Aus T_{eff} und $\bar{\varkappa}$ ist für jede im Bogen umgesetzte Leistung N gemäß (8) die pro Volumeneinheit entwickelte Strahlungsenergie des Kontinuums $\Phi^*_{e\,\text{Kont.}}$ berechenbar und mit der wirklichen vom Bogen gelieferten Strahlung (bestimmt aus der Differenz der aufgenommenen elektrischen Leistung und der durch das Kühlwasser abgeführten Wärmeleistung) vergleichbar. Dabei müssen die Absorptionsverhältnisse im Quarzmantel natürlich Berücksichtigung finden, weiterhin muß dem Hinzukommen der Linienstrahlung Rechnung getragen werden. Die unter diesen Gesichtspunkten durchgeführten Rechnungen ergeben volle Übereinstimmung mit den Messungen.

Gemäß (8) und (10) läßt sich aus

$$\Phi^*_{e\,\text{Kont.}} = (K\, a\, c\, p\, T)\, e^{-e V_i / k T} \tag{23}$$

aus der Kurve $i\,(r) = \Phi^*_{e\,\text{Kont.}}\,(r)$ die Temperaturcharakteristik für die zylindrische

[18] R. ROMPE u. M. STEENBECK: Erg. d. exakt. Naturw. Bd. 18 (1939).

Bogensäule der wassergekühlten Xenon-Hochdrucklampe (Type XBF 6001 für Gleichstrom) berechnen unter Zugrundelegung der folgenden Daten:

Stromstärke I	38,8 A
Brennspannung U........	154,5 V
Leistungsaufnahme N_L ...	6000 W
Bogenlänge..............	111 mm
Innendurchmesser $2\,R_0$ ...	6,8 mm
Fülldruck (kalt)..........	0,95 Atm.

Die folgenden Abb. 3, 4, 5 zeigen die effektive Leuchtdichte, den Anteil der abgeführten Wärmeleistung und daraus berechnet die effektive Temperatur in Abhängigkeit von der gesamten elektrischen Leistung N der Entladung.

Abb. 6, beruhend auf der Messung der Leuchtdichteverteilung $I(z)$ zeigt, daß die Temperatur weitgehend als konstant angesehen werden kann und erst nahe dem äußersten Rand der Entladung steil abfällt. Dieser steile Abfall ist qualitativ verständlich,

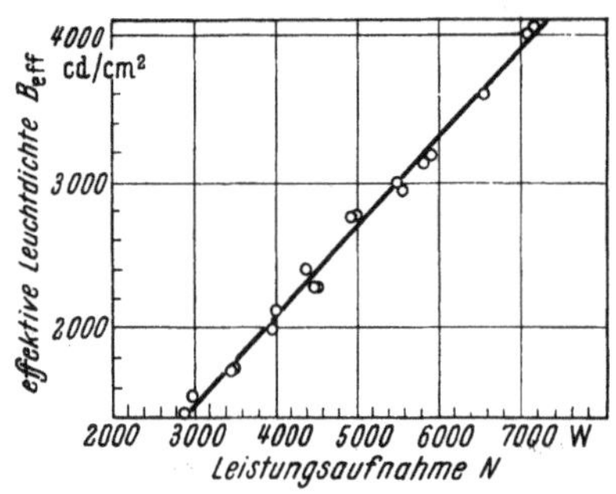

Abb. 3. Effektive Leuchtdichte in Abhängigkeit von der Leistungsaufnahme einer XBF-6001-Lampe.

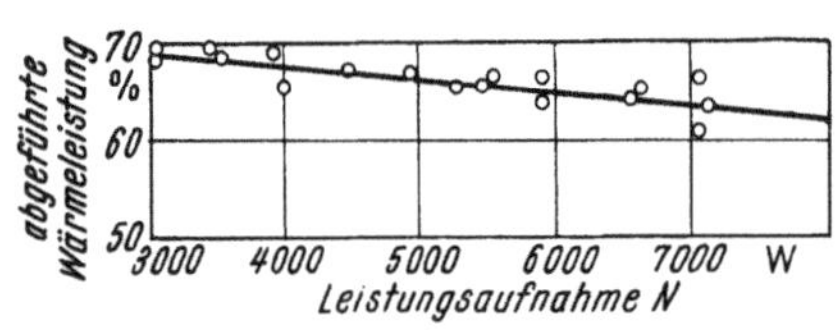

Abb. 4. Durch das Kühlwasser abgeführte Wärmeleistung in Abhängigkeit von der elektrischen Leistungsaufnahme.

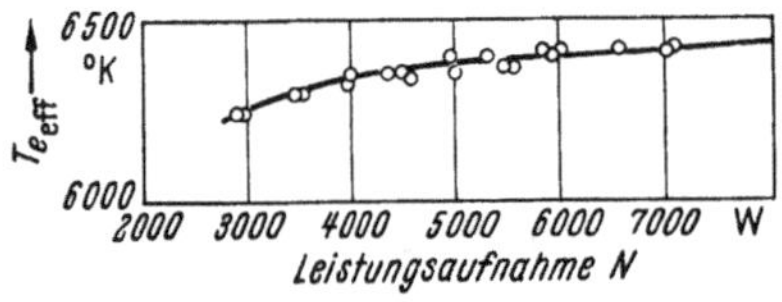

Abb. 5. Die effektive Temperatur im Bogen der XBF-6001-Lampe in Abhängigkeit von der Leistungsaufnahme.

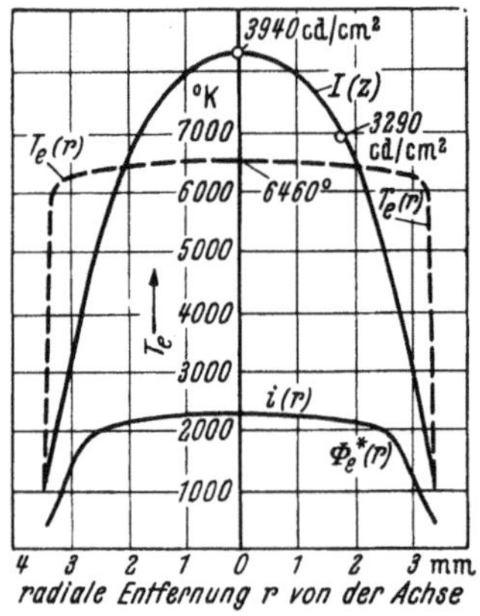

Abb. 6. Temperatur und Strahlung als Funktion von r bei der XBF-6001-Lampe.

da infolge der großen abgeführten Wärmeenergie Q bei den Hochleistungslampen gemäß

$$Q = 2\,\pi\,r\,l\,\sigma\,(T)\,\frac{dT}{dr} \tag{24}$$

der Temperaturgradient der „dunklen ringförmigen Zone“ notwendigerweise sehr groß sein muß. Tatsächlich ergibt sich nach genauer Untersuchung des Wärmeleitungskoeffizienten σ für Xenon auf Grund der großen Q-Werte dieselbe Folgerung. Dies zeigt weiterhin, daß bei den wassergekühlten Xenon-Hochdrucklampen Konvektionserscheinungen in radialer Richtung, die zu einer starken Erhöhung des Wärmeleitungskoeffizienten σ (im Sinne des Austauschkoeffizienten der Turbulenztheorie) führen würden, zweifellos keine wesentliche Rolle spielen. Im Zylinderbogen einer wassergekühlten Lampe findet die Energieableitung in radialer Richtung lediglich durch atomare Wärmeleitung statt, ein Ergebnis, das für spätere Integrationen der ELENBAAS-HELLERSCHEN Gleichung bedeutungsvoll ist.

Die Temperaturcharakteristik läßt nun eine genaue Bestimmung eines mittleren Druckes $\bar{p}$ $(\bar{T}_e)$ und der mittleren Temperatur $\bar{T}_e$ zu, da

$$\bar{p}\,(\bar{T}_e)\int_0^{R_0}\frac{2\,\pi\,r}{T_e\,(r)}\,dr=\pi\,R_0^2\,\frac{p_f}{T_f}\,,\qquad (25\text{a})$$

$$\frac{\pi\,R_0^2}{\bar{T}_e}=\int_0^{R_0}\frac{2\,\pi\,r}{T_e\,(r)}\,dr\qquad (25\text{b})$$

(p_f Fülldruck, T_f Fülltemperatur) sein muß.

Die Rechnung ergibt einen Druck $\bar{p}$ $(\bar{T}_e)$ = 20,1 Atm. gegenüber p_{eff} = 21,1 Atm., eine mittlere Temperatur $\bar{T}_e = 6110°\,K$ gegenüber einer effektiven Temperatur $T_{e\,\text{eff}} = 6400°$ K. Aus $\bar{p}$ $(\bar{T}_e)$ ergibt sich der wahre mittlere Gasdruck $\bar{p}_g$ auf Grund einer Abschätzung entsprechend dem Vorgehen von ELENBAAS[6], daß die Differenz zwischen Elektronentemperatur und Gastemperatur $T_e - T_g$ etwa 200° beträgt. Dies liefert einen Druck $\bar{p}_g$ von der Größe 19,5 Atm. Der Faktor 1,08, um den sich p_{eff} und $\bar{p}_g$ unterscheiden, macht eine Verbesserung der Konstanten K um denselben Faktor notwendig, die bei der obigen Angabe (21) bereits berücksichtigt worden ist. p_{eff} und $\bar{p}$ $(\bar{T}_e)$ unterscheiden sich nur um den Faktor 1,05; dies zeigt wiederum die gute Darstellbarkeit des Bogens einer wassergekühlten Xenon-Hochdrucklampe durch das Kanalmodell.

Bei Kenntnis der Temperaturen kann man mit Hilfe von (8) auf die Größe des Wärmedurchflusses durch die Quarzwand und damit auf die Belastung der Quarzwand sowie auf ihre Innentemperatur schließen.

Für eine luftgekühlte Xenon-Hochdrucklampe[19] wurden folgende Werte gefunden (s. Abb. 7):

	Leuchtdichte	$T_{e\,\text{eff}}$
Plasmakugel	473 000 cd/cm²	9 800° K
Anodenteil (Säulenanfang) ..	50 000 cd/cm²	7 750° K

Es wurde ein Betriebsdruck von 24 Atm. als Fülldruck aus Innentemperatur der Quarzwand, Temperatur von Bogen und Elektroden sowie den Gefäßabmessungen berechnet. Wie aus der Zeichnung zu ersehen, ist das Resultat nur verhältnismäßig wenig abhängig vom zugrunde gelegten Innendruck.

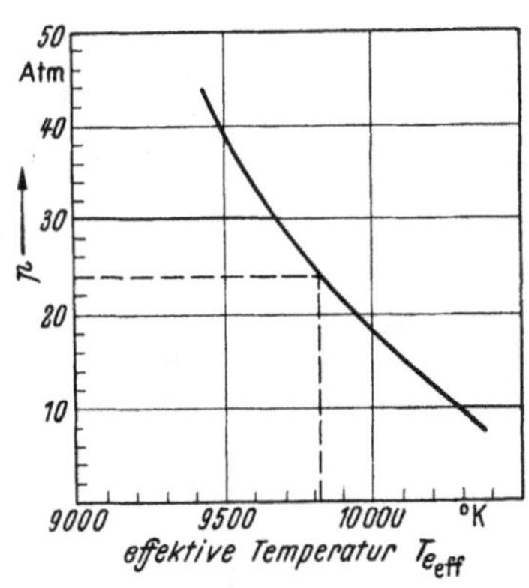

Abb. 7. Diagramm zur Berechnung der effektiven Temperatur der Plasmakugel in der XBO-2001-Lampe.

Bei der Berechnung der Plasmatemperatur ist eine mögliche Verkleinerung der wirksamen Ionisierungsenergie gegenüber der des wassergekühlten Bogens noch nicht berücksichtigt worden. Dies könnte die Temperatur der Plasmakugel um schätzungsweise 300° erniedrigen.

Eine vorläufige Übersicht über die Verhältnisse gibt die folgende Tabelle.

Die Tabelle zeigt anschaulich das gewaltige Ansteigen des $\bar{\varkappa}$ und des Φ_e^* mit der Temperatur, damit verbunden das der Leuchtdichte B'_{eff}. Dennoch ist insgesamt gesehen infolge des viel größeren leuchtenden Volumens der wasser-

[19] K. LARCHÉ: Zschr. f. Physik Bd. 132 (1952) S. 544.

gekühlten XBF-Lampe der ausgestrahlte Strahlungsfluß Φ_e bei dieser natürlich größer als bei der XBO-Lampe. Besonders deutlich erscheint die außerordentliche Energiekonzentration, verbunden mit sehr großer Leuchtdichte, bei der Plasmakugel der XBO 2001.

	B'_{eff} [cd/cm²]	$T_{e\,\text{eff}}$ [°K]	$\bar{\tau} = \bar{\varkappa}\,\bar{l}$	Absorptionsvermögen $1 - e^{-\bar{\tau}}$	$\bar{l}$ [cm]	$\bar{\varkappa}$ [cm⁻¹]	$\Phi_e^* = 1{,}2\Phi_{e\,\text{Kont.}}^*$ [kW/cm³]
XBF 6001	3 290	6 400	0,012	1,2 %	0,493	0,024	1,0
XBO 2001 Anodenteil (Säulenanfang)	50 000	7 750	0,094	9,0 %	0,180	0,522	~ 50
XBO 2001 Plasmakugel	473 000	9 800	0,519	40,5 %	0,055	9,25	~ 1850⁺
	V_{eff} [cm³]	$\Phi_e = \Phi_e^*\,V_{\text{eff}}$ [kW]	n_e [cm⁻³]	n_a [cm⁻³]	$\frac{n_e}{n_a}$		
XBF 6001	3,41	3,41	$2{,}1 \cdot 10^{16}$	$2{,}38 \cdot 10^{19}$	0,9‰		
XBO 2001 Anodenteil (Säulenanfang)	—	—	$13{,}9 \cdot 10^{16}$	$2{,}28 \cdot 10^{19}$	6,1‰		
XBO 2001 Plasmakugel	$1{,}3 \cdot 10^{-4}$	0,24⁺	$87{,}8 \cdot 10^{16}$	$1{,}80 \cdot 10^{19}$	48,7‰		

⁺ Anm. bei der Korrektur: Berechnet unter Berücksichtigung der optischen Tiefe der Plasmakugel nach entsprechender Modifizierung der Gleichung (8).

3. Kritische Betrachtung der Arbeitshypothese.

Die Behandlung des Xenon-Hochdruckbogens als Graustrahler stützt sich, wie schon erwähnt, auf Beobachtungsresultate verschiedener Autoren. Gleichung (1), die bedeutet, daß die Xenonsäule als idealer Graustrahler aufgefaßt wird, ist jedoch nicht die einzige, die die Beobachtungsresultate erklären würde. Vielmehr ist auch ein Ansatz

$$\varkappa_\lambda = \bar{\varkappa}\, e^{a/\lambda} \tag{26}$$

möglich, der den Beobachtungsresultaten ebenfalls gerecht werden würde[20].

Dies ist dadurch bedingt, daß das PLANCKsche Gesetz innerhalb des interessierenden Bereiches bei den auftretenden Temperaturen durch das WIENsche Gesetz aproximiert werden kann, da $e^{c_2/\lambda T} \gg 1$. Infolgedessen kann geschrieben werden

$$S_\lambda = \frac{2\,c_1}{\lambda^5}\, e^{-c_2/\lambda T}, \tag{27}$$

und damit ergibt sich (für den Fall optisch dünner Schicht, der bei der wassergekühlten Lampe vorliegt) bei Anwendung von (5''')

$$S_\lambda'\, d\lambda = (\bar{\varkappa}\,\bar{l})\, \frac{2\,c_1}{\lambda^5}\, e^{\frac{\alpha}{\lambda} - \frac{c_2}{\lambda T}}\, d\lambda\,, \tag{28}$$

[20] O. REEB u. M. RICHTER: Licht-Technik Bd. 2 (1950) H. 7, S. 186 u. H. 8, S. 205.

was formal unter Einführung einer „Verteilungstemperatur" T_v + auch geschrieben werden kann[21]

$$S_\lambda' \, d\lambda = (\bar{\varkappa} \bar{l}) \, \frac{2 \, c_1}{\lambda^5} \, e^{-\frac{c_2}{\lambda T_v}} \, d\lambda \,, \tag{29}$$

wobei

$$\frac{1}{T} - \frac{1}{T_v} = \frac{\alpha}{c_2} \,. \tag{30}$$

Gleichung (29) zeigt, daß ein Strahler auch dann eine Intensitätsverteilung proportional dem WIENschen (in unserem Falle also praktisch proportional dem PLANCKschen) Strahlungsgesetz haben kann, wenn der Strahler kein absolut grauer Strahler ist im Sinne der Definition (1), sondern ein Selektivstrahler gemäß (26). Unserer ursprünglichen Annahme entspricht $\alpha = 0$, mithin $T_v = T$; ist $\alpha \neq 0$, so ist die Verteilungstemperatur T_v nicht gleich T.

Die KRAMERSsche Theorie, auf das Xenonatom analogiemäßig übertragen, würde, wenn man die Summation über die Absorptionskanten in (9) durch eine Integration ersetzen würde, eine Abhängigkeit des Absorptionskoeffizienten im Sinne des reziproken PLANCKschen Strahlungsgesetzes fordern. Dies würde die Emission ε_ν unabhängig machen von der Frequenz; entsprechend wäre ε_λ proportional $\frac{1}{\lambda^2}$ [5].

Dies steht offensichtlich beim Xenonbogen mit den Tatsachen im Widerspruch. Auch in der Sonnenatmosphäre zeigt sich übrigens, daß $\varkappa_\nu$ im optischen Gebiet und auch noch im Ultraroten mit großer Näherung als konstant angesehen werden kann. Abb. 8 stellt die Verhältnisse nach UNSÖLD[4] dar.

Die gestrichelte Kurve zeigt die von UNSÖLD aus Beobachtungen erschlossene Abhängigkeit des $\varkappa_\nu$ von der Frequenz ν in der Sonnenatmosphäre, während die ausgezogene Kurve das reziproke PLANCKsche Gesetz darstellt im Sinne der Theorie von KRAMERS-UNSÖLD. In der Sonnenatmosphäre ist maßgebend der Einfluß des H^--Ions, dessen Absorptionskoeffizient von STRÖMGREN[22] (nach quantenmechanischen Rechnungen von MASSEY und BATES[23]) für das Gebiet zwischen 3000 Å und 7000 Å konstant gesetzt wurde. Der Widerspruch der Theorie gegenüber den Beobachtungen an Xenonentladungen dürfte in der Hauptsache durch das Ersetzen der Summation in (9) durch eine Integration zu suchen sein, abgesehen davon, daß der atomare Absorptionskoeffizient nur für Wasserstoff, nicht aber für Xenon bekannt ist. Der Wert α in (26), nach KRAMERS von der Größe $\frac{c_2}{T}$, muß also sicherlich viel kleiner sein, als diesem Wert entspricht.

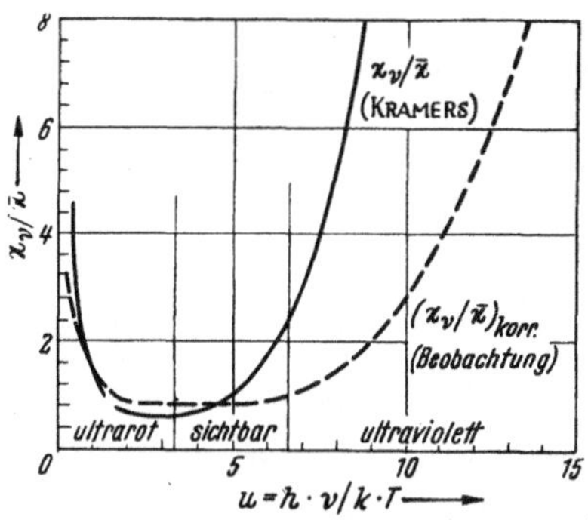

Abb. 8. $\frac{\varkappa_\nu}{\bar{\varkappa}}$ in der Sonnenatmosphäre (nach UNSÖLD, Physik der Sternatmosphären, Berlin 1938).

+ Früher als „Farbtemperatur" T_f bezeichnet.

[21] F. RÖSSLER: Zschr. f. angew. Physik (2) Bd. 4 (1950) S. 161.

[22] B. STRÖMGREN: Tables of Model Stellar Atmospheres, København 1944.

[23] H. S. W. MASSEY u. D. R. BATES: Ap. J. Bd. 91 (1940) S. 202.

Die Größe α könnte beim Xenon ermittelt werden, wenn die Verteilungstemperatur T_v der Xenonsäule bekannt wäre. Da sich T aus der SAHA-Gleichung mit großer Genauigkeit finden läßt (unter möglicher Berücksichtigung der Differenz zwischen Gastemperatur T_g und Elektronentemperatur T_e), ließe sich α bei Kenntnis von T_v aus (30) berechnen; damit ließe sich die Güte der ursprünglichen Arbeitshypothese, $\alpha = 0$ und damit $T_v = T$ zu setzen, angeben.

Nun haben BAUM und DUNKELMAN[2] für eine Kurzbogen-Lampe eine Verteilungstemperatur von 6600° gefunden, während nach Messungen im Farbforschungslaboratorium des Materialprüfungsamtes (Leitung Dr. M. RICHTER) für einige Xenon-Hochdruckbögen von Versuchslampen entsprechende Temperaturen zwischen 5900° und 7200° bestimmt worden sind. Diese Werte stimmen nahezu überein mit den von uns gefundenen Temperaturen, die als Elektronentemperaturen aufzufassen sind, während die Gastemperaturen noch etwas tiefer liegen müssen. Dabei muß übrigens beachtet werden, daß die Absorption im Quarzkolben möglicherweise zu einer nicht unbeträchtlichen Erniedrigung der aus der Intensitätsverteilung erschlossenen Verteilungstemperatur führen kann, da nach GÖING[24] u. U. die Absorption bei älteren Lampen, besonders im kurzwelligen Teil des Spektrums, erheblich sein kann. Soweit aus den experimentellen Ergebnissen bis jetzt zu ersehen, stimmen T und T_v nahezu überein. Das bedeutet, daß α praktisch gleich Null gesetzt werden darf, daß also die ursprüngliche Arbeitshypothese, den Xenonbogen als idealen Graustrahler ($\varkappa_\nu = \bar{\varkappa} = \text{const.}$) innerhalb des interessierenden Bereichs zu betrachten, eine gute, praktisch brauchbare Näherung darstellt.

Diese Überlegungen mögen numerisch verdeutlicht werden. Gemäß KRAMERS-UNSÖLD[4] ist

$$\varkappa_\nu = K' \frac{p}{T^3} e^{-\frac{eVi}{kT}} \frac{e^{\frac{h\nu}{kT}} - 1}{\left(\frac{h\nu}{kT}\right)^3}, \tag{31}$$

mithin wäre $\alpha = \frac{hc}{kT} = \frac{c_2}{T}$ anzusetzen.

Für $T = 6400°$ wäre also

$$\alpha_{\text{Kramers}} = 225 \cdot 10^{-6}\ \text{cm}\,. \tag{32}$$

Unter der Annahme, daß die Verteilungstemperatur T_v sich von der Temperatur T nur um $-200°$ unterscheidet, wäre andererseits entsprechend (30)

$$\alpha = 7{,}2 \cdot 10^{-6}\ \text{cm}\,. \tag{33}$$

α wäre also in diesem zweiten von uns betrachteten Falle gegenüber dem α_{Kramers} praktisch gleich Null zu setzen.

Diese unsere (aus der Erfahrung gewonnenen) Folgerungen beziehen sich in erster Linie auf das schwere wasserstoffunähnliche Edelgasatom Xenon und dürften auch für das schwere Kryptonatom zutreffen, da P. SCHULZ für eine Krypton-Hochdruckentladung ebenfalls eine der PLANCKschen Funktion ähnliche Intensitätsverteilung gefunden hat[1]. Für leichte Elemente dagegen (Wasserstoff, Sauerstoff, Stickstoff, Kohlenstoff) könnte, wie theoretisch ohne weiteres einzusehen, die KRAMERSsche Theorie unter den Bedingungen des Lichtbogens bessere Resultate liefern (besonders dann, wenn sie stark wasserstoffähnlich sind),

[24] W. GÖING: Zschr. f. Physik Bd. 131 (1952) S. 603.

wie auch aus Arbeiten von MAECKER[25, 26] hervorgeht, der das kontinuierliche Spektrum eines Kohlebogens untersucht und einen Verlauf seiner experimentellen Kurve ähnlich dem der theoretischen gefunden hat.

Auch für höhere Temperaturen als diejenigen des Bogens der wassergekühlten Xenon-Hochdrucklampe dürften die obigen, auf Xenon bezogenen Folgerungen statthaft sein. α ist sicherlich eine Funktion von T ($\alpha = \alpha\,(T)$). Da nach KRAMERS α umgekehrt proportional T ist, so scheint die Annahme berechtigt, daß für höhere Temperaturen α erst recht praktisch gleich Null ist. Auch für Temperaturen der Plasmakugel sollte Gleichung (1) eine gute, praktisch brauchbare Näherung darstellen.

Mit Hilfe der obigen Überlegungen dürfte es also möglich sein, durch genaue Candela- bzw. Leuchtdichtemessungen die Temperaturen zu bestimmen und damit die Energieverhältnisse bei beliebigen Xenonlampen mit praktisch ausreichender Näherung zu beschreiben. Damit wäre ein Verfahren gefunden, auch theoretisch die experimentell gewonnenen Richtlinien für die Dimensionierung von Xenon-Hochdrucklampen sowohl größter elektrischer Leistung als auch höchster Leuchtdichte zu verstehen, andererseits rein theoretische Schlüsse auf Grund der ELENBAAS-HELLERschen Differentialgleichung durch entsprechende Ausdeutung der Versuchsresultate experimentell zu unterbauen.

Herrn Dr. K. LARCHÉ möchte ich für stetige Förderung dieser Arbeit durch viele Diskussionen und zahlreiche Hinweise und Ratschläge meinen herzlichsten Dank aussprechen.

[25] H. MAECKER: Zschr. f. Physik Bd. 114 (1939) S. 500.
[26] H. MAECKER: Zschr. f. Physik Bd. 116 (1940) S. 257.

Die neuen Xenon-Hochdrucklampen*.

Von

K. ITTIG, K. LARCHÉ und F. MICHALK.

Mit 2 Abbildungen.

Während auf dem Gebiet der allgemeinen Beleuchtung die Gasentladungslampe in Gestalt der Quecksilber-Hochdrucklampe, der Mischlichtlampe und der Leuchtstofflampe eine immer größer werdende Bedeutung erhält, behaupten auf dem Gebiet der Scheinwerfer- und Projektionslampen der Kohlelichtbogen

* Zusammenfassender Auszug aus den in den Fußnoten [1] bis [9] angegebenen Vorträgen und Aufsätzen.

[1] K. LARCHÉ: Neue Höchstdrucklampen für Atelier und Vorführung. Vortrag auf der 18. DKG-Vortragssitzung in München, Sept. 1950.

[2] K. LARCHÉ: Neue Lichtquellen für den Farbfilm. Vortrag auf der 216. DKG-Vortragssitzung in Berlin, Okt. 1950.

[3] K. LARCHÉ: Neue Lichtquellen für den Farbfilm. Vortrag auf der LTG-Hauptversammlung in Köln, Nov. 1950.

[4] K. LARCHÉ: Edelgas-Hochdrucklampen für die Projektionstechnik. ETZ Bd. 72 (1951) S. 427—29.

[5] K. LARCHÉ: Neue Lichtquellen für den Farbfilm. Kino-Technik (1951) Nr. 2, S. 33.

[6] Die Xenon-Hochdrucklampe, eine neue Lichtquelle für die Bühne. Bühnentechnische Rundschau Jg. 42 (1952) H. 2, S. 13—14.

[7] K. LARCHÉ: Die neuen Xenon-Hochdrucklampen. VDI-Zeitschrift Bd. 94, 14/15 (1952) S. 453—55.

[8] K. LARCHÉ und K. ITTIG: Xenon-Hochdrucklampen hoher Leuchtdichte. Licht-Technik Bd. 5 (1953), erscheint demnächst.

[9] K. LARCHÉ und F. MICHALK: Wassergekühlte Xenon-Hochdrucklampen. Licht-Technik Bd. 5 (1953), erscheint demnächst.

und die Glühlampe unbestritten das Feld. Da sich nach dem Kriegsende auf dem Projektionsgebiet das Interesse insbesondere auf die Kinotechnik konzentriert, muß auf diesem Gebiet die Entwicklung neuer Lichtquellen Rücksicht auf die Umstellung auf den Farbfilm nehmen. Das bedeutet, daß die Lichtquellen gut an das Tageslicht angeglichen sein müssen. Die vor dem Krieg entwickelten Quecksilber-Höchstdrucklampen hoher Leuchtdichte fanden offenbar wegen ungenügender Farbwiedergabe im Rot und Blau keinen Eingang in die Kinotechnik. Auch der Versuch, durch Zugabe von Kadmium und Zink zur Quecksilberfüllung die Lichtfarbe zu verbessern, hat bisher zu keinem befriedigenden Ergebnis geführt. Man erreicht dabei im Rot erst die Hälfte des erforderlichen Anteiles, während gleichzeitig im Blau bereits ein Überschuß von 50% vorliegt.

Die Hochdruckentladung in Edelgasen.

Nun ist bereits im Kriege auf Grund von Arbeiten von P. SCHULZ bekanntgeworden, daß das Licht der luftgekühlten Höchstdrucklampen bei einer Füllung mit den Edelgasen Krypton oder Xenon ein kontinuierliches Spektrum mit einer sehr guten Angleichung an das Tageslicht besitzt[10]. Nach dem Kriege ist von J. N. ALDINGTON auch über eine wassergekühlte Hochdrucklampe mit Edelgasfüllung berichtet worden[11].

In der Studiengesellschaft konnten wegen der Ungunst der Verhältnisse die vor und im Krieg begonnenen Arbeiten über die Edelgas-Hochdruckentladung erst im Jahre 1949 fortgesetzt werden. Wir begannen mit Untersuchungen über den Mechanismus der Hochdruckentladung in Edelgasen, um die Ursachen für die störende Unruhe des Edelgas-Hochdruckbogens zu finden, auf die bereits SCHULZ und ALDINGTON hingewiesen haben. Diese Unruhe ließ die Verwendung des Edelgasbogens als Lichtquelle hoher Leuchtdichte aussichtslos erscheinen. Unsere Untersuchungen ergaben, daß ein von der Kathode ausgehender Gasstrahl im Verein mit dem starken Auftrieb des hocherhitzten Bogengases die starke Störung der Entladung verursacht. Diese und weitere physikalisch interessante Ergebnisse über das Zustandekommen der Bogenform der Hochdruckentladung[12] gaben die Grundlage für die Gestaltung der Xenon-Hochdrucklampen hoher Leuchtdichte, bei der der Gasstrahl nicht als Störung, sondern sogar als Hilfe für die Stabilität des Edelgasbogens auftritt[13]. Die Untersuchungen zeigten ferner, daß eine für die technische Anwendung ausreichende Lichtausbeute bei der Hochdruckentladung in Xenon erst bei einer hohen Leistungskonzentration im Bogen vorliegt. Da der Gradient in Xenongas wegen des sehr kleinen Wirkungsquerschnittes des Xenonatoms gegenüber Elektronen bei den im Bogen vorkommenden Geschwindigkeiten sehr niedrige Werte hat, kann die erforderliche Leistungskonzentration nur durch Anwendung hoher Stromdichten erzielt werden. Im Rahmen der lampentechnischen und technologischen Entwicklungsarbeiten ist eine Reihe von Versuchsausführungen von Xenon-Hochdrucklampen hergestellt

[10] P. SCHULZ: Edelgasbögen. Reichsberichte f. Physik Bd. 1 (1944) S. 147. — Ders.: Elektrische Entladungen in Edelgasen bei hohen Drücken. Ann. Physik 6. Folge Bd. 1 (1947) S. 95—118.

[11] J. N. ALDINGTON: Der Gasbogen. Trans. Illum. Engng. Soc. (London) Bd. 14 (1949) S. 19—51.

[12] K. LARCHÉ: Die Bedeutung des kathodischen Gasstrahles und der kathodischen Plasmakugel für die Bogenform der Edelgas-Hochdruckentladung. Verh. dtsch. phys. Ges. Jg. 6 (1950) S. 76.

[13] K. LARCHÉ: Über Lichtbögen sehr hoher Leuchtdichte in Edelgashochdrucklampen. Licht-Technik Bd. 2 (1950) S. 41—42.

worden, über die auf verschiedenen Tagungen mit Demonstrationen berichtet worden ist[1, 2, 3]. In Tab. 1 sind die Daten dieser Versuchslampen angegeben[4].

Tabelle 1. Daten von Xenon-Hochdrucklampen in Versuchsausführung.

	Leistungs-aufnahme kW	Strom-art	Strom-stärke A	Brenn-spannung V	Licht-strom klm	Licht-stärke kcd	Elektrod.-Abstand mm	Bogenfläche mm × mm	Leucht-dichte ksb
1	0,1	=	8	12,5	0,6	0,1	0,3	0,3 × 0,3	50
2	0,3	=	20	15	6,5	0,7	1,0	1,0 × 1,0	45
3	1,0	=	50	20	27	3,0	2,0	2,0 × 1,0	90
4	2,0	=	80	25	33	4,2	1,0	1,0 × 1,6	150
5	3,35	=	100	33,5	150	16,0	4,5	4,5 × 3,5	82
6	1,0	~	40	25	32	3,5	5,0	5,0 × 3,0	25
7	3,0	~	44	70	95	8,5	50	50 × 5	2,9
8	6,0	~	55	110	210	18,5	100	100 × 6	2,9
9	10,0	=	90	110	360	31,0	110	110 × 9	3,0

Ziffer 1 ··· 6: Lampen mit Luftkühlung,
Ziffer 7 ··· 9: Lampen mit Wasserkühlung.

Luftgekühlte Xenon-Hochdrucklampen.

Ohne zusätzliche Kühlung erreicht man die notwendige Leistungsdichte nur in stromstarken Entladungsbögen von wenigen Millimetern Bogenlänge. Das Entladungsgefäß kann dann viel größer als der eigentliche äußerst heiße Entladungsbogenraum als Sphäroid mit großem Volumen hergestellt werden; seiner Vergrößerung wird durch die verringerte Druckfestigkeit einerseits und durch die mit der Größe schnell anwachsenden Herstellungskosten und den hohen Preis der Gasfüllung andererseits eine obere Grenze gesetzt. Die untere Grenze ist gegeben durch die für die Kühlung erforderliche Mindestgröße der Oberfläche, von der aus etwa ein Drittel der Wärme durch Abstrahlung, zwei Drittel durch Wärmeleitung und Konvektion abgeführt werden. Mit Rücksicht auf die kleinere Druckfestigkeit der Stromzuführungsteile an beiden Enden des Entladungsgefäßes ist die Kolbengröße so gewählt worden, daß der Betriebsdruck nicht über einen Wert von rd. 30 atü steigt. Will man diese Belastungsgrenze einhalten, so ist für ausreichende Entlüftung zu sorgen, und ein Mindestvolumen des Lampengehäuses darf nicht unterschritten werden.

Die Elektroden bestehen aus gehämmerten und gesinterten Wolfram-Körpern. Ihre Aktivierung spielt beim Edelgas-Hochdruckbogen keine so große Rolle wie beim Niederdruckbogen und dem Hochdruckbogen in Quecksilberdampf, weil die Entladung in der Lage ist, die erforderlichen Ladungsträger im Gasraum vor der Kathode selbst zu bilden[12, 13]. Die Temperatur der Kathode kann daher verhältnismäßig niedrig gehalten werden. Die Verlustleistung an der Anode ist dagegen in Edelgasen größer als in Quecksilberdampf; um bei tragbaren Abmessungen bleiben zu können, muß man eine Aufheizung dieser Elektrode auf etwa 2000° C zulassen.

Die in Tab. 1 unter Ziffer 1...6 aufgeführten Versuchslampen sind luftgekühlt. Die Brennspannung dieser Lampen ist wegen des kleinen Gradienten sehr niedrig, die Stromstärke daher sehr hoch. Bemerkenswert ist, daß bei einem Elektrodenabstand von 1 mm und einer Stromstärke von 80 A eine mittlere Leuchtdichte von 150000 sb erreicht wird.

Für die technische Anwendung liegt die Xenon-Hochdrucklampe XBO 1001 mit einer Leistungsaufnahme von 1000 W und einer Leuchtdichte von 40000 sb vor, die in Abb. 1 wiedergegeben ist. Die Daten enthält Tab. 2.

Wassergekühlte Xenon-Hochdrucklampen.

Bei einer weiteren Ausführungsform wird die hohe Leistungskonzentration durch Kühlung des zylindrischen Entladungsgefäßes aus Quarzglas durch fließendes Wasser ermöglicht. Wie die Messung der Erwärmung des Kühlwassers ergeben hat, verläßt von der aufgenommenen elektrischen Leistung etwa ein Drittel das Entladungsgefäß als Strahlung, der Rest tritt als Wärmestrom durch die Wand des Quarzglasrohres und wird vom Wasser abgeführt. Die Wasserkühlung bringt also neben der Verringerung der Abmessungen des Entladungsgefäßes noch als weiteren Vorteil die Unterdrückung der Wärmestrahlung oberhalb 1,4 μ und den Wegfall der Aufheizung der Umgebung, weil durch die Wasserkühlung auch der Außenkolben auf Zimmertemperatur gehalten wird.

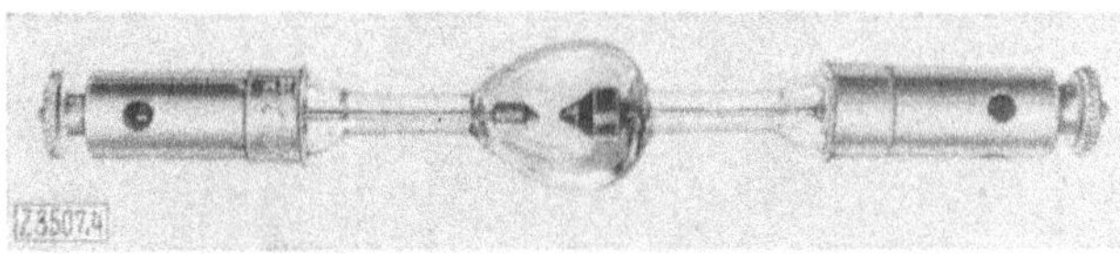

Abb. 1. Die Xenon-Hochdrucklampe XBO 1001 (s. Tab. 2). (Aus Z. VDI. Bd. 94 [1952] Heft 14/15, S. 453/55).

Tabelle 2. Betriebswerte von luftgekühlten und wassergekühlten Xenon-Hochdrucklampen.

Bezeichnung	XBO 1001	XBF 6000	XBF 6001
Zusätzliches Kühlmittel	—	Wasser	
Leistungsaufnahme ...... W	1000	6000	
Nennspannung V	v. 65 = an	220 ~	220 =
Stromstärke .... A	45	45	36,5
Rohrspannung V	22	135	165
Fülldruck (kalt) ..... at abs	8	≈ 1	
Lichtstrom .... lm	32 000	220 000	
Lichtstärke .... cd	3500	19 000	
Lichtausbeute .... lm/W	32	37	
Leuchtdichte .... sb	40 000	3000	
Bogenlänge .... mm	3,4	110	
Bogenbreite .... mm	1,7	5	
Gesamtlänge der Lampe . mm	315	320	
Kolbendurchmesser ..... mm	40	25	
Mindestinhalt des Lampengehäuses l	20	—	
Kühlwasserbedarf .... l/min	—	5	

Das zylindrische Entladungsgefäß wird praktisch ganz von der Bogensäule ausgefüllt. Das Entladungsrohr ist (s. Abb. 2) in ein Außengefäß eingebaut, das noch einen Zwischenzylinder enthält, damit das Kühlwasser von einer Seite zu- und abgeleitet werden kann[14]. Der Außenmantel aus Hartglas ist beiderseits an zwei Kupferringe angeschmolzen, die wiederum mit den beiden Lampenteilen verlötet sind, die die Zu- und Ableitung des Wassers, die Stromanschlüsse sowie die Halterung des Entladungsgefäßes und des Zwischenzylinders enthalten. Die elektrischen und lichttechnischen Betriebswerte von zwei wassergekühlten Xenon-Hochdrucklampen für 6 kW sind in Tab. 2 wiedergegeben[9]. Beide Typen unterscheiden sich äußerlich nur durch die Elektroden, die bei der Wechselstromlampe gleich, bei der Gleichstromlampe verschieden groß ausgeführt sind.

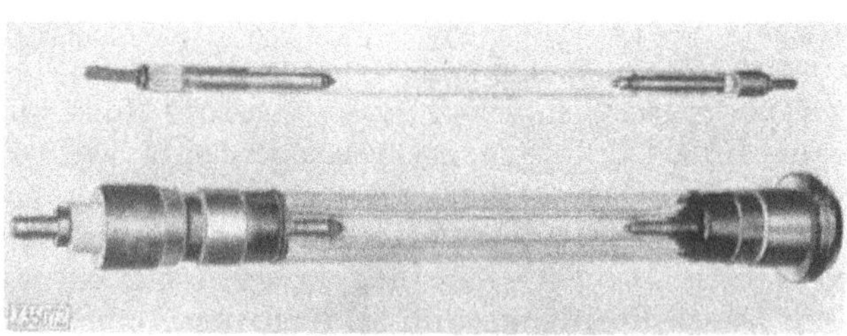

Abb. 2. Die wassergekühlte Xenon-Hochdrucklampe XBF 6001. Das Entladungsrohr ist oben gesondert dargestellt. (Aus Z. VDI. Bd. 94 [1952] Heft 14/15, S. 453/55).

[14] J. Kern: Z. techn. Phys. Bd. 20 (1939) S. 250—257 und Band 23 (1942) S. 108—113; Techn.-wissensch. Abh. Osram-Ges. 5. Band (1943) S. 56—61.

Zündung und Schaltung.

Wegen des hohen Fülldruckes der Entladungsgefäße im kalten Zustand erreichen die Lampen sofort nach dem Zünden annähernd ihre endgültigen Betriebswerte, sowohl die elektrischen als auch die der Lichtstrahlung. Diese betriebstechnisch sehr wertvolle Eigenschaft der Lampen verlangt aber Einrichtungen, die das Erzeugen der bei hohen Kaltdrücken zum Zünden erforderlichen Hochspannung ermöglichen. Dafür ist ein neuartiges Zündgerät geschaffen worden, das die für die Zündung ohne Zündsonde erforderliche Hochspannung von 10 bis 25 kV liefert. Sie wird in einem Löschfunken-Impulsgenerator stoßweise mit einer Funkenfolge von 300 bis 700 s^{-1} erzeugt und der einen Elektrode der Lampe unmittelbar zugeleitet[15]. Das Abfließen der Hochfrequenz zum Netz wird durch eine Drossel verhindert. Durch den Wegfall der bei den Quecksilber-Höchstdrucklampen verwendeten Zündsonde vereinfacht sich die Schaltung, da vom Zündgerät aus nur zwei Stromzuführungen zur Lampe erforderlich sind.

Um einen möglichst hohen Wirkungsgrad der Lichterzeugung zu erhalten, wählten wir bei den wassergekühlten Xenon-Hochdrucklampen die Rohrspannung so hoch wie möglich. Sie liegt für die Wechselstromlampe infolge entladungsphysikalischer Erscheinungen niedriger als für die Gleichstromlampe, bei der nur die Zündsicherheit den Höchstwert bestimmt. Die Annäherung des Rohrspannungswertes an die Netzspannung läßt sich hier in einem so weitgehenden Ausmaße erreichen, weil durch die steigende Strom-Spannungs-Kennlinie der Lampe die Größe der Stromstärkeschwankungen bei den unvermeidlichen Schwankungen der Netzspannung in tragbaren Grenzen bleibt (15% Stromstärkeabnahme bei 10% Netzspannungssenkung).

Anwendungsbeispiele.

Für die Anwendung der neuen Xenon-Hochdrucklampen kommen in erster Linie die einleitend genannten Gebiete der Sonderbeleuchtung in Betracht. Die fehlerfreie Farbwiedergabe bei der Beleuchtung mit Xenon-Hochdrucklampen ist besonders für Farbmusterungszwecke wichtig. Zum Beleuchten von Fernsehstudios ist die 6-kW-Lampe eine ideale Lichtquelle, weil durch die Wasserkühlung und die hohe Lichtausbeute bei gleicher Wärmewirkung der Strahlung auf die beleuchteten Personen die Beleuchtungsstärke auf etwa den vierfachen Wert gegenüber Glühlampenlicht gesteigert werden kann. Der Höchstwert der Energieverteilung im blauen Spektralgebiet fällt außerdem mit dem Höchstwert der spektralen Empfindlichkeit des Fernsehempfängers zusammen, wodurch der Wirkungsgrad der Beleuchtung noch günstiger wird. Seit dem 1. Dezember 1951 wird das Fernsehstudio der Bundespost in Tempelhof im Rahmen der täglichen Fernsehübertragungen des NWDR in Berlin von 4 XBF-6001-Lampen indirekt beleuchtet, wobei eine horizontale Beleuchtungsstärke in Augenhöhe von 6000 Lux erreicht wird.

Für die Filmatelier-Beleuchtung bei Farbfilmaufnahmen bedeutet die Konstanz der Lichtfarbe, die Gleichheit mit dem Tageslicht sowie der Wegfall des Nachstellens und Wechselns der Kohlen und der Lüftung bei Xenon-Hochdrucklampen beim Vorliegen geeigneter Scheinwerfergeräte einen so großen Vorteil, daß demgegenüber die Wasserkühlung in Kauf genommen werden kann. Die gleichen Vorteile empfehlen die luftgekühlte Xenon-Hochdrucklampe hoher Leuchtdichte für die Vorführung von Farbfilmen. Die erste öffentliche Vorführung von Aus-

---

[15] H. Ramert: Zündgeräte für Hoch- und Höchstdrucklampen. ETZ Bd. 72 (1951) S. 604—606.

schnitten aus einem Farbfilm („Das Schwarzwaldmädel") unter Verwendung der unter Ziffer 5 der Tab. 1 aufgeführten Xenon-Hochdrucklampe fand am 30. Oktober 1950 im Rahmen der 216. Vortragssitzung der Deutschen Kinotechnischen Gesellschaft in Berlin statt.

Der Wegfall des Kohlenwechsels gestattet beim Schmalfilm das pausenlose Abspielen längerer Programme. Auch in der Theatertechnik erzielt man mit beiden Lampenarten neue Wirkungen, z. B. bei der Bühnenbildprojektion und beim Beleuchten des Rundhorizontes, der zum ersten Male wirklich in der Farbe des blauen Himmels strahlt. Bei den Wagner-Festspielen in Bayreuth vom 23. Juli bis 25. August 1952 wurden Rundhorizont und Bühne zum ersten Male von in Geräten der Fa. Reiche & Vogel, Berlin, eingebauten XBF-6000-Lampen beleuchtet[16].

[16] W. Unruh: Bühnentechn. Rdsch. 42 (1952) H. 5, S. 5—6.

Zündgeräte für Hoch- und Höchstdrucklampen[1].

Von

H. RAMERT.

Mit 4 Abbildungen.

Übersicht.

Für Höchstdrucklampen mit Quecksilberdampf-Füllung reichen zur Zündung im kalten Zustand einfache Hilfsmittel aus, da die Zündspannung der Gasstrecke nur unwesentlich höher ist als die für die Lampe erforderliche Netzspannung. Erst wenn im heißen Zustand kurz nach dem Ausschalten gezündet werden soll, sind infolge des hohen Dampfdruckes von mehreren Atmosphären Zündspannungen von einigen tausend Volt erforderlich. Für die in letzter Zeit bekanntgewordenen Xenon-Hochdrucklampen beträgt die Zündspannung stets einige tausend Volt, da diese Lampen einen Fülldruck von mehreren Atmosphären besitzen.

Die zum Zünden erforderliche Hochspannung kann auf zwei Wegen der Entladungsstrecke zugeführt werden, entweder mit der bei den bekannten Quecksilber-Höchstdrucklampen verwendeten Zündelektrode[2, 3], oder durch Überlagerung der Hochspannung über die an die Lampe angelegte Netzspannung. Bei einer Zündelektrode sind trotz der einfachen Anordnung verschiedene Gesichtspunkte für den Aufbau eines sicher arbeitenden Zündgerätes zu beachten, über die im ersten Abschnitt berichtet wird. Die Entwicklung der neuen Hochdrucklampen mit Xenonfüllung, insbesondere der Xenonlampen mit Wasserkühlung[4] stellte die Forderung, die Möglichkeit einer sicheren Zündung ohne Zündelektrode mit Hilfe des Überlagerungsprinzips zu prüfen. Über eine Lösung dieser Aufgabe wird im zweiten Abschnitt berichtet.

Höchstdrucklampen mit Zündelektrode.

Die bisher bekannten Quecksilber-Höchstdrucklampen besitzen zur Zündung der Bogenentladung zwischen den Hauptelektroden eine Hilfselektrode. Diese Zündelektrode ist so angeordnet, daß bei Anschluß eines Funkeninduktors die Funkenentladungen von der Zündelektrode auf beide Hauptelektroden übergehen und für die Zündung der Niederspannungsentladung die Gasstrecke vorionisieren.

[1] Abdruck der in ETZ 72 (1951) H. 20, S. 604–606 erschienenen Arbeit.
[2] Osram Quecksilberdampf-Höchstdrucklampen, Liste HBO.
[3] P. SCHULZ: Z. f. Naturforsch. Bd. 2a (1947) S. 583.
[4] K. LARCHÉ: ETZ Bd. 72 (1951) H. 14, S. 427.

Abb. 1 zeigt die Schaltung für Höchstdrucklampen mit Zündelektrode. Die Lampe *1* ist über einen Vorwiderstand oder eine Drossel *2* an das Netz angeschlossen. Das RC-Glied *3* hat die Aufgabe, die Anschlußleitungen für die hochfrequenten Zündfunken kurzzuschließen. Die Hochspannungswicklung *5* des Induktorzündgerätes ist mit einer Sicherheitsfunkenstrecke überbrückt und liegt an der Zündelektrode und dem unteren Lampenanschluß. Die Hochspannungswicklung erzeugt eine Leerlaufspannung von mindestens 20 kV, ist allgemein mit einer Eigenfrequenz bis zu 200 kHz ausgeführt und hat einen OHMschen Widerstand von etwa 100 Ω.

Um den Niederspannungsbogen zwischen den Hauptelektroden der Lampe zu zünden, müssen die Funkenentladungen von der Zündelektrode nach den beiden Hauptelektroden gleichzeitig übergehen und so einen Hilfsbogen zwischen den Hauptelektroden bilden. Das gleichzeitige Brennen der beiden parallel geschalteten hochfrequenten Bogenentladungen wird dadurch möglich, daß die beiden Hauptanschlußleitungen der Lampe bei der hohen Frequenz der Funkenentladung einen genügend hohen induktiven Widerstand besitzen, so daß beide Bögen stabilisiert sind.

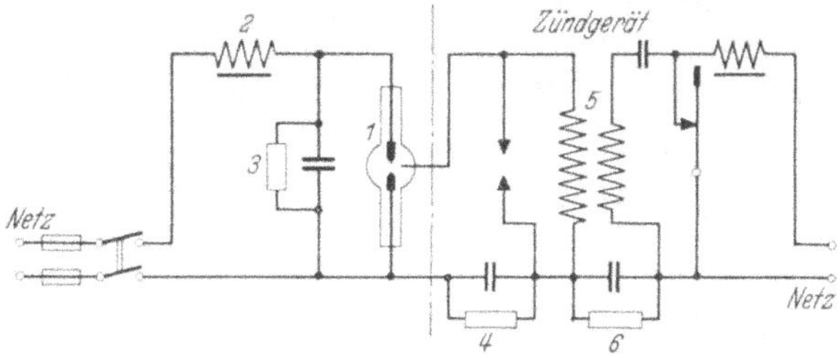

Abb. 1. Schaltschema für eine Höchstdrucklampe mit Zündelektrode.

Eine Quecksilber-Höchstdrucklampe hat im kalten Zustand eine Durchschlagspannung zwischen Zündelektrode und Hauptelektroden von nur wenigen 100 V, da der für die Durchschlagspannung maßgebende Druck der Grundgasfüllung höchstens etwa 100 Torr beträgt. Bei einer solchen Erstzündung zündet der Niederspannungsbogen stets sofort, da sich eine etwaige unsymmetrische Anordnung der Zündelektrode nicht auswirkt. Auf Grund der Toleranzen bei der Lampenfertigung ist es nämlich möglich, daß die Durchbruchspannungen von der Zündelektrode nach den beiden Hauptelektroden ungleich sind.

Im betriebswarmen Zustand erfordert eine Quecksilber-Höchstdrucklampe zur Wiederzündung nach kurzem Abschalten infolge des hohen Quecksilberdampfdruckes eine Zündspannung bis zu 15 kV. In diesem Fall können bei nicht ganz symmetrischem Einbau der Zündelektrode die Reaktanzen der Zuleitungen große Differenzen der Durchschlagspannungen nicht ausgleichen, und die Zündfunken gehen nur nach einer Hauptelektrode über. Die Wirksamkeit der Reaktanzen kann man etwas erhöhen, indem man vor die Zündelektrode eine Hilfsfunkenstrecke mit etwa 10 kV Durchschlagspannung schaltet und die Eigenkapazität der Hochspannungszuleitung durch eine kleine Zusatzkapazität vergrößert. Größere Differenzen der Durchschlagspannungen können aber nicht ausgeglichen werden, und man muß die Lampe zum Wiederzünden etwas erkalten lassen.

Für den Fall, daß nach Abb. 1 die Zündfunken nur nach der oberen Elektrode übergehen, verhindert das RC-Glied *4* das Zünden des Niederspannungsbogens nach der Zündelektrode. Durch das RC-Glied *6* wird aus Isolationsgründen dem einen Anschluß der Hochspannungswicklung ein definiertes Potential gegeben, und gleichzeitig trennt dieses RC-Glied das Netz des Zündgerätes vom Netz der Lampe. Die hochohmigen Parallelwiderstände zu den Kondensatoren der RC-Glieder sind bei Gleichstrombetrieb des Zündgerätes nötig, da die Hochspannungsimpulse dann gleiche Polarität haben und der entstehende Gleichstrom über die Widerstände abfließen können muß.

Hoch- und Höchstdrucklampen ohne Zündelektrode.

Obwohl der Aufwand für das Zündgerät für Lampen mit Zündelektrode gering ist, erschien es zweckmäßig, die Xenon-Hochdrucklampen allgemein ohne Zündelektrode auszuführen. Die Erstzündung einer Xenon-Hochdrucklampe entspricht etwa der Wiederzündung einer Quecksilber-Höchstdrucklampe, da in der Xenon-Hochdrucklampe im kalten Zustand schon ein Gasdruck von mehreren Atmosphären herrscht.

Die Zündung einer solchen Lampe ohne die Mithilfe einer Zündelektrode bedingt ein etwas umfangreicheres Zündgerät. Doch ergab die Entwicklung dieser Zündgeräte, daß der notwendige Mehraufwand im Vergleich zu den für den Betrieb der Lampe erzielten Vorteilen ausreichend aufgewogen ist.

Abb. 2 zeigt das Prinzipschaltbild eines Zündgerätes für Hoch- und Höchstdrucklampen ohne Zündelektrode.

Die Hochdrucklampe *1* ist mit den nach oben führenden Leitungen über einen Vorwiderstand oder eine Drossel *2* an das Betriebsnetz angeschlossen. In die linke Netzleitung ist ein Hochfrequenztransformator *6* eingeschaltet, welcher die über die Löschfunkenstrecke *7* kommende Stoßentladung auf der Seite des Lampenanschlusses auf die erforderliche Durchschlagspannung transformiert, dessen Widerstand für den Betriebsstrom der Lampe aber vernachlässigt werden kann. Dieser Transformator ist als Scheibenspule ausgeführt und für einen Lampenstrom bis zu 100 A ausgelegt. Das zwischen den Anschlußleitungen liegende RC-Glied *3* schließt die hochfrequente Stoßentladung kurz. Ebenso bildet das zweite RC-Glied *4* einen Kurzschluß für die Stoßentladung und trennt das Netz der Lampe vom Netz des Impulsgenerators.

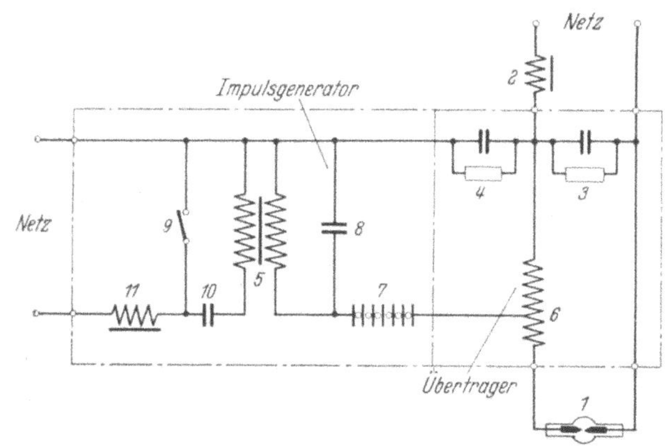

Abb. 2. Prinzipschaltbild eines Zündgerätes für Hoch- und Höchstdrucklampen ohne Zündelektrode.

Der Verlauf einer Stoßentladung in der Lampe kann aus den Abmessungen des Entladekreises, des Hochfrequenztransformators *6* und des Hochspannungskondensators *8* annähernd berechnet werden. Die Entladung erfolgt oszillierend mit einer im Mittelwellengebiet liegenden Frequenz. Der maximal auftretende Scheitelwert des Entladestromes in der Lampe beträgt bis zu 60 A. Wird jedoch, wie später angegeben, statt des Transformators eine Hochfrequenzdrossel verwendet, so liegt die Entladungsfrequenz im Kurzwellengebiet und der maximale Scheitelwert kann bis zu 350 A steigen.

Der Hochspannungskondensator *8* wird impulsartig über die Sekundärwicklung einer Autozündspule *5* mit einer solchen Energie aufgeladen, daß die Löschfunkenstrecke sicher arbeitet. Der zweite Stoßkreis, bestehend aus der Primärwicklung der Zündspule und dem Kondensator *10*, ist auf die Frequenz des Sekundärkreises abgestimmt. Der dritte Kreis, Kondensator *10* und Drossel *11*, besitzt eine Eigenfrequenz, die etwa der Hälfte der Schaltfrequenz des Zerhackers *9* entspricht. Während der Öffnungszeit des Zerhackerkontaktes wird z. B. bei einer Speisegleichspannung für den Impulsgenerator von 110 V der Kondensator *10* in Verbindung mit der Drossel *11* auf 220 V aufgeladen. Hat der Kondensator den Scheitelwert von 220 V erreicht, schließt der Kontakt *9*, und der Kondensator entlädt sich stoßartig über die Primärwicklung der Autozündspule.

Für die Zündung des Niederspannungsbogens erwies es sich als vorteilhaft, die Funkenfolge in der Lampe möglichst hoch zu wählen. Derzeit arbeiten die Zündgeräte mit Zerhackern, die ungefähr 700 Funkenentladungen je Sekunde liefern. Der Impulsgenerator kann wahlweise mit Gleich- oder Wechselstrom betrieben werden. Nur bei Gleichstrombetrieb wird die Funkenzahl von $700\,s^{-1}$ erreicht. Bei Wechselstrom setzt die Funkenbildung während des Nulldurchgangs der Spannung aus, und es werden nur 300 bis 400 Funken je Sekunde erzielt.

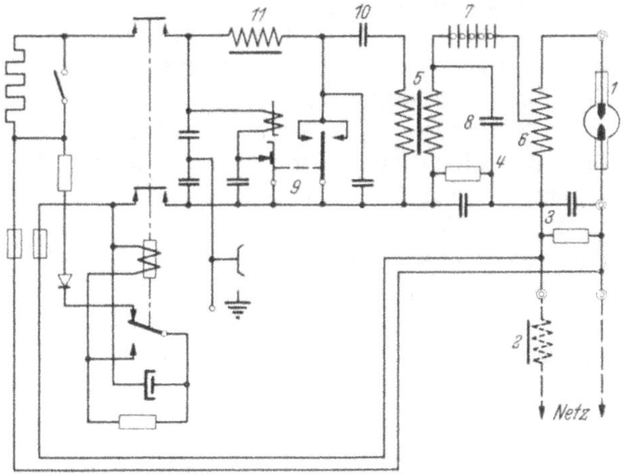

Abb. 3. Schaltschema eines automatischen Zündgerätes für Xenon-Hochdrucklampen mit hoher Leuchtdichte.

Die gestrichelt abgegrenzten Teile mit der Bezeichnung „Impulsgenerator" und „Übertrager" werden allgemein, wie Abb. 3 zeigt, in einem Zündgerät zusammengefaßt. Sie können aber auch nach Abb. 4 getrennt ausgeführt sein.

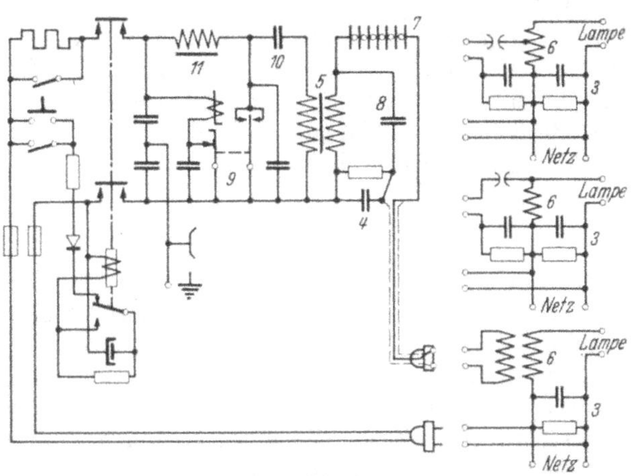

Abb. 4. Schaltschema eines Laboratoriumszündgerätes für Xenon-Hochdrucklampen mit hoher Leuchtdichte und für Xenon-Hochdrucklampen mit Wasserkühlung.

Die Durchschlagspannungen der Xenon-Hochdrucklampen sind vom Elektrodenabstand und vom Füllgasdruck abhängig und liegen je nach Ausführung der Lampen zwischen 10 und 25 kV. Dementsprechend liefern die Zündgeräte eine Leerlaufspannung von 20 bis 35 kV.

Abb. 3 zeigt die Schaltung eines selbsttätig arbeitenden Zündgerätes für Xenon-Hochdrucklampen mit hoher Leuchtdichte. Zur Steuerung wird die Differenz zwischen Betriebs- und Brennspannung der Lampe verwendet. Impulsgenerator und Übertrager sind in einem Gerät zusammengefaßt. Dieses Allstromgerät ist z. B. für 220 und 110 V verwendbar.

Abb. 4 bringt die Schaltung eines Zündgerätes für Laboratoriumszwecke. Impulsgenerator und Übertrager sind getrennt ausgeführt, so daß mit einem Impulsgerät mehrere Lampen nacheinander gezündet werden können. Jeder Lampe muß hierbei ein für den Betriebsstrom bemessener Übertrager zugeordnet sein.

Die Übertragergeräte können nach den drei auf der rechten Bildseite angegebenen Schaltungen ausgeführt werden. Für Xenon-Hochdrucklampen mit hoher Leuchtdichte wird die Schaltung mit einem Hochfrequenztransformator bevorzugt, da es bei diesen Lampen hauptsächlich darauf ankommt, die hohe Durchschlagspannung zu erreichen. Bei den kugelförmigen Hochdrucklampen mit hoher Leuchtdichte gehen die Funkenentladungen von der Gefäßwand unbeeinflußt in einem konzentrierten Bogen zwischen den Elektroden über, so daß das zu ionisierende Gasvolumen klein ist. Dementsprechend reicht zur Zündung dieser Lampen bei einer Funkenfolge von 700 s^{-1} allgemein ein effektiver Strom der Funkenentladungen von etwa 0,1 A aus.

Für die wassergekühlten Xenon-Hochdrucklampen ist dagegen die Schaltung mit einer Hochfrequenzdrossel vorteilhafter, da diese Lampen nur eine Durchschlagspannung bis zu 10 kV aufweisen. Bei der langgestreckten Lampenform wird die Entladungsstrecke vom Quarzrohr beeinflußt, und das Kühlwasser hat die Wirkung eines Zündstreifens. Die Funkenentladungen laufen als kapazitive Gleitfunken an der Innenwand des Quarzrohres entlang und verteilen sich auf dem ganzen Rohrumfang fast gleichmäßig. Deshalb ist das zu ionisierende Gasvolumen wesentlich größer, und zur Zündung ist bei der Funkenfolge von 700 s^{-1} ein Effektivwert des Stromes der Funkenentladungen bis zu 1 A erforderlich.

Von ausländischen Arbeiten auf diesem Gebiet berichtet eine Veröffentlichung von G. A. FREEMAN[5]. Nach dieser amerikanischen Arbeit wird grundsätzlich das gleiche Prinzip der Stoßentladung über eine Funkenstrecke zum Zünden von Quecksilber-Höchstdrucklampen ohne Zündelektrode verwendet. Im Gegensatz zu der von uns angestrebten hohen Funkenfolge werden nach der in der Veröffentlichung angegebenen Schaltung die Impulse direkt aus dem Wechselstromnetz der Lampe mit Hilfe eines Hochspannungstransformators für Netzfrequenz erzeugt. Abgesehen davon, daß das amerikanische Gerät nur für Wechselstrom verwendet werden kann, ist die aus dem 60-Hz-Netz nach dem Vorbild eines Löschfunkensenders erzeugte Funkenzahl von 120 s^{-1} für schwer zündbare Lampen als zu niedrig anzusehen.

Zusammenfassung.

Die bekannten Quecksilber-Höchstdrucklampen besitzen zur Zündung der Bogenentladung zwischen den Hauptelektroden eine Hilfselektrode, der von einem Induktorzündgerät Hochspannungsstöße zugeführt werden. Für den Aufbau eines solchen Zündgerätes sind die wesentlichen Gesichtspunkte für ein sicheres Arbeiten in Verbindung mit der Lampe angegeben. Die neuen Xenon-Hochdrucklampen mit hoher Leuchtdichte sowie die Xenon-Hochdrucklampen mit Wasserkühlung werden ohne Zündelektrode ausgeführt. Zur Zündung der Bogenentladung wird die erforderliche Hochspannung der an die Lampe angelegten Betriebsspannung überlagert. Für diese neuen Zündgeräte sind Schaltbeispiele angegeben und die Wirkungsweise und die Ausführung ist kurz beschrieben.

[5] G. A. FREEMAN: Illum. Engg., Bd. 45 (1950) S. 218.

Der Osram-Ultra-Vitalux-Strahler*.

Von

K. LARCHÉ.

Mit 8 Abbildungen.

1. Aufgabenstellung.

Die auf der Erdoberfläche ankommende Strahlung der Sonne löst mit ihren Anteilen im infraroten, sichtbaren und ultravioletten Spektralbereich eine Reihe wichtiger biologischer Reaktionen in der als Strahlungsempfänger dienenden Außenhaut unseres Körpers aus. Der überwiegende Teil dieser Reaktionen tritt erst nach Überschreitung einer Minimaldosis der absorbierten Strahlungsenergie physiologisch nachweisbar in Erscheinung. Für die uns bekannten strahlungsbiologischen Wirkungen der Sonnenstrahlung werden diese Schwellenwerte bei höchstem Sonnenstande ziemlich einheitlich nach Bestrahlungszeiten von etwa einer halben Stunde erreicht. Dieser Sachverhalt deutet auf eine weitgehende Anpassung unseres Körpers an das auf ihn einwirkende Strahlungsklima. Eine als Ersatz für die Sonnenstrahlung vorgesehene künstliche Strahlungsquelle muß daher die gleiche oder mindestens eine ähnliche Strahlungszusammensetzung besitzen wie ihr Vorbild.

Bei der Auswahl der für die Darstellung der Sonnenstrahlung brauchbaren Strahlungsquellen standen der bereits für die Verwendung in der Lichttechnik technisch gut durchgebildete Quecksilber-Hochdruckbrenner aus Quarzglas für die ultraviolette und sichtbare, sowie die Glühlampe für die sichtbare und infrarote Strahlung zur Verfügung. Eine Kombination dieser beiden Strahlungsquellen in geeignetem Verhältnis liefert eine sonnenähnliche Mischstrahlung, wenn außerdem dafür gesorgt wird, daß die kurzwellige Ultraviolettstrahlung des Quecksilberbrenners durch das Glas des gemeinsamen Außenkolbens absorbiert, die mittelwellige Ultraviolettstrahlung jedoch ungehindert durchgelassen wird. Dieser Verbundstrahler wird seit 1937 von Osram, zuerst kurze Zeit unter dem Namen „Vitalux-U", dann als „Ultra-Vitalux-Strahler" in den Handel gebracht[1].

2. Vorläufer.

Es hat natürlich nicht an Vorläufern gefehlt, bei denen man in gleicher Weise eine Gasentladungslampe mit einer Glühlampe zu kombinieren versucht hat[2]. Mängel in der technischen Ausführung oder in der Strahlenzusammensetzung haben der Mehrzahl dieser Versuche keinen Erfolg beschieden. Als ersten Verbundstrahler kann man die Anordnung eines Quecksilber-Niedervoltbogens und einer vorgeschalteten Glühlampe auf einer gemeinsamen Fassung ansehen

* Auszug aus den in den Fußnoten [1] bis [5] zitierten Aufsätzen.

[1] H. KREFFT, K. LARCHÉ u. A. RÜTTENAUER: Eine neue Strahlungsquelle für Ultraviolettbestrahlung. Das Licht Bd. 7 (1937) S. 251–257.

[2] A. RÜTTENAUER: Entwicklung von Ultraviolett-Mischstrahlern. Das Licht Bd. 8 (1938) S. 251–253.

[3] K. LARCHÉ: Ein neuer Ultraviolettstrahler. Die Umschau Heft 45 (1938).

[4] K. LARCHÉ: Die Ultra-Vitaluxlampe mit Innenreflektor, eine neue Lichtquelle für künstliche Sonnenstrahlung und ihr Einbau in Bestrahlungsanlagen und Bestrahlungsräumen. Das Licht Bd. 12 (1942) S. 43–48.

[5] K. LARCHÉ: Gemeinschaftsbestrahlung mit künstlichem Sonnenlicht. ETZ Bd. 65 (1944) S. 143–145.

(Westinghouse 1929/30). Der nächste Schritt brachte schon den Zusammenbau der Gasentladungslampe und der Glühlampe in einem gemeinsamen Außenkolben (Ultrasol von Philips 1930), verwendete aber auch einen Quecksilber-Niederdruckbogen mit dem Schwerpunkt der Strahlung im kurzwelligen Ultraviolett. Der Übergang zu mittlerem Quecksilberdampfdruck (Sunlight der GEC 1930 und Solarca von Osram 1931) brachte eine wesentliche Verbesserung der Strahlenzusammensetzung. Die Verbindung dieses Strahlers mit einer Glühwendel in einem gemeinsamen Außenkolben bewährte sich aber nicht. Erst die Weiterentwicklung der Quecksilber-Bogenlampe zu der modernen Hochdrucklampe für Beleuchtungszwecke führte zu einem auch für den Verbundbetrieb brauchbaren Ultraviolettstrahler.

Abb. 1.
Das erste Ultra-Vitalux-Bestrahlungsgerät.

3. Aufbau.

Die erste Ausführung des Ultra-Vitalux-Strahlers besaß einen innenmattierten Kugelkolben und bildete zusammen mit einem Metallreflektor aus poliertem Aluminium das Bestrahlungsgerät (s. Abb. 1). Der einfache Aufbau dieses Gerätes ergab sich durch die Verwendung der Glühwendel als Vorschaltmittel für den Hochdruckbrenner, so daß wie bei dem anderen bekannten Verbundstrahler – der Quecksilber-Mischlichtlampe – zusätzliche Schaltmittel nicht erforderlich waren. Eine weitere Vereinfachung brachte 1942 die Ausbildung des Außenkolbens als Glasreflektor mit einer auf der Innenwand aufgebrachten Aluminiumschicht[4]. Die mit dieser Maßnahme einhergegangene Verkleinerung der Reflektorgröße gestattet einen gedrängten Zusammenbau mehrerer Strahler in größeren Anlagen.

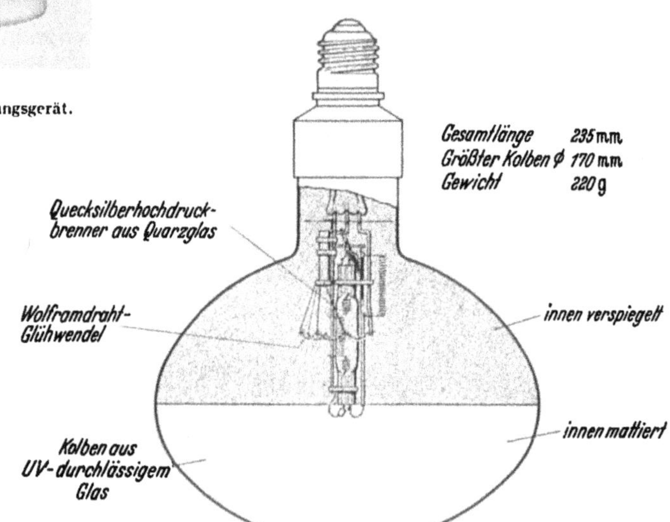

Abb. 2. Aufbau des Ultra-Vitalux-Strahlers mit Glasreflektor.

Der im Strahler eingebaute Quecksilber-Hochdruckbrenner besitzt einen Betriebsdruck von etwa 6 at. Er entspricht in seiner Ausführung den modernen Quecksilber-Hochdruckbrennern aus Quarzglas mit maschinell eingequetschten Stromzuführungen aus Molybdänfolie, die von uns vom Jahre 1934 an für die Verwendung als Licht- und Strahlungsquelle (in Quecksilber-Hochdrucklampen und Mischlichtlampen für Allgemeinbeleuchtung und Sonderzwecke) durchentwickelt worden sind. Die Wolframdraht-Glühwendel wird in geringer Entfernung um den Brenner herumgeführt, um eine gute Mischung der Strahlung zu erhalten (s. Abb. 2). Der beide Strahlungsquellen umschließende Teil des Reflektorkolbens hat die Gestalt eines Rotationsparaboloids. Die Spiegelfläche aus Aluminium wird im Hochvakuum aufgedampft und besitzt ein hohes Reflexionsvermögen, das vom Ultraviolett bis zum Infrarot von 80 bis 95% ansteigt. Der Reflektorkolben ist innenmattiert und besteht aus einem im Ultraviolett durchlässigen Spezialglas.

Bei der Reihenschaltung eines Quecksilber-Hochdruckbrenners und einer Glühwendel ist zu beachten, daß der erstere nach dem Einschalten einen sehr niedrigen Dampfdruck mit einer Brennspannung von etwa 15 Volt besitzt und erst nach mehr als einer Minute Stromdurchgang den Betriebsdruck mit der endgültigen Brennspannung von etwa 100 V erreicht. Die Glühwendel wird daher während der Anlaufperiode der Lampe stark überlastet, so daß ihre Daten sorgfältig an die Betriebseigenschaften des Hochdruckbrenners angepaßt werden müssen. Für die Bemessung der Glühwendel gelten dabei die gleichen Gesichtspunkte wie bei der Quecksilber-Mischlichtlampe, die bereits früher[6] eingehend behandelt worden ist.

Die elektrischen Daten des Strahlers bei einer Netzspannung von 225 V~ enthält Tab. 1.

Tabelle 1.

Stromstärke	1,37 A
Spannungsabfall am Brenner	95 V
Spannungsabfall an der Glühwendel	145 V
Leistungsaufnahme des Brenners	100 W
Leistungsaufnahme der Glühwendel	200 W
Leistungsaufnahme des Strahlers	300 W
Leistungsfaktor	0,975

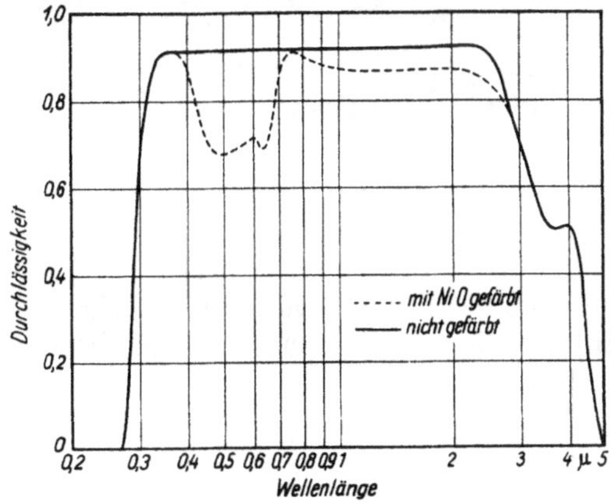

Abb. 3. Spektrale Durchlässigkeit des Kolbenglases des Ultra-Vitalux-Strahlers, Glasdicke 0,7 mm.

4. Das Kolbenglas.

Die Ausdehnung des Spektrums der Mischstrahlung wird im ultravioletten und infraroten Spektralgebiet durch die Durchlässigkeitsgrenzen des als Filter wirkenden Kolbenglases bestimmt (s. Abb. 3).

Nach der ultravioletten Seite hin liegt diese Grenze im Betriebszustand der Lampe (Temperatur der Kolbenkuppe etwa 125° C), bei einer mittleren Glasdicke von 0,7 mm und einem mittleren Alterungszustand, bei 270 nm ($D < 0{,}01$). Der Anstieg der Durchlässigkeit von dieser Grenze nach dem biologisch wichtigen mittelwelligen Ultraviolettgebiet (UVB-Gebiet) ist sehr steil, so daß die Durchlässigkeit für die Quecksilberlinie 280 nm bereits einen Wert von 0,15 besitzt, eine für die bakterizide Wirkung des Strahlers bedeutsame Eigenschaft des Glases. Die kurzwellige Ultraviolettstrahlung des Quarzglasbrenners unterhalb 270 nm (UVC-Gebiet) wird vom Kolbenglas vollständig absorbiert. Die für die Erzeugung des Ultraviolett-Erythems maßgebende Strahlung der Quecksilberlinien von 302/3 und 297 nm wird zu 60 bzw. 50% durchgelassen. Nach dem langwelligen

[6] K. Larché: Techn.-wiss. Abh. Osram-Ges. Bd. 5, S. 26–33.

Spektralgebiet hin ist das ungefärbte Kolbenglas von 350 nm an bis 2,5 μ vollständig durchlässig. Oberhalb 2,5 μ treten die allen Silikatgläsern eigenen Absorptionsbanden bei 2,9 und 3,6 μ auf, so daß die Durchlässigkeitsgrenze bei 5 μ erreicht wird. Bei einem Teil der Ultra-Vitalux-Strahler ist das Kolbenglas durch einen Zusatz von Nickeloxyd violett gefärbt worden. Das so gefärbte Glas besitzt im Sichtbaren zwischen 400 und 700 nm und im Infrarot zwischen 0,8 und 3 μ eine zusätzliche Absorption (s. Abb. 3).

5. Die Strahlung.

Das Spektrum der Mischstrahlung setzt sich aus dem kontinuierlichen Spektrum der Glühwendelstrahlung und dem überwiegend diskontinuierlichen Spektrum der Strahlung des Quecksilber-Hochdruckbogens zusammen (s. Abb. 4).

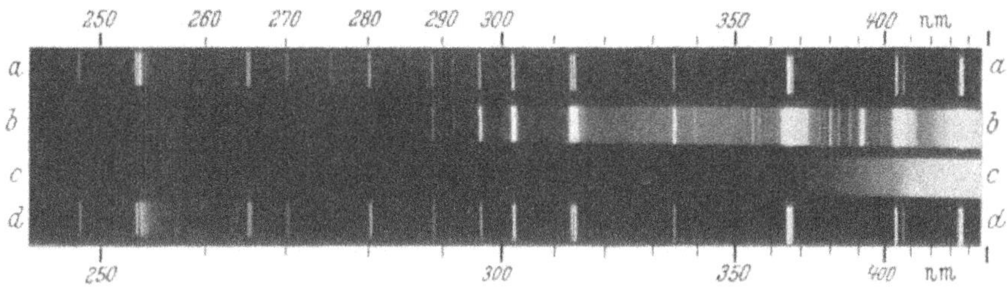

Abb. 4. Spektrum des Ultra-Vitalux-Strahlers (b), einer Glühlampe (c) und des UV-Standards (a u. d).

Der Verlauf der relativen spektralen Energie ist in Abb. 5 wiedergegeben. Das Maximum der Energieverteilung des kontinuierlichen Anteils liegt im kurzwelligen Infrarot bei 1 μ. Der Buckel in der Verteilungskurve bei 4 μ rührt von der Strahlung der heißen Kolbenwand des Quarzglasbrenners her.

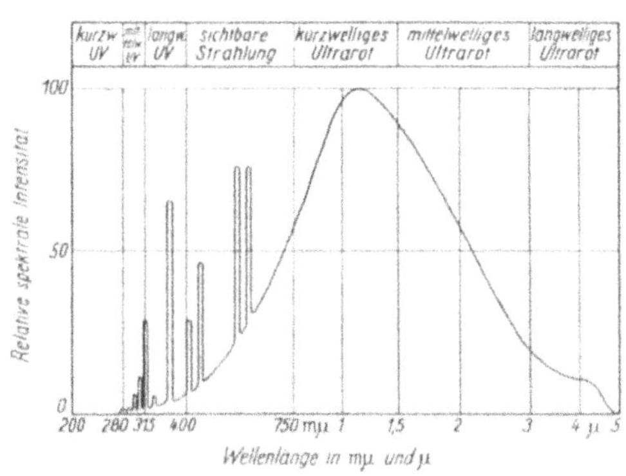

Abb. 5. Spektrale Energieverteilung der Strahlung des Ultra-Vitalux-Strahlers.

Einen anschaulichen Vergleich zwischen der Ultra-Vitalux und der als Vorbild dienenden Sonne erhält man durch Gegenüberstellung der zu größeren Spektralbereichen zusammengefaßten Anteile an der Gesamtstrahlung, entsprechend Tab. 2 und Abb. 6. Danach ist der Anteil der biologisch sehr wirksamen mittelwelligen Ultraviolettstrahlung bei der Ultra-Vitalux fünfmal größer als bei der Sonnenstrahlung, die bei der angeführten Messung vorgelegen hat (Junisonne in Washington mit einer Sonnenhöhe von 74,5°). Der Anteil der kurzwelligen Infrarotstrahlung hat bei beiden Strahlungsquellen den gleichen Betrag von 40% der Gesamtstrahlung.

Bemerkenswert ist, daß die in der Sonnenstrahlung nicht enthaltene langweillge Infrarotstrahlung der Ultra-Vitalux im Verein mit dem mittelwelligen Ultraviolett des Strahlers eine wichtige biologische Wirkung auf die Stoffwechselvorgänge bei Menschen und Tieren hat (GIERSBERG-LOTZ-Effekt[7]).

[7] A. GIERSBERG u. R. G. A. LOTZ: Zs. f. Naturforschung Bd. 3b (1948) S. 349.

Tabelle 2. Anteile der Gesamtstrahlung für verschiedene Spektralbereiche der Ultra-Vitalux und der Junisonne bei einer Sonnenhöhe von 74,5°[8].

Spektralgebiet	Wellenlängenbereich	Anteil in %	
		bei Ultra-V.	bei Sonne
mittelwelliges Ultraviolett (UVB)	280 – 312 nm	0,5	0,1
langwelliges Ultraviolett (UVA)	313 – 400 nm	2,6	5
sichtbare Strahlung	400 – 750 nm	9	39
kurzwelliges Infrarot	0,75 – 1,5 μ	37	39
mittelwelliges Infrarot	1,5 – 3,0 μ	39	17
langwelliges Infrarot	$>$3,0 μ	11	–

Das Verhältnis der von der Ultra-Vitalux gerichtet abgestrahlten nutzbaren Strahlungsleistung zu der von dem Strahler aufgenommenen elektrischen Leistung – der Wirkungsgrad der Strahlungserzeugung also – hat den Wert von 0,5. Dieser Wert ergibt sich als Produkt aus dem Wirkungsgrad von etwa 0,7 für die Strahlungserzeugung durch die beiden Strahlungsquellen und dem Wirkungsgrad des Reflektorkolbens bei der Strahlungslenkung und Filterung von ebenfalls 0,7.

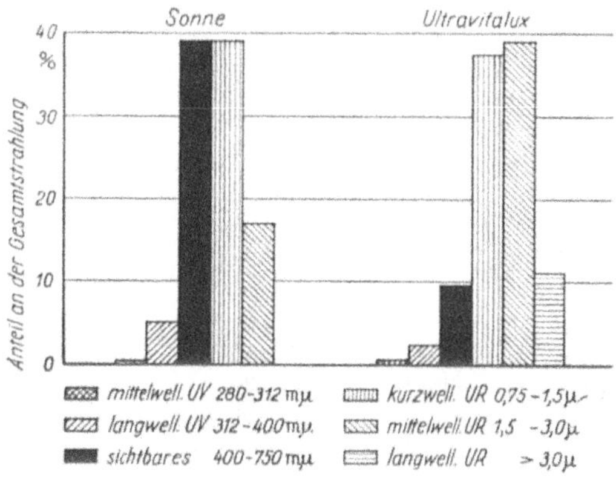

Abb. 6. Vergleich der spektralen Energieverteilung der Sonne und des Ultra-Vitalux-Strahlers.

6. Die Bestrahlungsstärke.

Für die biologische Wirkung der Strahlung der Ultra-Vitalux sind die Werte für die Bestrahlungsstärke am Ort des bestrahlten Objektes – in den meisten Fällen die menschliche Haut – maßgebend. Für die Ultra-Vitalux wird ein Abstand von 0,5 m zwischen Kolbenkuppe und Hautoberfläche empfohlen. In diesem Abstand liegen im Mittelpunkt des Bestrahlungsfeldes die Strahlungswerte nach Tab. 3 vor.

Tabelle 3. Bestrahlungsstärken in 0,5 m Abstand von der Kolbenkuppe.

Spektralbereich	Bestrahlungsstärke mW/cm²
Gesamtstrahlung	72
Infrarot	63
sichtbare Strahlung	6,5
langwelliges Ultraviolett	2
mittelwelliges Ultraviolett	0,4

Die mittelwellige Ultraviolettstrahlung der Ultra-Vitalux erzeugt auf einer normalempfindlichen Haut, entsprechend der Bestrahlungsstärke von 0,4 mW/cm², nach einer Bestrahlungszeit von 4 min eine sichtbare Hautrötung (Ultraviolett-erythem). Dieses Ergebnis steht in guter Übereinstimmung mit den Meßergebnissen für die Sonnenstrahlung, nach denen bei einer Bestrahlungsstärke von 0,08 mW/cm² im mittelwelligen Ultraviolett für eine Sonnenhöhe von 74,5°[3] eine Bestrahlungszeit von 26 min erforderlich wäre. Für Sonnenhöhen in unseren Breiten von 50 bis 60° (z. B. für die Sommersonne in Wyk/Nordsee) sind Bestrahlungszeiten von 33 bis 42 min für die Erythemschwelle gemessen[9].

[8] W. W. Coblentz u. R. Stair: Bur. of Stand. J. Res. Bd. 17 (1936) S. 1.
[9] R. Schulze: Strahlentherapie Bd. 86 (1951) S. 51–68.

Die mittelwellige Strahlung der Ultra-Vitalux besitzt auch eine merkliche bakterizide Wirkung. In 0,5 m Abstand von der Kolbenkuppe bleiben bei Bestrahlung von Bact. coli auf Nährböden nach einer Bestrahlungszeit von 8,5 min der tausendste, nach 17 min nur noch der millionste Teil der Ausgangszahl überlebend.

Die Bestrahlungsstärke nimmt von der Mitte des Bestrahlungsfeldes nach außen hin stetig ab, wobei sie jeweils auf Kreisen um die Feldmitte den gleichen Wert besitzt. Wird die Bestrahlungsstärke längs eines Durchmessers des Bestrahlungsfeldes gemessen, so erhält man die in Abb. 7 wiedergegebene Glockenkurve für verschiedene Abstände des Feldes von der Lampenkuppe.

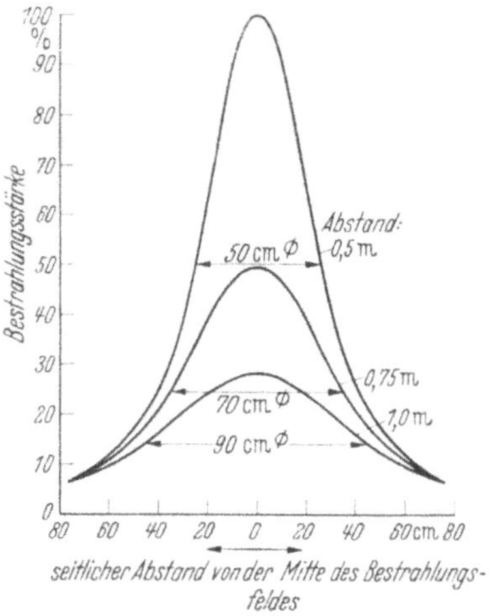

Abb. 7. Verteilung der Bestrahlungsstärke (in % des max. Wertes bei 0,5 m Abstand) in verschiedenen Abständen von der Kolbenkuppe.

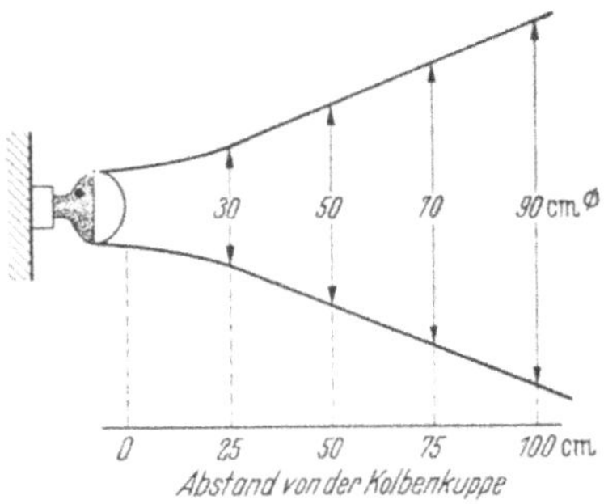

Abb. 8. Die Durchmesser der Bestrahlungsfläche bei verschiedenen Abständen von der Lampe.

Charakteristisch für die Größe des Bestrahlungsfeldes ist der Durchmesser der Kreisfläche, auf deren Umfangslinie die Bestrahlungsstärke auf den halben Wert der maximalen in der Feldmitte abgesunken ist. Er wird als Halbwertsdurchmesser bezeichnet. Mit wachsenden Abständen von der Kolbenkuppe nimmt die Größe des Bestrahlungsfeldes, entsprechend den in Abb. 8 wiedergegebenen Werten der Halbwertsdurchmesser, zu.

Die Aufgabe, auf einer größeren Fläche eine gleichmäßige Bestrahlungsstärke zu erreichen, ist in einfacher Weise durch Überlagerung der Bestrahlungsfelder geeignet angeordneter Ultra-Vitalux-Strahler zu lösen.

Über die strahlungslosen Übergänge der Elektronen im Gitter der Kristallphosphore*.

Von

M. Schön.

Mit 1 Abbildung.

Die strahlungslosen Übergänge der Elektronen in den Grundzustand im Kristallgitter werden Übergängen aus den Haftstellen ins Valenzband zugeschrieben. Für Kristallphosphore mit Rekombinationsleuchten werden die Reaktionsgleichungen unter Berücksichtigung dieses Prozesses aufgestellt und für den stationären Fall in guter Näherung gelöst. Die Lumineszenzfähigkeit wird durch das Konzentrationsverhältnis der Haftstellen und Aktivatoren und deren energetische Lage bestimmt und hängt außerdem noch von der Intensität der anregenden Strahlung ab. Bei extrem schwacher Anregung ist die Ausbeute konstant und hängt im wesentlichen von der Differenz zwischen dem Abstand der Haftstellenterme vom Leitfähigkeits- und dem der Aktivatorterme vom Valenzband ab. Hohe Lage beider Terme begünstigt das Leuchtvermögen, tiefe Lage ist schädlich. Bei zunehmender Intensität treten Sättigungserscheinungen zunächst bei den Gitterstörungen mit der kleineren Konzentration auf. Sind das die Haftstellen, nimmt die Ausbeute mit der Intensität zu, um so stärker, je tiefer die Lage der Haftstellen ist. Bei gesättigten Haftstellen steigt die Ausbeute weiter an nach bereits früher bekannten Gesetzmäßigkeiten. Nach einem Optimum nimmt sie wieder ab, wenn bei den Aktivatoren Sättigungserregung beginnt. Bei extrem starker Anregung wird die Ausbeute wieder konstant, und zwar bei einem Wert, der nur durch das Konzentrationsverhältnis der Haftstellen und der Aktivatoren gegeben ist, der aber nicht mehr von ihrer energetischen Lage abhängt. — Wenn die Konzentration der tiefen Haftstellen größer ist als die der Aktivatoren, nimmt beim Übergang von schwacher zu mittlerer Erregungsdichte die Ausbeute ab. Bei starker Erregung erreicht sie von unten her den oberen Grenzwert. Diese Phosphore sind daher nur durch Korpuskularstrahlen, nicht aber durch Licht schwacher und mittlerer Intensität anzuregen. — Die Auswertung experimenteller Ausbeutekurven ermöglicht die Bestimmung des Rekombinationskoeffizienten der Elektronen im Leitfähigkeitsband mit tiefen Haftstellen. Im vorliegenden Fall hat er einen Wert von 10^{-9} cm^3 sec^{-1}. Es wird angenommen, daß die strahlungslosen Rekombinationskoeffizienten von der zu überspringenden Energiedifferenz und von der Temperatur abhängen. Man kann weiter annehmen, daß die Elektronenübergänge vom Leitfähigkeitsband zu den Gitterstörungen und von diesen zum Valenzband allgemein sowohl unter Ausstrahlung wie auch strahlungslos verlaufen können und daß es nur vom Größenverhältnis der entsprechenden Rekombinationskoeffzienten abhängt, welche Art von Übergängen überwiegt. — Abschließend wird darauf hingewiesen, daß man mit dem beschriebenen Mechanismus einige bisher nicht verständliche Erscheinungen begreifen kann, wie die ,,Superlinearität" der Ausbeute, das unterschiedliche Phosphoreszenzvermögen gleichartiger Präparate und den Einfluß der Killer hierauf, den Einfluß der Breite der verbotenen Zone auf das Lumineszenzvermögen, die Ausbeute bei Anregung durch Korpuskularstrahlen und Einzelheiten der beim Stromdurchgang durch Carborund beobachteten Leuchterscheinungen.

Über die Art der strahlungslosen Wechselwirkung angeregter Elektronen mit dem Kristallgitter ist bisher wenig bekannt. Nach der Elektronentheorie der Festkörper kann in einem idealen Kristall ein Elektron mit ausreichender Wahrscheinlichkeit nur Energiebeträge der Größenordnung kT an die Gitterschwingungen abgeben, so daß für ein ins Leitfähigkeitsband angeregtes Elektron keine Möglichkeit gegeben zu sein scheint, strahlungslos in den Grundzustand, d. h. ins Valenzband zurückzukehren, da seine Energie ein Vielfaches von kT beträgt. In der Tat sprechen auch die experimentellen Befunde, z. B. an Kristallphosphoren, dafür, daß strahlungslose Übergänge unmittelbar zwischen den Bändern eine untergeordnete Rolle spielen und wahrscheinlich ganz zu vernachlässigen sind. Auf der anderen Seite gelingt es den Elektronen doch, strahlungslos zurückzukehren. Man muß daher vermuten, daß hieran Gitterstörungen wesentlich beteiligt sind.

Die strahlungslosen Wechselwirkungen der Elektronen spielen überall dort eine Rolle, wo an Vorgängen im Kristallgitter angeregte Kristallelektronen beteiligt

* Originalmitteilung.

sind, wie bei den Halbleitern, besonders aber bei den Photoleitern, wo sie stark in die Leitfähigkeit eingreifen, und bei vielen Kristallphosphoren, bei denen sie sich auf die Lichtausbeute auswirken und sie in einer Gruppe sogar ausschließlich bestimmen. Da gerade in dieser Gruppe die Ausbeute in sehr verwickelter Weise von verschiedenen Parametern (Temperatur, Anregungsdichte, Gitterstörungen) abhängt, war von der Analyse ihrer Leuchtprozesse auch Aufschluß über die Art der strahlungslosen Wechselwirkung der Elektronen mit dem Kristallgitter zu erwarten.

Wie wir heute wissen, sind bei den Kristallphosphoren drei Gruppen zu unterscheiden: 1. die Reinstoffphosphore, bei denen die Gitterbausteine selbst leuchtfähig sind, 2. die fremdaktivierten mit leuchtenden Übergängen innerhalb der Aktivatoren oder innerhalb von Komplexen, die sich um sie gebildet haben, und 3. die fremd- oder eigenaktivierten Phosphore mit Rekombinationsleuchten. Zur ersten Gruppe gehören die Wolframat- und Molybdatphosphore, deren Anionen leuchtfähig sind, aber auch die Uranylsalze sowie die als Szintillationsleuchtstoffe neuerdings für die Kernphysik bedeutend gewordenen organischen Kristalle. Die zweite Gruppe umfaßt den größten Teil der anorganischen Phosphore, z. B. die Silikate, Halophosphate, Alkalihalogenide, während die relativ kleine dritte Gruppe, zu der die meisten Sulfidphosphore gehören, infolge ihres Leuchtmechanismus physikalisch besonders interessant sind.

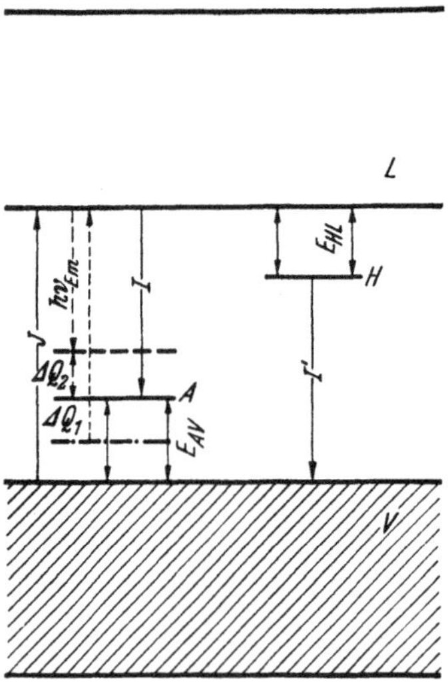

Abb. 1. Termschema eines Phosphors mit Rekombinationsleuchten (Erläuterungen im Text).

Abgesehen von seinem Einfluß auf die Konstitution der Leuchtzentren (u. a. auch auf die Lage ihrer Potentialkurven, die für ihr Leuchtverhalten maßgebend ist) wirkt das Gitter in allen Gruppen auf den Ablauf der Leuchtprozesse ein, und zwar durch die „Energiewanderung", unmittelbar, wenn es in ihm absorbierte Energie auf die Leuchtzentren überträgt, teilweise nur mittelbar, wenn die Energie zwischen den Leuchtzentren oder von etwaigen Sensibilisatoren zu den Leuchtzentren wandert. Für diese Energiewanderung gibt es zwei Mechanismen, das Wandern angeregter Kristallelektronen (elektronische Energiewanderung) und das Wandern von Anregungszuständen (Excitonen). Diese setzt Resonanz zwischen den Partnern voraus[1] und findet daher bei der Energieübertragung zwischen den Leuchtzentren ohne unmittelbare Beteiligung des Gitters statt, was auch bei der von den Sensibilisatoren auf die Leuchtzentren der Fall sein kann und im allgemeinen wohl auch der Fall ist. Stets aber kann die wandernde Energie von geeigneten Gitterstörungen (Verunreinigungen oder Gitterfehlbaustellen) u. U. unter Überwindung einer Energieschwelle abgefangen werden. Daher kann das Vorliegen von Energiewanderung experimentell an der Empfindlichkeit der Phosphore gegen Gitterstörungen erkannt werden, deren Konzentration gegen die der leuchtfähigen Gebilde klein ist. Energieübertragung durch Excitonen liegt in den Phosphoren der ersten Gruppe und zum Teil bei denen der zweiten Gruppe vor, während beim Rest der zweiten Gruppe (z. B. bei den Silikaten) elektronische Energiewanderung, kenntlich an einer Intensitätsabhängigkeit der Ausbeute, stattfindet.

Bei den Phosphoren der ersten und der zweiten Gruppe wird daher die Ausbeute nicht nur durch die strahlungslosen Übergänge in den leuchtfähigen Gebil-

[1] S. hierzu z. B. W. R. HELLER und A. MARCUS: Phys. Rev. (2) Bd. 84 (1951) S. 809.

den selbst bestimmt, die nach SEITZ[2] darauf beruhen, daß sich die Potentialkurven des Grundzustands und des angeregten Zustands schneiden, wobei die Höhe des Schnittpunkts über dem Minimum der Potentialkurve des angeregten Zustands die Aktivierungsenergie für die strahlungslosen Übergänge ist, und die experimentell daran erkannt werden, daß sie die Abklingdauer des Leuchtens herabsetzen. Das Gitter greift auch durch das Abfangen der wandernden Energie in die Größe der Ausbeute ein, so daß die Analyse der strahlungslosen Übergänge im Gitter für die Phosphoreszenzphysik erforderlich wird. Während nun der Mechanismus des Abfangens der Excitonen im Gitter physikalisch keine grundsätzlichen Probleme stellt – mit der experimentellen Ermittlung des Wirkungsquerschnitts der Gitterstörungen für Excitoneneinfang, gegebenenfalls seines Temperaturkoeffizienten, und der Wanderungsweite der Excitonen hat man die erforderlichen Bestimmungsstücke –, sind die Verlustprozesse bei der elektronischen Energiewanderung durch die strahlungslosen Übergänge der angeregten Gitterelektronen in den Grundzustand gegeben, über die, wie eingangs gesagt, nichts bekannt ist[3].

In den Phosphoren der dritten Gruppe sind die angeregten Gitterelektronen Träger aller mit dem Ablauf des Leuchtens verbundenen Vorgänge. Messungen der Anfangshelligkeit nach kurzzeitiger Anregung[4] zeigen ebenso wie die Intensitätsabhängigkeit der Abklinggeschwindigkeit des Spontanleuchtens, daß ein Rekombinationsprozeß geschwindigkeitsbestimmend für den leuchtenden Übergang ist, so daß die Annahme naheliegt, daß das Leuchten bei der Rekombination von angeregten, im Gitter beweglichen Elektronen mit den bei der Anregung ionisierten Aktivatoren emittiert wird. Die Phosphoreszenz läßt sich dabei zwanglos durch die Annahme verstehen, daß es im Gitter lokalisierte Stellen gibt, die angeregte Elektronen festhalten (Haftstellen), aus denen sie thermisch oder durch Einstrahlung von Licht geeigneter Wellenlänge wieder befreit werden. Unter diesen Annahmen lassen sich bereits Reaktionsgleichungen formulieren, die den zeitlichen Verlauf des An- und Abklingens einschließlich der Phosphoreszenz qualitativ in den wesentlichen Zügen wiedergeben[5]. Um aber das Verhalten der Elektronen im Gitter, ihre Anregungsenergie, die spektrale Lage der Absorption und der Emission, die Haftenergie der Elektronen in den Haftstellen, sowie die Tatsache zu verstehen, daß nichtaktivierte Kristalle nicht leuchten, mußten aus der Elektronentheorie der Kristalle die Ergebnisse entnommen werden, daß sich in einem Kristall erlaubte und verbotene Energiebereiche – durch verbotene Zonen getrennte Energiebänder – ausbilden, von denen in Isolatorkristallen das oberste von Elektronen besetzte Band (Valenzband) voll besetzt ist, was zur Folge hat, daß jedes durch die Wegnahme eines Elektrons dort entstehende Loch sich wie ein positives Elektron in einem leeren Band verhält, daß die Elektronen in den Energiebändern ihre räumliche Fixierung verlieren und damit im Gitter frei beweglich werden, ohne daß jedoch damit ihre Aufenthaltswahrscheinlichkeit im Gitter vollkommen gleichmäßig zu werden braucht (bei den Ionenkristallen ist sie in der Nähe der Anionen am größten) und daß für optische Übergänge der Elektronen von Band zu Band strenge Auswahlregeln gelten (Gleichbleiben des

---

[2] F. SEITZ: Trans. Faraday Soc. Bd. 35 (1939) S. 74.

[3] Zur Analyse der Leuchtvorgänge in Phosphoren der beiden ersten Gruppen unter Verwendung der beschriebenen Zusammenhänge s. die Arbeiten: F. A. KROEGER und W. HOOGENSTRAATEN: Physica Bd. 14 (1948) S. 425; Bd. 15 (1949) S. 541, 557; Bd. 16 (1950) S. 30; TH. B. J. BOTDEN und F. A. KRÖGER: Physica Bd. 15 (1949) S. 747; TH. B. J. BOTDEN: Philips Res. Rep. Bd. 6 (1951) S. 747; 7 (1952) S. 197.

[4] V. ANTONOW – ROMANOWSKY, C. R. Moskau (N. S.) (2) 1936, S. 97; M. SCHÖN und H. ZIEROLD, unveröffentlicht.

[5] D. BLOCHINZEW: Phys. Z. Sowjetunion, Bd. 12 (1937) S. 586; M. SCHÖN: Verh. D. Phys. Ges. (3), Bd. 18 (1937) S. 70; W. DE GROOT: Physica, Bd. 6 (1939) S. 275.

reduzierten Wellenvektors). Mit diesen Voraussetzungen wurde als Grundlage für das Verständnis der Reaktionskinetik der Leuchtprozesse ein Termschema für die Phosphore der dritten Gruppe aufgestellt[6], mit dem man die bis dahin bekannten Erscheinungen der Lumineszenz verstehen konnte[7], soweit bei ihnen Fragen der Lichtausbeute keine Rolle spielen. Es blieb also noch die Aufgabe, die strahlungslosen Übergänge mit Hilfe des Bändermodells zu erfassen.

Schon in der ersten Arbeit wurde vom Verfasser[6] darauf hingewiesen, daß zum Verständnis der Anregung durch Absorption im Grundgitter eine Auffüllung der Löcher im Valenzband durch Elektronen aus Aktivatoren anzunehmen ist, und anschließend wurde der „metastabile" Charakter der Haftstellen dadurch erklärt[8], daß der Übergang aus ihnen nach dem Valenzband nur deshalb nicht stattfindet, weil dort entstehende Löcher aus den Aktivatoren sofort aufgefüllt werden. Um das Verhalten der Sulfidphosphore mit mehreren Aktivatoren zu deuten, mußte die thermische Wechselwirkung zwischen dem Valenzband und den Aktivatoren berücksichtigt werden[9] (Mehrbandenmechanismus).

Bezüglich der strahlungslosen Rückkehr des Phosphors in den Grundzustand wurde ursprünglich[7] angenommen, daß es sich um eine strahlungslose Rekombination der Elektronen im Leitfähigkeitsband mit den angeregten Aktivatoren handelt, deren Wahrscheinlichkeit um so größer ist, je höher die Elektronen ins Leitfähigkeitsband angeregt sind. Die Schwierigkeit, daß ein angeregtes Elektron seine Energie in einem Elementarprozeß an das Gitter abgibt, wurde von MÖGLICH und ROMPE[10] diskutiert und durch die Möglichkeit der Vielfachstöße zu beheben versucht. Nachdem sich aber herausgestellt hatte[11], daß die strahlungslosen Übergänge im Kristallgitter einer anderen Reaktionsordnung folgen (Intensitätsabhängigkeit der Ausbeute) als die strahlenden, war diese Deutung nicht mehr möglich.

Über dieses Problem, das mit dem der Quantenausbeute der Phosphore identisch ist, liegt jetzt ein ausgedehntes Versuchsmaterial vor[12], in dem auch der Einfluß der Killer auf die Ausbeute untersucht ist. Während sich die Ergebnisse von PEYROU[12] mit der Annahme nach einer Reaktion erster Ordnung ablaufender strahlungsloser Übergänge deuten ließen, wurde zur Deutung der Wirkung der Killer der Mehrbandenmechanismus herangezogen[9], allerdings auch Bedenken dagegen geltend gemacht (SCHÖN, 1948). Wenn die Killer als Aktivatoren mit ultraroter Emission aufgefaßt werden, nimmt entsprechend den Beobachtungen die Ausbeute sichtbarer Strahlung in der Tat mit zunehmender Anregungsintensität zu. Dieser Mechanismus wurde eingehend von WISE und KLASENS[9] untersucht mit dem Ergebnis, daß sich ihre Beobachtungen quantitativ deuten ließen, wenn der Rekombinationskoeffizient der Leitfähigkeitselektronen mit den Killertermen wesentlich größer ist als der mit den Aktivatoren. Während nun GARLICK und

---

[6] M. SCHÖN: Phys. Z. Bd. 39 (1938) S. 940; Z. techn. Phys. Bd. 19 (1938) S. 361; Verh. D. Phys. Ges. (3), Bd. 19 (1938) S. 139; Trans. Faraday Soc. Bd. 35 (1939) S. 94; R. P. JOHNSON: Phys. Rev. (2) Bd. 56 (1939) S. 213; J. Opt. Soc. Amer. Bd. 29 (1939) S. 387.

[7] N. RIEHL und M. SCHÖN: Z. Phys. Bd. 114 (1939) S. 682.

[8] M. SCHÖN: Naturwissensch. Bd. 27 (1939) S. 432.

[9] M. SCHÖN: Z. Phys. Bd. 119 (1942) S. 463; H. A. KLASENS: Nature, Bd. 158 (1946) S. 306; M. E. WISE und H. A. KLASENS: J. Opt. Soc. Amer. Bd. 38 (1948) S. 226; M. SCHÖN: Ann. Phys. (6) Bd. 3 (1948) S. 333.

[10] F. MÖGLICH und R. ROMPE: Z. Phys. Bd. 115 (1940) S. 707; Bd. 117 (1940) S. 119; Phys. Z. Bd. 41 (1940) S. 236.

[11] N. RIEHL: Z. techn. Phys. Bd. 20 (1939) S. 152.

[12] CH. PEYROU: Ann. de phys. (12) Bd. 3 (1948) S. 459; H. A. KLASENS, W. RAMSDEN und CHOW QUANTIE: J. Opt. Soc. Amer. Bd. 38 (1948) S. 60; N. R. NAIL, F. URBACH und D. PEARLMAN: J. Opt. Soc. Amer. Bd. 39 (1948) S. 690; G. F. J. GARLICK und A. F. GIBSON: J. Opt. Soc. Amer. Bd. 39 (1949) S. 935.

GIBSON[12] bei schwacher Anregung eine stärkere Intensitätsabhängigkeit finden, als nach der Theorie von WISE und KLASENS zu erwarten ist, weichen die Ergebnisse von NAIL, URBACH und PEARLMAN[12] bei sehr schwachen Intensitäten beträchtlich davon ab. Sie erhalten im Bereich schwächster Anregungsintensitäten konstante, sehr kleine Ausbeute, die mit steigender Intensität in einem Übergangsgebiet sehr steil, z. T. mit mehr als der zweiten Potenz der Anregungsintensität ansteigt. Bei kleinen Intensitäten ist die Ausbeute der Konzentration der Killer umgekehrt proportional. Im Bereich der steilen Zunahme verhalten sich die Anregungsintensitäten gleicher Ausbeute wie die Quadrate der Killerkonzentrationen. Diese Befunde sind mit dem Mehrbandenmechanismus nicht mehr zu erklären.

Die Richtung, in der die Lösung, die außerdem die Abnahme der Ausbeute bei extrem starker Anregung zu deuten hat[13], zu suchen ist, ist durch die Beobachtung gezeigt, daß die Dauer der Phosphoreszenz eines Sulfidphosphors von der spektralen Lage der Emissionsbande abhängt. Bei kurzwelliger Emissionsbande ist die Phosphoreszenzdauer klein. Sie beträgt bei einem blauen ZnSAg etwa 1 sec, während sie nach dem Eindiffundieren von Cu mehrere Stunden betragen kann. Die Erklärung liegt darin (SCHÖN[9], 1948), daß infolge der thermischen Wechselwirkung zwischen Aktivatoren und Valenzband eine der Konzentration der angeregten Aktivatoren und dem Boltzmannfaktor – mit der Energiedifferenz zwischen Valenzband und Aktivatoren im Exponenten – proportionale Konzentration von Löchern im Valenzband vorhanden ist, die bei Zimmertemperatur im Fall des ZnSZn etwa 10^5mal größer ist als in dem des grünleuchtenden ZnSCu. Da Elektronen aus den Haftstellen mit diesen Löchern rekombinieren können, erklären sich zwanglos die Unterschiede im Phosphoreszenzverhalten. Es ist sogar zu vermuten, daß die Phosphoreszenzdauer des ZnSCu nicht durch Zahl und Tiefe der Haftstellen gegeben ist, sondern daß sie durch die Lage des Aktivatorterms und die dadurch gegebene Löcherkonzentration begrenzt wird*.

Es liegt daher nahe, in den Übergängen der Elektronen aus den Haftstellen ins Valenzband allgemein die strahlungslose Rückkehr in den Grundzustand zu sehen und das Bändermodell durch Berücksichtigung dieser Übergänge zu erweitern.

Die Reaktionsgleichungen.

Wir beschränken uns auf den Fall eines Phosphors mit Rekombinationsleuchten, der nur eine Sorte von Aktivatoren und Haftstellen einheitlicher Tiefe hat (s. Abb. 1). Die Konzentration der Aktivatoren bezeichnen wir mit A, die der angeregten Aktivatoren mit A^+, die der Haftstellen mit H und die der mit einem Elektron besetzten mit H^-. Die Konzentration der Elektronen im Leitfähigkeitsband L sei n_e, die der Löcher im Valenzband V sei n_v. Die Aktivatorterme, die für die thermische Wechselwirkung mit dem Valenzband maßgebend sind[14], liegen E_{AV} eV über dem Valenzband, die Haftstellen E_{LH} unterhalb des Leitfähigkeitsbands. Wir beschränken uns auf die Anregung durch Absorption im

[13] W. DE GROOT: Physica Bd. 6 (1939) S. 393; A. BRIL: Physica Bd. 15 (1949) S. 361.

* ZnSMn darf hier nicht unmittelbar zum Vergleich herangezogen werden, da hier der Leuchtvorgang ein innerer Übergang im Mn ist, und damit aus dem Emissionsspektrum keine Anhaltspunkte über die Höhe des Grundterms über dem Valenzband gewonnen werden können.

[14] Infolge der Ladungsänderungen des Aktivators bei der Anregung und der Emission lagert sich das Gitter in der Umgebung des Aktivators nach den sehr schnell verlaufenden optischen Übergängen um. Daher liegt der für die thermische Wechselwirkung maßgebende Term um den Betrag der Umlagerungsenergie tiefer als der aus dem Emissionsspektrum ermittelte und um die entsprechende Umlagerungsenergie höher als der aus dem Absorptionsspektrum bestimmte (M. SCHÖN: Z. Naturforschg. Bd. 6a (1951) S. 287).

Grundgitter (Band-Band-Anregung), wie sie in den Versuchen von NAIL, URBACH und PEARLMAN[12] vorlag. Die Intensität der Anregung $\mathfrak{J}$, des Leuchtens $\mathfrak{I}$ und der strahlungslosen Übergänge $\mathfrak{I}'$ in den Grundzustand messen wir in Quanten/cm³. Die auftretenden Rekombinationskoeffizienten bezeichnen wir mit α_{ik}, wobei die Indices Ausgangs- und Endzustand angeben. Den Koeffizienten für den leuchtenden Übergang (Leitfähigkeitsband – Aktivator) bezeichnen wir mit β. Die Wahrscheinlichkeiten für den Übergang der Elektronen aus den Haftstellen ins Leitfähigkeits-, bzw. die der Löcher aus den Aktivatoren ins Valenzband seien γ_{HL} bzw. γ_{AV}. Die Lage von H sei so, daß wir den thermischen Übergang eines Elektrons aus dem Valenzband in die Haftstellen ebenso vernachlässigen können, wie den von Elektronen aus den Aktivatoren ins Leitfähigkeitsband. Wir betrachten nur das stationäre Verhalten und erhalten dafür die Bilanzgleichungen für n_e, n_v, A^+ und H^-:

$$\frac{d n_e}{dt} = \mathfrak{J} - \beta\, n_e A^+ - \alpha_{LH}\, n_e (H - H^-) + \gamma_{HL} H^- = 0\,, \tag{1}$$

$$\frac{d H^-}{dt} = \alpha_{LH}\, n_e (H - H^-) - \gamma_{HL} H^- - \alpha_{HV}\, n_v H^- = 0\,, \tag{2}$$

$$\frac{d A^+}{dt} = -\beta\, n_e A^+ + \alpha_{AV}\, n_v (A - A^+) - \gamma_{AV} A^+ = 0 \tag{3}$$

und als vierte Gleichung die Neutralitätsbedingung:

$$n_e + H^- = n_v + A^+\,. \tag{4}$$

Die Zahl der pro cm³ und sec emittierten Quanten ist $\mathfrak{I} = \beta\, n_e A^+$, die Zahl der strahlungslosen Elektronenübergänge in den Grundzustand beträgt $\mathfrak{I}' = \alpha_{HV}\, n_v H^-$.

(1) + (2) liefert die Quantenbilanz:

$$\mathfrak{J} - \mathfrak{I} - \mathfrak{I}' = 0\,.$$

Wir interessieren uns für die Quantenausbeute

$$\eta = \frac{\mathfrak{I}}{\mathfrak{J}}\,, \text{ bzw. } \frac{1}{\eta} = \frac{\mathfrak{J}}{\mathfrak{I}} = \frac{\mathfrak{I} + \mathfrak{I}'}{\mathfrak{I}} = 1 + \frac{\mathfrak{I}'}{\mathfrak{I}} = 1 + \frac{\alpha_{HV}}{\beta}\, \frac{n_v}{n_e}\, \frac{H^-}{A^+}\,. \tag{5}$$

Aus (2) und (3) erhalten wir

$$n_e \frac{H - H^-}{H^-} - n_v \frac{\alpha_{HV}}{\alpha_{LH}} = \frac{\gamma_{HL}}{\alpha_{LH}}\,, \tag{6}$$

$$-n_e \frac{\beta}{\alpha_{AV}} + n_v \frac{A - A^+}{A^+} = \frac{\gamma_{AV}}{\alpha_{AV}}\,. \tag{7}$$

Für die thermische Wechselwirkung gilt[15]:

$$\frac{\gamma_{HL}}{\alpha_{LH}} = \frac{(2\pi m_e k T)^{3/2}}{h^3}\, e^{-E_{HL}/kT}\,, \tag{8}$$

$$\frac{\gamma_{AV}}{\alpha_{AV}} = \frac{(2\pi m_v k T)^{3/2}}{h^3}\, e^{-E_{AV}/kT}\,. \tag{9}$$

Setzen wir die effektiven Massen der Elektronen m_e und der Löcher m_v einander gleich:

$$\frac{\gamma_{AV}}{\alpha_{AV}}\, \frac{\alpha_{LH}}{\gamma_{HL}} = e^{(E_{HL} - E_{AV})/kT} = \varrho\,. \tag{10}$$

---

[15] S. z. B. W. SCHOTTKY: Z. Elektrochem. Bd. 45 (1939) S. 53.

Für n_e und n_v erhalten wir aus (6) und (7):

$$n_e = \frac{\frac{\gamma_{AV}}{\alpha_{AV}} \frac{\alpha_{HV}}{\alpha_{LH}} A^+ H^- + \frac{\gamma_{HL}}{\alpha_{LH}} (A - A^+) H^-}{(A - A^+)(H - H^-) - \frac{\beta}{\alpha_{AV}} \frac{\alpha_{HV}}{\alpha_{LH}} A^+ H^-}, \tag{11}$$

$$n_v = \frac{\frac{\gamma_{HL}}{\alpha_{LH}} \frac{\beta}{\alpha_{AV}} A^+ H^- + \frac{\gamma_{AV}}{\alpha_{AV}} (H - H^-) A^+}{(A - A^+)(H - H^-) - \frac{\beta}{\alpha_{AV}} \frac{\alpha_{HV}}{\alpha_{LH}} A^+ H^-}. \tag{12}$$

Wir können außerdem (6) nach H^- und (7) nach A^+ auflösen:

$$H^- = H \frac{n_e}{n_e + \frac{\gamma_{HL}}{\alpha_{LH}} + \frac{\alpha_{HV}}{\alpha_{LH}} n_v}. \tag{13}$$

$$A^+ = A \frac{n_v}{n_v + \frac{\gamma_{AV}}{\alpha_{AV}} + \frac{\beta}{\alpha_{AV}} n_e}. \tag{14}$$

Aus (13) und (14) entnehmen wir, daß H^- und A^+ mit verschwindendem n_e bzw. n_v verschwinden, H^- proportional n_e und A^+ proportional n_v, wobei unter den aus (11) und (12), bzw. (13) und (14) leicht ersichtlichen und im allgemeinen zutreffenden Voraussetzungen gilt:

$$\frac{n_e}{H^-} \simeq \frac{1}{H} \frac{\gamma_{HL}}{\alpha_{LH}}; \qquad \text{und} \quad \frac{n_v}{A^+} \simeq \frac{1}{A} \frac{\gamma_{AV}}{\alpha_{AV}}. \tag{15}$$

Wenn n_e und n_v beide sehr groß werden – wegen der Neutralitätsbedingung (4) ist dann $n_e \cong n_v$ –, nehmen H^- und A^+ die Grenzwerte an:

$$H^-_\infty = H \frac{\alpha_{LH}}{\alpha_{LH} + \alpha_{HV}}; \qquad \text{und} \quad A^+_\infty = A \frac{\alpha_{AV}}{\alpha_{AV} + \beta}. \tag{16}$$

Der Anstieg von H^- und A^+ zum Grenzwert ist nicht monoton, wie man schon daraus sieht, daß H^- mit wachsendem n_v und A^+ mit wachsendem n_e abnehmen. Bei $H < A$ erreicht H^- den Grenzwert über ein Maximum von oben her, während bei $H > A$ A^+ ein Maximum durchläuft.

Qualitative Diskussion.

Die Gleichungen lassen sich nicht allgemein lösen. Mit Hilfe der Neutralitätsbedingungen lassen sich jedoch für die verschiedenen Bereiche der anregenden Intensität hinreichend genaue Näherungslösungen angeben.

Beginnen wir mit dem Fall extrem schwacher Anregung, in dem A^+ und H^- so klein sind, daß weder bei H noch bei A Sättigungserscheinungen auftreten. Dann ist nach (11) und (12), bzw. nach (13) und (14), entsprechend (15), dessen linke Seite nach (8) bzw. (9) den Boltzmannfaktor enthält, $n_e \ll H^-$ und $n_v \ll A^+$, sofern die Haftstellen und Aktivatoren einigen Abstand vom Leitfähigkeits- bzw. vom Valenzband haben. Nach (4) ist dann:

$$H^- = A^+. \tag{17}$$

In diesem Näherungsbereich wird also die Konzentration n_e der Elektronen im Leitfähigkeitsband (bzw. die der Löcher n_v im Valenzband) im wesentlichen durch das thermische Gleichgewicht mit den Haftstellen (bzw. mit den Aktivatoren) bestimmt, während die Übergänge aus den Haftstellen ins Valenzband und aus dem Leitfähigkeitsband in die Aktivatoren, deren Summe gleich der der Anregungsprozesse sein muß, die Gleichgewichte nicht oder nur wenig stören.

Wir können daher erwarten, daß die durch das Verhältnis der strahlenden (L→A) und der strahlungslosen (H→V) Übergänge gegebene Ausbeute wesentlich von der energetischen Lage der Haftstellen und der Aktivatoren abhängt. Das Verhältnis [nach (15), (17) und (10)]:

$$\frac{n_e}{n_v} = \frac{A}{H} e^{-(E_{HL} - E_{AV})/kT} \tag{18}$$

wird durch tiefe Haftstellen und tiefe Aktivatoren exponentiell zugunsten von n_v, durch hohe Haftstellen und hohe Aktivatoren zugunsten von n_e verschoben. Im ersten Fall ist die Ausbeute klein, im zweiten groß. Geringe Ausbeute im Bereich geringer Anregung beruht also auf tiefen Haftstellen, deren Abstand vom Leitfähigkeitsband größer ist als der der Aktivatorterme vom Valenzband.

Wenn mit zunehmender Erregung entweder bei A oder bei H Sättigungserscheinungen auftreten, bleibt die Beziehung $A^+ = H^-$ bestehen, bis entweder n_v mit A oder n_e mit H vergleichbar geworden sind. Bei $H < A$ beginnt die Sättigung bei den Haftstellen. Dann kann H^- und damit auch A^+ nicht mehr ausreichend zunehmen. Sie nähern sich dem Wert $A^+ = H^- \simeq H$. Da bei A keine Sättigung vorliegt, ist $n_v \sim A^+$, so daß auch n_v sich dem Wert:

$$n_v \simeq \frac{H}{A} \frac{\gamma_{AV}}{\alpha_{AV}}$$

nähert. Mit der Erregung kann somit nur n_e wachsen, bis es mit H vergleichbar geworden ist. Mit n_e nehmen die leuchtenden Übergänge zu, während die strahlungslosen bei dem Wert:

$$\mathfrak{J}' = \alpha_{HV} \frac{\gamma_{AV}}{\alpha_{AV}} \frac{H^2}{A} \tag{19}$$

annähernd konstant bleiben. War die Ausbeute bei geringer Anregung klein, nimmt sie jetzt steil zu und zwar, da bei geringer Ausbeute $\mathfrak{J}' \simeq \mathfrak{J}$ ist, bei einem Wert der Erregung, der proportional H^2 ist. Dies deckt sich mit den Befunden von NAIL, URBACH und PEARLMAN[12], wenn wir annehmen, daß die zugesetzten Killer sich wie tiefe Haftstellen verhalten. Auch die dort angedeutete Proportionalität der reziproken Ausbeute mit der Killerkonzentration bei verschwindender Erregung geht aus (18) hervor.

Bei $H > A$ beginnt die Sättigung bei den Aktivatoren. Dann nimmt n_v allein zu, während H^-, A^+ und n_e annähernd konstant werden. Die leuchtenden Übergänge bleiben konstant, während die strahlungslosen zunehmen. Die Ausbeute nimmt ab.

Wir entnehmen aus der qualitativen Diskussion der Gleichungen, daß die Ausbeute im Bereich schwacher Anregung von der Lage der Haftstellen abhängt. Tiefe Haftstellen setzen die Ausbeute herab. Wenn ihre Konzentration jedoch kleiner ist als die der Aktivatoren, nimmt die Leitfähigkeit im Bereich der Haftstellensättigung stark zu. Als tief sind die Haftstellen anzusehen, wenn ihr Abstand vom Leitfähigkeitsband größer ist als der des Aktivatorterms vom Valenzband. Hoch liegende Aktivatorterme sind daher günstig für das Leuchtvermögen, und sehr tief liegende in Anbetracht der offenbar großen Zahl flacher Haftstellen ungünstig. Wenn die Konzentration der tiefen Haftstellen größer ist als die der Aktivatoren, ist das System wenigstens im Bereich schwacher und mittlerer Anregungen nicht leuchtfähig.

In Systemen mit $H < A$ nimmt mit weiter steigender Anregung n_e Werte an, die mit $H^- \cong H$ vergleichbar und schließlich größer werden als H. Wir können wegen der Haftstellensättigung $H^- = H$ setzen und erhalten jetzt aus (4) die Näherung für mittlere Anregungsintensität (n_v ist noch gegen A^+ zu vernachlässigen):

$$n_e + H = A^+ . \tag{20}$$

In diesem Fall sind die Haftstellen besetzt. Die Häufigkeit der strahlungslosen Übergänge ist n_v und damit A^+ proportional, während die der leuchtenden A^+ und n_e, für $n_e > H$ also wegen (20) A^{+2} proportional ist. Entsprechend den Beobachtungen von PEYROU[12] folgen jene einer Reaktion erster, diese einer Reaktion zweiter Ordnung. Auf diesen Fall sind die Berechnungen von WISE und KLASENS[9] anwendbar, da besetzte Haftstellen sich ebenso verhalten wie die von diesen Autoren angenommen hoch liegenden Aktivatoren. Deren Ergebnis, daß der Rekombinationskoeffizient für den Elektronenübergang in diese wesentlich größer sein muß als der für die leuchtenden Übergänge, erklärt sich zwanglos daraus, daß es in Wirklichkeit Haftstellen sind.

Bei weiterer Erhöhung der Anregungsintensität tritt auch bei den Aktivatoren Sättigung ein, durch die n_v, das zunächst noch kleiner ist als A^+, stärker als A^+ zunimmt. Der Anteil der strahlungslosen Übergänge erhöht sich, und die Ausbeute nimmt, entsprechend den Beobachtungen von DE GROOT und von BRIL[13], ab.

Schließlich wird A^+ annähernd konstant und $n_v > A^+$. Bei extrem starker Anregung erhalten wir aus (4):

$$n_v \cong n_e . \tag{21}$$

Aus dieser Beziehung ergibt sich die konstante Grenzausbeute bei extrem starker Anregung, in der der differenzierte Einfluß der Haftstellen und der Aktivatoren auf die Ausbeute verschwindet, der von der energetischen Lage herrührt. Hier sind nur die Werte der Rekombinationskoeffizienten und das Konzentrationsverhältnis bestimmend. Auch die Phosphore mit tiefen Haftstellen und mit $H > A$, die bei mittleren Anregungen praktisch nicht leuchten, können hier lumineszenzfähig werden. Das ist z. B. bei den Phosphoren der dritten Gruppe der Fall, die nur bei Kathodenstrahlanregung leuchten, bei der jedes einzelne Elektron große Erregungsdichte bewirkt.

Quantitative Lösung der Reaktionsgleichungen.

1. Bereich schwacher Anregung: $A^+ = H^-$.

Setzen wir in dem Ausdruck (5) für die Ausbeute unter Berücksichtigung von $H^- = A^+$ die Werte von n_e und n_v aus (11) und (12) ein, erhalten wir:

$$\frac{1}{\eta} = 1 + \frac{\alpha_{HV}}{\beta}\,\frac{H}{A}\,\varrho\,\frac{1 + \dfrac{H^-}{H}\left(\dfrac{1}{\varrho}\,\dfrac{\beta}{\alpha_{AV}} - 1\right)}{1 + \dfrac{H^-}{A}\left(\varrho\,\dfrac{\alpha_{HV}}{\alpha_{LH}} - 1\right)} \tag{22}$$

mit

$$\varrho = e^{(E_{HL} - E_{AV})/kT} .$$

Mit verschwindender Anregung, bei der H^- ebenfalls verschwindet, nimmt die Ausbeute den Grenzwert η_0 an:

$$\frac{1}{\eta_0} = 1 + \frac{\alpha_{HV}}{\beta}\frac{H}{A}\varrho = 1 + \frac{\alpha_{HV}}{\beta}\frac{H}{A} e^{(E_{HL}-E_{AV})/kT}, \tag{23}$$

dessen Abhängigkeiten von H, A, E_{HL} und E_{AV} wir bereits im vorigen Abschnitt besprochen haben.

Mit zunehmendem H^- nimmt die Ausbeute zu, wenn

$$\frac{d\left(\frac{1}{\eta}\right)}{d H^-} < 0 \text{ ist, d. h. wenn:}$$

$$\frac{1}{H}\left(\frac{1}{\varrho}\frac{\beta}{\alpha_{AV}} - 1\right) < \frac{1}{A}\left(\varrho\frac{\alpha_{HV}}{\alpha_{LH}} - 1\right). \tag{24}$$

Für H $< A$ entspricht das genähert der Bedingung:

$$\varrho > \frac{\beta}{\alpha_{AV}}, \tag{25}$$

für $H > A$ der Bedingung:

$$\varrho > \frac{\alpha_{LH}}{\alpha_{HV}}, \tag{26}$$

während für $H = A$ gilt:

$$\varrho > \sqrt{\frac{\beta}{\alpha_{AV}}\frac{\alpha_{LH}}{\alpha_{HV}}}\,. \tag{27}$$

In der gleichen Weise wie η lassen sich auch $\mathfrak{J}$, $\mathfrak{I}$ und $\mathfrak{I}'$ in Abhängigkeit von H^- darstellen:

$$\mathfrak{I} = \beta H^{-2} \frac{\frac{\gamma_{AV}}{\alpha_{AV}}\frac{\alpha_{HV}}{\alpha_{LH}} H^- + \frac{\gamma_{HL}}{\alpha_{LH}}(A - H^-)}{(A - H^-)(H - H^-) - \frac{\beta}{\alpha_{AV}}\frac{\alpha_{HV}}{\alpha_{LH}} H^{-2}}, \tag{28}$$

$$\mathfrak{I}' = \alpha_{HV} H^{-2} \frac{\frac{\gamma_{HL}}{\alpha_{LH}}\frac{\beta}{\alpha_{AV}} H^- + \frac{\gamma_{AV}}{\alpha_{AV}}(H - H^-)}{(A - H^-)(H - H^-) - \frac{\beta}{\alpha_{AV}}\frac{\alpha_{HV}}{\alpha_{LH}} H^{-2}}, \tag{29}$$

$$\mathfrak{J} = \frac{\frac{\gamma_{AV}}{\alpha_{AV}}\left(\beta\frac{\alpha_{HV}}{\alpha_{LH}} H^- + \alpha_{HV}(H - H^-)\right) + \frac{\gamma_{HL}}{\alpha_{LH}}\left(\alpha_{HV}\frac{\beta}{\alpha_{AV}} H^- + \beta(A - H^-)\right)}{(A - H^-)(H - H^-) - \frac{\beta}{\alpha_{AV}}\frac{\alpha_{HV}}{\alpha_{LH}} H^{-2}} H^{-2}, \tag{30}$$

Zur Eliminierung von H^- aus (22) und (30) führen wir statt der Ausbeute η das Verhältnis

$$w = \frac{\mathfrak{I}}{\mathfrak{I}'} \tag{31}$$

der leuchtenden zu den strahlungslosen Übergängen ein, das bei kleinen Ausbeuten mit der Ausbeute identisch ist, und formen (22) um:

$$w = w_0 \frac{1 + \frac{H^-}{A}\left(\varrho \frac{\alpha_{HV}}{\alpha_{LH}} - 1\right)}{1 + \frac{H^-}{H}\left(\frac{1}{\varrho}\frac{\beta}{\alpha_{AV}} - 1\right)} \tag{32}$$

$$\text{mit } w_0 = \frac{\beta}{\alpha_{HV}}\frac{1}{\varrho}\frac{A}{H}; \qquad \varphi_0 = \frac{H}{A} w_0 = \frac{\beta}{\alpha_{HV}}\frac{1}{\varrho}. \tag{33}$$

Wir führen die Abkürzungen ein:

$$Z = \frac{\alpha_{HV}}{\alpha_{LH}} \varrho \frac{H}{A} - \frac{H}{A} = \frac{\beta}{\alpha_{LH}}\frac{1}{w_0} - \frac{H}{A} = \frac{H}{A}\left(\frac{\beta}{\alpha_{LH}}\frac{1}{\varphi_0} - 1\right), \tag{34}$$

$$N = \frac{\beta}{\alpha_{AV}}\frac{1}{\varrho} - 1 = \frac{\alpha_{HV}}{\alpha_{AV}}\frac{H}{A} w_0 - 1 = \frac{\alpha_{HV}}{\alpha_{AV}}\varphi_0 - 1, \tag{35}$$

$$\xi = w_{H^- \to \infty} = w_0 \frac{Z}{N} = \frac{\frac{\beta}{\alpha_{LH}} - \frac{\beta}{\alpha_{HV}}\frac{1}{\varrho}}{\frac{\beta}{\alpha_{AV}}\frac{1}{\varrho} - 1} = \frac{\frac{\beta}{\alpha_{LH}} - \frac{H}{A} w_0}{\frac{\alpha_{HV}}{\alpha_{AV}}\frac{H}{A} w_0 - 1} = \frac{\frac{\beta}{\alpha_{LH}} - \varphi_0}{\frac{\alpha_{HV}}{\alpha_{AV}}\varphi_0 - 1}, \tag{36}$$

$$\eta = w_{H^- = H} = w_0 \frac{1+Z}{1+N} = \frac{\alpha_{AV}}{\alpha_{LH}}\varrho + \frac{\alpha_{AV}}{\alpha_{HV}}\left(\frac{A}{H} - 1\right) =$$

$$= \frac{\alpha_{AV}}{\alpha_{HV}}\left(\frac{A}{H} - 1\right) + \frac{\beta}{\alpha_{LH}}\frac{\alpha_{AV}}{\alpha_{HV}}\frac{A}{H}\frac{1}{w_0} = \frac{\alpha_{AV}}{\alpha_{HV}}\left(\frac{A}{H} - 1\right) + \frac{\beta}{\alpha_{LH}}\frac{\alpha_{AV}}{\alpha_{HV}}\frac{1}{\varphi_0}, \tag{37}$$

$$\zeta = w_{H^- = A} = w_0 \frac{\frac{H}{A} + Z}{\frac{H}{A} + N} = \frac{\frac{\beta}{\alpha_{LH}}}{\frac{\beta}{\alpha_{AV}}\frac{1}{\varrho} + \frac{H}{A} - 1} = \frac{\frac{\beta}{\alpha_{LH}}}{\frac{\alpha_{HV}}{\alpha_{AV}}\frac{H}{A} w_0 + \frac{H}{A} - 1} =$$

$$= \frac{\frac{\beta}{\alpha_{LH}}}{\frac{\alpha_{HV}}{\alpha_{AV}}\varphi_0 + \frac{H}{A} - 1}, \tag{38}$$

die sich entweder durch die Lage der Haftstellen und Aktivatoren (ϱ), durch die gemessene Grenzausbeute w_0 oder durch die reduzierte Grenzausbeute φ_0 ausdrücken lassen, die bei Phosphoren, bei denen nur die Konzentrationen gleichartiger Aktivatoren und Haftstellen variiert sind, eine Konstante sein muß.

Mit diesen Abkürzungen erhalten wir aus (30) und (32)

$$\mathfrak{J} = \frac{\beta\,\alpha_{HV}}{\alpha_{AV}}\frac{\gamma_{HL}}{\alpha_{LH}} H \frac{(\eta - w_0)(1 + w)(w - w_0)^2}{N(1+N)\left(1 + \frac{A}{H}N\right)(\xi - w)\,(\eta - w)\,(\zeta - w)\,(1 - \varepsilon)}, \tag{39}$$

wobei die im allgemeinen zu vernachlässigende Größe ε gegeben ist durch:

$$\varepsilon = \frac{\beta}{\alpha_{AV}}\frac{\alpha_{HV}}{\alpha_{LH}}\frac{(w - w_0)^2}{\left(1 + \frac{A}{H}N\right)(1 + N)\,(\eta - w)\,(\zeta - w)}. \tag{40}$$

Die Beziehung (39) gilt allgemein für beliebige Werte von H, A, E_{HL} und E_{AV}, sofern die Bedingungen unserer Näherung erfüllt sind, d. h. solange $n_e \ll H^-$ und $n_v \ll A^+$ sind.

Da $\mathfrak{J} = \frac{w}{1+w}\,\mathfrak{J}$ und $\mathfrak{J}' = \frac{1}{1+w}\,\mathfrak{J}$ sind, erhalten wir aus (39) $\mathfrak{J}$ als Funktion von w, wenn wir den Faktor $1 + w$ im Zähler durch w ersetzen, und $\mathfrak{J}'$ dadurch, daß wir ihn weglassen.

Das Vorzeichen des Faktors η-w_0 entscheidet, ob die Ausbeute mit der Anregungsintensität zu- oder abnimmt. $\eta > w_0$ ist, wie man sich leicht überzeugt, identisch mit der Bedingung (24) für zunehmende Ausbeute. η ist formal der Grenzwert von w bei $H < A$ $(H^- = H)$, ζ der Grenzwert von w bei $H > A$ $(H^- = A)$. Daß H^- nicht exakt gleich H bzw. A wird, wird durch den Faktor $(1 - \varepsilon)$ im Nenner ausgedrückt. Man überzeugt sich leicht, daß von den Polen ξ, η, ζ der Gleichung (39) η, wenn $H < A$ ist, bzw. ζ bei $H > A$, w_0 benachbart ist, und zwar bei Ausbeutezunahme in positiver, bei Abnahme in negativer Richtung. Bei $H = A$ fallen η und ζ zusammen, während bei konstant bleibender Ausbeute $\xi = \eta = \zeta = w_0$ sind. w ändert sich von w_0 aus bei $\mathfrak{J} = 0$ in Richtung η bzw. ζ, deren Werte es bei $\mathfrak{J} \to \infty$ annehmen würde, wenn der Korrekturfaktor $(1 - \varepsilon)$, der sich bei großen Intensitäten bemerkbar macht, es nicht verhindern würde.

Um die Steilheit der w–$\mathfrak{J}$-Kurve in doppelt logarithmischer Darstellung zu erhalten, die angibt, mit welcher Potenz von $\mathfrak{J}$ w jeweils zunimmt, differenzieren wir (39) logarithmisch und erhalten für den Fall zunehmender Ausbeute:

$$\frac{d\,lg\,\mathfrak{J}}{d\,lg\,w} = \frac{w}{1+w} + \frac{2\,w}{w - w_0} + \frac{w}{\xi - w} + \frac{w}{\eta - w} + \frac{w}{\zeta - w} + \frac{w\,(d\,\varepsilon/d\,w)}{1 - \varepsilon}\,. \tag{41}$$

Diese Gleichung gibt uns die reziproke Steilheit der Ausbeute an, deren Wert bei der von NAIL, URBACH und PEARLMAN[12] beobachteten Superlinearität < 1 sein muß. Das in dem Gültigkeitsbereich unserer Näherung im allgemeinen kleine Korrekturglied können wir weglassen

Die gemeinsame Diskussion der Gleichungen (41) und (39) zeigt, daß zunächst in (41) das zweite Glied einen positiven Beitrag liefert, der sich für $w > w_0$ von oben her dem Wert 2 nähert, so daß also diesem Glied eine Zunahme von w höchstens mit $\mathfrak{J}^{1/2}$ entsprechen kann. Der Beitrag des ersten Glieds ist ebenfalls positiv. Bei kleinem w ist er nur klein und nähert sich bei großem w dem Wert 1. Bei $H < A$ ist der Beitrag des vierten Glieds wegen $\eta > w$ ebenfalls positiv und nur bei kleinem w gering. Diese Glieder setzen also die Steilheit der Ausbeutekurve herab auf einen Wert $< {}^1/_2$. Zur Kompensation des großen Wertes der reziproken Steilheit stehen daher nur das dritte und fünfte Glied zur Verfügung, die aber nur dann einen merklichen negativen Beitrag bei $w > w_0$ liefern, wenn $|\,\xi\,| < w$ und $|\,\zeta\,| < w$ sind. Ihr negativer Beitrag kann den Wert -2 erreichen und somit das zweite Glied kompensieren. Wir haben daher für superlinearen Anstieg der Ausbeute die Bedingungen:

$$H < A, \quad w \ll 1, \quad w > w_0, \quad |\,\xi\,| < w, \quad |\,\eta\,| < w.$$

Bei $H = A$ fallen die Werte von η und ζ zusammen, so daß auch das fünfte Glied jetzt einen positiven Beitrag gibt. Das vierte kann allein das zweite nicht kompensieren, sondern seinen Beitrag höchstens nur auf den Wert 1 herabsetzen, so daß wir hier im günstigsten Fall linearen Anstieg als steilsten erhalten. Bei $H > A$ nimmt die Ausbeute im allgemeinen ab. Aber auch dort, wo sie nach der Bedingung (26) zunimmt, wird sie höchstens linear ansteigen können. Jetzt ist der Grenzwert $\zeta > w$. Da nach (26), (33) und (37) $\eta > \frac{\alpha_{AV}}{\alpha_{HV}} \cdot \frac{A}{H}$ sein muß, kann die

Bedingung $|\eta| < w$ nach dem, was wir im folgenden über die Größe der Rekombinationskoeffizienten erfahren werden, nicht erfüllt werden, so daß nur $|\xi| < w$ sein kann. Das zweite Glied kann daher nur zum Teil kompensiert werden und die Steilheit höchstens den Wert 1 erreichen.

Bemerkt sei noch, daß ein überlinearer Anstieg der Ausbeute nicht zu erwarten ist, wenn wir w in Abhängigkeit von der Lumineszenzhelligkeit $\mathfrak{J}$ auftragen. In (39) tritt an Stelle des Faktors $1 + w$ der Faktor w und in (41) wird das erste Glied konstant $= 1$.

2. Bereich mittlerer Anregung bei $H < A$: $A^+ = n_e + H$.

Wenn n_e vergleichbar geworden ist mit $H^- \cong H$, verliert die bisherige Näherung ihre Gültigkeit. An ihre Stelle tritt die Näherung $A^+ = n_e + H$. Bei der Lösung der Gleichungen für diesen Bereich mittlerer Anregungsintensität dürfen wir nun die Gleichung (6) nicht verwenden, da die in ihr enthaltene Größe $H\text{--}H^-$ noch stark veränderlich ist. Der Ausfall dieser Gleichung wird dadurch kompensiert, daß wir jetzt $H^- = H$ setzen dürfen. Die jetzige Näherung gilt, bis (infolge von Sättigungserscheinungen bei A) n_v mit A^+ vergleichbar wird.

n_v bestimmen wir aus (7):

$$n_v = \frac{\gamma_{AV}}{\alpha_{AV}} \frac{A^+}{A - A^+} + \frac{\beta}{\alpha_{AV}} \frac{A^+(A^+ - H)}{A - A^+}, \tag{42}$$

$$\mathfrak{J} = \beta\, n_e A^+ = \beta A^+ (A^+ - H), \tag{43}$$

$$\mathfrak{J}' = \alpha_{HV}\, n_v H = \alpha_{HV} \frac{\gamma_{AV}}{\alpha_{AV}} \frac{HA^+}{A - A^+} + \frac{\alpha_{HV}\beta}{\alpha_{AV}} \frac{HA^+(A^+ - H)}{A - A^+}. \tag{44}$$

Da wir im jetzigen Bereich mit guten Ausbeutewerten zu rechnen haben, gehen wir wieder zur Ausbeute η über, die im vorigen Abschnitt praktisch gleich w war:

$$\frac{1}{\eta} = 1 + \frac{\mathfrak{J}'}{\mathfrak{J}} = 1 + \frac{\alpha_{HV}}{\alpha_{AV}} \frac{H}{A - A^+} + \frac{\gamma_{AV}}{\alpha_{AV}} \frac{\alpha_{HV}}{\beta} \frac{H}{(A - A^+)(A^+ - H)}. \tag{45}$$

Drücken wir η als Funktion der Leuchthelligkeit $\mathfrak{J}$ aus, dann ist einzusetzen:

$$A^+ = \frac{H}{2} + \sqrt{\frac{H^2}{4} + \frac{\mathfrak{J}}{\beta}}. \tag{46}$$

Für kleine Werte von $\mathfrak{J}$ ($A^+ \simeq H$) ist:

$$A^+ = H + \frac{\mathfrak{J}}{\beta H}, \tag{47}$$

für $A^+ > H$:

$$A^+ = \sqrt{\frac{\mathfrak{J}}{\beta}}. \tag{48}$$

(45) und (46) geben im Gültigkeitsbereich unserer Näherung die Intensitätsabhängigkeit der Ausbeute exakt wieder.

Ist $H \ll A$, können wir drei Bereiche unterscheiden, bei denen, nach steigenden Anregungsintensitäten geordnet, gilt:

1. $A^+ < A$; $A^+ \cong H$; 2. $H < A^+ < A$; 3. $A^+ \simeq A$.

Im ersten Bereich ist nach (47) angenähert:

$$\frac{1}{\eta} = 1 + \frac{\alpha_{HV}}{\alpha_{AV}} \frac{H}{A} + \frac{\gamma_{AV}}{\alpha_{AV}} \frac{\alpha_{HV} H^2}{A\,\mathfrak{J}}. \tag{49}$$

Die reziproke Ausbeute nimmt linear mit der reziproken Leuchthelligkeit zu. Diesen Bereich berühren offenbar die Messungen von GARLICK und GIBSON[12], die eine stärkere Abhängigkeit von $\mathfrak{J}$ gefunden haben als die von WISE und KLASENS[9] angegebene, nach denen die reziproke Ausbeute mit $\mathfrak{J}^{-1/2}$ ansteigen soll, was im zweiten Bereich auch der Fall ist. Den Anschluß dieses Bereichs an unsere Näherung $H^- = A^+$ sehen wir auch aus der quadratischen Abhängigkeit von H, die für das Gebiet der starken Ausbeutezunahme bei $H < A$ charakteristisch ist.

Im zweiten Bereich ist mit (48):

$$\frac{1}{\eta} = 1 + \frac{\alpha_{HV}}{\alpha_{AV}} \frac{H}{A} + \frac{\gamma_{AV}}{\alpha_{AV}} \frac{\alpha_{HV} H}{A \sqrt{\beta \mathfrak{J}}}, \tag{50}$$

also eine lineare Zunahme der reziproken Ausbeute mit $\mathfrak{J}^{-1/2}$, entsprechend der Theorie von WISE und KLASENS. Die gleiche Abhängigkeit erhält man auch, wenn man die Annahme strahlungsloser Übergänge nach einer Reaktion erster und leuchtender nach einer Reaktion zweiter Ordnung macht:

$$\mathfrak{J} = a\, n_e^2\,; \quad \mathfrak{J}' = bn\,; \quad \frac{1}{\eta} = 1 + \frac{b}{\sqrt{a \mathfrak{J}}}. \tag{51}$$

In diesem Bereich liegen z. B. die Messungen von PEYROU und von KLASENS und Mitarbeitern[12].

Im anschließenden dritten Bereich der Aktivatorsättigung nimmt die Ausbeute wieder ab. Auch hier gilt (48), und wir erhalten:

$$\frac{1}{\eta} = 1 + \frac{\alpha_{HV}}{\alpha_{AV}} \frac{\beta H}{\beta A - \sqrt{\beta \mathfrak{J}}} + \frac{\gamma_{AV}}{\alpha_{AV}} \frac{\beta \alpha_{HV} H}{\sqrt{\beta \mathfrak{J}}\,(\beta A - \sqrt{\beta \mathfrak{J}})}. \tag{52}$$

Die Sättigungsabnahme der Ausbeute nähert sich, wenn $\mathfrak{J}$ mit βA^2 vergleichbar wird, der von BRIL[13] gefundenen Abhängigkeit:

$$\eta = a - b \sqrt{\mathfrak{J}}, \tag{53}$$

der sie durchweg folgt, wenn das dritte Glied in (52) gegen das zweite vernachlässigt werden kann und das zweite größer ist als 1. Allerdings können die mit Kathodenstrahlanregung gewonnenen BRILschen Ergebnisse wegen der Besonderheiten der Korpuskularstrahlanregung nicht ohne weiteres zum Vergleich herangezogen werden.

Zum allgemeinen Ausbeuteverhalten, Gleichung (45), bei $H < A$ und $H^- = H$ ist zu bemerken, daß die energetische Lage der gesättigten Haftstellen sich im Wert der Ausbeute nicht mehr bemerkbar macht. Sie geht lediglich indirekt über den Rekombinationskoeffizienten α_{HV} ein, dessen Wert wahrscheinlich von dem Abstand der Haftstellen vom Valenzband abhängt (s. unten).

3. Bereich mittlerer Anregung bei $H > A$, $H^- = n_v + A$.

Wenn infolge von Aktivatorensättigung n_v mit $A^+ \simeq A$ vergleichbar geworden ist, während bei Haftstellen noch keine Sättigung eingetreten ist, $n_e \ll H^-$, erhalten wir aus der Neutralitätsbedingung (4) die Beziehung $H^- = n_v + A$. Wegen des Glieds mit dem noch stark veränderlichen $A - A^+$ dürfen wir (7) nicht benutzen. n_e berechnen wir aus (6).

Der Fall $H > A$ interessiert aus zwei Gründen, einmal wegen des Verhaltens schlechter Phosphore, bei denen die Konzentration der schädlichen tiefen Haftstellen zu groß ist, und zum andern, um den Einfluß etwaiger, in großer Konzentration vorhandener hoher Haftstellen abschätzen zu können, die bei schwacher Anregung unschädlich sind.

Aus (6) erhalten wir:

$$n_e = \frac{\gamma_{HL}}{\alpha_{LH}} \frac{H^-}{H - H^-} + \frac{\alpha_{HV}}{\alpha_{LH}} \frac{H^-(H^- - A)}{H - H^-}, \tag{54}$$

$$\mathfrak{J} = \beta\, n_e\, A = \frac{\gamma_{HL}}{\alpha_{LH}} \frac{\beta A H^-}{H - H^-} + \frac{\beta \alpha_{HV}}{\alpha_{LH}} \frac{A\, H^-(H^- - A)}{H - H^-}, \tag{55}$$

$$\mathfrak{J}' = \alpha_{HV}\, n_v\, H^- = \alpha_{HV}\, H^-(H^- - A). \tag{56}$$

Statt der Ausbeute η berechnen wir das Verhältnis w der leuchtenden zu den strahlungslosen Übergängen:

$$w = \frac{\gamma_{HL}}{\alpha_{LH}} \frac{\beta}{\alpha_{HV}} \frac{A}{(H - H^-)(H^- - A)} + \frac{\beta}{\alpha_{LH}} \frac{A}{H - H^-}. \tag{57}$$

Betrachten wir zunächst den Fall schlechter Ausbeute (tiefe Haftstellen), dann ist die Anregungsintensität $\mathfrak{J}$ gleich der der strahlungslosen Übergänge $\mathfrak{J}'$.

Aus (56) erhalten wir:

$$H^- = \frac{A}{2} + \sqrt{\frac{\mathfrak{J}'}{\alpha_{HV}} + \frac{A^2}{4}}, \tag{58}$$

das bei $H^- \simeq A$ ergibt

$$H^- = A + \frac{\mathfrak{J}'}{\alpha_{HV} A} = A + \frac{\mathfrak{J}}{\alpha_{HV} A} \tag{59}$$

und für $H^- > A$:

$$H^- = \sqrt{\frac{\mathfrak{J}'}{\alpha_{HV}}} = \sqrt{\frac{\mathfrak{J}}{\alpha_{HV}}}. \tag{60}$$

Für schwache Anregung ($H^- \simeq A$, $H^- < A$) erhalten wir aus (57) und (59):

$$w = \frac{\gamma_{HL}}{\alpha_{LH}} \frac{\beta A^2}{H \mathfrak{J}} + \frac{\beta}{\alpha_{LH}} \frac{A}{H}. \tag{61}$$

Mit steigender Anregung nimmt die Ausbeute ab, aber nur bis zu dem durch das zweite Glied gegebenen unteren Wert.

Für $H^- > A$; $H^- < H$ erhalten wir aus (60) und (57)

$$w = \frac{\gamma_{HL}}{\alpha_{LH}} \frac{\beta A}{H \sqrt{\alpha_{HV} \mathfrak{J}}} + \frac{\beta}{\alpha_{LH}} \frac{A}{H}. \tag{62}$$

Die Ausbeute nimmt in diesem Bereich mit $\mathfrak{J}^{-1/2}$ ab, kann aber auch hier den unteren Grenzwert nicht unterschreiten.

Wenn nun mit weiter steigender Anregung auch die Haftstellen gesättigt werden ($H^- \simeq H$, $H^- > A$), ergibt sich:

$$w = \frac{\gamma_{HL}}{\alpha_{LH}} \frac{\alpha_{HV} \beta A}{\sqrt{\alpha_{HV} \mathfrak{J}}\, (\alpha_{HV} H - \sqrt{\alpha_{HV} \mathfrak{J}})} + \frac{\beta \alpha_{HV} A}{\alpha_{LH}(\alpha_{HV} H - \sqrt{\alpha_{HV} \mathfrak{J}})}. \tag{63}$$

Die Ausbeute nimmt zu.

In allen Fällen wird die Ausbeute entscheidend durch die Lage der Haftstellen bestimmt. Das erste Glied der Gleichungen w nimmt exponentiell mit der Haftstellentiefe ab. Die Lage der Aktivatorterme ist ohne Einfluß.

Im Fall hoher Haftstellen ist die Ausbeute gut, so daß wir $\mathfrak{J}'$ nicht mehr gleich $\mathfrak{J}$ setzen können. Da aber H^- monoton mit $\mathfrak{J}$ wächst, lesen wir aus (57), in dem jetzt das zweite Glied, zum mindesten bei nicht zu starker Anregung, meist vernachlässigbar sein dürfte, daß auch hier die Ausbeute zunächst abnimmt und erst bei beginnender Haftstellensättigung ansteigt. Zu beachten ist, daß die in diesem Abschnitt behandelte Aktivatorensättigung im allgemeinen bei wesentlich größeren Anregungsintensitäten auftritt als die im vorigen Abschnitt behandelte Haftstellensättigung, da die Konzentration der Aktivatoren im allgemeinen größer ist als die der Haftstellen bei $H < A$.

4. Extrem starke Anregung.

Wenn beide Partner gesättigt sind, verliert auch die Näherung der Abschnitte 2 und 3 ihre Gültigkeit. Wir können nun aber nicht wie bisher $H^- = H$ und $A^+ = A$ setzen und so eine weitere Näherung erhalten, da jetzt H^- oder A^+, die praktisch gleich H, bzw. gleich A waren, wieder abnehmen können, wie eine Diskussion von (13) und (14) zeigt. Erst bei extrem starker Anregung, wenn $n_v \gg A$ und $n_e \gg H$ geworden sind, gibt uns (4) die Beziehung $n_v = n_e$, mit deren Hilfe wir wenigstens den Grenzwert der Ausbeute erhalten, wenn die Anregung gegen Unendlich geht. Unter Verwendung von (16) ist:

$$\frac{1}{\eta_\infty} = 1 + \frac{\alpha_{HV}}{\beta} \frac{H_\infty^-}{A_\infty^+} = 1 + \frac{\alpha_{HV}}{\beta} \frac{\alpha_{LH}}{\alpha_{AV}} \frac{\beta + \alpha_{AV}}{\alpha_{HV} + \alpha_{LH}} \frac{H}{A}. \tag{64}$$

Die obere Grenzausbeute hängt nur noch von der Konzentration der Haftstellen und Aktivatoren ab, und nicht mehr direkt von ihrer energetischen Lage, die höchstens über die von ihr vermutlich noch abhängenden α_{ik} eingehen kann.

Wenn jedoch, was wahrscheinlich ist, $\beta < \alpha_{AV}$ und $\alpha_{HV} < \alpha_{LH}$ ist, bleibt $H^- \simeq H$ und $A^+ \simeq A$, so daß wir (4) in der Form:

$$n_v + A = n_e + \mathrm{H} \tag{65}$$

verwenden können. Mit Hilfe der Quantenbedingung $\mathfrak{J} = \mathfrak{J} + \mathfrak{J}'$ erhalten wir:

$$\frac{1}{\eta} = 1 + \frac{\alpha_{HV}}{\beta} \frac{H}{A} \frac{\mathfrak{J} - \beta A (A - H)}{\mathfrak{J} + \alpha_{HV} H (A - H)}. \tag{66}$$

Bei $H < A$ nähert sich die Ausbeute von oben, bei $H > A$ von unten her dem Grenzwert η_∞.

Diskussion einiger Sonderfragen.

Wir haben gesehen, daß das konsequent durchgerechnete Termschema des Bändermodells der Phosphore schon im einfachsten Fall eines Phosphors mit je einer Sorte von Aktivatoren und Haftstellen bereits sehr verwickelte Abhängigkeiten der Ausbeute von der anregenden Intensität liefert, die zum mindesten qualitativ die bisherigen Befunde an diesen Systemen verstehen läßt. (Auf die ebenso verwickelten Temperaturabhängigkeiten der Ausbeute sei erst in einer späteren Arbeit eingegangen.) Das konsequente Termschema läßt weiterhin verstehen, daß die Bedingungen der Leuchtfähigkeit infolge der Abhängigkeiten von Konzentration und Lage der Haftstellen und Aktivatoren sehr eng sind, und schließlich, daß manche Systeme, die im Bereich normaler Anregung nicht leuchten, bei großer Erregungsdichte, z. B. durch Kathodenstrahlen, eine gewisse Leuchtfähigkeit erhalten.

Im folgenden sei kurz auf einige besondere Fragen eingegangen.

1. Superlineare Phosphore: Zur Diskussion der von NAIL, URBACH und PEARLMAN an ZnCdSAgNi (ZnS:CdS = 1:1) gemessenen Kurven sei die Formel (39) für die Intensitätsabhängigkeit der Ausbeute in eine den vorliegenden Verhältnissen angepaßte Form gebracht. Aus den Konzentrationsangaben dieser Autoren für die Aktivatoren und die zugesetzten Killer (Haftstellen) und den unteren Grenzausbeuten erhält man für φ_0 einen Wert von etwa 10^{-7}. Schätzen wir unter Berücksichtigung des kleinen Wertes von φ_0 die in (39) auftretenden Konstanten ab, so erhalten wir

$$\xi = \zeta = -\frac{\beta}{a_{LH}}; \quad \eta \gg w_0; \quad N = -1; \quad 1 + N = \frac{a_{HV}}{a_{AV}} \varphi_0;$$

$$1 + \frac{A}{H} N = \frac{a_{HV}}{a_{AV}} \frac{A}{H} \varphi_0$$

und damit:

$$\mathfrak{J} = \alpha_{HV} \frac{\gamma_{AV}}{a_{AV}} \frac{H^2}{A} \frac{(1+w)\,(w-w_0)^2}{\left(w + \frac{\beta}{a_{LH}}\right)^2}; \quad w_0 = \frac{A}{H} \varphi_0. \tag{67}$$

Bemerkenswert ist an dieser Formel für die Intensitätsabhängigkeit der Ausbeute, daß der Verlauf der Ausbeutekurven wesentlich davon abhängt, ob w kleiner oder größer ist als $\frac{\beta}{\alpha_{LH}}$. Solange es kleiner ist, nimmt nach (67) die Ausbeute für $w > w_0$ mit der Wurzel aus der Intensität zu, während im umgekehrten Fall bei $w > w_0$ die quadratischen Klammern in (67) sich kompensieren. Hierdurch wird erst der superlineare Anstieg möglich. Aus der Forderung, daß bei Superlinearität $\frac{\beta}{\alpha_{LH}}$ kleiner sein muß als w, läßt sich dessen Größenordnung abschätzen. Der unterschiedliche Verlauf der gemessenen Ausbeutekurven bei Präparaten mit Ni-Gehalten bis $4{,}8 \cdot 10^{-6}$ und der bei $2 \cdot 10^{-5}$ legt für $\frac{\beta}{\alpha_{LH}}$ einen Wert von etwa $2 \cdot 10^{-5}$ nahe. Eine quantitative Übereinstimmung zwischen (67) und den gemessenen Werten ist nicht zu erwarten, da der – abschwächende – Einfluß der vorhandenen höher liegenden Haftstellen hier nicht berücksichtigt ist.

2. Phosphoreszenz: Beim Abklingen der Phosphoreszenz befindet sich unser Phosphor sofort in dem Bereich, für den unsere Näherung $H^- = A^+$ gilt. Ob er hier leuchtet oder nicht, hängt demnach im wesentlichen davon ab, ob $E_{HL} - E_{AV}$ negativ oder positiv ist. Das erste ist der Fall z. B. bei dem nicht nachleuchtenden ZnSZn, das zweite bei dem gut phosphoreszierenden ZnSCu. Ebenso läßt sich verstehen, daß die Killer zuerst das Phosphoreszenzvermögen unterdrücken, sofern ihre Terme hinreichend tief liegen. Liegen sie dagegen, wie es beim ZnSCuCo der Fall ist, so hoch, daß $E_{HL} - E_{AV}$ negativ ist, so fördern sie auch in verhältnismäßig hoher Konzentration die Phosphoreszenz, setzen aber im Bereich normaler Anregungsdichten nach (45) das Lumineszenzvermögen herab.

3. Einfluß der Breite der verbotenen Zone: Je höher der Aktivatorterm über dem oberen Rand des Valenzbands liegt, um so besser ist cet. par. die Ausbeute, da hierdurch immer mehr Haftstellen ihre Killerwirkung verlieren. Größere Breite der verbotenen Zone wirkt sich daher bei gleicher Lage der Emissionsbande günstig aus, besonders auf die Phosphoreszenzausbeute und auf die Phosphoreszenzdauer. Hierauf beruhen offenbar die guten Phosphoreszenzeigenschaften der Erdalkalioxyde und -sulfide, bei denen die verbotene Zone beträchtlich größer ist als

bei dem ZnS. Auch die für blaue Emission verantwortlichen Aktivatorterme liegen hier so hoch über dem Valenzband, daß auch tiefere Haftstellen keine schädliche Wirkung haben.

4. Anklingen im Bereich $H^- = A^+$: Für den Fall, daß weder Aktivatoren noch Haftstellen gesättigt sind, lassen sich die zeitabhängigen Gleichungen (1) bis (3) unter Beachtung von (4) leicht integrieren, und bei hinreichend schwacher Anregung gilt die berechnete Anklingkurve bis zur Gleichgewichtserregung.

Wir beschränken uns auf so schwache Gleichgewichtserregung, daß wir nach (11) und (12) für n_e und n_v erhalten:

$$n_e = \frac{\gamma_{HL}}{\alpha_{LH}} \frac{H^-}{H}; \qquad n_v = \frac{\gamma_{AV}}{\alpha_{AV}} \frac{H^-}{A}.$$

Die Integration gibt für den Verlauf des Anklingens:

$$\mathfrak{J} = \beta \frac{\gamma_{HL}}{\alpha_{LH}} \frac{1}{H} \frac{\mathfrak{J}}{B} \mathfrak{Tg}^2 \frac{\sqrt{B\,\mathfrak{J}}}{C} t \tag{68}$$

mit

$$C = \frac{\gamma_{HL}}{\alpha_{LH}} \frac{1}{H} + 1$$

und

$$B = \beta \frac{\gamma_{HL}}{\alpha_{LH}} \frac{1}{H} + \alpha_{HV} \frac{\gamma_{AV}}{\alpha_{AV}} \frac{1}{A} = \alpha_{HV} \frac{\gamma_{AV}}{\alpha_{AV}} \frac{1}{A} \left(\frac{\beta}{\alpha_{HV}} \frac{1}{\varrho} \frac{A}{H} + 1 \right)$$
$$= \alpha_{HV} \frac{\gamma_{AV}}{\alpha_{AV}} \frac{1}{A} (W_0 + 1),$$

für hinreichend tiefe Haftstellen ist:

$$C = 1; \qquad \text{und } B = \alpha_{HV} \frac{\gamma_{AV}}{\alpha_{AV}} \frac{1}{A}.$$

Durch (68) wird eine von NAIL, URBACH und PEARLMAN[13] an einem ZnCdSAg-Phosphor gemessene Anklingkurve mit einer Anklingdauer auf die halbe Endhelligkeit von etwa 20 min gut wiedergegeben. Die aus Anklingmessungen leicht zu bestimmende Anklingkonstante ist bei schwacher Anregung und tiefen Haftstellen:

$$\sqrt{\alpha_{HV} \frac{\gamma_{AV}}{a_{AV}} \frac{1}{A} \mathfrak{J}}. \tag{69}$$

Mißt man am gleichen Präparat bei der gleichen Intensität die Ausbeute, so kann man bei bekannter Haftstellenkonzentration aus (67) den Wert von

$$\frac{\mathfrak{J}}{a_{HV} \frac{\gamma_{AV}}{a_{AV}} \frac{1}{A}} = H^2 \frac{(1+w)\,(w-w_0)^2}{\left(w + \frac{\beta}{\alpha_{LH}}\right)^2} \tag{70}$$

bestimmen und erhält aus (69) und (70) nicht nur die Intensität der anregenden Strahlung $\mathfrak{J}$ (in absorbierten Quanten/cm³sec), sondern auch den Wert von

$$\alpha_{HV} \frac{\gamma_{AV}}{\alpha_{AV}} \frac{1}{A},$$

aus dem man bei bekannter Lage des Terms und der Konzentration der Aktivatoren den Koeffizienten α_{HV} ermitteln kann.

5. Ausbeute bei Anregung durch Korpuskularstrahlen: Die Abhängigkeiten der energetischen Ausbeute bei Anregung durch Korpuskularstrahlen lassen sich verstehen, wenn man die Erregungsdichte betrachtet, die ein Teilchen erzeugt. Bei Anregung mit langsamen Elektronen und mit schweren Teilchen ist die Erregungsdichte groß und liegt im Bereich der Sättigungserregung der Aktivatoren, in dem die Ausbeute wieder abnimmt. Bei Erregung mit Elektronen nimmt die Ausbeute mit der Elektronenenergie infolge der mit der größeren Eindringtiefe verbundenen kleineren Erregungsdichte zu.

6. Leuchten beim Stromdurchgang durch Carborundkristalle: Lehovec, Accardo und Jamgochian[16] haben kürzlich Gründe dafür beigebracht, daß das kathodische Leuchten beim Stromdurchgang durch SiC-Kristalle an eine p—n-Schicht gebunden ist, wobei in Durchlaßrichtung Elektronen und Löcher rekombinieren. An anderer Stelle konnte gezeigt werden[17], daß es sich nicht um eine Band-Band-Rekombination handelt, sondern daß als Aktivatoren und Haftstellen wirkende Gitterstörungen an der Rekombination beteiligt sind. Auch Einzelheiten der Beobachtungen, wie die Einsatzstromstärke für das Leuchten, die Größenordnung der auf die durchtretenden Elektronen bezogenen Ausbeute, die Abhängigkeiten des Intensitätsverhältnisses der beiden beobachteten Banden und die Temperaturabhängigkeiten sowie die Tatsache, daß die Kristalle bei Lichtanregung nicht leuchten, können mit Hilfe des konsequenten Termschemas verstanden werden.

Das Verhalten angeregter Elektronen in Kristallen.

Aus den Erfahrungen an den Phosphoren der 3. Gruppe ergibt sich in Übereinstimmung mit der Theorie, daß Band-Band-Rekombinationen von Elektronen mit Löchern, wenn überhaupt, dann nur eine untergeordnete Rolle spielen. Die Elektronen kehren über Gitterstörungen in den Grundzustand zurück. Hierüber geben, wie wir gesehen haben, die Leuchtvorgänge in Phosphoren näheren Aufschluß, an denen Kristallelektronen beteiligt sind. Unbefriedigend erscheint noch, daß von den hier betrachteten vier Rekombinationsprozessen einem ein leuchtender, den übrigen strahlungslose Übergänge zugeschrieben worden sind. Man darf aber wohl annehmen, daß jeder dieser Übergänge optisch erlaubt ist, und ebenso, daß jeder Übergang auch strahlungslos erfolgen kann, so daß zu jedem Übergang ein Koeffizient β_{ik} für optische und α_{ik} für strahlungslose Rekombination gehört. Wenn $\beta_{ik} > \alpha_{ik}$ ist, wird die Energie in Form eines Lichtquants und bei $\beta_{ik} < \alpha_{ik}$ strahlungslos unter Übertragung an die Gitterschwingungen abgegeben. Entscheidend scheint nun die Frage dieser Übertragung der Energie an das Gitter zu sein. Zunächst ist mit jedem Übergang eines Elektrons von oder zu einer Gitterstörung eine lokale Ladungsänderung verbunden, durch die sich das Gitter in der Umgebung umlagert, wobei es eine Energie von einigen Zehntel Volt aufnimmt. Die Abgabe von Energien dieser Größe an das Gitter ist also in einem Elementarprozeß möglich, und für den entsprechenden Rekombinationskoeffizienten kann man den gaskinetischen Wert erwarten, der etwa 10^{-7} beträgt. Sind jedoch größere Energiebeträge zu übertragen, so muß in einem Elementarprozeß gleichzeitig noch eine entsprechende Anzahl von Gitterschwingungen angeregt werden, wofür die Wahrscheinlichkeit zunehmend geringer und damit der Rekombinationskoeffizient mit dem Betrag der zu übertragenden Energie kleiner wird, wobei auch die Art der Gitterstörung einen Einfluß haben wird. Hierfür spricht einmal der kleinere Wert, den wir oben für α_{LH} gefunden haben und der bei etwa 10^{-9} liegt, da β etwa

[16] K. Lehovec, C. A. Accardo u. E. Jamgochian: Phys. Rev. (2) Bd. 83 (1951) S. 603.
[17] M. Schön: Z. Naturforschg., in Vorbereitung.

$= 10^{-14}$ ist, dann die Tatsache, daß wir trotz des kleinen Wertes von β Leuchten haben, und schließlich, daß bei tiefer Temperatur häufig die zuerst von KRÖGER[18] gefundene „Kantenemission" auftritt. Auf Grund experimenteller Untersuchungen dieser Emission, über die gemeinsam mit CH. PEYROU und CH. PIATIER an anderer Stelle berichtet werden soll, möchten wir sie Übergängen aus Haftstellen ins Valenzband zuschreiben. Wenn nämlich die α_{ik} von der zu übertragenden Energie abhängen, müssen sie auch temperaturabhängig sein, so daß sie bei tiefer Temperatur kleiner werden können als die temperaturunabhängigen β_{ik}. Schließlich vereinfacht sich auch mit der Annahme von der Energie abhängiger α_{ik} als Konkurrenten der β_{ik} unser Bild von den Kristallphosphoren der dritten Gruppe. Wir haben nicht mehr zwischen Aktivatoren und Haftstellen zu unterscheiden, sondern haben nur Gitterstörungen mit Termen in der verbotenen Zone, die im Grundzustand von einem Elektron besetzt sind, wenn sie unterhalb, und unbesetzt sind, wenn sie oberhalb der Fermigrenze liegen.

[18] F. A. KRÖGER: Physica Bd. 7 (1940) S. 1.

Trägheitserscheinungen beim Ausleuchten sensibilisierter Phosphore[1].

Von

P. BRAUER.

Mit 3 Abbildungen.

Erregt man einen ausleuchtbaren Phosphor und bestrahlt ihn dann mit ausleuchtendem Licht, so folgt die (eventuell zusätzliche) Lichtemission des Phosphors den Intensitätsänderungen des ausleuchtenden Lichtes mit bei manchen Präparaten merklicher Trägheit. Schon LENARD untersuchte Nachwirkungserscheinungen nach Aufhören der Bestrahlung an CaS.Bi u. a.[2]. Sehr deutlich traten Trägheitseffekte — insbesondere auch nach Einsetzen der Bestrahlung — an einigen der von R. TOMASCHEK und dem Verf.[3] beschriebenen, durch Doppelaktivierung für Ausleuchtung sensibilisierten Erdalkalisulfidphosphoren, und zwar besonders am SrS.Eu–Sm, auf.

Untersucht man, was ein Phosphormodell enthalten muß, damit man Trägheitserscheinungen beim Ausleuchten beobachten kann, so ergibt sich, daß man Haftstellen verschiedener Tiefe anzunehmen hat[5]. Diese Forderung erfüllt aber gerade das vom Verf. auf Grund anderer experimenteller Befunde vorgeschlagene Modell[4,5], das sich wesentlich von dem von HERMAN und MEYER angegebenen unterscheidet[7].

Anklingkurven nach Einsetzen der Ausleuchtung wurden von SCOTT, THOMPSON und ELLICKSON[6] gemessen. Einige von ihnen, so die am SrS.Eu–Sm gemesse-

[1] Überarbeiteter Auszug aus der in Ann. Phys. (6) Bd. 9 (1951) S. 225 erschienenen Arbeit.

[2] PH. LENARD: Verh. d. Naturhist. Medizin. Vereins zu Heidelberg N. F., Bd. 10 (1909) 1. Heft.

[3] R. TOMASCHEK u. P. BRAUER: Über sensib. Phosphore I. Zentr. Wiss. Berichtswes. Nr. 1695/1 (1943), S. 31.

[4] P. BRAUER: Z. f. Naturforschg. Bd. 5a (1950) S. 156.

[5] P. BRAUER: Journ. Opt. Soc. Am. Bd. 40 (1950) S. 353. Nach der Veröffentlichung wurde der Verf. von Herrn P. PRINGSHEIM darauf aufmerksam gemacht, daß diese Aussage von ihm schon vorher gemacht wurde (P. PRINGSHEIM, Rev. Mod. Phys. Bd. 14 (1942) S. 132). Der Verf. möchte Herrn P. PRINGSHEIM auch an dieser Stelle für seinen Hinweis Dank sagen.

[6] F. R. SCOTT, R. H. THOMPSON u. R. T. ELLICKSON: J. Opt. Soc. Am. Bd. 39 (1949) S. 64.

[7] R. C. HERMAN u. C. F. MEYER: J. Opt. Soc. Am. Bd. 39 (1949) S. 729.

nen, zeigen zunächst eine plötzliche, sprungweise Helligkeitszunahme, der sich ein viel langsamerer Anstieg zum Endwert mit einem Knick anschließt. Bei anderen, chemisch und physikalisch sehr ähnlichen Phosphoren, z. B. SrSe.Eu–Sm, war der Anfangssprung sehr viel kleiner oder gar nicht beobachtbar.

Sprünge in Anklingkurven — allerdings solchen bei einfacher Erregung — wurden zum ersten Male theoretisch gefordert von W. SCHOTTKY[8]. Nach SCHOTTKY sollte ein plötzlicher Anstieg bei Erregungsbeginn dann eintreten können, wenn der Phosphor noch von einer früheren Erregung eine Resterregung enthielt. Dann sind schon bei Beginn des Anklingens leuchtbereite Aktivatorstellen in endlicher Konzentration vorhanden. Wenn sich außerdem bei Beginn der neuen Erregung in genügend kurzer Zeit Elektronen im oberen Band in endlicher Konzentration ansammeln, hat man sofort ein endliches Produkt von Konzentrationen, zur Rekombination befähigter Elektronen und Defektelektronen und dann sofort eine endliche Intensität der Lichtemission m. a. W. einen Sprung. Bei der Ausleuchtung ist nun die erste Voraussetzung der Vorerregung trivialerweise gegeben. Tritt also ein Sprung auf, so bedeutet dies, daß die Ausleuchtung in sehr kurzer Zeit eine endliche Elektronenkonzentration im oberen Band erzeugt; in den Fällen, da kein Sprung auftritt, wäre dagegen anzunehmen, daß der photoelektrische Elementarprozeß beim Ausleuchten noch nicht unmittelbar freie Gitterelektronen erzeugt, sondern möglicherweise nur in einer Anregung besteht[9]. Das erwähnte Modell enthält nun auch dies; denn aus dem thermischen Verhalten war auf die Existenz von Termen im Termschema geschlossen worden, auf die Elektronen aus tiefen Haftstellen durch ausleuchtendes Licht gehoben werden, von denen aus aber ein Übergang ins obere Band (Gitter) thermisch erfolgt. Liegen diese Terme dem Band sehr nahe, so würden die Elektronen in sehr kurzer Zeit in endlicher Menge in dieses transportiert und man müßte einen Sprung im Anklingen erwarten. Liegen sie tiefer, so kann die thermische Bildung von Gitterelektronen so langsam erfolgen, daß sie zeitbestimmend wird; in diesem Falle wird es keinen Sprung geben.

Unberücksichtigt bei dieser Betrachtungsweise bleibt einmal alles, was darauf hindeutet, daß die Elektronen im Gitter nur näherungsweise als völlig frei anzusehen sind und andererseits der Umstand, daß wegen des Frank-Condon-Prinzips ein Termschema, bei dem einem bestimmten Zustand eine Art Terme entspricht, unabhängig davon, im Verlauf welchen Prozesses diese Terme erreicht oder verlassen werden, streng genommen nicht gerechtfertigt ist. Umgekehrt kann eine eventuelle Übereinstimmung einer Theorie, der die genannten Annahmen zugrunde liegen, mit der Erfahrung, insbesondere mit so markanten Phänomenen wie den erwähnten Sprüngen der Anklingkurven, als Begründung dafür angesehen werden, daß die Annahmen berechtigt sind. Der Verf. möchte die Form der Anklingkurven geradezu als Beweis dafür ansehen, daß bei den doppelaktivierten, für Ausleuchtung sensibilisierten Erdalkaliphosphoren die beiden Aktivatoren nicht oder wenigstens nicht vorzugsweise in Doppelzentren, die beide Aktivatoren enthalten, eng vergesellschaftet, angeordnet sind, wie das gelegentlich angenommen wird.

Wir wollen jetzt dazu übergehen, die Vorgänge beim Ausleuchten quantitativ zu formulieren. Es bedeute N_I die Konzentration von Haftstellen der Sorte I (Abb. 1), n_I die Konzentration der dort gespeicherten Elektronen, N_{II} und n_{II} das Analoge für Haftstellen der Sorte II und N^+ die Konzentration der Leuchtstellen

[8] W. SCHOTTKY: Zusammenfassende Bearbeitung der bisherigen experimentellen Ergebnisse zu einer Theorie der Phosphore II, Berlin 1944.

[9] Vorausgesetzt muß dabei allerdings werden, daß nicht etwa eine andere zwischengeschaltete Reaktion zeitbestimmend ist.

des „Hauptaktivators" (z. B. Eu) im erregten Zustand. Wir nehmen während des Anklingens diese Konzentration und die ihr wegen der Neutralität des Phosphors gleiche Konzentration der besetzten tiefen Haftstellen des „Sensibilisators" (hier Sm) als groß und ihre zeitliche Änderung als vernachlässigbar klein an. Sei weiter $z = \alpha I_{UR}$ die Zahl der pro cm³ und Sekunde durch ausleuchtendes Licht der Intensität I_{UR} aus den tiefen Haftstellen (III in Abb. 1) entfernten Elektronen, sei ferner $H = \beta N^+ n$ Intensität des emittierten Lichtes mit β, der (pauschalen) Rekombinationskonstanten und sei schließlich δ_I und δ_{II} die Übergangswahrscheinlichkeit für den Übergang vom oberen Band nach den Haftstellen I und II und γ_I und γ_{II} die temperaturabhängigen Konstanten für den inversen Prozeß. Damit ist bei Außerachtlassen strahlungsloser Übergänge

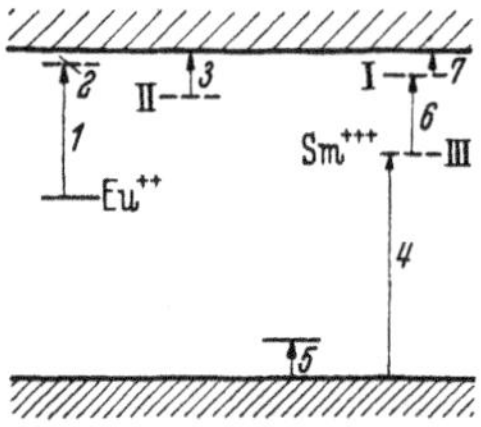

Abb. 1. Termschema für SrS. Eu-Sm.

$$dn/dt = -\delta_I (N_I - n_I)\, n - \delta_{II} (N_{II} - n_{II})\, n - \beta N^+ n + \gamma_I n_I + \gamma_{II} n_{II}\,, \tag{1}$$

$$dn_I/dt = z + \delta_I (N_I - n_I)\, n - \gamma_I n_I\,, \tag{2}$$

$$dn_{II}/dt = \delta_{II} (N_{II} - n_{II})\, n - \gamma_{II} n_{II}\,. \tag{3}$$

Wenn $t = 0$, ist

$$n = n_I = n_{II} = 0\,. \tag{4}$$

Dieses Gleichungssystem ist lösbar für $n_I \ll N_I$ und $n_{II} \ll N_{II}$. Vernachlässigt man kleine Größen, so ergibt die Integration

$$\left.\begin{aligned} n = z\Bigg[&\left(\frac{\gamma_I}{b} - \frac{\gamma_I \gamma_{II} a}{b^2}\right)\left(1 - \exp\left[-\left(\frac{b}{a} - \frac{c}{b}\right)t\right]\right) + \\ &+\left(-\frac{\gamma_I}{b} + \frac{\gamma_I \gamma_{II} a}{b^2} + \frac{1}{\beta N^+}\right)\left(1 - \exp\left[-\frac{c}{b}\,t\right]\right)\Bigg], \\ \text{wo}\quad & \\ a &= \delta_I N_I + \delta_{II} N_{II} + \beta N^+ + \gamma_I + \gamma_{II}\,, \\ b &= \gamma_{II} \delta_I N_I + \gamma_I \delta_{II} N_{II} + (\gamma_I + \gamma_{II})\, \beta N^+\,, \\ c &= \gamma_I \gamma_{II} \beta N^+\,. \end{aligned}\right\} \tag{5}$$

Hierbei wurde der zum photoelektrischen Elementarprozeß (Pfeil 6 in Abb. 1) inverse Prozeß nicht berücksichtigt. Setzt man ihn in Rechnung, so ändert sich in erster Näherung nur der Wert von a, b und c. Gleichung (5) bedeutet: $n = z/\beta N^+$ (bzw. die n proportionale Endintensität H des emittierten Lichtes) wird mehr oder weniger allmählich erreicht (zweites Glied in (5)), wobei eine Modifikation des Verlaufs durch den Ausgleichsprozeß zwischen den Haftstellen (erstes Glied in (5)) bewirkt wird.

Wenn das Niveau I (Abb. 1) in unmittelbarer Nähe des oberen Bandes liegt, wird γ_I sehr groß und es ergibt sich für $t > 10^{-8}$ sec

$$\left.\begin{aligned} n &= z\left[1/a + (-1/a + 1/\beta N^+)\,(1 - \exp[-c\,t/b])\right], \\ \text{wo}\quad & \\ a &= b = \delta_{II} N_{II} + \beta N^+ + \gamma_{II} \\ \text{und}\quad & \\ c &= \gamma_{II} \beta N^+\,. \end{aligned}\right\} \tag{5'}$$

Dies bedeutet, daß n (bzw. die Intensität der Emission) sogleich auf den Wert z/a springt und erst dann allmählich den Endwert $z/\beta N^+$ erreicht. Wenn wir an Stelle der Haftstellenart II jetzt noch zwei Arten II und IV annehmen, was für das Prinzipielle jedoch nicht wesentlich ist, so ergibt sich

$$\left.\begin{aligned} n = z\Bigg[&\frac{1}{a} + \left(-\frac{1}{a} + \frac{\gamma_{II}+\gamma_{IV}}{b} - \frac{\gamma_{II}\gamma_{IV}a}{b^2}\right)\left(1-\exp\left[-\left(\frac{b}{a}-\frac{c}{b}\right)t\right]\right) + \\ &+\left(-\frac{\gamma_{II}+\gamma_{IV}}{b} + \frac{\gamma_{II}\gamma_{IV}a}{b^2} + \frac{1}{\beta N^+}\right)\left(1-\exp\left[-ct/b\right]\right)\Bigg], \\ \text{wo}\quad & \\ a &= \delta_{II}N_{II} + \delta_{IV}N_{IV} + \beta N^+ + \gamma_{II} + \gamma_{IV}, \\ b &= \gamma_{IV}\delta_{II}N_{II} + \gamma_{II}\delta_{IV}N_{IV} + (\gamma_{II}+\gamma_{IV})\beta N^+, \\ c &= \gamma_{II}\gamma_{IV}\beta N^+ . \end{aligned}\right\} \quad (5'')$$

Nach (5), (5′) und (5″) würde n bzw. H zu jeder Zeit proportional der Intensität $I_{UR} = z/\alpha$ des ausleuchtenden Lichtes sein. Jedoch zeigen die erwähnten Messungen von SCOTT, THOMPSON und ELLICKSON, daß dies nur für die (stationären) Endwerte der Fall ist. Die Unterschiede deuten darauf hin, daß die Annahme vernachlässigbar kleiner Auffüllung der Haftstellen ($n_I \ll N_I$ usw.) nur in grober Näherung zu gelten scheint.

Diese Berücksichtigung der teilweisen Auffüllung der Haftstellen, deren Pufferwirkung den langsamen Anstieg hervorruft, führt tatsächlich zu guter Übereinstimmung mit der Erfahrung, soweit es sich um eben diesen langsamen Anstieg handelt. Der anfängliche Sprung der Intensität (und die Anfangssteigung der Anklingkurve) wird aber davon nicht berührt; denn dessen Größe $\frac{\beta N^+ z}{a} \approx \frac{z}{1+\frac{\delta_{II}N_{II}}{\beta N^+}}$ ist ja im wesentlichen durch das Verhältnis $\frac{\delta_{II}N_{II}}{\beta N^+}$ der pro Zeiteinheit und cm³ in die Haftstellen und Leuchtstellen abfließenden Elektronen gegeben; die Haftstellen sind aber dort noch ganz leer. Daß die Höhe des Anfangssprungs der Intensität auch mehr als proportional der Ultrarotintensität wächst, deutet darauf hin, daß ein Elektron die Haftstellen nicht sofort aufsucht, sondern in einer lockeren Bindung „vorangelagert" wird (in ähnlicher Weise, wie dies W. SCHOTTKY für die Leuchtstellen angenommen hat[8]). Dann ist es wahrscheinlich, daß diese „Wartezustände" der Elektronen in sehr kurzer Zeit bis zur Gleichgewichtsbesetzung mit dem Band aufgefüllt werden. Dadurch wird aber die Aufnahmebereitschaft der eigentlichen Haftstellen mit sehr geringer Einstellträgheit von n abhängig. Die Durchführung der Rechnung führt zu einer Anklinggleichung, die nach Bestimmung ihrer Konstanten aus den Messungen von SCOTT, THOMPSON und ELLICKSON[6] für SrS.Eu–Sm zu folgender Beziehung für die Intensität H des emittierten Lichtes in Abhängigkeit von der Intensität I_{UR} des ausleuchtenden Lichtes führt

$$\left.\begin{aligned} H &= H_m + (-H_m + H_{\max})\left\{1-\exp\left[-8{,}7\,t\Big/\left(1{,}4-\frac{1}{1+27{,}3\,H}\right)\right]\right\} \\ \text{mit}\quad & \\ H_m &= \frac{1}{2}\left[4{,}64\,I_{UR} - 95{,}5 + \sqrt{(4{,}64\,I_{UR}-95{,}5)^2 + 506\,I_{UR}}\right] \\ \text{und}\quad & \\ H_{\max} &= 4{,}64\,I_{UR}, \end{aligned}\right\} \quad (7)$$

wo H_m die Sprungintensität und H_{max} die Endintensität bedeutet. Da die Messungen nur in willkürlichen Einheiten angegeben wurden, lassen sich kaum Angaben über die wirkliche Größe der Reaktionskonstanten machen. Hingegen wird der eigentümliche Verlauf der gemessenen Kurven gut wiedergegeben, wie Abb. 2 zeigt. Eine analoge Rechnung für den „sprunglosen" Fall der Gleichung (5) führt zu Abb. 3, also auch zu Übereinstimmung mit den Messungen.

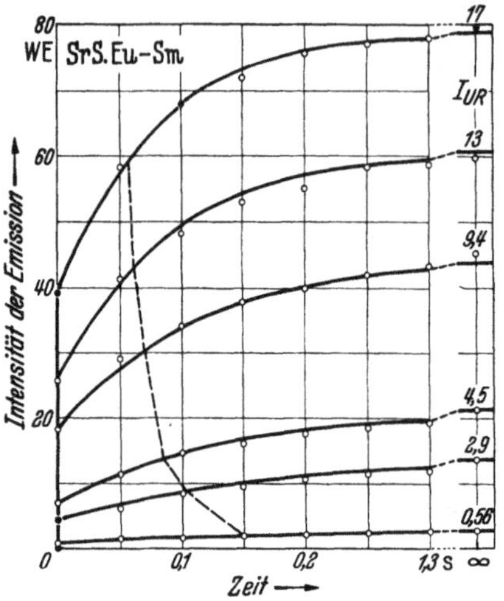

Abb. 2. SrS.Eu-Sm. Intensität der Emission bei Ausleuchtung mit Licht der Intensität I_{UR}.

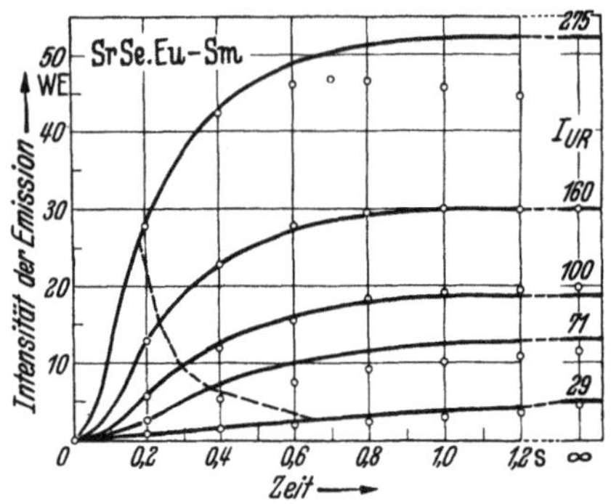

Abb. 3. SrSe.Eu-Sm. Intensität der Emission bei Ausleuchtung mit Licht der Intensität I_{UR}. Die starke Abweichung der theoretischen Kurve $I_{UR} = 275$ rührt von der theoretisch nicht berücksichtigten Abklingung, die Abweichungen bei $I_{UR} = 71$ wahrscheinlich von einem Meßfehler.

Es darf hier nicht unerwähnt bleiben, daß auch die Theorie von Herman und Meyer[7] alle wesentlichen Züge qualitativ wiedergibt. Sie berücksichtigt außerdem das Abklingen der Erregung, und die Integration der Differentialgleichungen konnte mit Hilfe einer elektrischen Rechenmaschine wirklich bis zu Ende durchgeführt werden. Doch scheint uns unser Modell besser begründet.

Zusammenfassend kann man sagen: Die Übereinstimmung von Theorie und Experiment scheint gut genug, um den vorgetragenen Vorstellungen von dem Mechanismus der Ausleuchtvorgänge in den doppeltaktivierten Erdalkaliphosphoren einen beträchtlichen Grad von Wahrscheinlichkeit zu verleihen.

Temperaturmessung mit Leuchtstoffen*.

Von

P. Brauer.

Mit 8 Abbildungen.

Leuchtstoffe lassen sich zur Temperaturmessung verwenden, weil ihr Wirkungsgrad, d. h. die während konstanter Erregungsintensität emittierte Lichtintensität, dividiert durch die Erregungsintensität, in sehr charakteristischer Weise temperaturabhängig ist. Bestreicht man z. B. eine Metallfolie nebeneinander mit verschiedenen Leuchtstoffen, die mit ultraviolettem Licht erregt werden, und erhöht man die Temperatur der Folie immer mehr, indem man etwa einen immer stärkeren Strom durch sie schickt, so beobachtet man, daß die verschiedenen leuchtenden

* Originalmitteilung.

Leuchtstoffanstriche in einer bestimmten Reihenfolge erlöschen, jeder bei einer für ihn charakteristischen Temperatur. Kühlt man wieder ab, so beginnen sie in umgekehrter Reihenfolge wieder zu leuchten.

Verfolgt man die Abhängigkeit des Wirkungsgrades in Abhängigkeit von der Temperatur, so erhält man Kurven nach Abb. 6. Eine solche Kurve wurde wohl zuerst von N. RIEHL an ZnS.Cu bei Erregung mit α-Strahlen gemessen. Es zeigte sich, daß derartige Kurven bei allen Leuchtstoffen einschließlich fluoreszierenden Gläsern auftreten, doch scheint es so zu sein, daß die typischen Kristallphosphore den steilsten Abfall haben, also besonders temperaturempfindlich sind. Wir wollen uns zunächst kurz über die physikalische Seite der Sache orientieren, weil wir dann am ehesten die Eignung als Meßinstrument beurteilen können.

Nehmen wir an, daß $K_{l\,(\text{icht})}$ die Wahrscheinlichkeit dafür ist, daß der Leuchtstoff die absorbierte Erregungsenergie unter Lichtemission verliert, daß ferner $K_{d\,(\text{iss})}$ die Wahrscheinlichkeit für die Dissipation der absorbierten Erregungsenergie, d. h. die strahlungslosen Übergänge ist, so ist der Wirkungsgrad

$$\eta = \frac{\text{Wahrscheinlichkeit der leuchtenden Übergänge}}{\text{Wahrscheinlichkeit sämtlicher Übergänge}} = \frac{K_l}{K_l + K_d} = \frac{1}{1 + \frac{K_d}{K_l}}\,.$$

Hieraus folgt $\eta = 1$ für $K_d \ll K_l$ und $\eta = 0$ für $K_d \gg K_l$. Die Erfahrungen bei der Fluoreszenz einzelner Gasatome lassen es als nicht sehr wahrscheinlich erscheinen, daß K_l sehr temperaturabhängig ist, weshalb wir annehmen, daß in der Hauptsache die Temperaturabhängigkeit von K_d für die Temperaturabhängigkeit von η verantwortlich ist. Wie kann man nun die Temperaturabhängigkeit $K_d = K_d(T)$ verstehen? Hierzu wollen wir die Arbeiten von MÖGLICH und ROMPE[1], MOTT bzw. SEITZ[2], SCHÖN bzw. KLASENS[3] und BRAUER[4] betrachten.

Es ist schwer zu verstehen, daß die durch optische Anregung eines Kristalls aufgenommene Energie in Wärme umgesetzt wird, statt wieder als Licht ausgestrahlt zu werden. Das Absorptionsspektrum eines solchen Isolatorkristalls läßt auf ein Termschema gemäß Abb. 1 schließen. Anregung besteht z. B. in Hebung eines Elektrons vom obersten besetzten Band V in das unterste unbesetzte Band L. Dazwischen sind (im reinen Kristall) keine Terme. Kehrt das angeregte Elektron in das untere Band zurück, so muß es seine Energie von $h\nu = 3$ bis $6\,eV$ auf einmal loswerden. Da das größte Gitter-Schallquant etwa 50- bis 100mal kleiner ist, müssen gleichzeitig 50 bis 100 Schallquanten entstehen (Vielfachstoß). Das ist sehr unwahrscheinlich bei tieferen Temperaturen. Man hat gewissermaßen ein (Bose-) „Gas" von Gitterschallquanten und man muß Stöße zwischen gleichzeitig 50 Schallquanten und einem Elektron betrachten. Oder mit anderen Worten, man betrachtet die Übergangswahrscheinlichkeit zwischen folgenden beiden Zuständen des Kristalls:

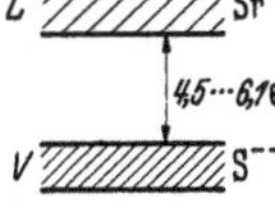

Abb. 1. Termschema eines Isolators.

[1] F. MÖGLICH u. R. ROMPE: Z. Phys. Bd. 115 (1940) S. 707; Bd. 117 (1940) S. 119; Naturwiss. Bd. 29 (1941) S. 109, 129; Phys. Z. Bd. 41 (1940) S. 236.

[2] N. F. MOTT: Z. B. in MOTT u. GURNEY, Electronic Processes in Ionic Crystals, Oxford 1940, S. 218.
F. SEITZ: Modern Theory of Solids, London 1940, S. 450.

[3] M. SCHÖN: Z. Phys. Bd. 119 (1942) S. 463; Forsch. Fortschr. Bd. 19 (1943) Nr. 23/24; H. A. KLASENS, Nature Bd. 158 (1946) S. 483.

[4] P. BRAUER: Über die obere Grenze des Leuchtens von Phosphoren. Zentr. Wiss. Berichtsesen (ZWB) 1944, Nr. 1988 [Ref. Phys. Ber. Bd. 28 (1949) (Erg.-Bd. 1/2) S. 394].

Ein Elektron im oberen Band (N — g) Schallquanten	→	Alle Elektronen im unteren Band N Schallquanten

MÖGLICH und ROMPE erhielten für die Übergangswahrscheinlichkeit

$$K_d \sim f(g)\, T^g .$$

In unsere frühere Formel eingesetzt, gibt das ganz gute Übereinstimmung. Trotzdem ist diese Theorie in ihrer gegenwärtigen Form für uns nicht brauchbar. Sie gerät an zwei Stellen mit der Erfahrung in Widerspruch:

a) Nach der Theorie müßten in Mehrbandenphosphoren alle Phosphoreszenzbanden gleichzeitig verschwinden. Die verschiedenen Spektralbanden kommen in dem Term-Bild (Abb. 2) ja dadurch zustande, daß „Aktivatorterme", durch die Aktivatoren hervorgerufen, in der verbotenen Zone vorhanden sind. Wenn nun, wie MÖGLICH und ROMPE meinten, Elektronen aus dem oberen Band direkt herunterfallen können, müssen alle anderen Prozesse, also auch zwei angenommene Leuchtprozesse, gleichmäßig beeinträchtigt werden. Das Experiment (ZnS.Mn) zeigt nun das Gesetz vom „Eigenverhalten der Banden" (BRAUER[4, 5] Abb. 3), d. h. jeder Aktivator hört bei einer anderen Temperatur auf zu leuchten.

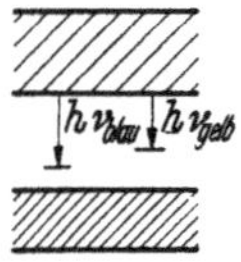

Abb. 2. Emission eines Zweibandenphosphors.

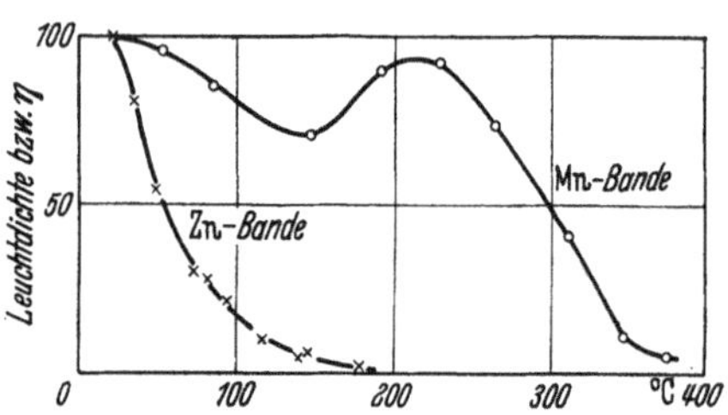

Abb. 3. Beispiel für einen Zweibandenphosphor.

Abb. 3 läßt indes während des Verschwindens der Zn-Bande noch einen Intensitätsanstieg der Emissionsbande des Mn erkennen. Ein Teil der Energie wird offenbar zusätzlich vom Mn übernommen. Dies deutet darauf hin, daß das Gesetz vom Eigenverhalten der Banden die Vorgänge nicht vollständig beschreibt.

b) Nach MÖGLICH und ROMPE müßte die Reaktion, nach der die strahlungslosen Übergänge ablaufen, eine Reaktion zweiter Ordnung sein und das ist nach Beobachtungen von SCHÖN, PEYROU und PIATIER[6] nicht der Fall. Im erregten Zustand sind n Elektronen pro cm^3 im Gitter (oberen Band) und gleichviel, also auch n Elektronenfehlstellen (Löcher, Defektelektronen) auf den Aktivatortermen. Die Elektronen im Band sind frei beweglich (die Löcher können — über das besetzte Band, in dem sie frei wandern können wie die Elektronen im oberen Band — auch ihren Ort beliebig ändern; es genügt hier aber die Wanderungsfähigkeit eines Partners). Die Wahrscheinlichkeit, daß ein Elektron und ein Loch zusammentreffen ist also proportional der Elektronen- und der Löcherkonzentration, also $\sim n^2$. Werden pro Sekunde z Elektronen angeregt, d. h. ins obere Band geschafft, so gilt z. B. für das obere Band bei

MÖGLICH und ROMPE	SCHÖN
$\frac{dn}{dt} = z - \beta n^2 - \omega_1 n^2$	$\frac{dn}{dt} = z - \beta n^2 - \omega_2 n .$

[5] P. BRAUER: Naturwiss. Bd. 32 (1943) S. 32.
[6] CH. PEYROU: Ann. phys. (12) Bd. 3 (1948) S. 459.

Hierin ist der 2. Summand auf der rechten Seite jeweils gleich K_l und der 3. Summand gleich K_d; β und ω_1 bzw. ω_2 sind Konstante. Es ergibt sich

$$\eta_1 = \frac{1}{1 + \frac{\omega_1 n^2}{\beta n^2}} = \frac{1}{1 + \frac{\omega_1}{\beta}} \qquad \eta_2 = \frac{1}{1 + \frac{\omega_2 n}{\beta n^2}} = \frac{1}{1 + \frac{\omega_2}{\beta n}}.$$

Wir bemerken: η_1 ist unabhängig von z, d. h. von der eingestrahlten Intensität, η_2 dagegen ist (über n) abhängig von letzterer. Unter Zuhilfenahme der Reaktionsgleichung für den stationären Zustand ($dn/dt = 0$)

$$\beta n^2 + \omega_2 n - z = 0$$

ergibt sich

$$\eta_2 = \frac{1}{1 + \frac{1}{2} \frac{\omega_2^2}{\beta z} \left(1 + \sqrt{1 + \frac{4 \beta z}{\omega_2^2}}\right)}.$$

Unter der Voraussetzung $\omega_2 \neq 0$, d. h. im Gebiet, wo die Kurve abfällt, erweist sich danach η_2 als abhängig von ω_2^2/z in der Weise, daß bei größerer Erregungsintensität (größerem z) die Ausbeute-Temperaturkurve $\eta_2(\omega_2)$ sich nach höheren Temperaturen verschieben sollte. Das ist auch der Fall, wie Abb. 4 zeigt. D. h., es ist bei der Klasse der Phosphore mit bimolekularem Leuchtmechanismus der Fall, nicht aber bei den Phosphoren, die monomolekularen Leuchtmechanismus haben; bei diesen läuft die Rechnung wie im Falle „MÖGLICH und ROMPE", nur mit dem Unterschied, daß n statt n^2 steht, was aber zum gleichen Ergebnis führt. So scheint es, als ob die Theorie von MÖGLICH und ROMPE ungenügend, richtiger gesagt: auf unseren Fall nicht anwendbar ist.

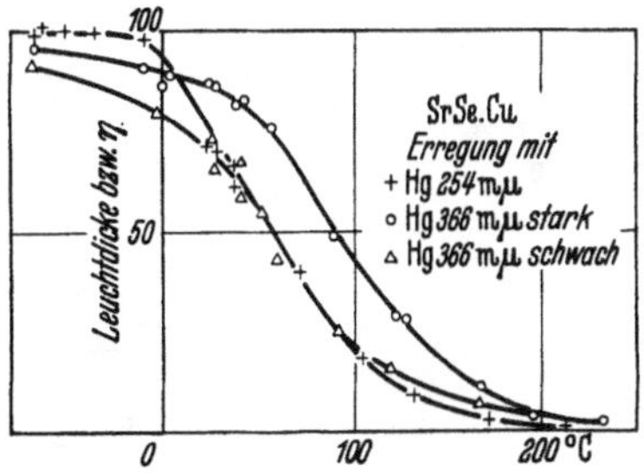

Abb. 4. Einfluß der Intensität der Erregung.

Die unter b) erwähnten Überlegungen M. SCHÖNS und seiner Mitarbeiter bedienten sich keiner bestimmten Vorstellungen, wie im einzelnen der im Sinne einer Reaktion erster Ordnung ablaufende Verlustprozeß zu denken sei. SCHÖNS neuere Arbeiten führten zu dem Schluß, daß es sich um Übergänge aus — insbesondere tiefen — Haftstellen nach dem besetzten Band handele. Doch gibt es wahrscheinlich noch einen anderen Mechanismus für strahlungslose Übergänge auf Grund der Zweibandentheorie von SCHÖN bzw. KLASENS[3, 7]. Zweibandenphosphore enthalten zwei Aktivatoren und damit zwei konkurrierende Leuchtprozesse. Nach SCHÖN kommen diejenigen Aktivatorstörstellen im erregten Leuchtstoff zum Leuchten, die dadurch, daß ein Loch (Defektelektron) sich an sie geheftet hat, aufnahmebereit für ein Elektron sind. Haben die Störterme zweierlei Abstand vom besetzten Band, so verteilen sich im Gleichgewicht die Löcher entsprechend einer BOLTZMANN-Verteilung. Liegen die Verhältnisse bei Zimmertemperatur so, daß mehr tiefe z. B. „blaue" Terme leuchtfähig sind, so werden bei Temperaturerhöhung von diesen die „Löcher" mehr und mehr abwandern und sich an den höheren, z. B. „gelben" Termen aufhalten. So kommt die Farbverschiebung von Blau nach Gelb bei Temperaturerhöhung zustande. Die Probe darauf kann man machen, indem man die erregende Intensität steigert: Da ergibt die Theorie eine Farbverschiebung im entgegengesetzten Sinne; das kommt

[7] M. SCHÖN: a. a. O. und Ann. d. Phys. (6) Bd. 3 (1948) S. 333.

daher, daß die Löcherwanderung nach im wesentlichen Reaktionen erster Ordnung verläuft, während die Leuchtreaktion von zweiter Ordnung ist. Bei hoher Intensität kommt dann die Löcherwanderung „nicht mehr mit". Würde statt des Aktivators mit der gelben Bande ein solcher vorhanden sein, der aus irgendeinem Grunde keine leuchtenden, sondern nur strahlungslose Übergänge bewirkte, sonst aber sich wie der „gelbe" Aktivator verhielte, so würde sich der Leuchtstoff wiederum „richtig" verhalten. Man bekommt unter einfachen Annahmen (Erregung nur der „blauen Bande"; c = Kontante) z. B.

$$\eta = \frac{1}{1 + c\,\dfrac{e^{-\Delta E/kT}}{\sqrt{\beta z}}},$$

was sich auch der Erfahrung anpassen läßt.

Ganz anders sind die Vorstellungen von MOTT und SEITZ. Sie überwinden die Schwierigkeit der Umsetzung der Elektronensprung-Energie in Gitterschwingungen dadurch, daß sie genauer betrachten, was in der Nähe eines ins Kristallgitter eingebauten Aktivators vor sich geht. Wir drücken dabei die Energie der ganzen Störstelle, also des Störions und der Ionen des Grundgitters, die zu dem Störzentrum gehören, durch eine Kurve der potentiellen Energie (Potentialkurve) aus. Die Abszisse ist dabei eine generalisierte Ortskoordinate, d. h. eine Funktion, die von der gegenseitigen Lage der Störstellenpartikel abhängt.

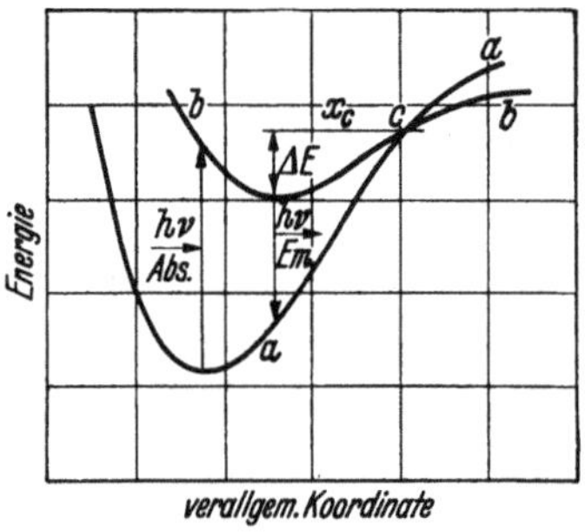

Abb. 5. Zur Theorie von Mott bzw. Seitz.

Nach MOTT oder SEITZ kann sich dann für den Grundzustand des Zentrums etwa Kurve *a* (Abb. 5) ergeben und für den angeregten Zustand vielleicht Kurve *b*. Erhöht man die Temperatur so weit, daß die Elongationen (in der generalisierten Ortskoordinate ausgedrückt) größer als x_c werden, dann kann das ganze System über C (Abb. 5) in den Grundzustand übergehen, ohne daß ein Quantensprung notwendig ist, d. h. ohne daß Lichtemission eintritt. Die Wahrscheinlichkeit für das Eintreten dieses Vorgangs ist

$$K_d = \text{const}\,\nu_0\,e^{-\Delta E/kT}$$

(wo ν_0 die Frequenz der Wärmeschwingung und ΔE die Energiestufe vom Boden der Potentialmulde bis zum Punkt C in Abb. 5 ist).

In $\eta = \dfrac{1}{1 + \dfrac{K_d}{K_l}}$ eingesetzt, gibt auch das ein Gesetz, das sich der Erfahrung anpassen läßt.

Die beiden verschiedenen Vorstellungen von SCHÖN bzw. KLASENS einerseits und MOTT bzw. SEITZ andererseits sind bei näherer Betrachtung nicht verschiedene Deutungen des gleichen Vorgangs, sondern beziehen sich auf verschiedene Vorgänge an verschiedenen Stellen des Weges, den die durch Absorption aufgenommene Energie vom Absorptionsort zum Emissionsort durchläuft. Sie entsprechen wahrscheinlich beide tatsächlich vorhandenen Prozessen. Das Modell von MOTT bzw. SEITZ scheint strahlungslosen Übergängen angemessen, die sich im Leuchtzentrum parallel zum Emissionsprozeß abspielen; das Modell von SCHÖN bzw. KLASENS betrifft den Energietransport. Es ist KRÖGER und Mitarbeitern[8] in

[8] Z. B. F. A. KRÖGER u. W. HOOGENSTRAATEN: Physica Bd. 14 (1948) S. 425; F. A. KRÖGER u. W. DE GROOT: Philips Techn. Rundsch. Bd. 12 (1950) S. 6.

einzelnen Fällen gelungen, über die Lokalisierung Aussagen zu machen. Sind z. B. die Prozesse im Zentrum zeitbestimmend, so verringern zu den leuchtenden parallel geschaltete strahlungslose Übergänge bei Erhöhung der Temperatur nicht nur die Ausbeute, sondern verkürzen auch die Abklingzeit. Im Gegensatz dazu ändern vorgeschaltete strahlungslose Übergänge nur die Ausbeute (bei gleicher Voraussetzung). Ersteres ist z. B. bei mit Mn aktivierten Silikaten bei Erregung in der Eigenabsorption des Mn der Fall; bei Erregung im Grundgitter kommen, wie KRÖGER fand, strahlungslose Übergänge außerhalb des Zentrums hinzu.

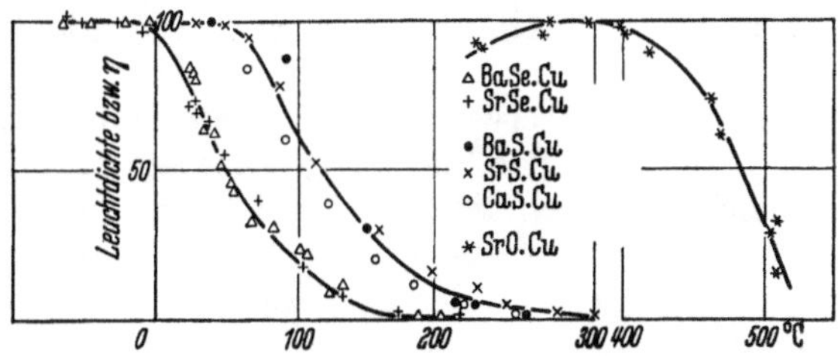

Abb. 6. Erdalkalichalkogenide mit Cu.

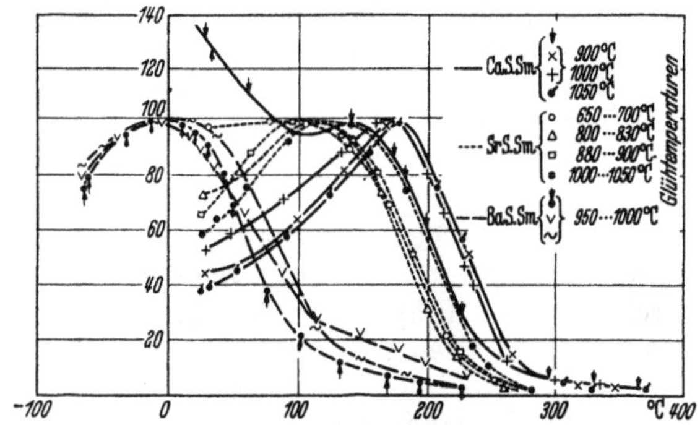

Abb. 7. Erdalkalisulfide mit Sm.

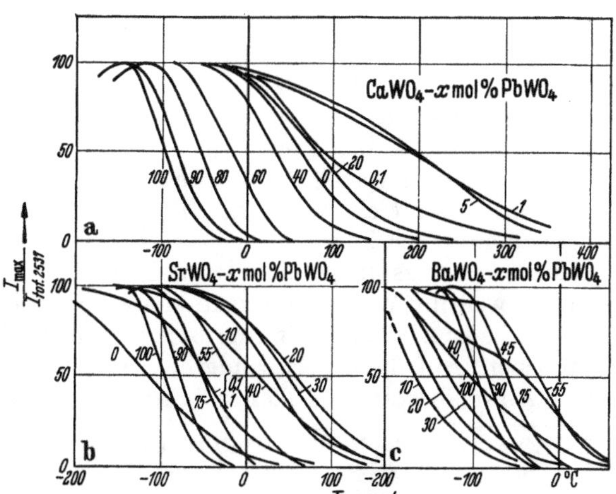

Abb. 8. Wolframate (nach F. A. Kröger, Some Aspects of the Luminescence of Solids, Amsterdam 1948).

Die Fragestellung bei der erwähnten Arbeit des Verfassers knüpfte an die Beobachtung[4] an, daß mehr als die Erregungsbedingungen die Kristallchemie der Phosphore auf die Lage des Ausbeuteabfalls von Einfluß war. Der Verf. veränderte systematisch z. B. die Kationen der Grundmaterialkristalle, oder deren Anionen oder auch die Aktivatoren. Es ergaben sich Hinweise auf präparative Maßnahmen, mit denen man das kritische Gebiet nach hohen oder tieferen Temperaturen in weiten Grenzen verschieben kann, was insbesonders für meßtechnische Anwendungen bedeutungsvoll ist. Abb. 6 zeigt Erdalkaliphosphore mit Cu; man erkennt: kleineres leichteres Anion bewirkt große Verschiebung nach höheren Temperaturen, Änderung des Kations macht keine Änderung. Beim Sm (Abb. 7) als Aktivator ist dagegen das Kation des Grundgitters von großem Einfluß. Beim ZnS zeigte sich, daß Verkleinerung des Aktivators (Ag → Zn → Cu) das kritische Gebiet nach höheren Temperaturen verschiebt. Man kann auch, wie KRÖGER (Abb. 8) zeigte, das kritische Gebiet nach sehr tiefen Temperaturen verschieben.

Eine Erwähnung verdient die geringe Trägheit des Effektes. Wir müssen unterscheiden zwischen der thermischen Trägheit, die von Wärmeübergangswiderständen und dem Wasserwert des Meßsystems abhängt und der Trägheit der elektronischen Reaktion im Phosphor. Die thermische Trägheit läßt sich sehr klein machen, da das Meßsystem, das Phosphorkorn, sehr klein sein kann; es kann u. U. nur etwa 1 μ Durchmesser oder etwa 10^{-7} g Masse haben. Dadurch wird einerseits die für den Wärmeübergang maßgebliche relative Oberfläche sehr groß und andererseits der Wasserwert extrem klein. Man kann sogar in besonderen Fällen die Wärmequelle in das Phosphorkorn legen (Kathodenstrahlerregung). Die Trägheit der elektronischen Reaktion bildet die untere Grenze; ihre Größenordnung ist angebbar, da maßgeblich die gleichen Reaktionen sind, die auch das Abklingen bestimmen. Sie wird demnach zwischen 10^{-2} und 10^{-8} sec liegen, dem Phosphortyp entsprechend.

Wir sind damit schon zur Besprechung meßtechnisch wichtiger Eigenschaften übergegangen und wollen deshalb noch nach der Empfindlichkeit fragen. Die relative Empfindlichkeit ist natürlich in hohem Maße von dem optischen Aufwand, der zur Feststellung von Leuchtdichteunterschieden gemacht wird, abhängig. Die relative Leuchtdichteänderung $d\eta/\eta$ ist für kleines η am größten, also in der Nähe der Temperatur, bei der das Leuchten fast verschwindet. URBACH, NAIL und PEARLMAN fanden bei Zink-Cadmium-Sulfiden optimal $d\eta/\eta = 0{,}2$ bei 1° C Temperaturänderung[9].

Wir haben gesehen: Bei konstanten Erregungsbedingungen hängt die Leuchtdichte eindeutig und reversibel von der Temperatur ab. Man hat es in der Hand, durch geeignete Präparation das kritische Temperaturgebiet, das „Meßgebiet", in sehr weiten Grenzen zu variieren. Man kann durch Änderung der Erregungsbedingungen das Meßgebiet in gewissen Grenzen verändern. Die Trägheit ist sehr gering. Die Temperaturanzeige ist unabhängig von der Meßzeit. Das Meßsystem kann extrem klein sein.

Es sind noch kaum Anwendungen auf Probleme, die mit anderen Methoden sehr schwer lösbar sind, gemacht worden. Erwähnt sei die Temperaturbestimmung im Brennfleck einer Braunschen Röhre[10] in Abhängigkeit von der Belastung, der Belastungszeit und der Wärmeleitung der Schirmunterlage. Die Photographie eines Abschreckvorganges[11] weist hin auf die Möglichkeit, Momentanverteilungen der Temperatur festzuhalten. Kinematisch festgehaltene zeitliche Folgen räumlicher Temperaturverteilungen scheinen damit gleichfalls möglich. Im Prinzip müßte man damit ein Verfahren (Rechenmaschine) zur Lösung von Randwertaufgaben aufbauen können.

Zusammenfassung. Man kann Leuchtstoffe zur Temperaturmessung verwenden, weil ihr Wirkungsgrad in charakteristischer Weise temperaturabhängig ist. Die dieser Abhängigkeit zugrunde liegenden physikalischen Vorgänge werden besprochen. Auf die aus Besonderheiten des Verfahrens sich ergebenden besonderen Anwendungsmöglichkeiten wird hingewiesen.

---

[9] F. URBACH, N. R. NAIL u. D. PEARLMAN: J. Opt. Soc. Amer. Bd. 39 (1949) S. 1011.
[10] P. BRAUER: Optik Bd. 2 (1947) S. 399.
[11] Photographisch reproduziert in P. BRAUER: Umschau Bd. 50 (1950) S. 725.

Über die Grundlagen der Lichterzeugung durch Elektronenbestrahlung fester Leuchtstoffe*.

Von

E. KRAUTZ.

Mit 7 Abbildungen.

Der Gesamtlichtstrom dünner, durch Elektronen bestrahlter Leuchtstoffschichten wird mit Hilfe einer ULBRICHTschen Kugel gemessen und die Abhängigkeit der Lichtausbeute von der Elektronenbeschleunigungsspannung und der spezifischen Belastung des Leuchtstoffes bestimmt. Auf Grund der bestehenden Bedingungen werden praktische Ausführungsformen entsprechender Lichtquellen angegeben.

Während die Leuchtstoffe anfänglich nur als Nachweismittel nicht unmittelbar wahrnehmbarer Strahlungen benutzt wurden, so des ultravioletten, ultraroten und Röntgen-Lichtes oder der Korpuskularstrahlung, wie z. B. der Ionen in Kanalstrahlen, α-Teilchen bei radioaktiven Zerfallsprozessen und Elektronenstrahlen, ist es das Ziel der modernen Leuchttechnik, die Leuchtstoffe durch Anregung mit diesen Strahlen oder durch Erregung in hohen elektrischen Wechselfeldern für die Lichterzeugung in möglichst großem Umfange heranzuziehen. Da die Lumineszenzstoffe zu den Selektivstrahlern gehören, ist grundsätzlich die Möglichkeit gegeben, die auf Grund der Strahlungsgesetze der Temperaturstrahlung begrenzte Lichtausbeute der festen Temperaturstrahler zu übertreffen und günstigere spektrale Emissionsverteilungen im sichtbaren Spektralbereich zu erreichen und z. B. auch tageslichtähnliches Licht zu erzeugen.

In dieser Richtung sind in den letzten 15 Jahren beachtliche Fortschritte in der elektrischen Lichterzeugung erzielt worden. Bewährt hat sich vor allem der Einbau von Leuchtstoffen in Quecksilber-Niederdruckentladungen, wodurch das kurzwellige, mit guter Ausbeute erzielbare ultraviolette Licht der Quecksilber-Niederdruckentladung mit hoher Quantenausbeute in sichtbares Licht umgewandelt werden kann. Der energetische Nutzeffekt ist jedoch um so geringer, je kleiner das Verhältnis der Frequenzen des emittierten zu denen des anregenden Lichtes ist, so daß im allgemeinen mehr als 50% der aufgewandten Energie bei dieser Umwandlung verlorengehen. Technisch brauchbar sind auch Lichtquellen, bei denen Leuchtstoffe durch Quecksilber-Hochdruckentladungen mit vorwiegend langwelligem UV angeregt werden. Bei Erregung von Leuchtstoffen mit extrem kurzwelliger Strahlung, so z. B. mit Röntgenlicht, ist die Lichtausbeute erwartungsgemäß gering. Erschwerend fällt hierbei ins Gewicht, daß die Erzeugung der Röntgenstrahlung selbst nicht einfach ist und nur mit außerordentlich niedrigem Wirkungsgrad gelingt, bei dem bläulichweiß fluoreszierenden Kadmiumwolframat nach GAERTNER[1] nur zu 0,54%, womit sich eine Lichtausbeute unter 2 lm/W ergibt.

Im Falle der Anregung von Leuchtstoffen mit Korpuskularstrahlen bestanden hinsichtlich der Energieumwandlung zeitweilig sehr große Hoffnungen, daß recht hohe Lichtausbeuten erreichbar seien, nachdem WOLF und RIEHL[2] Nutzeffekte von über 80% bei dem Beschuß von Leuchtstoffen mit α-Strahlen angegeben hatten. Neuere Untersuchungen von KLASENS[3] sowie BROSER, KALLMANN und

* Originalmitteilung.
1 O. GAERTNER: Z. f. techn. Phys. Bd. 16 (1935) S. 9.
2 P. M. WOLF, N. RIEHL: Ann. d. Phys. (5) Bd. 11 (1931) S. 108.
3 H. A. KLASENS: Trans. Faraday Soc. Bd. 42 (1946) S. 666.

MARTIUS[4] haben dagegen beträchtlich kleinere Werte unter 25% ergeben. Dieser Wert des Nutzeffektes übersteigt indessen noch immer wesentlich den bei der Lumineszenzerregung von Leuchtstoffen mit β-Strahlen erreichbaren. Da die Herstellung ergiebiger konstanter Ionenquellen beträchtliche Schwierigkeiten bereitet, ist die Entwicklung darauf gerichtet, neue leistungsfähige Lichtquellen auf Leuchtstoffbasis durch direkte Elektronenbestrahlung der Leuchtstoffe oder durch ihre Erregung mit Hilfe hoher elektrischer Wechselfelder zu gewinnen.

Für direkte Anregungen von Leuchtstoffen mit Elektronen liegen die Verhältnisse insofern recht günstig, als die Erzeugung von freien Elektronen leicht und mit recht gutem Wirkungsgrad gelingt. Außerdem weiß man bereits von der Photolumineszenz her, daß in vielen Phosphoren bei der Erregung nicht nur Elektronenzustandsänderungen in eng begrenzten Zentren auftreten, sondern z. B. bei den Kristallphosphoren die Elektronen sogar recht beträchtliche freie Weglängen zurücklegen können, was durch Photoleitung leicht nachzuweisen ist. Es erschien daher geboten, die Grundlagen und Aussichten direkter Elektronenanregung fester Leuchtstoffe für die Lichterzeugung näher zu untersuchen. Die Möglichkeit der Lichterzeugung durch Beschießung fester Leuchtstoffe mit schnellen Elektronen ist an sich ja bereits seit langem bekannt und wird auch technisch weitgehend ausgenutzt, z. B. für Meßzwecke, in Braunschen Röhren und in Fernsehröhren. Bei diesen Anwendungen kommt es aber in erster Linie auf hohe Helligkeitskontraste an, die Absolutwerte der Bildhelligkeit interessieren erst in zweiter Linie. Bei der Bildabtastung in Fernsehröhren haben wir es außerdem mit einer gesteuerten intermittierenden Erregung des Leuchtstoffes zu tun. Im folgenden handelt es sich jedoch darum, die Bedingungen und Möglichkeiten einfacher Lichterzeugung bei steter Erregung der Leuchtstoffe mit Elektronen festzustellen unter dem Gesichtspunkt der Erzielung größerer Lichtleistungen und hoher Lichtausbeuten.

Für die Abhängigkeit des vom Leuchtstoff abgegebenen Lichtstromes L von der Elektronenstromdichte j und der Elektronenbeschleunigungsspannung U hat LENARD[5] eine sehr einfache Beziehung angegeben: $L = A\, j\, (U - U_0)$. Dabei bedeutet die Konstante U_0 die Schwellwertspannung; die Konstante A ist ein Maß für die Lichtausbeute — der Grenzwert der Lichtausbeute für höhere Beschleunigungsspannungen $U \gg U_0$.

Es wird also — bis auf die für höhere Elektronenbeschleunigungsspannungen geringe Korrektur durch die Schwellwertspannung — Proportionalität zwischen erzeugtem Lichtstrom und Elektronenstromdichte sowie Elektronenbeschleunigungsspannung angesetzt. Die besonders im Hinblick auf die Anwendungszwecke des Fernsehens und der Meßtechnik von KORDATZKI, SCHLEEDE und SCHRÖTER[6], v. ARDENNE[7], T. B. BROWN[8], W. B. NOTTINGHAM[9], L. LEVY und D. W. WEST[10], MALOFF und EPSTEIN[11], STRANGE und HENDERSON[12], ORTH, RICHARDS und HEADRICK[13] sowie MARTIN und HEADRICK[14] durchgeführten, über einen größeren Bereich der Elektronenstromdichte und Elektronenbeschleunigungsspannung aus-

[4] J. BROSER, H. KALLMANN u. N. M. MARTIUS: Z. f. Naturforsch. Bd. 4a (1949) S. 204.
[5] P. LENARD: Ann. d. Physik Bd. 12 (1933) S. 449.
[6] W. KORDATZKI, H. SCHLEEDE u. F. SCHRÖTER: Phys. Z. Bd. 27 (1926) S. 352.
[7] M. v. ARDENNE: Z. f. techn. Phys. Bd. 16 (1935) S. 61.
[8] T. B. BROWN: Journ. Opt. Soc. Amer. Bd. 27 (1937) S. 186.
[9] W. B. NOTTINGHAM: J. Appl. Physics Bd. 10 (1939) S. 73.
[10] L. LEVY u. D. W. WEST: Journ. Inst. Electr. Eng. Bd. 79 (1936) S. 11.
[11] MALOFF u. EPSTEIN: Electronics Bd. 10 (1937) S. 31.
[12] W. J. STRANGE u. S. T. HENDERSON: Proc. Phys. Soc. London Bd. 58 (1946) S. 369.
[13] ORTH, RICHARDS u. L. E. HEADRICK: Proc. Inst. Rad. Eng. Bd. 23 (1935) S. 1308.
[14] J. T. MARTIN u. L. B. HEADRICK: Journ. Appl. Phys. Bd. 10 (1939) S. 116; 118.

gedehnten Untersuchungen weichen in ihren Ergebnissen z. T. beträchtlich voneinander ab. In den meisten Fällen wurde nicht der hier vor allem interessierende Gesamtlichtstrom, sondern nur die erzielte Leuchtdichte oder Lichtstärke ermittelt, die nur nach einer Seite — zumeist der Rückseite — der angeregten Leuchtstoffschicht wirkt.

Die Meßanordnung.

Zur Festlegung der Bedingungen für hohe Lichtausbeute bei der Lichterzeugung durch direkte Elektronenanregung von Leuchtstoffen auf breiterer experimenteller Grundlage wurde zunächst mit einem einfachen Emissionsmikroskop mit magnetischer Linse die bei Dauererregung erzielbare maximale Lichtstärke für eine große Reihe von Leuchtstoffen, die mit verschiedenen Bindemitteln auf Glasplatten aufgetragen waren, in Abhängigkeit von der Elektronenstromdichte und der Elektronengeschwindigkeit in Durchsicht gemessen. Anschließend wurden zur Berücksichtigung stärkerer Lichtabsorption für die besten Leuchtstoffe entsprechende Messungen auch in Aufsicht vorgenommen, wobei als Leuchtstoffträger neben Glas- und Quarzglasplatten auch Metallplatten benutzt wurden, die mit der Anode verbunden waren. Da aber auf diese Weise der für die Berechnung der Lichtausbeute erforderliche Gesamtlichtstrom nicht sehr genau zu bestimmen ist, wurde eine verbesserte Meßanordnung aufgebaut, bei der die in verschiedener Dicke mit Leuchtstoff versehene Glasplatte von einer ULBRICHTschen Kugel umgeben ist (Abb. 1). Damit wird das nach allen Richtungen ausgesandte Licht voll erfaßt.

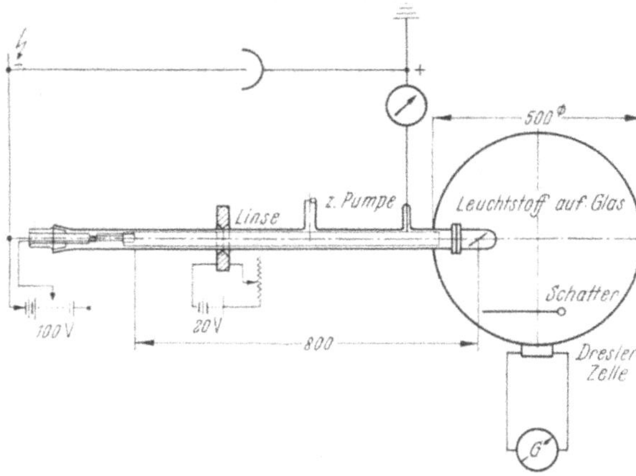

Abb. 1. Meßanordnung zur Bestimmung der Lichtausbeute bei Anregung von Leuchtstoffen durch Elektronenbestrahlung.

Die Beschleunigungspannung der Elektronen wurde bis zu 25 kV ausgedehnt. Wegen der Gefahr der Erzeugung weicher Röntgenstrahlen scheiden Spannungen über 16 kV für praktische Anwendungszwecke jedoch aus. Die Elektronenstromstärke wurde durch Variation der negativen Vorspannung des Wehnelt-Zylinders geregelt. Der Einfallswinkel der Primärelektronen auf die Leuchtstoffschicht betrug etwa 60°. Durch diesen schrägen Einfall der Elektronen wurde ein größerer Lichtverlust durch die Kugelöffnung vermieden. Als lichtempfindliche Zelle wurde die auf Hellempfindlichkeit des Auges korrigierte Dresler-Zelle benutzt. Die photometrische Eichung der Meßanordnung erfolgte in bekannter Weise mit Hilfe von Normallampen. Für die kleinen zu messenden Lichtströme bestand Linearität mit den am Galvanometer ablesbaren Photospannungen.

Die Meßergebnisse.

Die Abhängigkeit der Lichtausbeute von der Elektronenstromdichte.

Die Untersuchungen umfaßten eine sehr große Zahl von Leuchtstoffen aus allen technisch wichtigeren Leuchtstoffklassen, insbesondere Sulfide, Selenide, Oxyde, Silikate, Wolframate, Borate und Bornitrid. Abb. 2 zeigt die Abhängigkeit der

Lichtausbeute von der Stromdichte der auffallenden Elektronen bzw. der Wattbelastung der Leuchtstoffschicht bei konstanter Elektronenbeschleunigungsspannung von 2,5 kV für einige ausgewählte Sulfid- und Silikatleuchtstoffe. Die Leuchtstoffe 1, 2 und 6 sind mit Silber und Kupfer aktivierte Zink- und Zink-Cadmiumsulfide, die Leuchtstoffe 3, 4, 5, 7 und 8 Zink- und Zink-Berylliumsilikate mit unterschiedlichem Mangan-Aktivatorgehalt. Bei allen untersuchten Leuchtstoffen zeigt sich eine mehr oder weniger starke Abnahme der Lichtausbeute mit zunehmender Elektronenstromdichte. Wird die Zahl der in eine nur dünne Oberflächenschicht eindringenden Elektronen zu groß im Verhältnis zu der Zahl der dort eingelagerten Aktivatoratome und ist die mittlere Lebensdauer des angeregten Zustands zu groß, dann wird ein beträchtlicher Teil der absorbierten Energie an das Gitter

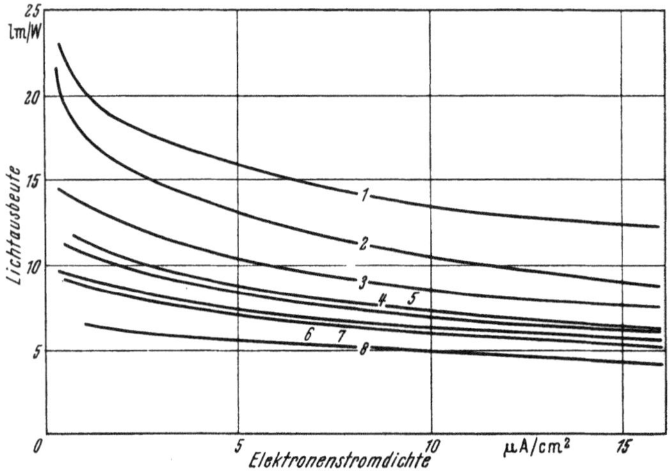

Abb. 2. Die Lichtausbeute von Sulfid- und Silikatphosphoren in Abhängigkeit von der Elektronenstromdichte bei konstanter Elektronenbeschleunigungsspannung von 2,5 kV.

1. ZnS · Cu,
2. (73 Zn, 27 Cd) S · Ag,
3. Zn_2SiO_4 · Mn,
4. (ZnBe) SiO_4 · 0,5% Mn,
5. (ZnBe) SiO_4 · 1,25% Mn,
6. (70 Zn, 30 Cd) S · Cu,
7. (ZnBe) SiO_4 · 1,75% Mn,
8. (ZnBe) SiO_4 · 2,25% Mn.

abgegeben und strahlungslos in Wärme übergeführt. Zu starke lokale Temperaturerhöhungen senken im allgemeinen, wie bei der Photolumineszenz, ebenfalls die Lichtausbeute. Auch Reduktionsprozesse, vor allem bei den Zink-Cadmiumsulfid-Mischkristallphosphoren wirken sich störend aus. GROTHEER[15] hat diese als Ermüdung und Schwärzung bezeichneten reversiblen und irreversiblen Prozesse bei wesentlich höheren Stromdichten bis zu einigen hundert μA/cm² bei Beschleunigungsspannungen von 1,6 kV näher untersucht. Bei derart hohen Strombelastungen wurden schon während Bestrahlungsdauern von nur einer Stunde bei sehr vielen Phosphoren Abnahmen der Lichtausbeuten bis auf 15% des Anfangswertes festgestellt. Im Dauerbetrieb können derartig hohe Beanspruchungen den Leuchtstoffen offensichtlich nicht zugemutet werden. Die höchsten Lichtausbeuten wurden dementsprechend an Sulfidleuchtstoffen bei geringen Stromdichten von 1 μA/cm² gemessen. Die Lichtausbeute der Zinksilikate und Zink-Berylliumsilikate mit Manganaktivierung ist gegenüber derjenigen der Sulfide geringer. Bei sehr langen Belastungsdauern und zugleich höheren Elektronenbeschleunigungsspannungen erweisen sich die Silikatleuchtstoffe jedoch meist beständiger als die leichter reduzierbaren Sulfid- und Selenidleuchtstoffe. Diese Meßergebnisse stehen

[15] W. GROTHEER: Z. f. Physik Bd. 112 (1939) S. 541.

im Einklang mit den Messungen von NOTTINGHAM[9], der ebenfalls bereits bei Stromdichten oberhalb 2μA/cm² einen weniger als linearen Anstieg des Lichtstromes mit der Stromdichte beobachtete. Die LENARDsche Beziehung ist also dahin abzuändern, daß an Stelle der Stromdichte eine kompliziertere Funktion derselben zu setzen ist. Die bisher dafür vorgeschlagenen Formeln haben sich meist nur für beschränkte Stromdichtebereiche und Leuchtstoffklassen bewährt. Eine eingehende experimentelle und theoretische Untersuchung der Sättigungserscheinungen bei höheren Elektronenstromdichten ist neuerdings von BRIL[16] durchgeführt worden.

Bei stationärer Elektronenbestrahlung findet er an Zinksilikaten in Übereinstimmung mit den Messungen bei konstanter Elektronenbeschleunigungsspannung von 4 kV und 6 kV zunehmende Lumineszenzintensität L mit wachsendem Mn-Aktivatorgehalt und abnehmender Lebensdauer des Anregungszustandes der Aktivatorzentren. Unter der Voraussetzung genügend großer $\alpha/\beta N$-Werte gilt hiernach

$$L = \frac{\gamma N I}{I + \gamma N \left(1 + \frac{\alpha}{\beta N}\right)}$$

Darin bedeutet

N = Aktivatorkonzentration,

I = Anregungsintensität,

γ = Wahrscheinlichkeit für den Übergang des Aktivators aus dem angeregten Zustand in den Grundzustand,

α = Wahrscheinlichkeit für den strahlungslosen Übergang des Grundgitters aus dem angeregten Zustand in den Grundzustand,

β = Wahrscheinlichkeit für den mit Strahlung verbundenen Übergang des Grundgitters aus dem angeregten Zustand in den Grundzustand.

Die Abhängigkeit der Lichtausbeute von der Elektronenbeschleunigungsspannung.

Steigert man bei konstanter Elektronenstromdichte von 1 μA/cm² stetig die Beschleunigungsspannung der Elektronen, so zeigt sich, daß die Lumineszenzintensität und damit der Lichtstrom zumeist stärker als linear mit zunehmender Elektronenbeschleunigungsspannung bis zu einer für die verschiedenen Leuchtstoffe recht unterschiedlichen optimalen Beschleunigungsspannung zunimmt. Von da ab steigt der Lichtstrom mit zunehmender Beschleunigungsspannung wesentlich langsamer an. Das bedeutet, daß die Lichtausbeute von da an abfällt. Oberhalb dieser charakteristischen Beschleunigungsspannungen kann man die Lumineszenzintensität des Leuchtstoffes zwar noch erhöhen, die Lichterzeugung wird dann aber immer unwirtschaftlicher. Das zeigen sehr deutlich Abb. 3 und 4. Der Grund für diese Erscheinung liegt vor allem in der elektrischen Aufladung der Leuchtstoffschicht, die durch zu gering werdende Sekundärelektronenemission der Leuchtstoffschicht verursacht wird.

Besitzen die Primärelektronen sehr hohe Energie, so vermögen sie tiefer in den Leuchtstoff einzudringen. Dort bleiben sie z. T. stecken, es kommt also zu einer Aufladung. Im Gebiet zwischen hundert und einigen tausend Volt ist die Sekundärelektronenemission der Leuchtstoffe im allgemeinen größer als 1. Dann tritt also keine stärkere negative Aufladung ein. Für die Zwecke der Lichterzeugung durch Elektronenbestrahlung fester Leuchtstoffe ist dieser Beginn der Aufladungen bei

[16] A. BRIL: Physica Bd. 15 (1949) Nr. 3/4 S. 361–379.

höheren Betriebsspannungen von entscheidender Bedeutung. Solche Aufladungs-Messungen sind daher von mehreren Autoren mit verschiedensten Methoden an Leuchtstoffen durchgeführt worden, so u. a. von Strübig[17], Knoll[18], Scherer und Rübsaat[19], Bey[20], Hagen[21], Nelson[22]. Eine besonders einfache Meßanordnung zur Bestimmung solcher Aufladungen wurde gemeinsam mit R. Frerichs[23] entwickelt, die sowohl für Metalle als auch für Isolatoren und Leuchtstoffe geeignet ist. Abb. 5 zeigt das Ergebnis solcher an Metallen, Halbleitern und Leuchtstoffen durchgeführten Aufladungsmessungen[24]. Bei einigen Zink-Cadmiumsulfid-Leuchtstoffen traten zufolge der hohen Sekundärelektronenemission solche Aufladungen bei Beginn der Elektronenbestrahlung bemerkenswerterweise erst oberhalb 10 kV auf. Bei lang andauernder stärkerer Beschießung von Leuchtstoffen mit schnellen Elektronen zeigt sich indessen, daß die Sekundärelektronenemission vermindert wird, wohl infolge von Dissoziationsprozessen an den Oberflächenschichten. Dabei wird ein Überschuß an Metall erzeugt, das zumeist eine geringere Sekundärelektronenemission aufweist als die Leuchtstoffverbindungen. Das ist ersichtlich z. B. aus der Folge 1. Ti, 2. TiO, 5. TiO_2 in Abb. 5. Mit zunehmender Oxydation des Metalles steigt die Sekundärelektronenemission und nimmt damit die Aufladung von Schichten, die gegen die Anode isoliert sind, ab.

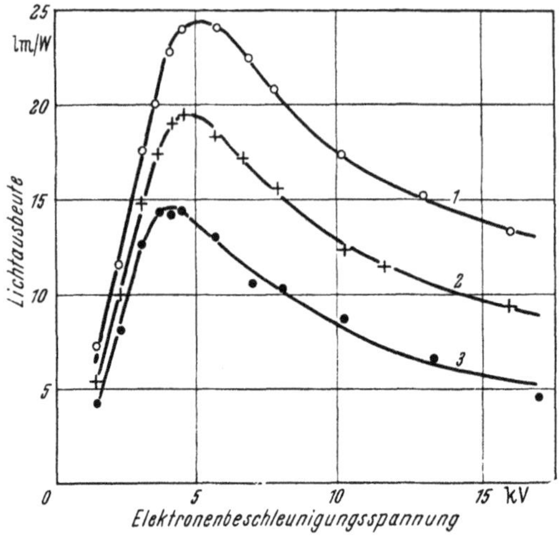

Abb. 3. Die Lichtausbeute bei Elektronenanregung von (90 Zn, 10 Cd) S · Cu in Abhängigkeit von der Elektronenbeschleunigungsspannung bei unterschiedlichen Elektronenstromdichten 1. 3,4 μA/cm², 2. 14,3 μA/cm², 3. 23,3 μA/cm².

Abb. 4. Die Lichtausbeute bei Elektronenanregung von Zinksilikat mit Manganaktivierung in Abhängigkeit von der Elektronenbeschleunigungsspannung bei unterschiedlichen Elektronenstromdichten 1. 3,8 μA/cm², 2. 7,8 μA/cm², 3. 15,6 μA/cm².

Um möglichst hohe Betriebsspannungen anwenden und größere Lichtausbeuten erlangen zu können, hat es daher nicht an Versuchen gefehlt, die schädlichen Aufladungen durch besondere Maßnahmen zu vermeiden bzw. abzuleiten. Die Beseitigung dieser Aufladungen kann auf mannigfache Art und Weise erfolgen, z. B. durch rückseitig aufgedampfte, sehr dünne, mit der Anode verbundene Metallschichten, z. B. aus Al, durch Verwendung dünner, lichtdurchlässiger Metall-

[17] H. Strübig: Phys. Z. Bd. 37 (1936) S. 402.
[18] M. Knoll: Z. f. techn. Phys. Bd. 16 (1935) S. 467; Naturwiss. Bd. 22 (1936) S. 345.
[19] K. Scherer u. R. Rübsaat: Arch. f. Elektrotechn. Bd. 31 (1937) S. 821.
[20] H. Bey: Diss. 1938; Phys. Z. Bd. 39 (1938) S. 605.
[21] C. Hagen: Phys. Z. Bd. 40 (1939) S. 621.
[22] H. Nelson: J. Appl. Phys. Bd. 9 (1938) S. 592.
[23] R. Frerichs u. E. Krautz: Phys. Z. Bd. 40 (1939) S. 229.
[24] E. Krautz: Z. f. Phys. Bd. 114 (1939) S. 459.

schichten oder elektrisch leitender Gläser sowie auch durch zusätzliche Beschießung der Leuchtstoffschicht mit hinreichend langsamen Elektronen, für die die Sekundärelektronenausbeute > 1 ist. Eine Anordnung, in der Leuchtstoffe zugleich mit langsamen und schnellen Elektronen beschossen werden konnte, wurde bereits früher angegeben[25]. Zur Vermeidung der Aufladung ist es dabei wesentlich, daß die Leuchtstoffschicht zunächst mit langsamen Elektronen beschossen wird und erst dann die schnellen Elektronen zugeschaltet werden. Andernfalls vermögen die langsamen Elektronen gegen die aufgeladenen Bereiche nicht mehr vorzudringen. Auf diese Weise lassen sich, besonders bei gealterten Leuchtstoffschichten, sehr große Helligkeitssteigerungen bis über das Vierfache bei zusätzlicher Beschießung der Leuchtstoffschicht mit relativ langsamen Elektronen

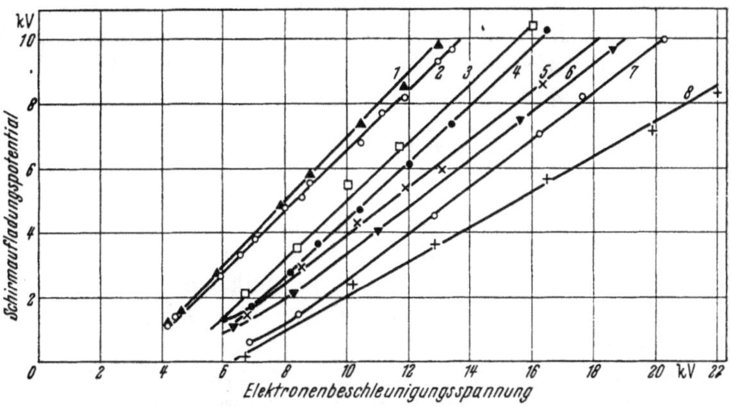

Abb. 5. Das Aufladungspotential elektronenbeschossener isolierter fester Stoffe in Abhängigkeit von der Elektronenbeschleunigungsspannung.

1. Titan-Metallplatte,
2. Titanmonoxyd,
3. Zinksilikat, mit Mangan aktiviert,
4. 50 ZnS, 50 CdS. mit Kupfer aktiviert,
5. Titandioxyd,
6. Zinksulfid ohne Fremdaktivierung,
7. ZnS mit Kupfer aktiviert,
8. Bariumdioxyd.

(ca. 300 bis 1200 V) erreichen. Bei technischen Lichtquellen mit reiner Elektronenanregung des Leuchtstoffes wird man solche komplizierten Anordnungen sowie Ablenkvorrichtungen für Elektronenstrahlen zu intensiverer intermittierender Elektronenanregung natürlich zu vermeiden trachten und die Betriebsbedingungen so einrichten, daß stärkere störende Aufladungen noch nicht einsetzen.

Ein weiterer Grund für die Abnahme der Lichtausbeute bei hoher Beschleunigungsspannung und Elektronenstromdichte liegt in der Temperaturerhöhung durch die erhöhte elektrische Belastung, die die von Elektronen getroffenen dünnen Leuchtstoffschichten mit schlechter Wärmeableitung erfahren. Aus diesem Grunde ist auch mit einer beliebig weit reichenden linearen Beziehung zwischen erzeugtem Lichtstrom und aufgewandter elektrischer Leistung bei Elektronenanregung von Leuchtstoffen nicht zu rechnen. Die höchsten Lichtausbeuten von 25—30 lm/W wurden an ausgewählten Zink-Cadmiumsulfidleuchtstoffen mit günstiger spektraler Emissionsverteilung nahe dem Maximum der Hellempfindlichkeitsverteilung des Auges gefunden. Abb. 3 zeigt die Abhängigkeit der Lichtausbeute für einen mit Cu aktivierten Zink-Cadmiumsulfidleuchtstoff (90 ZnS, 10 CdS) in Abhängigkeit von der Elektronenbeschleunigungsspannung bei unterschiedlichen Elektronenstromdichten. Für das spektral ebenfalls günstig gelegene,

[25] H. BETHE: Ann. d. Phys. (5) Bd. 5 (1930) S. 325.

mit Mangan aktivierte Zinksilikat ergeben sich dagegen merklich geringere Lichtausbeuten (Abb. 4). Ziemlich unabhängig von der Belastung steigt die Lichtausbeute in beiden Fällen anfangs mit der Beschleunigungsspannung an, bei ZnCdS steiler als bei Zinksilikat. Bei höheren Elektronenbeschleunigungsspannungen erweist sich der Zinksilikatleuchtstoff als wesentlich widerstandsfähiger. Im Zusammenhang damit verschiebt sich im Falle des Sulfidleuchtstoffes das Maximum der Lichtausbeute mit zunehmender Elektronenstromdichte nach kleineren Elektronenbeschleunigungsspannungen, während bei den Silikatleuchtstoffen eine solche Tendenz für die angewandten Stromdichten nicht zu erkennen ist.

Zusammenfassend ist also festzustellen, daß der bei Elektronenanregung vom Leuchtstoff abgegebene Lichtstrom nicht nur von der Stromdichte, sondern auch von der angewendeten Beschleunigungsspannung in komplizierter Weise abhängig ist. Selbst wenn man sich auf den Bereich beschränkt, in dem keine stärkeren Aufladungen des Leuchtstoffes auftreten, muß dennoch die einfache LENARDsche Beziehung abgeändert werden. Näherungsweise kann man setzen

$$L = A\,F(j)\,(U - U_0)^n,$$

wobei n nicht nur für verschiedene Leuchtstoffe unterschiedliche Werte annimmt, sondern auch für verschiedene Bereiche der Beschleunigungsspannung und Belastung verschieden sein kann. Für das Zink-Cadmiumsulfid ergibt sich nach Abb. 3 für den Exponenten $n = 1{,}9$, für das Zinksilikat nach Abb. 4 ein Wert von $n = 1{,}4$. Für künstlichen Willemit fand BROWN[8] für Beschleunigungsspannungen unter 1,5 kV den Wert $n = 2$, NOTTINGHAM[9] für Beschleunigungsspannungen oberhalb 1,5 kV den Wert $n = 1{,}2$. Für Zinksulfid mit Silber-, Kupfer- und Manganaktivatoren sind n-Werte zwischen 1 und 3 gemessen worden.

Die Bedingungen für hohe Lichtausbeuten bei Leuchtstofflampen mit direkter Elektronenanregung des Leuchtstoffes.

1. Bei geringen und kurzzeitigen Belastungen sind zweckmäßig Sulfid- und Selenid-Mischkristallphosphore, bei höheren Belastungen die temperaturbeständigeren, stabileren Silikat- und Oxydleuchtstoffe zu verwenden.

2. Als Träger der Leuchtstoffschicht sind elektrisch möglichst genügend leitende und zugleich durchsichtige Materialien zu benutzen, wie z. B. elektrisch leitendes Glas, andernfalls sind zur Ableitung von Aufladungen rückseitig sehr dünne, geerdete, aufgedampfte Metallschichten zu verwenden, die mit der Anode zu verbinden sind.

3. Die Elektronenstromdichte für die Leuchtstoffschicht muß möglichst klein gehalten werden.

4. Die Beschleunigungsspannung der Elektronen muß möglichst hoch gewählt werden, jedoch unter derjenigen bleiben, bei der Aufladungen einsetzen.

5. Die Gesamtbelastung des Leuchtstoffes muß relativ niedrig bleiben, damit stärkere Erwärmung des Leuchtstoffes und Dissoziationsprozesse vermieden werden.

Für langandauernden Betrieb der Leuchtstofflampen mit Elektronenanregung muß man sich also auf Typen kleiner Lichtleistungen bzw. kleiner Wattzahl beschränken, d. h. relativ großflächige Lampenkolben oder Röhren benutzen. Hohe Belastungen sind nur kurzzeitig zulässig.

Praktische Ausführungsformen von Leuchtstofflampen mit direkter Elektronenanregung des Leuchtstoffes.

Auf Grund der ermittelten Bedingungen wurden einige technische Lampenausführungen erprobt. Abb. 6 zeigt eine Leuchtstofflampe mit kugelförmigem Kolben, um deren Ausbildung sich besonders R. FRERICHS bemüht hat. Der kugelförmige Glaskolben von 130 mm ⌀ ist innen mit einer gleichmäßigen, dünnen Leuchtstoffschicht versehen. Die optimale Dicke dieser Schicht hängt außer von der Art des Phosphors vor allem von der Geschwindigkeit der auftreffenden Elektronen ab. Da die Eindringtiefe mit der 4. Potenz der Elektronengeschwindigkeit, d. h. mit dem Quadrat der Beschleunigungsspannung wächst, sind bei höheren Beschleunigungsspannungen Leuchtstoffschichten zu verwenden, deren Dicke jeweils größer als die Eindringtiefe ist. Nach den grundlegenden Untersuchungen von BETHE[25] und Auswertungen von LEVERENZ[26] beträgt die Eindringtiefe d der Elektronen in Willemit $d = 2{,}5 \cdot 10^{-12}\, V^2$ [cm], d. h. also bei 2 kV etwa 0,1 μ, bei 6 kV etwa 0,9 μ, bei 10 kV etwa 2,5 μ. Bei Beschleunigungsspannungen von 10 kV fand LEVERENZ empirisch als optimale Leuchtstoffbelegung bei Willemit 0,7 mg/cm². Bei Zinksulfidleuchtstoffen sind um etwa 15% dickere Leuchtstoffschichten zu benutzen. Bei der der Abb. 6 entsprechenden Lampe wurden für Sulfidleuchtstoffe Leuchtstoffbelegungen von 1 mg/cm² verwendet. Zur Erreichung einer gleichmäßigen Leuchtdichte über den ganzen Leuchtstoffkolben wurde die indirekt geheizte kugelförmige Oxydkathode im Mittelpunkt des Kolbens angeordnet. Die zylindrische Anode ist zusammen mit den Gettern im Kolbenhals der Lampe untergebracht. Da bei hinreichend hoher Anodenspannung die Elektronen senkrecht aus der Oxydkathode austreten und diese auf dem Leuchtstoffkolben abbilden, muß eine möglichst homogene, gut emittierende Oxydkathode verwendet werden. Zweckmäßig wird die Emissionsschicht der Kathode daher kataphoretisch aufgebracht. Gute gründliche Ausheizung und Getterung ist für abgeschmolzene Lampen unerläßlich, damit während des Betriebes von den Innenteilen der Lampe freiwerdende geringe Gasmengen nicht zu Gasentladungen führen, wodurch sonst die Oxydkathode in kürzester Zeit zerstört wird. Für die angegebene Ausführungsform mit nicht leitenden Glasröhren oder Kolben liegen für die verwendeten Leuchtstoffe die optimalen Werte der Betriebsspannungen zwischen 5 und 10 kV, die Stromstärken bei den angegebenen Lampenabmessungen bei 0,5—1 mA, entsprechend optimalen Stromdichten von 1—2 μA/cm². Die höchsten erreichten Lichtausbeuten an guten handelsüblichen Leuchtstoffen, die für Zwecke der Photolumineszenz entwickelt worden sind, betragen bei geringer Belastung (1 μA/cm²) 25—30 lm/W. Durch Verbesserung der Leuchtstoffe speziell für Zwecke der Kathodolumineszenz und Verwendung leitender Gläser als Träger der Leuchtstoff-

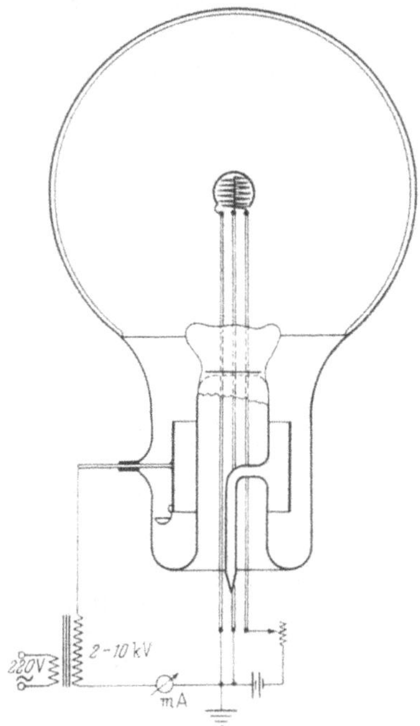

Abb. 6. Leuchtstofflampe mit kugelförmiger indirekt geheizter Oxydkathode für direkte Elektronenanregung des Leuchtstoffschirmes.

[26] H. W. LEVERENZ: Journ. Opt. Soc. Amer. Bd. 27 (1937) S. 25.

schicht dürfte die Lichtausbeute zweifellos noch erhöht werden können. Erstrebt man indessen eine Lichtquelle, deren spektrale Verteilung sich über das gesamte sichtbare Spektralgebiet erstreckt, mit dem Ziel, etwa auch tageslichtähnliches Licht zu erzeugen, so sinkt natürlich die Lichtausbeute bei Elektronenanregung entsprechender Leuchtstoffgemische.

Will man mit geringeren Betriebsspannungen von einigen hundert Volt auskommen, so empfiehlt sich die Verwendung von Leuchtstoffröhren mit koaxial angeordneten, langen, zylindrischen Oxydkathoden.

Nach einem auf E. FRIEDERICH zurückgehenden Vorschlag reicht statt einer langen, vollständig durchgehenden koaxialen Oxydkathode bereits eine kleine, einseitig angeordnete, indirekt geheizte, stabförmige Oxydkathode aus, gemäß Abb. 7. Die vollständige Ausleuchtung des ganzen Leuchtstoffrohres wird bei dieser Anordnung außerhalb des Kathodenraumes durch Sekundärelektronen be-

Abb. 7. Leuchtstofflampe mit stabförmiger indirekt geheizter Oxydkathode für die direkte Elektronenanregung des Leuchtstoffschirmes.

werkstelligt. Bei dieser Ausführungsform müssen allerdings wieder höhere Betriebsspannungen von einigen tausend Volt angewendet werden.

Der Betrieb der hier beschriebenen Leuchtstofflampen kann sowohl an Gleichspannung als auch an Wechselspannung erfolgen, in letzterem Falle ist abwechselnd nur jede zweite Halbwelle wirksam, der Leuchtstoff wird dann also pulsierend durch die Elektronen angeregt. Die Leuchtstofflampe ist dann eine Gleichrichterröhre, die bei Betrieb in Flußrichtung aufleuchtet, in Sperrichtung erlischt.

Hinsichtlich der Verwendung von Leuchtstofflampen mit direkter Elektronenanregung für Zwecke der Allgemeinbeleuchtung sind trotz der etwas besseren erreichbaren Lichtausbeute als bei Glühlampen vor allem die notwendig hohen Betriebsspannungen sowie die zusätzliche Heizung für die Oxydkathoden als nachteilig hervorzuheben, wobei letztere trotz der an sich geringen erforderlichen Heizenergie dennoch die Energiebilanz ungünstig beeinflußt, da nur Niederwattlampen in Betracht kommen. Ungünstig ist auch der Zwang zur Verwendung verhältnismäßig großflächiger Röhren und Kolben.

Vorteilhaft ist dagegen die positive Strom-Spannungs-Charakteristik und damit die leichte Steuerung der Lichtintensität durch einfache Spannungsregelung. Bei vielen Anwendungszwecken ist auch das bei Elektronenanregung merklich schnellere Abklingen des Nachleuchtens, verglichen mit UV-Anregung, wie u. a. von GARLICK[27] gezeigt worden ist, günstig. Außerdem lassen sich auch Leuchtstofflampen mit beliebiger spektraler Emissionsverteilung ohne überlagerte störende Linienspektren, und z. B. auch Lampen mit konstanter spektraler Energieverteilung im sichtbaren Spektralgebiet, durch geeignete Leuchtstoffmischungen herstellen, worauf bereits v. ARDENNE[28] hingewiesen hat. Als wei-

[27] G. F. J. GARLICK: Luminescent Materials, Oxford 1949.
[28] M. v. ARDENNE: Z. f. Phys. Bd. 107 (1937) S. 414.

tere spezielle Anwendung direkter Elektronenanregung von Leuchtstoffen kommen Blitzlichtlampen, Blinklampen, Stroboskoplampen und Hochspannungssignallampen in Betracht. Durch Verwendung sehr feiner Metallspitzen, z. B. aus Wolfram oder Molybdän, wie sie von E. W. Müller[29] im Feldelektronenmikroskop mit großem Erfolg benutzt worden sind, gegebenenfalls mit Aktivierungszusätzen, wie z. B. Barium oder Thorium, könnte grundsätzlich die Oxydkathodenheizung eingespart werden und eine schnell ansprechende Hochspannungssignallampe für die Anzeige auftretender Überspannungen geschaffen werden.

[29] E. W. Müller: Z. f. Phys. Bd. 126 (1949) S. 642.

Über die Beeinflussung der Reaktionsgeschwindigkeit und Lumineszenzfähigkeit im festen Zustand bei der Herstellung von leuchtenden Zink- und Calcium-Silikaten durch eine Gasphase (H_2O und HCl)*.

Von

G. Kressin.

Mit 5 Abbildungen.

Zusammenfassung.

Die Festkörperreaktion bei der Bildung der Silikate von Zink und Calcium in Gegenwart einer Gasphase bei erhöhter Temperatur stellt den umgekehrten Fall der katalytischen Wirkung eines Festkörpers bei der heterogenen Gassynthese dar. Die Abhängigkeit der Reaktionsgeschwindigkeit, der Diffusionsgeschwindigkeit und des Verhaltens in phosphoreszenzchemischer Hinsicht von der Art der Gasphase wird für die Systeme ZnO + SiO_2 und CaO + SiO_2 untersucht. Die Gegenwart von H_2O- und HCl-Dampf bewirkt eine erhebliche Steigerung der Reaktionsgeschwindigkeit sowie die Ausbildung bedeutend kleinerer Körner der kristallinen Reaktionsprodukte. Leuchtstoffe, die in Gegenwart einer feuchten Gasphase hergestellt sind, emittieren bei Erregung mit der Quecksilberresonanzstrahlung erheblich stärker als in Trockenreaktion hergestellte Phosphore.

Bekanntlich werden Silikatleuchtstoffe in der Weise hergestellt, daß farblose oder zu farblosen Silikaten reagierende Schwermetalloxyde oder entsprechende Carbonate (Zinkoxyd, Cadmiumcarbonat) oder Erdalkalikarbonate mit Kieselsäure bei erhöhter Temperatur miteinander reagieren. Fügt man diesen Gemischen vor dem Glühen einen geringen Anteil von geeigneten Manganverbindungen zu, der sich in der Größenordnung von 1 bis 5% Mangan bewegt, so erhält man nach dem Glühen Präparate, die bei Erregung mit der Quecksilberresonanzstrahlung und mit Elektronenstrahlen eine intensive Lumineszenz zeigen. Im Falle der leuchtfähigen Erdalkalisilikate wird bei der Präparation zusätzlich zur „Aktivierung" eine geringe Menge einer geeigneten Bleiverbindung zugefügt. Letzteres ist nötig, um bei der Erregung mit 2537 Å den aus der Reaktion stammenden Wollastonit zum Absorbieren zu bringen.

Mithin kommt dem Blei, abgesehen von seiner aktivierenden Wirkung, die im kurzwelligen Teil des Spektrums bei ca. 3100 Å ein Emissionsmaximum ergibt, eine zusätzliche Funktion zu, die ungefähr die gleiche wie die eines Sensibilisators bei photographisch benutzten lichtempfindlichen Schichten ist.

Der Ablauf der Reaktion bei den angeführten Stoffpaaren vollzieht sich hierbei nach den durch das Diffusions- und Massenwirkungsgesetz bekannten Grund-

* Originalmitteilung.

sätzen. Im allgemeinsten Sinne verlaufen Diffusion und Reaktion im festen Zustand so, daß die Komponenten an den Berührungsflächen miteinander reagieren. Soll die Reaktion weiter zur Tiefe hin ablaufen, so muß die wandernde, bewegliche Komponente durch die Schicht des an der Berührungsfläche gebildeten Reaktionsproduktes hindurchdiffundieren, um weitere Mengen der neuen Phase bilden zu können.

Der wandernde Bestandteil ist im Falle der Silikat-Synthese aus Metalloxyd und Kieselsäure stets das Kation, bei manchen anderen Systemen jedoch, wie beispielsweise bei der Synthese des leuchtfähigen Magnesiumwolframats, ist es der anionische Teil, also hier das Wolfram in Form von Wolframtrioxyd.

Dies läßt sich anschaulich zeigen, wenn man sich aus den Komponenten je eine gepreßte Pastille herstellt, die – im Falle des grünleuchtenden Zinksilikats – beide etwa 1% Mangandioxyd enthalten, und diese Preßkörper übereinandergelegt bei etwa 1200° C im elektrischen Ofen glüht. Im Falle der Zinksilikatbildung erhält man dann auf der Oberfläche der Kieselsäure-Pastille eine je nach der Glühdauer und Glühtemperatur verschieden dicke Schicht von unter Resonanzstrahlung intensiv grünleuchtendem Zinksilikat, während die Oberfläche der Zinkoxyd-Pastille nicht leuchtet.

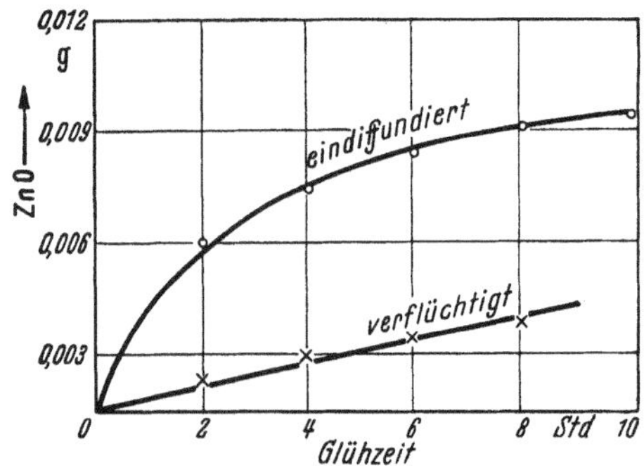

Abb. 1. Eindiffundierte und abgedampfte ZnO-Mengen bei der Silikatbildung in Abhängigkeit von der Glühdauer.

Nimmt man den gleichen Versuch mit Preßkörpern aus Magnesiumoxyd und Wolframsäure vor, so beobachtet man die Bildung von blauleuchtendem Magnesiumwolframat auf der Oberfläche des Magnesiumoxyds.

Bei der Umsetzung von Zinkoxyd und Kieselsäure in der Preßkörperreaktion wird mit zunehmender Silikatbildung eine Gewichtsabnahme der Zinkoxyd-Pastille und eine durch das Einwandern von Zinkoxyd verständliche Zunahme der Kieselsäure-Pastille festgestellt, wobei aber die Gewichtsabnahme beim Zink die Zunahme durch Silikatbildung übertrifft. Wie aus dem Kurvenbild Abb. 1 ersichtlich ist, entsteht dieser Fehlbetrag durch Abdampfen von Zinkoxyd. Die Verflüchtigung erfolgt mit konstanter Geschwindigkeit bei gleichbleibender Temperatur, und ein merkbarer Transport der abgedampften Zinkoxyd-Moleküle auf die Kieselsäure findet nicht statt. Dagegen übertrifft die Menge der eindiffundierten Substanz die abgedampfte Menge um ein Vielfaches.

Betrachtet man das mikroskopische Bild eines auf übliche Art durch Glühen in oxydierender Atmosphäre hergestellten Zinksilikats im eigenen Fluoreszenzlicht, so kann man neben kleinen, durchreagierten, d. h. über ihren gesamten Komplex leuchtenden, kristallinen Teilchen auch solche beobachten, die nicht völlig durchreagiert sind und zum Teil nur eine leuchtende Kante aufweisen.

Dies bedingt eine Intensitätseinbuße. Der Wunsch, bei der Präparation möglichst ein Optimum an durchreagierten Kristalliten oder Kristallit-Konglomeraten zu erreichen, regte zu folgenden Versuchen an.

Die bei der Reaktion im festen Zustand maßgeblichen Diffusionsvorgänge verlaufen bei isotherm geleitetem Vorgang nach der Beziehung:

$$\left(1-\sqrt[3]{\frac{100-x}{100}}\right)^2 = k\,t\,,$$

wobei x der prozentuale Umsatz, t die Zeit und k eine Konstante ist, die die Teilchengröße und den Diffusionskoeffizienten enthält. Für k gilt:

$$k = C e^{-\frac{a}{T}}.$$

Die wichtige Größe a wird allgemein mit Ablösearbeit bezeichnet.

Wir ermittelten nun die Abhängigkeit der Reaktionsgeschwindigkeit bei Gegenwart einer oder zweier Gasphasen (H_2O und HCl) bei erhöhter Temperatur von ihrem Partialdruck. Das Ergebnis für die Stoffpaare ZnO + SiO_2 sowie $CaCO_3$ + SiO_2 ist in der Abb. 2 wiedergegeben. Gegenüber der Reaktion bei Abwesenheit von H_2O und HCl ist die Geschwindigkeit des Umsatzes um ein Vielfaches größer; besonders wirksam ist die Gegenwart von HCl.

Die Größen a und C werden aus Bestimmungen der Temperaturabhängigkeit von k erhalten. Die Meßergebnisse in der Abb. 3 zeigen, daß die Werte von log $1/T$,

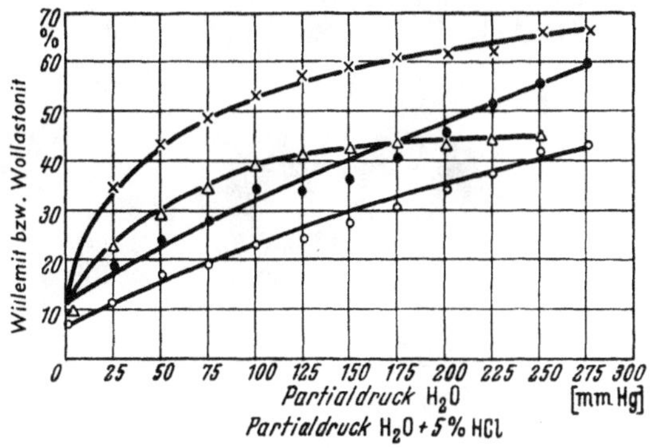

Abb. 2. Abhängigkeit der Reaktionsgeschwindigkeit von der Konzentration der Gasphase.
(o) System ZnO + SiO_2 H_2O
(Δ) System CaO + SiO_2 H_2O
(●) System ZnO + SiO_2 H_2O + HCl
(x) System CaO + SiO_2 H_2O + HCl

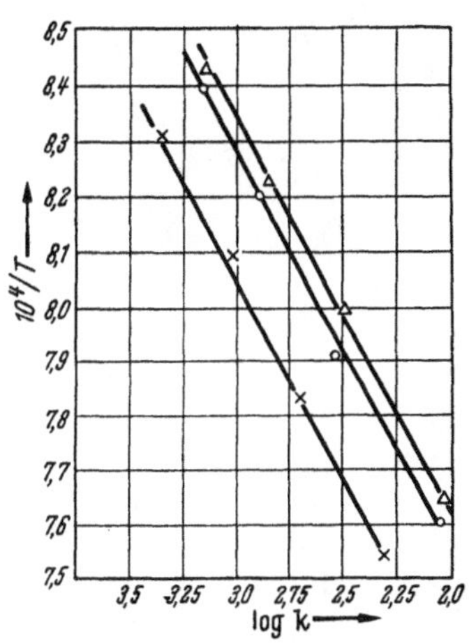

Abb. 3. Temperaturabhängigkeit von k beim System CaO + SiO_2.
(x) ohne Wasserdampf
(o) mit Wasserdampf
(Δ) in Gegenwart eines azeotropen Gemisches H_2O + HCl.

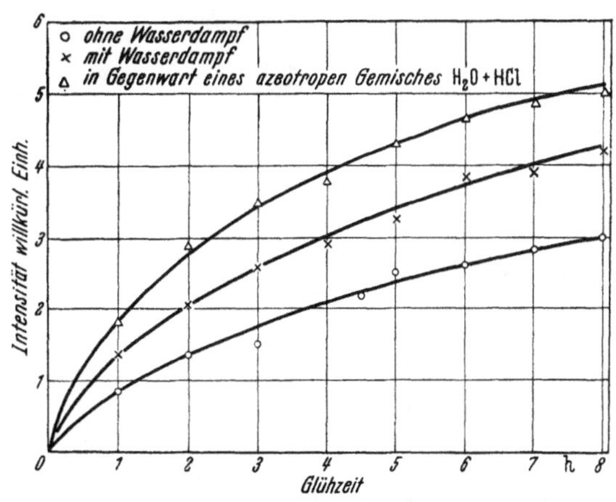

Abb. 4. Einfluß der Gasphase auf die Intensität bei einem leuchtfähigen Calciumsilikat Mn, Pb.

aufgetragen über log k, die zu erwartenden Geraden ergeben. Diese laufen bei allen 3 Reaktionen parallel, sind jedoch um einen gewissen Betrag voneinander verschoben, d. h. alle 3 Vorgänge haben gleiches a wegen des gleichen Neigungswinkels der Geraden, jedoch ein unterschiedliches C (Mengenkonstante). Die Auswirkungen dieses Ergebnisses sind aus den Kurven der Abb. 4 zu ersehen, die die Zunahme der Intensität in Abhängigkeit von der Glühdauer unter der Einwirkung der drei verschiedenen Gasphasen zeigt. Im Falle des Glühens in HCl-haltiger Atmosphäre kann die Vergrößerung der Mengenkonstante nur dem intermediär gebildeten Calciumchlorid zugeschrieben werden, welches bei dem üblicherweise vorhandenen Überschuß an SiO_2 während des Glühprozesses wieder zu Silikat reagiert.

Die Betrachtung des Leuchtstoffs unter dem Mikroskop zeigt, daß praktisch jetzt jeder Kristallit in seiner ganzen Ausdehnung leuchtet.

Bemerkenswert ist ferner die Tatsache, daß die in Wasserdampfatmosphäre geglühten Präparate eine Korngrößenverteilung zeigen, deren Schwerpunkt bei wesentlich kleineren Werten liegt als bei den in Trockenreaktion hergestellten (s. Abb. 5a und 5b).

Diese Wirkung des Wassers ist von JANDER[1] an vielen anderen Stoffpaaren, z. B. $BaO + WO_3$, $BaO + SiO_2$, $CaO + SiO_2$, beobachtet worden. JANDER macht hier-

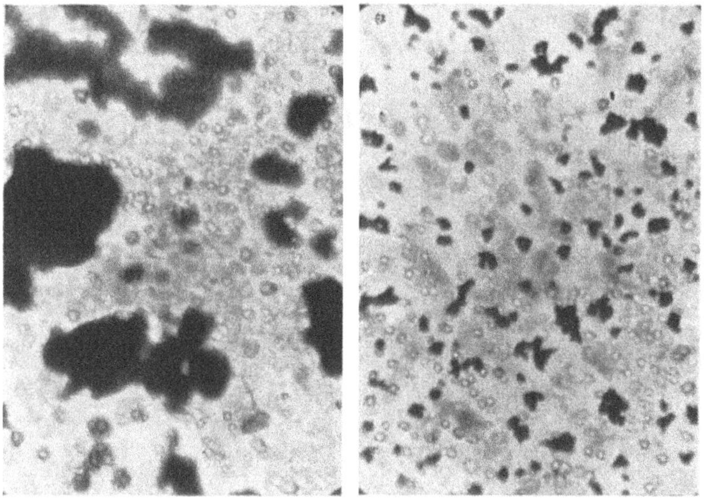

a ohne Wasserdampf b mit Wasserdampf

Abb. 5. Einfluß des Wasserdampfes auf die Korngröße des Reaktionsproduktes (Zinksilikat).

für die vom Quarzglas[2] her bekannte Löslichkeit von H_2O verantwortlich und führt die Ausbildung des feineren Korns auf das – wenn auch geringfügige – Eindringen von H_2O in das Kristallgefüge zurück. Die damit verbundene Gitterdehnung soll eine Verringerung der elektrostatischen Anziehungskräfte und damit eine Herabsetzung der Ablösearbeit hervorrufen. Damit verbunden wäre – bedingt durch die größere Durchdringungsfähigkeit – auch die Vergrößerung der Mengenkonstante.

Auf Grund der Tatsache, daß die Korngröße der Ausgangsstoffe einen ganz erheblichen Einfluß auf die Korngrößenverteilung des Reaktionsproduktes ausübt, glauben wir eher, daß die Gegenwart des H_2O-Dampfes hinsichtlich der Bildung der neuen, kristallinen Phase eine starke Vergrößerung der Keimbildungsgeschwindigkeit bewirkt. Die Ergebnisse der hierüber noch im Gange befindlichen Untersuchungen müssen einer späteren Mitteilung vorbehalten bleiben.

[1] Vgl. z. B. W. JANDER u. E. HOFFMANN: Z. angew. Chem. Bd. 46 (1951) S. 76.

[2] Vgl. W. EITEL: Phys. Chem. d. Silikate, S. 354ff.

Betriebsgesetze der Blitzlichtlampen (Vacublitze)[1].

Von

H.-J. HELWIG.

Mit 9 Abbildungen.

A. Aufbau und Wirkungsweise.

Bei den vorwiegend für photographische Aufnahmezwecke hergestellten Blitzlichtlampen (Vacublitze) wird in einem mit reinem Sauerstoff gefüllten, abgeschlossenen Gefäß Aluminium verbrannt, das darin verhältnismäßig fein und gleichmäßig verteilt ist. Die Verbrennung geht infolge des hohen Wärmeinhaltes des Aluminiums, der als der von allen Metallen absolut größte bekannt ist, mit erheblicher Lichtentwicklung vor sich. Diese hängt bezüglich ihres zeitlichen Verlaufs von dem Feinheitsgrad und der räumlichen Verteilung des Aluminiums ab. Dünnes Aluminium brennt schneller ab als dickes, außerdem ist bei Zündung von einem Punkt aus die Abbrennzeit in einem kugelförmigen Gefäß kürzer, als wenn dieselbe Menge Aluminium gleicher Dicke in einem langen dünnen Zylinder gleichen Volumens untergebracht wird. Bei einer Kugel kann sich die Verbrennung gleichzeitig radial nach allen Raumrichtungen ausbreiten, während der Verbrennungsvorgang in der Röhre nur nach einer Richtung fortschreitet.

Dem Wunsch von photographischer Seite, wegen der erforderlichen kurzen Belichtungszeiten ein blitzartiges, genauer ein in gewissen Grenzen kurzzeitiges Abbrennen zu erhalten, und auch dem Wunsch nach einfacher elektrischer Zündbarkeit des Blitzlichtes, kann durch Verwendung hinreichend dünner Folien oder Drähte entgegengekommen werden. Die Folien werden mit einer mittleren Dicke von rund 0,5 μ bei einer Flächengröße von rund 200 cm^2 benötigt und von Spezialarbeitern zwischen besonderen Tierhäuten auf diese geringe Dicke geschlagen. Dickere Folien lassen sich erfahrungsgemäß nur schwer entzünden. Bei Aluminiumdrähten benötigt man einen Durchmesser von rund 30 μ. Um solche Drähte ziehen zu können, wird Aluminium mit etwa 6% Magnesium legiert (Hydronaliumdraht). Die Folien bilden im Verbrennungsgefäß (Glaskolben) einen Folienbausch mit unregelmäßig im Volumen verteilter Masse. Gleichmäßiger läßt sich der Draht über das Volumen verteilen, da er gekräuselt werden kann (DRP 730268) und demzufolge ein lockeres, welliges Knäuel bildet.

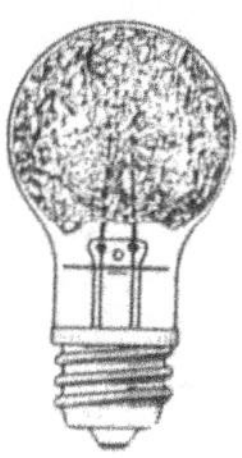

Abb. 1. Elektrische Blitzlichtlampe.

Der Aufbau der marktgängigen elektrischen Blitzlichtlampen ähnelt demjenigen von Glühlampen (Abb. 1). Vom Sockel führen zwei elektrische Zuleitungen in das Innere des gasdichten Glaskolbens. Auf dessen Innenfläche wird als Wärmeschutz eine farblose Lackschicht aufgesprüht. Bei relativ hochbelasteten Blitzen kleiner Ausführung hat sich als recht gut wirksam gegen ein Zerspringen der Kolben eine zusätzliche Außenlackierung erwiesen. Zwischen den Enden der elektrischen Zuleitungen ist ein dünner, kurzer Wolframdraht gespannt, der mit einer leicht entzündlichen Paste in Kontakt steht. Bei Stromdurchgang glüht der Wolframdraht auf, die Zündpaste entflammt und leitet die Verbrennung des in der abgeschlossenen Sauerstoff-Atmosphäre befindlichen Aluminiums ein. Der dabei erzeugte Lichtstrom steigt, wie man oszillographisch messen kann, bis zu einem

[1] Originalmitteilung.

Höchstwert an und fällt dann bis zum Erlöschen wieder ab. Abb. 2 gibt den zeitlichen Ablauf wieder. Das Einschalten des Zündstromes geschehe im Zeitpunkt E. Bis zum Beginn der Lichtentwicklung (Punkt A) vergeht eine gewisse Zeit, die „Zündzeit" (Strecke EA). Der Lichtstrom nimmt den geschilderten Verlauf über ein Maximum. Die Strecke AB heißt „Abbrennzeit". (Man kann ferner noch die „Anstiegszeit" als Charakteristikum anführen, die vom Punkt A bis zum Fußpunkt des Maximums rechnet, und von dort bis B von der „Abklingzeit" sprechen.) Die Fläche unter der Lichtstrom-Zeit-Kurve gibt die ausgestrahlte Lichtmenge $Q = \Phi\, t$ (in lms) an. Quantitativ kann man über die für ein solches Oszillogramm charakteristischen Größen folgendes aussagen: Die Zündzeit hängt ab von der angelegten Spannung (höhere Spannungen bedingen ein schnelleres Aufglühen des Zünddrahtes und demgemäß eine kürzere Zündzeit), der Länge und Dicke des Zünddrahtes, der Zusammensetzung der Zündpaste, der Aluminiumstärke und auch, wie sich später zeigen wird, vom Sauerstoff-Fülldruck. Die Lichtmenge wird bestimmt durch die Aluminiummenge, ihre Verteilung im Kolben und ebenfalls, und zwar einschneidend, vom verwendeten Fülldruck. Qualitativ wird die Lichtstromcharakteristik im wesentlichen von der Dicke der Folien bzw. Drähte beeinflußt, wobei mit Folien vornehmlich spitze, mit Draht breitere bis trapezförmige Kurven erzielt werden. Welche Abbrennkurve zu bevorzugen ist, hängt von der Art des Photoverschlusses (Zentral- oder Schlitzverschluß) und der Steuerung des Zündgerätes ab.

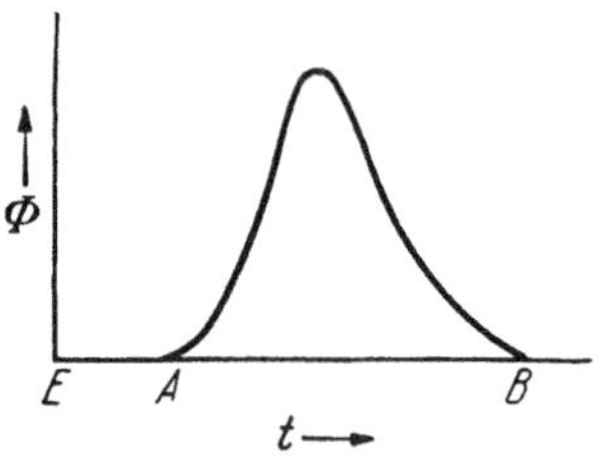

Abb. 2. Lichtstromverlauf in Abhängigkeit von der Zeit bei einer Blitzlichtlampe.

B. Theoretischer Sauerstoffbedarf.

Für die Verbrennung des Aluminiums bestehen nun folgende chemische und thermodynamische Grundbeziehungen:

a) Vier Atome Aluminium verbrennen mit drei Molekülen Sauerstoff zu Aluminiumoxyd gemäß der Reaktionsgleichung

$$4\,Al + 3\,O_2 = 2\,Al_2O_3\,. \tag{1}$$

Mit den Atomgewichten 27 für Al und 16 für O errechnet sich danach für eine Aluminiummenge vom Gewicht a der Sauerstoffbedarf zu $\frac{8}{9}\,a$ Gewichtseinheiten.

b) Für die Sauerstoffüllung des Verbrennungsraumes gilt die Zustandsgleichung der Gase

$$p\,V = G\,R\,T\,. \tag{2}$$

Hierin bedeutet p den Gasdruck in kg/m², V das Gefäßvolumen in m³, G das Gasgewicht in kg, nach obigem $\frac{8}{9}\,a$ stöchiometrisch erforderlich, $R = 26{,}5\,\frac{\text{m}}{°\text{K}}$ die Gaskonstante für Sauerstoff und T die absolute Temperatur, für die die Raumtemperatur ($T = 300°$ K) eingesetzt werden kann. Um den bei Blitzlichtlampen vorliegenden praktischen Verhältnissen Rechnung zu tragen, werden die Gewichte in mg, die Längen in cm und die Drucke in Torr (mm Quecksilbersäule) ausgedrückt. Mit diesen Dimensionen erhält man rund

$$\underline{p\,V = 520\,a\,.} \tag{3}$$

Diese Formel besagt, daß z. B. zur Verbrennung von 40 mg Aluminium in einem Volumen $V = 100$ cm³ der Sauerstoff mit einem Druck $p_{\text{theor.}} = 208$ Torr (mindestens) einzufüllen ist.

C. Versuche — Druckeffekt.

Gemäß der drei in Gl. (3) vorkommenden Größen p, V und a lassen sich systematische Versuchsreihen nach je einer Veränderlichen ausführen, um schließlich umfassende Unterlagen über das Verhalten der Blitzlichte allen drei Parametern gegenüber zu erhalten. Zur Bewertung wurden jeweils die oszillographisch aufgenommenen Lichtstrom-Zeit-Kurven sowie die Menge des verbrauchten Sauerstoffes herangezogen. Letzterer läßt sich durch Feststellung des nach dem Abbrennen im Kolben verbliebenen Restgasdruckes ermitteln. Die Differenz aus dem Fülldruck und dem Restdruck ist der verbrauchten Sauerstoffmenge proportional. Auch der Druckverlauf im Kolben während des Abbrennvorganges wurde gemessen. Dazu bedienten wir uns des Piezo-Quarz-Druckmessers mit

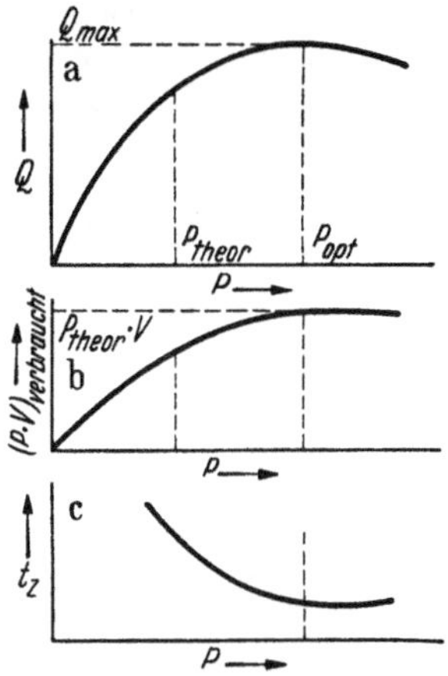

Abb. 3. Lichtmenge, Sauerstoffverbrauch und Zündzeit in Abhängigkeit vom Sauerstoffdruck (1. Versuch).

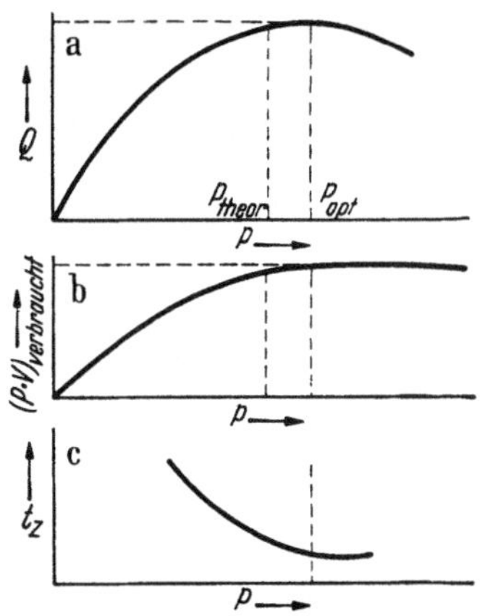

Abb. 4. Lichtmenge, Sauerstoffverbrauch und Zündzeit in Abhängigkeit vom Sauerstoffdruck (2. Versuch).

Kathodenstrahloszillographen der Firma Zeiss-Ikon, Dresden, der sehr schnell verlaufende Druckvorgänge zu registrieren gestattet.

1. Versuch. Kolbenvolumen $V = 100\ \text{cm}^3$, Foliengewicht $a = 40$ mg. Der Sauerstoff-Fülldruck p wurde von 10 zu 10 Torr variiert. $p_{\text{theor.}} = 208$ Torr. Ergebnis s. Abb. 3.

a) Mit zunehmender Sauerstoffmenge steigt die Lichtmenge Q verständlicherweise an. Sie erreicht jedoch ihren Höchstwert nicht bei der theoretisch errechneten Menge ($p_{\text{theor.}} = 208$ Torr), sondern unzweifelhaft erst bei einer wesentlich größeren ($p_{\text{opt.}} = 450$ Torr). Bei noch größeren Fülldrucken sinkt die Lichtmenge wieder ab, was auf die Kühlwirkung des überschüssigen Sauerstoffs zurückzuführen sein dürfte.

b) Der Sauerstoffverbrauch $(p\,V)_{\text{verbraucht}}$ erreicht auch erst bei dem optimalen Fülldruck seinen Grenzwert, und zwar stimmt dieser mit dem theoretisch errechneten überein. In der Berechnung steckt also offenbar kein Fehler. Nur ist es für die Vollkommenheit der Verbrennung und Lichtentwicklung nicht gleichgültig, unter welchem Druck der Sauerstoff dargeboten wird. Bei $p_{\text{theor.}}$ wird in diesem Fall noch keineswegs die stöchiometrische Sauerstoffmenge verbraucht, sondern erst bei dem größeren Druck $p_{\text{opt.}}$.

c) Die Zündzeit t_z nimmt mit steigendem Fülldruck ab und bleibt von $p_{\text{opt.}}$ ab ungefähr konstant.

2. Versuch. Kolbenvolumen $V = 200\ \text{cm}^3$, Foliengewicht $a = 80$ mg. Der Sauerstoffdruck wurde wieder von 10 zu 10 Torr variiert. $p_{\text{theor.}} = 208$ Torr, also ebenso groß wie beim ersten Versuch. Ergebnis s. Abb. 4.

a) Auch hierbei steigt die Lichtmenge Q mit zunehmender Sauerstoffmenge an. Den Höchstwert erreicht sie jedoch bereits wenig oberhalb des theoretisch erforderlichen Druckes, nämlich bei $p_{\text{opt.}} = 225$ Torr. Bei noch höheren Drucken fällt sie wieder schwach ab.

b) Der Sauerstoffverbrauch erreicht bei $p_{\text{opt.}}$ den End- und theoretischen Sollwert.

c) Die Zündzeit ändert sich ebenso wie beim 1. Versuch.

3. Versuch. Kolbenvolumen wie beim 2. Versuch $V = 200\ \text{cm}^3$, aber das Foliengewicht betrug nur $a = 40$ mg, wie beim 1. Versuch, $p_{\text{theor.}} = 104$ Torr. Ergebnis s. Abb. 5.

a) Die Lichtmenge erreicht ihr Maximum erst bei einem Druck $p_{\text{opt.}} = 450$ Torr, obgleich in dem gegenüber dem 1. Versuch doppelt so voluminösen Kolben naturgemäß für gleiche Drucke jeweils die doppelte Sauerstoffmenge vorhanden ist. Es scheint mithin nicht auf die Sauerstoffmenge allein, sondern noch zusätzlich auf den Druck, unter dem sie steht, anzukommen, denn $p_{\text{opt.}}$ hat hier denselben Wert wie im 1. Versuch.

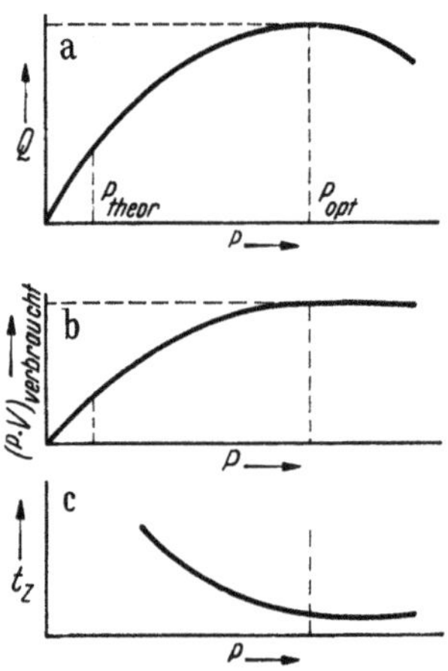

Abb. 5. Lichtmenge, Sauerstoffverbrauch und Zündzeit in Abhängigkeit vom Sauerstoffdruck (3. Versuch).

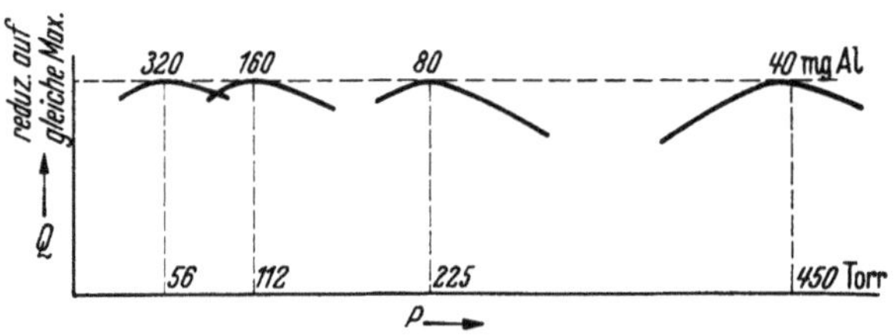

Abb. 6. Zusammenhang von optimalem Sauerstoffdruck (für höchste Lichtmenge) mit Foliengewicht; Druckeffekt, s. Gleichung 4.

b) Auch der Endwert des Sauerstoffverbrauches wird, mit dem theoretischen übereinstimmend, erst bei $p_{\text{opt.}}$ erreicht.

c) Die Zündzeit fällt mit steigendem Fülldruck wieder ab, bis dieser den Wert $p_{\text{opt.}}$ erreicht.

4. Versuch. Auch bei nur 20 mg Aluminiumgewicht in Kolben von 100 und 200 cm³ ergab sich der dominierende Einfluß von $p_{\text{opt.}}$ in genau dem gleichen Sinne. Dasselbe gilt bezüglich des Sauerstoffverbrauches und der Zündzeit. Bei Ausdehnung der Versuche bis 320 mg Al und 500 cm³ Kolbenvolumen erwies sich einheitlich als markanter Wert des Druckeffektes (s. Abb. 6)

$$p_{\text{opt.}} = \frac{18\,000}{a}. \tag{4}$$

5. Versuch. Wenn es für die Lichtausbeute maßgeblich auf den optimalen Fülldruck ankommt, muß es vorteilhaft sein, ein diesem angepaßtes Volumen $V_{\text{opt.}}$ zu verwenden, das sich aus Gl. (3) und (4) errechnet zu rund

$$V_{\text{opt.}} = \frac{a^2}{35}. \tag{5}$$

Ein größeres Volumen kann sich nur nachteilig auswirken, da der damit bedingte Sauerstoffüberschuß lediglich miterwärmt werden muß und durch Leitung Energie entzieht.

Mit schrittweise verkürzten Röhrenkolben durchgeführte Versuchsreihen, bei denen $p_{\text{opt.}} =$ konstant war, bestätigen diese Vermutung (s. Abb. 7). Beim Unterschreiten von $V_{\text{opt.}}$ fällt die Lichtmenge naturgemäß rasch ab, da sich dann ein stetig steigender Sauerstoffmangel bemerkbar macht.

6. Versuch. Wenn man schrittweise verkürzte Röhrenkolben, die stets die gleiche Menge Aluminium enthielten, mit einer Sauerstoffüllung $p\,V =$ konstant prüft, zeigt sich ebenfalls der Einfluß des Druckeffektes dergestalt, daß bei $p_{\text{opt.}}$ und $V_{\text{opt.}}$ die größte Lichtmenge auftritt (s. Abb. 8). Bei sehr hohen Drucken, also sehr kleinen Volumen, fällt die Lichtmenge stark ab, was durch das Zusammenballen des Aluminiums und die dadurch namentlich bei der Folie bedingte Abschattung der Innenlagen des Aluminiums zu erklären ist.

Die aus den geschilderten Versuchen zu ziehende Lehre besteht darin, daß zur Erzielung einer maximalen Lichtmenge nicht einfach die theoretisch errechenbare Sauerstoffmenge vorzusehen, sondern dabei noch der Druckeffekt

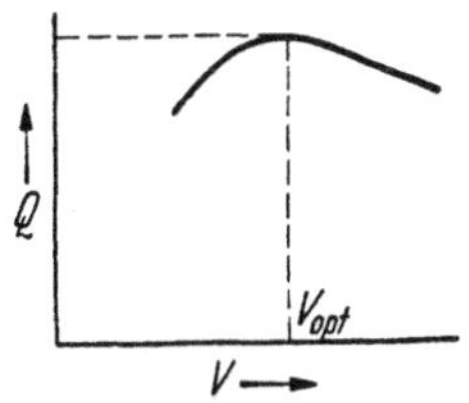

Abb. 7. Einfluß des Kolbenvolumens auf die Lichtmenge bei optimalem Sauerstoffdruck.

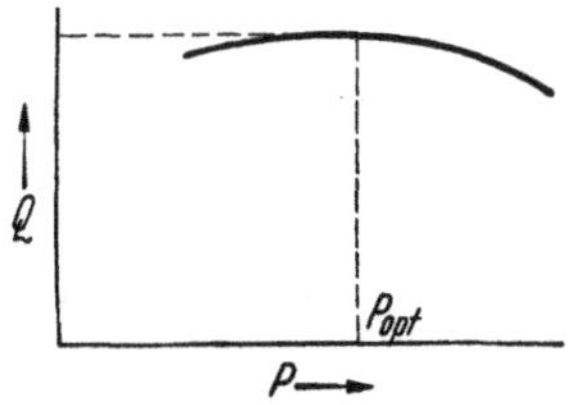

Abb. 8. Optimaler Sauerstoffdruck bei wechselnder Kolbengröße und gleichbleibender Aluminium- und Sauerstoffmenge.

zu beachten ist, dergestalt, daß ein dem Aluminiumgewicht a umgekehrt proportionaler Fülldruck $p_{\text{opt.}} = \frac{18\,000}{a}$ angewendet werden muß. Ferner soll nur ein beschränkter Überschuß an Sauerstoff, keinesfalls dagegen ein Unterschuß zugelassen werden.

Zur Erklärung des Druckeffektes läßt sich folgendes anführen: Für den Verbrennungsvorgang ist sicher nicht allein der Druck maßgebend, mit dem der Sauerstoff eingefüllt worden ist. Vielmehr wird der durch die eingeleitete Verbrennung infolge Temperaturerhöhung gesteigerte Gasdruck, der natürlich von dem Ausgangsdruck mitbestimmt wird, eine Rolle spielen. Die experimentell gefundene Gesetzmäßigkeit von $p_{\text{opt.}}$ deutet an, daß es für das Aluminium unter den hier vorliegenden Verhältnissen einen bestimmten, günstigen Verbrennungs-Gasdruck gibt. Dabei verhält sich dieser Verbrennungs-Gasdruck so, als ob er momentan bei der Verbrennung entstünde. Das ist ohne weiteres verständlich, da die Fortpflanzungsgeschwindigkeit des Druckes in der Größenordnung (der Schallgeschwindigkeit) von 100 m/s = 100 mm/ms liegt, der Kolbenradius bzw. die Gasstrecke höchstens 50 mm beträgt, die Druckausbildung mithin maximal nur um etwa 0,5 ms der Verbrennung (und damit der Lichtentwicklung) nacheilt (vgl. Abschnitt E). Da nun beispielsweise die doppelte Aluminiummenge eine doppelte Kalorienzahl entwickelt, was eine Verdoppelung des Verbrennungs-Gasdruckes [s. Gl. (10)] mit sich bringt, muß der Fülldruck halb so groß gewählt werden wie bei der einfachen Aluminiummenge, wenn bei dieser vorher bei einfachem Füll- und damit Verbrennungsdruck gerade die maximale Lichtmenge erzielt worden war.

D. Absolute Größe der Lichtmenge.

Nachdem in den vorher behandelten Versuchen die Lichtmenge lediglich als Kriterium für die Arbeitsweise der Blitzlichte benutzt wurde und daher vorwiegend im relativen Maßstabe interessierte, soll nunmehr auf deren absolute Größe eingegangen werden. Hierzu lag ein reichhaltiges Material vor, da sämtliche Oszillogramme stets in Lumensekunden (lms) ausgewertet worden waren.

Theoretisch lassen sich zunächst folgende Überlegungen anstellen. Bei der Verbrennung von Aluminium werden an Bildungswärme 7 cal/mg frei. Dies ist nach dem mechanischen Wärmeäquivalent gleichbedeutend mit 7 · 4,19 Ws/mg. Nach verschiedenen Autoren beträgt die Farbtemperatur für die Strahlung der Blitzlichtlampen rund **3600° K**. Hierfür ist unter der Annahme einer grauen Strahlung der visuelle Nutzeffekt 0,05. Somit errechnet sich unter Berücksichtigung des photometrischen Strahlungsäquivalentes 682 lm/W die von a mg Aluminium zu erwartende Lichtmenge zu

$$\underline{Q_{\text{theor.}}} = 7 \cdot 4{,}19 \cdot 0{,}05 \cdot 682\, a = \underline{1000\, a \text{ lms}}\,. \qquad (6)$$

In praxi erhält man je nach Ausführung der Blitzlichtlampen rund 50 bis 70% der theoretischen Lichtmenge. Gründe hierfür sind unvermeidliche Wärme- und Abschattungsverluste.

E. Gasdruck.

Wie bereits im Abschnitt C erwähnt, wurden mit einem Piezodruck-Indikator verschiedentlich die bei der Verbrennung im Kolben auftretenden Gasdrucke oszillographisch gemessen. Der Kurvenverlauf (Abb. 9) deckte sich hinsichtlich der charakteristischen Zeiten praktisch mit dem des Lichtstrom-Zeit-Diagramms nach Abb. 2.

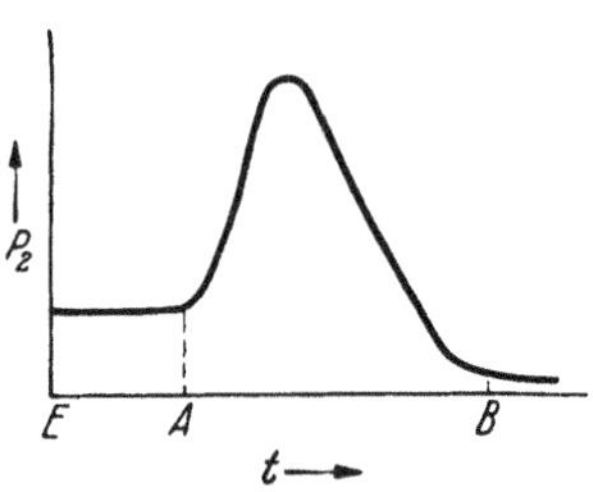

Abb. 9. Druckverlauf in Abhängigkeit von der Zeit bei einer Blitzlichtlampe.

Ausgehend vom Fülldruck steigert sich vom Moment des Verbrennungsbeginns (Punkt A) ab der Gasdruck bis zu einem Maximum, das synchron mit dem Lichtstrommaximum erreicht wird. Darauf fällt der Druck auf den Restgasdruck ab. Der innerhalb der Meßgenauigkeit festgestellte zeitliche Gleichlauf stützt die im Abschnitt C bei der Erklärung des Druckeffektes angestellten Betrachtungen.

Über den für die Explosionssicherheit der Blitzlichtlampen wichtigen Höchstwert des Druckes lassen sich folgende theoretische Überlegungen anstellen: Es ist die Frage zu beantworten, welche Temperatur- und Drucksteigerung bei der plötzlichen Verbrennung (der Druckanstieg bis zum Maximum dauert nur rund 10 ms)

$$4\,\text{Al} + 3\,\text{O}_2 = 2\,\text{Al}_2\text{O}_3$$
$$4 \cdot 27 + 3 \cdot 32 = 2 \cdot 102$$

unter unveränderlichem Rauminhalt eintritt. Dabei ist zu berücksichtigen, daß der Sauerstoff verschwindet und das Aluminiumoxyd in Gas- bzw. Dampfphase entsteht. Der Einfachheit halber werde angenommen, daß es sich wie ein ideales Gas verhält.

Für eine Zustandsänderung bei einem konstanten Volumen V, in dem ein Gas vom Gewicht G durch die Wärmemenge Q von der absoluten Temperatur T_1 auf die Temperatur T_2 erwärmt wird, gilt

$$Q = G\,(c_v)_m\,(T_2 - T_1)\,. \qquad (7)$$

Hierin ist $(c_v)_m$ die mittlere spezifische Wärme für den Temperaturbereich T_1 bis T_2. Aus dieser Beziehung kann man T_2 berechnen.

Ferner hat man die Zustandsgleichung

$$p_2 V = \frac{G}{M} R T_2 , \tag{8}$$

aus der sich der Gasdruck p_2 ergibt. Nach Substitution von T_2 ist

$$p_2 = \frac{G}{M V} R \left(\frac{Q}{G (c_v)_m} + T_1 \right) . \tag{9}$$

Es ist das Molekulargewicht von Al_2O_3 $M = 102 \cdot 10^3$ mg/Mol.

die Gaskonstante $R = 82{,}1 \frac{\text{cm}^3 \text{ at}}{{}^\circ\text{K mol}}$,

die entstehende Wärmemenge (wie früher) $Q = 7\, a \frac{\text{cal}}{\text{mg}}$ mg,

das aus a mg Al entstandene Al_2O_3-Gewicht $G = \frac{102}{54} a$,

die mittlere spezifische Wärme $(c_v)_m = \frac{0{,}3}{10^3} \frac{\text{cal}}{\text{mg } {}^\circ\text{K}}$ (stark extrapoliert),

die Anfangstemperatur $T_1 = 300^\circ$ K und

das Kolbenvolumen V in cm³.

Mit diesen Werten erhält man den Gasdruck in at zu rund

$$p_2 = 17 \frac{a}{V} . \tag{10}$$

Der Verbrennungs-Gasdruck ist also vernünftigerweise der verbrannten Aluminiummenge direkt und dem Volumen des Verbrennungsraumes umgekehrt proportional.

In Wirklichkeit wird etwa $^1/_3$ des unter vereinfachenden Annahmen errechneten Druckes maximal erreicht.

Der Vacublitz und seine Verwendung[1].

Von

W. LANG.

Mit 9 Abbildungen.

In den letzten Jahren hat die Blitzlichtphotographie, angeregt durch entsprechende Impulse besonders aus Amerika, auch bei uns einen gewaltigen Aufschwung genommen. Dabei konnten auch für die Osram-Vacublitze, über deren Aufbau und Wirkungsweise an anderer Stelle dieses Bandes berichtet wird[2], viele neue und interessante Einsatzgebiete erschlossen werden. Durch die Verbesserung der technischen Hilfseinrichtungen wurde die ,,Synchronisation" von Blitzlampe und Kamera so vervollkommnet, daß es heute durchaus möglich ist, bei jeder Verschlußgeschwindigkeit bis herunter zu $^1/_{1000}$ sec mit Vacublitzen sicher zu

[1] Originalmitteilung.

[2] H.-J. HELWIG: Betriebsgesetze der Blitzlichtlampen (Vacublitze), S. 93.

arbeiten. Der sich nun andeutende Abschluß dieser stürmischen Entwicklung läßt es gerechtfertigt erscheinen, über den erzielten Fortschritt bei der Verwendung von Vacublitzen kurz zu berichten.

1. Charakteristische Meßgrößen bei Blitzlampen.

Eine allen Teilen gerecht werdende meßtechnische Beurteilung der Blitzlampen konnte seltsamerweise erst im Laufe der letzten Jahre gefunden werden, obwohl doch die Vacublitze schon seit fast 25 Jahren im Handel sind. Unter diesen Meßwerten wurden zwar immer schon, im Hinblick auf die Verwendung der Blitzlampen als photographische Lichtquellen, Größe, Form und zeitlicher Verlauf der Lichtabstrahlung verstanden, doch erfolgten früher deren Messungen auf sehr unterschiedliche Weise. Als Bezugspunkt für die Zeitwerte wird günstigerweise der Zündmoment genommen, also der Augenblick, in welchem durch Einschalten des Zündstromes der Vacublitz in Betrieb gesetzt wird. Da nun zwischen diesem Zündmoment und dem Beginn der aktinisch wirksamen Lichtabstrahlung eine gewisse Zeitdifferenz besteht, es handelt sich um Bruchteile einer Sekunde, dieser Zeitverzug aber für eine exakte Synchronisation von erheblicher Bedeutung ist, muß eine genaue Erfassung und Festlegung dieses Zeitwertes durchgeführt werden.

Die Zündzeit wurde früher definiert als Zeitdifferenz zwischen dem Einschaltpunkt und dem Beginn der Lichtabstrahlung[3,4]. Dieser wurde aus oszillographisch aufgenommenen Abbrennkurven ermittelt. Eine derartige Festlegung der Zündzeit ist aber durchaus problematisch, da sich der so ermittelte Beginn der Lichtabstrahlung auf einen Punkt bezieht, in welchem einerseits der Lichtstrom bereits einen Wert von 5000—20000 Lumen erreicht hat, andererseits aber noch keine Schwärzung des Aufnahmematerials erfolgt. Da überdies der Lichtanstieg von hier bis zum Wert des aktinisch wirksamen Lichtstromes, je nach dem inneren Aufbau der Blitzlampe, verschieden rasch erfolgen kann, ist es sinnvoller, die Zündzeit gleich so festzulegen, daß sie auch eine eindeutige Aussage über den Zeitverzug zwischen Einschaltmoment und Beginn der Schwärzung macht. Selbstverständlich soll der so definierte Zeitwert auch meßtechnisch gut erfaßbar sein. Die aus der Erfahrung heraus gewonnene Erkenntnis, daß unter normalen Aufnahmebedingungen mindestens vom Beginn des halben Lichtstromhöchstwertes an eine auswertbare Schwärzung der Aufnahmeschicht erfolgt, legt es nahe, als Zündzeit die Zeit zwischen dem Einschaltmoment und dem halben Lichtstromhöchstwert im ansteigenden Teil der Lichtstromkurve festzusetzen (Abb. 1).

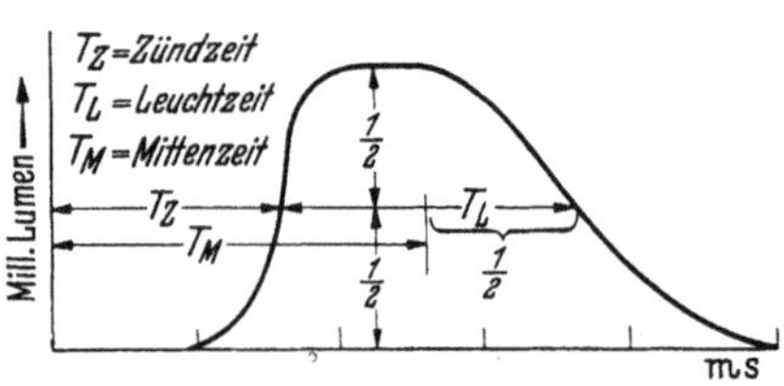

Abb. 1. Zeitwerte der Blitzlampen.

Der mögliche Einwand, daß dadurch bei Lampen verschiedener Helligkeit verschieden große Werte des Lichtstromes als Bezugspunkte genommen werden, ist nicht stichhaltig, da ja beim Übergang auf eine hellere oder schwächere Blitzlampe auch die übrigen Aufnahmebedingungen, Entfernung des Objektes, Blende usw. geändert werden. Damit ändert sich aber auch die Größe des den Schwärzungsbeginn verursachenden Mindestlichtstromes. Diese von Osram seit Ende 1949 festgelegte Zündzeit wurde inzwischen als Normwert allgemein eingeführt[5].

---

3 H. G. FRÜHLING und K. VOGL: Das Licht Bd. 7 (1937) H. 3, S. 39.

4 J. A. M. VAN LIEMPT und J. A. DE VRIEND: Physica Bd. 7 (1940) H. 3, S. 255.

5 Der Photomarkt (1951) H. 10, S. 6 und ähnliche Veröffentlichungen in anderen Fachzeitschriften (Beschluß des „Ausschusses für Blitzlichtphotographie" im Verband der Deutschen Photographischen Industrie e.V.).

Auch der Begriff der Leuchtdauer einer Blitzlampe wurde früher in verschiedener Form angewandt und hat erst in letzter Zeit eine einheitliche Regelung gefunden. Aus den oben erläuterten Gründen, wiederum in erster Linie im Hinblick auf die photographische Wirksamkeit der Blitzlampen, wird heute als „Leuchtzeit" der Zeitabschnitt bezeichnet vom Erreichen des halben Lichtstromhöchstwertes während des Anstieges der Lichtstromkurve bis zum Erreichen des halben Lichtstromhöchstwertes beim Abstieg dieser Kurve. Selbstverständlich wird diese Leuchtzeit nicht immer identisch sein mit der tatsächlichen Blitzdauer, welche sich aus der Schärfe eines mit Blitzlicht photographierten bewegten Objektes ergibt. Da aber Versuche, welche den verschiedenen praktisch vorkommenden Aufnahmemöglichkeiten entsprachen, gezeigt haben, daß die tatsächliche Blitzdauer sowohl größer, als auch kleiner als die oben festgelegte Leuchtzeit sein kann, wird eine allgemeingültige Definition der praktischen Blitzdauer unmöglich.

Die Angabe der sogenannten „Scheitelzeit" als Zeitdifferenz zwischen Zündmoment und Lichtstromhöchstwert, läßt nur bei symmetrischen Lichtstromkurven Rückschlüsse auf die Eigenart der Blitzlampe zu. Günstiger ist es auf jeden Fall, statt dieses Begriffes die „Mittenzeit" einzuführen und anzugeben. Diese setzt sich zusammen aus der Zündzeit plus halber Leuchtzeit und muß besonders bei der Synchronisation von Blitzlampen mit Schlitzverschlußkameras berücksichtigt werden, damit hier eine gleichmäßige Ausleuchtung des stufenweise belichteten Negativs möglich wird.

Da die Schwärzung einer photographischen Schicht von dem Produkt Beleuchtungsstärke mal Zeit abhängt, interessiert unter den lichttechnischen Angaben von Vacublitzen in erster Linie die auswertbare Lichtmenge. Die Angabe irgendeines Lichtstromwertes, z. B. dessen maximale Größe für sich allein, ist sinnlos und läßt keinen Rückschluß auf die Wirksamkeit der Lampe zu. Selbstverständlich darf der Verlauf des Lichtstromes während der gesamten Leuchtzeit nicht allzu große Schwankungen aufweisen, vernünftigerweise setzt man hier als untere Grenze den halben Maximalwert, da sonst bei bewegten Motiven Doppelkonturen auftreten können.

Bei der Messung der Lichtmenge bereitet die Wahl der anzuwendenden Maßeinheit eine gewisse Schwierigkeit. Der Kern dieses Problems liegt darin, daß einmal die spektrale Empfindlichkeit der photographischen Schichten erheblich von der Augenempfindlichkeitskurve, auf welche die Definition der Lumen bezogen wird, abweicht, zum anderen aber auch die photographischen Schichten untereinander in ihrer Farbenempfindlichkeit sehr stark variieren. Gerade diese Tatsache spricht gegen die Verwendung von besonderen „photographischen Lumen", zumal die genaue Messung auch hier auf erhebliche Schwierigkeiten stößt, ganz abgesehen davon, daß damit eine neue und durchaus überflüssige Lichteinheit eingeführt wird. Es ist deshalb durchaus angebracht, die Lichtwerte, analog zu den Messungen bei den anderen photographischen und normalen Lichtquellen, in den in der Photometrie üblichen Lumen durchzuführen. Auch bei der durch die Normvorschrift DIN 4512 festgelegten Bestimmung der Lichtempfindlichkeit von Negativmaterial für bildmäßige Aufnahmen wird von einer Normallichtquelle ausgegangen, deren Lichtwerte in den üblichen Einheiten gemessen werden. Leider sind aber noch nicht alle Blitzlampen-Hersteller auf diese Vereinheitlichung übergegangen, so daß die Angaben über die Lichtmengen der verschiedenen Blitzlampenfabrikate erheblich voneinander abweichen[6].

Soll nun an Hand der für eine Blitzlichtlampe in Lumensekunden gemessenen Lichtmenge die tatsächliche Schwärzungskraft dieser Lichtquelle auf eine be-

[6] G. D. Rieck und L. H. Verbeck: Philips Techn. Rdsch. Bd. 7 (1951), S. 189.

stimmte Aufnahmeschicht ermittelt werden, so ist der „Aktinitätsfaktor" dieser Lichtquelle, bezogen auf die zu untersuchende Schicht, festzustellen und damit der Lichtwert zu korrigieren. Untersuchungen über die Bestimmung und Festlegung der Aktinität verschiedener Lichtquellen wurden schon verschiedentlich durchgeführt[7, 8]. Für die heute allgemein üblichen panchromatischen Negativmaterialien kann man bei Vacublitzen einen Aktinitätsfaktor von rund 0,85 annehmen. Allerdings wird eine Korrektur dieser Art kaum für die Praxis erforderlich sein, da einmal der große Belichtungsspielraum der Negativschichten eine solche Berücksichtigung überflüssig macht und zum anderen der Photograph mit dem Lichtmengenwert sowieso nicht direkt operieren kann. Er wünscht vielmehr eine zuverlässige Angabe über Blendeneinstellung und Entfernung von Lichtquelle zu Objekt und benutzt die Lichtangaben bei Blitzlampen höchstens zu vergleichenden Beurteilungen verschiedener Lampengrößen.

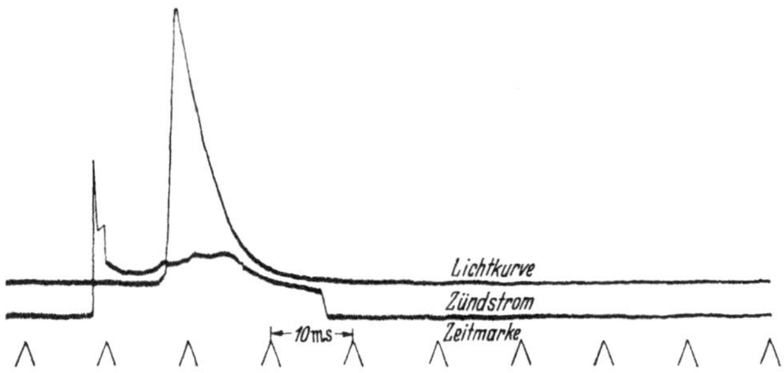

Abb. 2. Abbrennkurve Osram-Vacublitz F O.

Bezüglich der Meßtechnik zur Licht- und Zeitmessung von Blitzlampen ist es heute üblich, die Lichtabstrahlung dieser Lampen mit einer gefilterten Photozelle oder mit Hilfe eines entsprechenden, besonders trägheitsarmen Photoelementes in elektrische Stromimpulse umzuwandeln und diese dann mit einem Schleifen- oder Kathodenstrahl-Oszillographen zu registrieren (Abb. 2). Durch Integration der auf diese Weise erhaltenen Lichtstromkurve ergibt sich dann die abgestrahlte Gesamtlichtmenge.

2. Synchronisation von Vacublitzen.

Unter dieser heute sehr geläufigen Bezeichnung wird die gekuppelte Arbeitsweise von Kameraverschluß und Blitzauslösung verstanden, wobei beide Vorgänge so aufeinander abgestimmt sein sollen, daß die optimale Lichtabstrahlung der Blitzlampe mit der Verschlußöffnung zeitlich zusammenfällt. Diese gegenseitige Abstimmung kann auf zweierlei Arten durchgeführt werden. Ist die Öffnungszeit des Verschlusses größer als die Leuchtzeit der Blitzlampe, dann kann der Blitz irgendwann innerhalb der Öffnungsdauer des Verschlusses abbrennen. Im umgekehrten Falle (Leuchtzeit länger als Öffnungszeit) muß die Verschlußöffnung in den Zeitraum der Lichtabstrahlung hineingelegt werden. Beide Möglichkeiten, die heute auch praktisch nebeneinander angewendet werden, haben offensichtlich folgende Vor- und Nachteile: Bei der zuerst erwähnten Anordnung — der ganze Blitz brennt innerhalb der Verschlußöffnungszeit ab — ist die Belichtungszeit durch die Leuchtzeit der Blitzlampe fest bestimmt und kann nicht geändert werden. Dafür kommt aber stets die volle Lichtmenge der Blitzlampe zur Wirkung. Im zweiten Falle, wenn man die kürzere Verschlußöffnungszeit in die längere Leuchtzeit der Blitzlampe verlegt, entspricht die erzielte Belichtungszeit der tatsächlich eingestellten Verschlußzeit und kann, solange sie kürzer als die Leucht-

[7] O. REEB: Technisch-wissenschaftliche Abhandlungen der Osram-Gesellschaft Bd. 5 (1943), S. 207.
[8] Aktinität von Lichtquellen für bildmäßige photographische Aufnahmen DIN 4519.

zeit der Blitzlampe bleibt, den gegebenen Erfordernissen angepaßt werden. Dafür wird aber hier, besonders bei kurzen Verschlußzeiten, ein erheblicher Teil des Lichtes für die Aufnahme selbst verlorengehen und die Wirksamkeit der Blitzlampe mit kürzeren Verschlußzeiten immer mehr abnehmen.

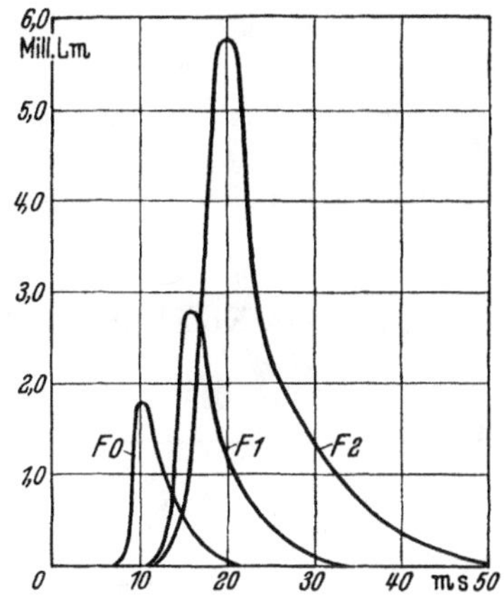

Abb. 3. Osram-Vacublitze X-Blitzlampen.

Wählt man bei der zuerst aufgezeigten Synchronisationsart die Öffnungszeit des Verschlusses so groß, daß in ihr auch noch die Zündzeit der Blitzlampe untergebracht werden kann, so ergibt sich eine besonders einfache technische Lösung. Verschlußöffnung und Blitzzündung können jetzt in gleichem Augenblick, d. h. durch einen einzigen Auslösevorgang, erfolgen. Diese Anordnung wird heute allgemein mit X-Synchronisation bezeichnet, die entsprechende Zündeinrichtung im Verschluß mit X-Kontakt. Damit aber auch in diesem Falle möglichst kurze Belichtungszeiten erreicht werden können und die Öffnungszeit nicht zu groß gewählt werden muß, wurden hierfür besondere X-Blitzlampen entwickelt, die Osram-Vacublitze F0, F1 und F2 (Abb. 3). Charakteristische Eigenschaften dieser Vacublitze sind sehr kurze Zünd- und Leuchtzeiten, welche es ermöglichen, auch bei Verschlußzeiten von $^1/_{25}$ sec noch bewegte Objekte ohne störende Unschärfe aufzunehmen. Bei dem Vacublitz F0 und X-Synchronisation kann sogar die Verschlußzeit auf $^1/_{50}$ sec verkürzt werden, während die tatsächliche Belichtungszeit nur rund $^1/_{200}$ sec beträgt.

Abb. 4. Vacublitz Type X P.

Zu dieser Serie der X-Blitzlampen gehören auch die beiden neuen OSRAM-Typen X P (Abb. 4) und X O, die nach einem neuartigen vereinfachten Prinzip hergestellt werden und deshalb besonders preisgünstig sind. Beide Blitzlampen haben einen röhrenförmigen Kolben und können bei einer Leuchtzeit von $^1/_{250}$ bzw. $^1/_{200}$ sec. mit einer Verschlußzeit von $^1/_{50}$ sec. synchronisiert werden. Die Gesamtlichtmenge von X P (X-Blitz „Piccolo") beträgt 5500 lmsec, diejenige von XO 10000 lmsec.

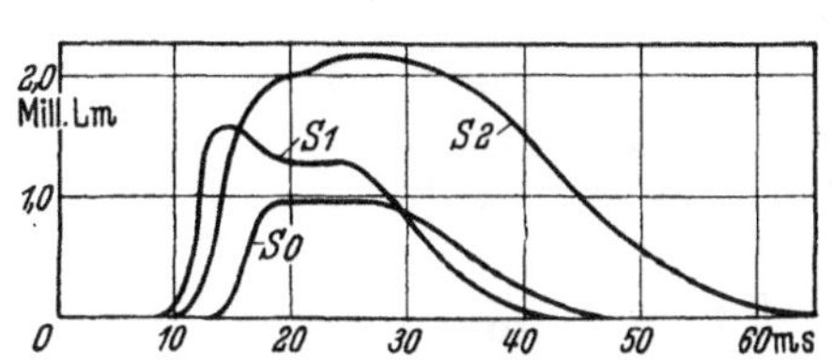

Abb. 5. Osram-Vacublitze M-Blitzlampen.

Die oben skizzierte zweite Möglichkeit der Synchronisation, bei welcher der Verschluß einen Teil des Blitzlampenlichtes herausschneidet, verlangt, daß die Blitzlampe vor der Öffnung des Verschlusses gezündet wird. Bei dieser „M-Synchronisation" sind dann Blitzlampen mit längerer Leuchtzeit wünschenswert, damit möglichst viele verschiedene Belichtungszeiten benutzt werden können. Solche M-Blitzlampen stehen in den Osram-Vacublitzen der S-Serie zur Verfügung (Abb. 5). Hierbei muß allerdings folgende Schwierigkeit besonders berücksichtigt werden:

Alle Blitzlampen streuen auch innerhalb einer einzelnen Type etwas in ihren Zündzeiten. Die Ursache hierfür liegt neben den fertigungstechnisch bedingten

Toleranzen im Aufbau des Zündmechanismus, vor allem in der unterschiedlich hohen Spannung und Stromkapazität der Zündbatterie. Auch die Dauer der Kontaktgabe und das Prellen der Kontakte sind von gewissem Einfluß auf die Zündung, insbesondere bei verhältnismäßig schwachen Batterien. Abb. 6 zeigt z. B. die Vergrößerung der Zündzeiten in Abhängigkeit vom Zündstrom bei einer Kontaktgabe von 20 msec. Berücksichtigt man diese Streuungen der Zünd- und Leuchtzeiten, so lassen sich als notwendige Voraussetzung für eine richtige M-Synchronisation folgende Bedingungen für die möglichen Extremwerte der Zünd- und Leuchtzeiten aufstellen:

$$T_{Z\,\max} < (T_Z + T_L)_{\min}\,, \tag{1}$$

d. h. bei einem Kollektiv von Blitzlampen muß ein gemeinsamer Zeitbereich vorhanden sein, in welchem alle Blitzlampen wenigstens einen Teil ihres Lichtes abstrahlen, damit dann die Verschlußöffnung mit Erfolg in diesen Zeitraum gelegt werden kann (Abb. 7). Von dieser gemeinsamen Leuchtzeit wird man bei guten M-Blitzlampen und normalen Zünd-

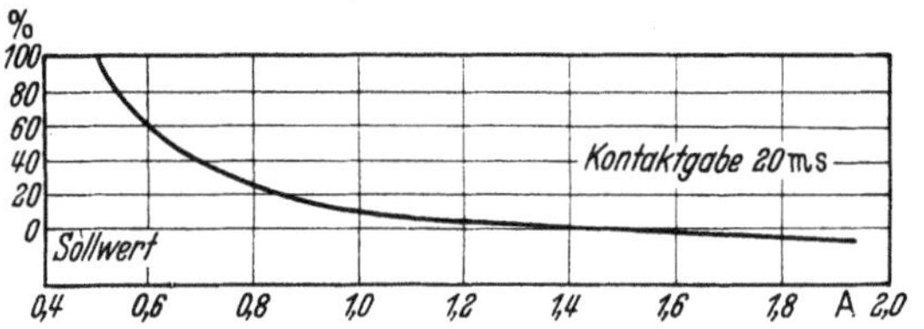

Abb. 6. Abhängigkeit der Zündzeit vom Zündstrom.

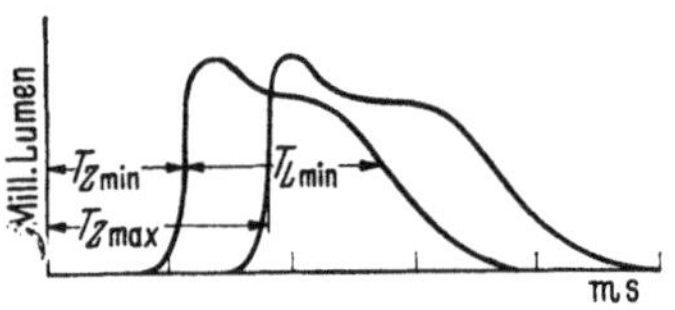

Abb. 7.
Grenzwerte der Zünd- und Leuchtzeit.
$T_{z\,\min}$ = minimale Zündzeit,
$T_{L\,\min}$ = minimale Leuchtzeit,
$T_{z\,\max}$ = maximale Zündzeit.

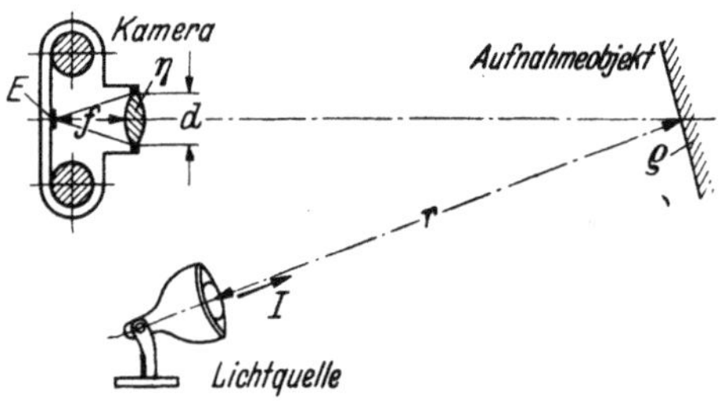

Abb. 8. Versuchsanordnung zur Ermittelung der Belichtungsangaben.

verhältnissen eine gewisse Mindestdauer verlangen können, die auf Grund praktischer Erfahrungen ungefähr der halben Normal-Leuchtzeit entspricht:

$$(T_Z + T_L)_{\min} - T_{Z\,\max} \geqq \frac{T_L}{2}\,. \tag{2}$$

Wird diese Bedingung erfüllt, so können bei richtiger M-Synchronisation alle Belichtungszeiten von der Zeitdauer der halben Leuchtzeit an und kürzer mit Sicherheit gleichmäßig ausgeleuchtet werden.

3. Belichtungsangaben.

Eine einfache Methode zur Ermittlung der richtigen Blendeneinstellung F und der Wahl der Entfernung Kunstlichtquelle — Aufnahmeobjekt r läßt sich durch folgende Überlegung finden. Mit der in Abb. 8 skizzierten Anordnung Lichtquelle-Aufnahmeobjekt-Kamera gilt auf Grund photometrischer Gesetze für die Beleuchtungstärke auf der photographischen Schicht

$$E = \frac{\eta\,\varrho}{4\,f^2}\,\frac{d^2}{r^2}\,I\,.^{*}$$

* Vgl. auch G. Nidetzky: VDI-Zeitschrift Bd. 82 (1938), S. 451.

Hierin bedeuten:

η = Wirkungsgrad des Objektivs
ϱ = Reflexionsgrad des Aufnahmeobjektes
f = Brennweite des Objektivs in cm
d = Blendendurchmesser in cm
r = Abstand Lichtquelle-Aufnahmeobjekt in m
I = Lichtstärke der Lichtquelle in cd.

Das Verhältnis von Brennweite zu Blendendurchmesser ist die Blendenzahl $F = f/d$. Ferner ist bei Blitzlichtlampen mit der Lichtmenge Q [lms] in einem Reflektor mit dem Verstärkungsfaktor R

$$I\,t = \frac{Q\,R}{4\pi}.$$

Für die Belichtung ergibt sich demnach

$$H = E\,t = \frac{\eta\,\varrho\,Q\,R}{16\pi}\left(\frac{1}{r\,F}\right)^2 \text{ [lxs]}.$$

Sind also bei Kunstlichtaufnahmen Lichtquelle, Reflektor, Kamera und Reflexionseigenschaften des Aufnahmeobjektes gegeben, so wird stets dann gleiche Schwärzung erzielt, wenn das Produkt $r \cdot F$ konstant bleibt. Dieses Produkt wird als Leitzahl Z bezeichnet:

$$Z = r\,F = 0{,}141\sqrt{\frac{\eta\,\varrho\,Q\,R}{H}}.$$

Die Größen ϱ und H stehen in einer bestimmten Beziehung zueinander. Man setzt hierfür am besten gewisse untere Grenzwerte ein, die für normale Blitzlichtaufnahmen in Frage kommen. Wird z. B. verlangt, daß bei einem $^{17}/_{10}{}^\circ$ DIN-Film ein dunkler Teil des Aufnahmeobjektes ($\varrho = 0{,}05$) noch eine gut erkennbare Schwärzung ergibt, so ist hierfür erfahrungsgemäß eine Belichtung von ungefähr 0,02 lxs erforderlich[9]. Durch Einsetzen dieser Werte sowie des Erfahrungswertes $\eta = 0{,}7$ erhält man als Leitzahlformel für einen $^{17}/_{10}{}^\circ$ DIN-Film bei normaler Entwicklung

$$Z = rF = 0{,}187\sqrt{Q\,R}.$$

Dem Benutzer werden auf Grund von Lichtmengen- und Reflektormessungen Z-Werte an die Hand gegeben. Mit diesen kann er die Blendenzahl F mit dem Abstand r Lichtquelle-Aufnahmeobjekt kombinieren. Umfangreiche Testaufnahmen haben die Zuverlässigkeit und die hinreichende Genauigkeit dieser Formel erwiesen.

4. Blaue Vacublitze.

Die spektrale Lichtzusammensetzung von Verbrennungsblitzlichtlampen entspricht einem Temperaturstrahler mit einer Farbtemperatur von ungefähr 4000° K. Genaue Messungen ergeben allerdings in der spektralen Lichtverteilung gewisse Abweichungen von der eines schwarzen Strahlers, was auf die verschiedenen Emissionsbanden des leuchtenden, gasförmigen Verbrennungsproduktes zurückgeführt wird[10]. Für farbgetreue Aufnahmen mit Tageslicht-

---

[9] F. Ernst, O. H. Knoll und R. G. Weigel: Licht Bd. 14 (1944) H. 5/6, S. 57.
[10] F. G. Brockmann: J. Opt. Soc. Amer. Bd. 37 (1947), S. 652.

Farbfilmmaterial sind also Blitzlampen wegen ihres zu hohen Rotanteiles nicht ohne weiteres geeignet. Es besteht aber ein großes Interesse an der Verwendung von Vacublitzen für Tageslichtfarbfilme, einmal, um dadurch das Wechseln des Farbfilms zu ersparen, zum anderen aber besonders dann, wenn der Vacublitz als Zusatzlichtquelle zur Aufhellung von normalen Tageslichtaufnahmen dienen soll. Durch eine entsprechende Filterung, in Form eines farbigen Lacküberzuges, läßt sich die Lichtzusammensetzung der Vacublitze dem mittleren Tageslicht ziemlich weitgehend anpassen.

Bei der Auswahl der betreffenden Filterfarbstoffe, es handelt sich in diesem Falle hauptsächlich um blaue Farbkomponenten, spielt die Frage einer geeigneten Meßmethode eine wichtige Rolle, besonders wenn durch laufende Fertigungskontrollen die Gleichmäßigkeit der Filterschicht geprüft werden soll. Die genauesten Meßresultate lassen sich sicherlich durch spektrographische Ausmessung der gefilterten Lichtstrahlung erzielen. Diese Methode stößt aber auf einige meßtechnische Schwierigkeiten und bedingt umfangreiche Meßeinrichtungen, eignet sich also nicht für laufende Fertigungskontrollen. Nun wäre es auch

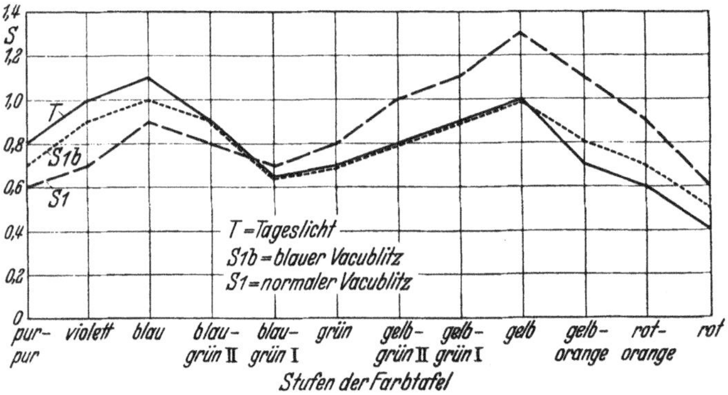

Abb. 9. Schwärzungsstufen einer Farbentafel bei verschiedener Beleuchtung.

naheliegend, mit den Blitzlampen auf Farbnegativen Aufnahmen zu machen und an Hand der Farbwiedergabe die Brauchbarkeit der gefärbten Blitzlampen zu prüfen. Hier würden aber unbekannte Schwankungen in der spektralen Empfindlichkeit der Filmschicht und des Kopierpapieres neue Fehlermöglichkeiten in sich bergen und unter Umständen zu falschen Ergebnissen führen. Hinzu kommt noch, daß eine solche Prüfung umständlich und zeitraubend ist, so daß es also auch hier kaum möglich wäre, schnelle und eindeutige Prüfungsergebnisse zu erzielen.

In der Praxis hat sich folgende Untersuchungsmethode am besten bewährt, die zwar auch mit gewissen kleineren Fehlern behaftet ist, aber trotzdem sehr schnell einen guten Überblick über die Brauchbarkeit der Filterschicht gibt: Man photographiert eine gut unterteilte Farbstufentafel auf panchromatisches oder orthopanchromatisches Filmmaterial, einmal bei normalem Tageslicht (Sonnenlicht mit teilweise bedecktem Himmel) und anschließend mit der blauen Blitzlampe. Durch photometrische Ausmessung und Vergleich der verschiedenen Schwärzungen der einzelnen Farbstufen läßt sich dann ohne weiteres feststellen, bis zu welchem Grad das gefilterte Kunstlicht den gewünschten Tageslichtwerten nahekommt. Abb. 9 zeigt die auf diese Weise ermittelten Schwärzungskurven bei Aufnahmen mit einem normalen Vacublitz, einem blaugefärbten Vacublitz und mit Tageslicht. Wie man sieht, ist die Übereinstimmung zwischen den beiden letzteren sehr befriedigend, was auch durch direkte Farbaufnahmen mit blauen Osram-Vacublitzen vielfach bestätigt wurde.

Modellmäßige Untersuchung der Strahlungseigenschaften von Wendeln und Zylindern[1].

Von

H.-J. Helwig.

Mit 2 Abbildungen.

Voraussagen über die Strahlungseigenschaften von Körpern komplizierter Form lassen sich erfahrungsgemäß nur schwer treffen. Genauere Berechnungen erfordern einen erheblichen Aufwand, und praktische Versuche sind meist mit beträchtlichen Kosten verbunden.

Es wurde daher versucht, durch Absorptionsmessungen an Modellen verschiedener Form Aussagen über deren Emissionseigenschaften zu gewinnen. Hierzu ließ sich die sonst als nachteilig empfundene Fremdkörperwirkung der in die Ulbrichtsche Kugel gebrachten Gegenstände vorteilhaft ausnutzen. Bekanntlich bewirkt ein Körper, der in eine irgendwie aufgehellte Kugel eingebracht wird, infolge Absorbierens eines gewissen Betrages des auf ihn fallenden Lichtes ein Absinken der Beleuchtungsstärke an der Meßöffnung. Dabei bestimmen — unter allräumlicher Bewertung — die Größe der absorbierenden „Fremdkörper“-Oberfläche sowie deren Absorptionsgrad das Ausmaß der Beleuchtungsstärkeänderung. Aus der bei leerer und beschickter Kugel gemessenen Änderung der Beleuchtungsstärke muß sich mithin ein Rückschluß auf die Gesamtabsorption und damit auf die Gesamtemission des betreffenden Körpers ziehen lassen.

Die erforderliche Meßanordnung unterscheidet sich in nichts von einer betriebsmäßigen Ulbrichtschen Kugel nach DIN 5032. Für die Ausleuchtung sorgt die unter konstanten Bedingungen brennende Hilfslampe. Der Gang der Messungen ist zweckmäßig folgender:

1. Zu messender Körper (x) eingebracht, Photometermessung ergibt E_x.

2. Zu messender Körper entfernt, sonst gegen 1. nichts verändert. Photometermessung ergibt E_2.

3. und 4. Messung erfolgt in gleicher Weise wie 1. und 2. mit einer Eichprobe und liefert E_e bzw. E_1.

Bedeuten A_x und A_e die Werte für die Gesamtabsorption des zu messenden Prüflings bzw. der Eichprobe, so gilt[2]:

$$\frac{A_x}{A_e} = \frac{E_2 - E_x}{E_1 - E_e} \, \frac{E_1}{E_2} \, \frac{E_e}{E_x}$$

oder mit Benutzung der Eichkonstanten c

$$A_x = \left(\frac{1}{E_x} - \frac{1}{E_2}\right) c.$$

Die gesuchte Gesamtabsorption läßt sich also bei bekannter Eichkonstante ausschließlich durch gemessene Beleuchtungsstärken bestimmen.

Zur Erhöhung der Meßgenauigkeit verwendet man wegen der manchmal geringen Unterschiede der Beleuchtungsstärken zweckmäßig eine kombinierte Direkt- und Kompensationsschaltung, mit der sich einerseits die Absolutwerte E_2, E_1, E_x,

[1] Auszug aus der in der Zeitschrift „Das Licht“ Bd. 8 (1938) S. 147 erschienenen Arbeit.
[2] H.-J. Helwig u. M. Pirani: „Das Licht“ Bd. 4 (1934) S. 157.

E_e und andererseits die Differenzen $E_2 - E_x$ und $E_1 - E_e$ mit erhöhter Genauigkeit messen lassen.

Bei der Untersuchung wendelförmiger Körper, die einer Berechnung besonders schwer zugänglich, andererseits aber für die Glühlampentechnik von großem Interesse sind, wurde aus 150 Modellen mit verschiedenen Steigungsfaktoren (1 bis 4) und Kernfaktoren (2 bis 14,6) die in Abb. 1 gezeigte Abhängigkeit erhalten, die von der Änderung des Kernfaktors praktisch nicht beeinflußt wurde. Diese Ergebnisse, die besagen, daß eine Wendel mit größerer Steigung stärker absorbiert und daher im Falle des Selbstleuchtens also einen größeren Lichtstrom abgibt, gelten entsprechend der Versuchsausführung für den Fall, daß sich sämtliche Prüflinge auf gleicher Temperatur befinden.

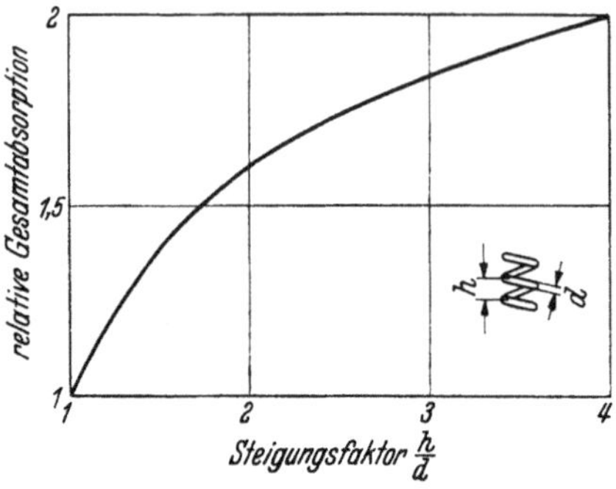

Abb. 1. Mittlere relative Gesamtabsorption von 150 Wendelmodellen in Abhängigkeit vom Steigungsfaktor.

Rechnet man auf gleiche Leistungsaufnahme der Wendeln um, was für die Herstellung bestimmter Lampentypen in erster Linie interessiert, so erhält man die in Abb. 2 dargestellte Abhängigkeit. Die gleichzeitig eingezeichneten Punkte sind Meßergebnisse von entsprechend ausgeführten Vakuumglühlampen. Die Übereinstimmung zwischen den Modell- und Lampenversuchen muß in Anbetracht des lediglich orientierenden Charakters der vorliegenden Messungen über die Brauchbarkeit der Modell-Meßmethode als zufriedenstellend bezeichnet werden.

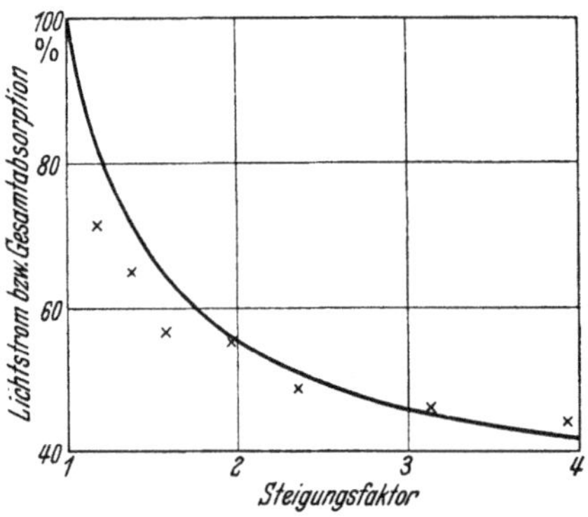

Abb. 2. Auf gleiche Leistungsaufnahme umgerechnete Modellkurve aus Abb. 1 mit Lichtstrommeßpunkten von Vakuumwendellampen gleicher Leistungsaufnahme in Abhängigkeit vom Steigungsfaktor (Drahtlänge und -durchmesser konstant).

Im übrigen stimmen die hierbei gemachten Beobachtungen mit den praktischen Erfahrungen gut überein. Der qualitätsbestimmende Einfluß des Steigungsfaktors ist in der Glühlampentechnik seit langem ebenso bekannt wie der Umstand, daß der Kernfaktor hierbei keine nennenswerte Rolle spielt.

Messungen an zylindrischen Körpern (Vollzylinder und Hohlzylinder) standen gleichfalls in Einklang mit den zu erwartenden Ergebnissen.

Neue Standard-Glühlampe[1].

Von

H.-J. HELWIG.

Mit 2 Abbildungen.

Von photometrischen und pyrometrischen Standard-Glühlampen, die für Licht- bzw. Strahlstärkeneichungen geeignet sein sollen, wird gefordert, daß die Strahlung von einer eindeutig definierten Ebene ausgeht und bei gleichbleibenden elektrischen Betriebsdaten über lange Zeit möglichst konstant bleibt. Neuerdings wird

[1] Abdruck der in Lichttechn. Bd. 1 (1949) S. 110 erschienenen Arbeit.

zusätzlich gefordert, daß solche Lampen Eichmessungen 1. mit helladaptiertem Auge und 2. bei hohen Farbtemperaturen (z. B. 2850° K) gestatten. Die bisher gebräuchlichen Standard-Glühlampen erfüllen die letztgenannten Forderungen nicht immer, so daß die Entwicklung einer neuen Lampentype geboten erschien.

Bezüglich der Helladaptation verlangt man eine Mindestleuchtdichte des Photometerfeldes von rd. 20 asb und damit eine bestimmte Mindestbeleuchtungsstärke an der Photometerauffangfläche. Die Größe dieser Beleuchtungsstärke richtet sich außer nach der genannten Mindestleuchtdichte noch nach dem Lichtverlust in dem verwendeten Photometer. Hierfür kann man ungefähr 50% ansetzen. Demnach soll am Photometer mindestens eine Beleuchtungsstärke von rd. 40 lx herrschen. Nun hängt die mit einer Lampe am Photometer erzielbare Beleuchtungsstärke von der Lichtstärke der Lampe und vom Abstand Lampe—Photometer ab. Will man die Meßgenauigkeit nicht gefährden, so muß dieser Abstand hinreichend groß sein. Dies wird bekanntlich mit Sicherheit, nämlich mit einem möglichen Fehler von weniger als 0,2%, dann erreicht, wenn die Entfernung vom Leuchtkörper bis zur Photometerauffangfläche das 12fache (oder mehr) der größten linearen Abmessung des Leuchtkörpers beträgt. (Die Photometerauffangfläche ist dabei, den meist vorkommenden Fällen entsprechend, kleiner als die Leuchtkörperfläche angenommen; andernfalls wäre die größte lineare Abmessung der ersteren in Rechnung zu stellen.) Wenn I die Lichtstärke der Lampe, a die größte Längenabmessung des Leuchtkörpers (Breite, Höhe oder Diagonale) und E die Beleuchtungsstärke an der Photometerauffangfläche bedeuten, wird mit Rücksicht auf die vorgenannte Entfernungsregel die größte erlaubte Beleuchtungsstärke bestimmt durch

$$E_{\max} = \frac{I}{(12\mathrm{a})^2},$$

wobei senkrechter Lichteinfall angenommen ist. Es lassen sich mithin um so größere Beleuchtungsstärken E_{max} erzielen, je größer die Lichtstärke und je kleiner der Leuchtkörper ist. An Farbtemperaturen interessieren: 2042° K (Eichtemperatur für die Neue Kerze [Candela]), 2360° K (Vakuum-Glühlampen 2300 bis 2500° K), 2850° K (gasgefüllte Glühlampen 2600 bis 2900, in Sonderfällen bis 3400° K; Normalbeleuchtung A gemäß DIN 5033).

Bei 2850° K ist mit Vakuumlampen, als welche bisher photometrische Normallampen ausgeführt wurden, ein zufriedenstellender Betrieb wegen der starken Verdampfung des Wolframs nicht möglich. Es mußte daher eine Gasfüllungslampe mit einem Leuchtkörper aus glattem Draht entwickelt werden. Hierbei war ein Abgehen von dem bisherigen Leuchtkörper mit langen Drahtschenkeln unerläßlich, um eine flackerfreie Lichtemission zu erzielen. Ein Verkürzen der Drahtschenkel, also der Leuchtkörperhöhe, kam zudem der oben diskutierten Forderung bezüglich des Messens bei Helladaptation entgegen.

Alle angeführten Gesichtspunkte sind in der neuen, in enger Zusammenarbeit mit dem „Deutschen Amt für Maß und Gewicht" und der „Physikalisch-Technischen Anstalt" entwickelten Osram-Lampe Wi 40, die in Abb. 1 dargestellt ist, berücksichtigt. Der aus glattem Draht gebildete Leuchtkörper ist in einer ebenen Fläche von 18×17 mm untergebracht. Reflexe innerhalb dieser Fläche sind durch den konischen Kolben vermieden. Wegen seiner verhältnismäßig kleinen Abmessungen ist die Konvektion des Füllgases in der Nähe des Leuchtkörpers praktisch gleichmäßig, so daß keine Flackererscheinungen auftreten. Die Reflexe an der Kolbenkuppe sowie am zylindrischen Kolbenhals können durch passende Blenden, die man vor die Lampe setzt, verdeckt werden. Für Lichtstärke-Präzisionsmessungen hat sich die Abblendung durch eine fest an dem Kolben angebrachte schwarze Abdeckschicht als nützlich erwiesen. Eine solche Lampe zeigt Abb. 2.

Die Betriebsdaten der Lampe Wi 40 bei den drei wichtigen Farbtemperaturen und die zugehörigen E_{max}-Werte sind nachfolgend zusammengestellt.

Farbtemperatur °K	Spannung etwa Volt	Strom etwa Amp.	Lichtstärke etwa *cd*	E_{max} etwa *lx*
2042,5	13,5	4	6	68
2360	19	4,8	35	400
2850	30	6	250	2800

Diese Lampe gestattet also selbst bei 2042,5° K noch, helladaptiert zu messen. Für 2360° K ist sie so bemessen, daß sie für das DIN-Sensitometer verwendet

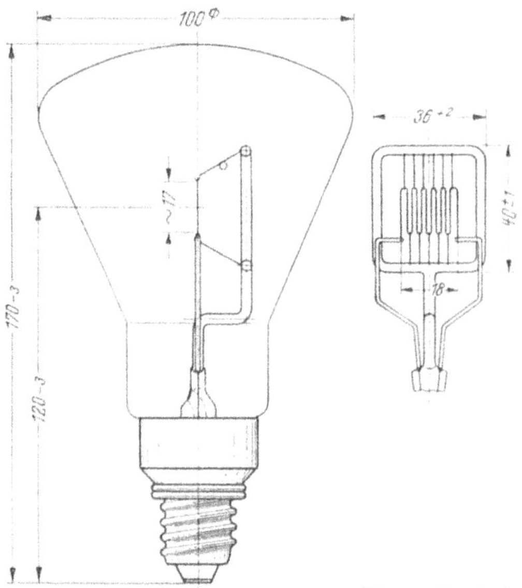

Abb. 1. Maßskizze. Die neue Standard-Glühlampe Wi 40.

Abb. 2. Ansicht.

werden kann, da die auf rd. 40 HK (= 35 *cd*) lautende Norm-Bedingung erfüllt wird. (Das DIN-Sensitometer gestattet eine Abstandseinstellung zwischen 87 und 114 cm, so daß die Lichtstärke der Lampe im Bereich von 27 bis 45 cd liegen muß.) Die Lebensdauer beträgt bei 2850° K mehr als 1000 Stunden, so daß eine Strahlungskonstanz über lange Zeit gewährleistet wird.

Abschließend sei bemerkt, daß die beschriebene Standardlampe auch zu den zwischenstaatlichen Vergleichsmessungen herangezogen wird, die gegenwärtig vom Bureau International des Poids et Mesures in die Wege geleitet sind[2]. Auch als Lichtstromnormal dürfte die Lampe Wi 40, die nötigenfalls mit einem das Licht streuenden Kolben versehen werden kann, geeignet sein.

[2] S. a. R. Bünnagel, M. Schmidt: Lichttechnik Bd. 3 (1951) S. 82—83.

Die Feldtheorie in der Lichttechnik (Einführung)[1]

Von

H.-J. HELWIG.

Mit 18 Abbildungen.

In der Lichttechnik hat man es ebenso wie in der Elektrotechnik mit Räumen zu tun, die von elektromagnetischen Wellen durchsetzt sind. Mithin ist zu erwarten, daß sich in Analogie zur Theorie des elektrischen Feldes eine auf die Lichttechnik abgestimmte Theorie des Lichtfeldes aufstellen läßt.

Skalare Lichtfeldgrößen.

Die skalaren Lichtfeldgrößen kann man in solche unterteilen, die außer vom Ort auch in jedem Punkt von der betrachteten Richtung, und solche, die nur vom Ort abhängig sind. Zu den vom Ort und der Beobachtungsrichtung abhängigen Größen gehören die Leuchtdichte und die Beleuchtungsstärke. Die Gesamtheit ihrer möglichen Werte liefert den Leuchtdichte- bzw. den Beleuchtungsstärke-Verteilungskörper. Die von W. ARNDT eingeführte „Raumhelligkeit" dagegen ist eine reine Ortsfunktion, und zwar stellt sie ein Maß für den Mittelwert sämtlicher in einem Punkt des Lichtfeldes für alle möglichen Einstrahlungsrichtungen auftretenden, ebenen Beleuchtungsstärken dar. Sie gibt gleichsam die Sättigung des Lichtes an dem betrachteten Punkt an. Gleichzeitig ist die Raumhelligkeit, wie sich zeigen wird, auch ein Maß für die mittlere räumliche Leuchtdichte an dieser Stelle. (In diesem Zusammenhang wird der Hinweis interessieren, daß der Beleuchtungsvektor ebenso wie die Raumhelligkeit eine reine Ortsfunktion ist und die in den verschiedenen Raumpunkten vorherrschende Lichtrichtung mit angibt.)

Man stelle sich nun einen beliebigen Raum vor, in dem sich irgendwie verteilt Licht ausbreitet, und betrachte einen Punkt P dieses Raumes. Ein den Punkt P enthaltendes Flächenelement df, das seinerseits die Lichtausbreitung nicht beeinflussen soll, wird von einem Lichtstrombetrag durchsetzt, der sich aus vielen richtungsbedingten Elementarbeträgen zusammensetzt. Durch einen gegen die Flächennormale n um den Winkel i geneigten kleinen Raumwinkel $d\omega$ (Abb. 1) fällt gemäß dem photometrischen Grundgesetz auf df der Lichtstrom $d^2\Phi = B \cos i \; d\omega \; df$.

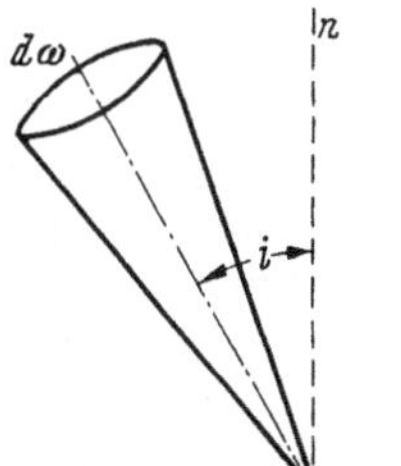

Abb. 1.

Hierin bedeutet B die Leuchtdichte des betrachteten Strahlenbündels im Punkt P, oder anders ausgedrückt, die von P aus in Richtung i (gegen die Normale n) gesehene Leuchtdichte. Für den senkrecht ($i = 0$) auf df, also in Richtung der Flächennormalen auftreffenden Lichtstrom gilt

$$d^2\Phi_\perp = B \, d\omega \, df \, .$$

Hieraus ergibt sich die „Normalbeleuchtungsstärke" an df zu

$$dE_\perp = \frac{d^2\Phi_\perp}{df} = B \, d\omega \, .$$

[1] Gekürzter Abdruck der in der Zeitschrift „Lichttechnik" Bd. 2 (1950) S. 14 erschienenen Arbeit.

Danach kann die an einem beliebigen Ort des Lichtfeldes für eine bestimmte Beobachtungsrichtung vorhandene „Ortsleuchtdichte" ausgedrückt werden durch

$$B = \frac{dE_\perp}{d\omega}.$$

Diese Ortsleuchtdichte ergibt sich also einfach aus dem Quotienten der Normalbeleuchtungsstärke und dem durchstrahlten Raumwinkel. Sie kann z. B. mit einem Photoelement gemessen werden, vor das ein den Raumwinkel festlegender Tubus m gesetzt ist, wie in Abb. 2 gezeigt. Der Photostrom ist dann dem Mittelwert der innerhalb des Raumwinkels ω vorhandenen Leuchtdichte proportional.

Vom Punkt P aus werde eine so große Anzahl von Raumwinkelelementen errichtet, die alle aneinander anschließen, daß sie den ganzen Raum füllen. Die Leuchtdichte wird i. A. eine Funktion von der Lage des Punktes P sowie auch von der durch $d\omega$ gegebenen Richtung sein. Die Werte der Normalbeleuchtungsstärke $dE_\perp$ hängen darüber hinaus noch von der vorgenommenen willkürlichen Unterteilung des Raumes ab, denn die Raumwinkel $d\omega$ können i. A. verschieden groß und von verschiedener Gestalt sein; bei lückenloser Aufteilung eines Raumes wird $d\omega$ bekanntlich durch Teile eines Kugelzweiecks (Apfelsinenscheibe) bestimmt. Für die Leuchtdichte dagegen entfällt die Abhängigkeit von der ursprünglichen Unterteilung, da die Werte von B auf den jeweiligen Raumwinkel bezogen werden. Die Gesamtheit aller Orts-Leuchtdichtewerte bestimmt daher die Struktur des Lichtfeldes im Punkt P vollständig. Für die Beleuchtungsstärke trifft dies nicht zu, worauf später noch eingegangen wird.

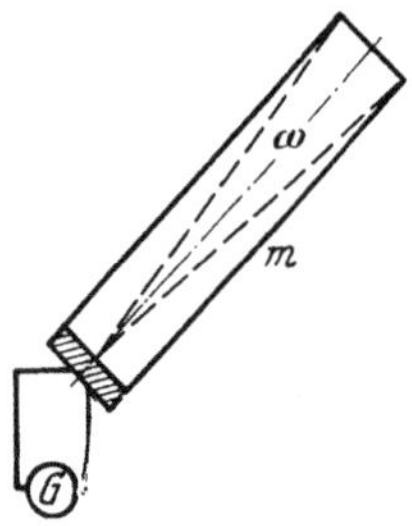

Abb. 2.

Wird vom Punkt P aus in jeder Richtung eine Strecke dem zugehörigen Leuchtdichtewert entsprechend aufgetragen, so bilden die Enden dieser Strecken eine geschlossene Oberfläche, die den sogenannten Leuchtdichteverteilungskörper umschließt. Für vollkommen diffuses Licht mit konstanter Leuchtdichte aus allen Raumrichtungen ist der Leuchtdichteverteilungskörper eine Kugel mit dem Mittelpunkt in P. Für ein paralleles Lichtbündel, bei dem die Leuchtdichte in allen Richtungen mit Ausnahme einer Null ist, schrumpft der Leuchtdichteverteilungskörper zu einer Linie in Richtung dieses Lichtbündels zusammen. Zwischen diesen Grenzfällen liegen die in praxi vorkommenden Formen des Leuchtdichteverteilungskörpers. Dieser ist für die Lichttechnik von größter Bedeutung, denn je nach den Werten der Leuchtdichte in den verschiedenen Richtungen bewertet das im Punkt P befindliche Auge die Beleuchtung eines Raumes als gut oder schlecht, indem es die absolute Höhe der „Helligkeit", die Gleichmäßigkeit, die Schattigkeit sowie das Vorhandensein oder Fehlen von Blendung beurteilt.

Kennt man den das Lichtfeld an einem Punkt vollständig beschreibenden Leuchtdichteverteilungskörper, so kann die Beleuchtungsstärke für ein diesen Punkt enthaltendes, beliebig orientiertes Flächenelement berechnet werden. Nach früherem gilt für eine gegen die Flächennormale geneigte Einfallsrichtung i allgemein $dE = \cos i \, dE_\perp$.

Für das aus dem gesamten Halbraum über der Fläche kommende Licht ist

$$E = \int_{2\pi} \cos i \, dE_\perp = \int_{2\pi} B \cos i \, d\omega .$$

Dreht man das Flächenelement um P in der Weise, daß seine Flächennormale alle möglichen Lagen im Raum einnimmt, und markiert jeweils den Wert der

Beleuchtungsstärke auf der Normalen des beleuchteten Flächenelements, so erhält man den Beleuchtungsstärkeverteilungskörper, wie ihn LINGENFELSER vorgeschlagen hat. Er gestattet also, alle möglichen Veränderungen der Beleuchtungsstärke bei Drehung eines Flächenelementes zu ermitteln, und kann daher zur Bewertung der qualitativen Eigenschaften einer Beleuchtung, wie der Diffusität und der Schattigkeit herangezogen werden.

Einige Beispiele für Beleuchtungsstärkeverteilungskörper mögen folgen. Handelt es sich um eine einzelne punktförmige Lichtquelle (Abb. 3), so ist die Beleuchtungsstärke an einem im Punkt P liegenden Flächenelement $E = \cos i\, E_{\perp}$. Die Normalbeleuchtungsstärke $E_{\perp}$ liegt vor, wenn die Flächennormale mit der Verbindungslinie Lichtquelle L — Punkt P zusammenfällt. Der geometrische Ort der die Beleuchtungsstärken darstellenden Strecken ist also eine Kugel mit dem Durchmesser $E_{\perp}$. Der Beleuchtungsstärkeverteilungskörper ist eine Kugel, die diejenige Ebene tangiert, die senkrecht zum Lichteinfall liegt. Auf der anderen Seite dieser Ebene ist die Beleuchtungsstärke Null. Liegen zwei punktförmige Lichtquellen vor, so sind die zu jeder Lichtquelle gehörigen Verteilungskörper dergestalt zu superponieren, daß man die in gleichen Richtungen liegenden Strecken addiert. In diesem Fall wird, wie Abb. 4 zeigt, der Beleuchtungsstärkeverteilungskörper durch drei Kugeloberflächen begrenzt. — Bei der natürlichen Beleuchtung kann man die Sonne als punktförmige Lichtquelle und den Himmel in freier Umgebung als eine Halbkugel mit konstanter Leuchtdichte ansehen. Als Schnitt des Beleuchtungsstärkeverteilungskörpers durch eine senkrechte Ebene, die durch Sonne und Beobachtungsort geht, erhält man Abb. 5. Die Einzelverteilungen sind schwach, die durch Superposition erhaltene resultierende Verteilung ist stark ausgezogen. Bezüglich der gestrichelt ergänzten Parallelogramme ist auf spätere Ausführungen zu verweisen. Der Beleuchtungsstärkeverteilungskörper definiert nun die Lichtverhältnisse an einem Punkt des Feldes nicht vollständig. Die Verteilung der Beleuchtungsstärke auf der Oberfläche eines wirklich im Raum befindlichen Gegenstandes kann man nämlich nicht aus dem Beleuchtungsstärkeverteilungskörper berechnen, wenn der Körper konkave Stellen aufweist, die sich gegenseitig beschatten. Will man diese Abschattungen beurteilen können, so muß man den Leuchtdichteverteilungskörper kennen. Erst er erlaubt eine eindeutige Bestimmung der Beleuchtungsstärkeverteilung. Das umgekehrte Problem, die Leuchtdichteverteilung zu finden, wenn der Beleuchtungsstärkeverteilungskörper gegeben ist, hat keine eindeutige Lösung. Man kann vielmehr denselben Beleuchtungsstärkeverteilungskörper für ganz verschiedene Leuchtdichteverteilungskörper erhalten. Dies läßt sich an einem einfachen photometrischen Beispiel nachweisen. Wird die Leuchtdichte einer punktförmigen Lichtquelle so eingeregelt, daß für zwei verschiedene Abstände des Photometers von ihr gleiche Beleuchtungsstärken

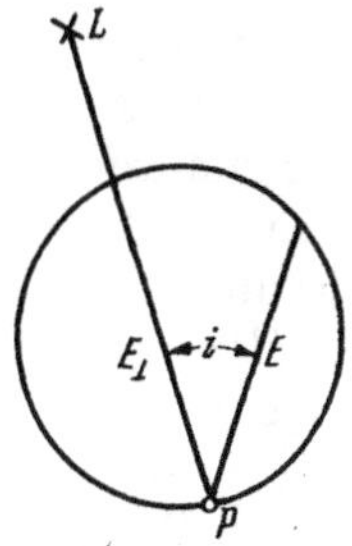

Abb. 3.

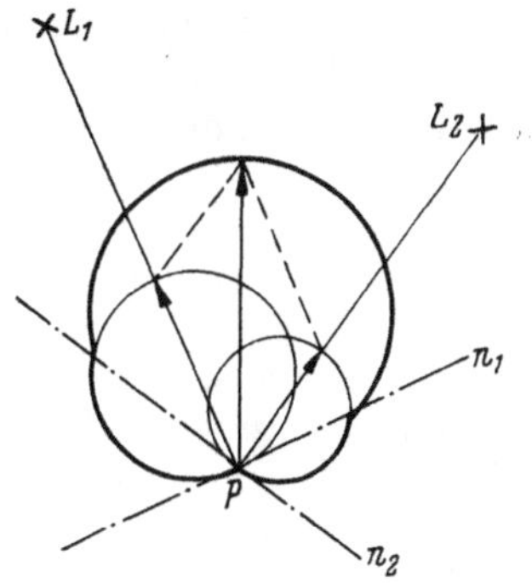

Abb. 4.

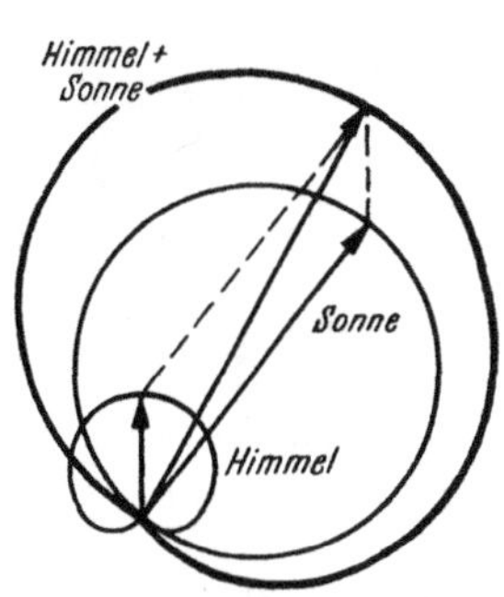

Abb. 5.

gemessen werden, so sind zwar die Beleuchtungsstärkeverteilungs-, nicht aber die Leuchtdichteverteilungskörper gleich. Der Beleuchtungsstärkeverteilungskörper kann auch nicht jede beliebige Gestalt annehmen, denn die Beleuchtungsstärken an einem Flächenelement, das um einen Punkt des Lichtfeldes gedreht wird, sind nicht unabhängig voneinander, sondern nach dem Cosinus-Gesetz miteinander verknüpft. Es ist z. B. absolut unmöglich, solche Verhältnisse zu schaffen, die für eine einzige Richtung eine bestimmte Beleuchtungsstärke und für alle anderen Richtungen den Wert Null ergeben. Man darf also nicht für verschieden geneigte Ebenen einer Arbeitsfläche willkürliche Beleuchtungsstärken annehmen und unterstellen, daß man stets eine diese Bedingung erfüllende Beleuchtungsstärkeverteilung finden wird. Die Begrenzungsbedingung für die Gestalt des Beleuchtungsstärkeverteilungskörpers liegt darin, daß jeder Elementarkörper eine Kugel ist.

Nach denjenigen skalaren Lichtfeldgrößen, die Funktionen des Ortes und der Richtung sind, soll nunmehr die nur vom Ort abhängige Größe, die Raumhelligkeit, besprochen werden. Es muß ja auch der Zustand des Feldes an einem Punkt durch eine einzige skalare Größe gekennzeichnet werden können. Diese Größe läßt sich analog der mittleren Lichtstärke aus der mittleren räumlichen Beleuchtungsstärke an dem Punkt P herleiten. Letztere ist definiert durch

$$E_{4\pi} = {}^1/_{4\pi} \int_{4\pi} E \, d\omega.$$

Hierin ist E die Beleuchtungsstärke eines Flächenelementes, das auf der Achse des von P ausgehenden kleinen Raumwinkels $d\omega$ senkrecht steht. Die Integration wird über den vollen Raumwinkel 4π vorgenommen. Gemessen werden die mittleren Raumbeleuchtungsstärken bzw. Raumhelligkeiten durch kugelige Auffangflächen aus Opalglas (Abb. 6).

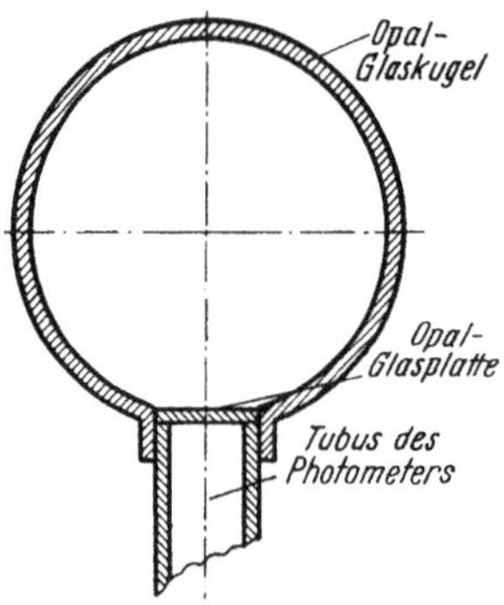

Abb. 6.

Der mittleren räumlichen Beleuchtungsstärke kann man eine Definition geben, auf Grund deren sie sich unmittelbar aus dem Leuchtdichteverteilungskörper berechnen läßt. Teilt man die gesamten aus dem Raum kommenden Strahlen in eine Anzahl Raumwinkelelemente $d\omega$ ein, so ist, wenn $dE_\perp$ die von den durch $d\omega$ gehenden Strahlen erzeugte Normalbeleuchtungsstärke bedeutet, der auf der Oberfläche einer im Punkt P befindlichen kleinen Kugel mit dem Radius r ankommende Teillichtstrom $d\Phi = \pi r^2 \, dE_\perp$.

Der aus allen Richtungen auf die Kugel treffende Gesamtlichtstrom wird demnach

$$\Phi = \pi r^2 \int_{4\pi} dE_\perp .$$

Die mittlere räumliche Beleuchtungsstärke aber ist für den betreffenden Punkt gleich derjenigen auf einer dort befindlichen kleinen Kugel mit der Oberfläche $4\pi r^2$:

$$E_{4\pi} = \frac{\Phi}{4\pi r^2} .$$

Somit kann geschrieben werden

$$E_{4\pi} = {}^1/_4 \int_{4\pi} dE_\perp .$$

Die mittlere räumliche Beleuchtungsstärke ist also $^1/_4$ der Summe aller elementaren Normalbeleuchtungsstärken. Da nach früherem $dE_\perp = B \, d\omega$ war, wird

$$E_{4\pi} = {}^1/_4 \int_{4\pi} B \, d\omega .$$

ARNDT verwendet auf Grund einer anderen Herleitung den vierfachen Wert der mittleren räumlichen Beleuchtungsstärke und hat dafür den Begriff „Raumhelligkeit E_0" geprägt.

$$E_0 = 4 E_{4\pi} = \int_{4\pi} dE_{\perp} = \int_{4\pi} B \, d\omega \, .$$

Zahlenmäßig ist also die Raumhelligkeit gleich der Summe aller an dem betrachteten Punkt erzeugten Normalbeleuchtungsstärken. Sie gibt gleichzeitig das mittlere Leuchtdichteniveau für den Punkt P an, denn wenn $B_{4\pi}$ die dort herrschende mittlere Leuchtdichte bedeutet, kann man schreiben $E_0 = 4\pi B_{4\pi}$.

Die Raumhelligkeit muß daher als eine grundlegende Größe zur Charakterisierung des Lichtfeldes gelten. Der Wert der Raumhelligkeit kann in den durch direkte und den durch indirekte Beleuchtung erzeugten Anteil zerlegt werden. Das Verhältnis dieser beiden Raumhelligkeitsanteile wird von ARNDT und DRESLER als Maß für die Schattigkeit verwendet. Der indirekte Anteil liefert das mittlere Leuchtdichteniveau der den Raum umschließenden Wände sowie der Oberflächen der in ihm befindlichen Gegenstände; er bestimmt also das Adaptationsniveau des Auges und die Sehbedingungen (Kontrast, Blendung usw.). Ein Maßstab für die Güte einer Beleuchtung ist daher eher durch eine Angabe der Raumhelligkeitsverteilung als durch eine solche der Beleuchtungsstärken auf einer mehr oder weniger fiktiven Arbeitsfläche zu erhalten.

Häufig sieht man auf beleuchtete Gegenstände von oben, so daß es angebracht erscheint, in manchen Fällen die Beleuchtung nach dem Wert der oberen halbräumlichen Beleuchtungsstärke zu beurteilen, so daß die Einführung einer hemisphärischen Raumhelligkeit oder besser Halbraumhelligkeit, nützlich erscheint. Bezeichnet man diese mit E_{oh}, so läßt sich leicht zeigen, daß

$$2 E_{oh} = E_0 + E_{\ominus} - E_{\ominus}$$

ist, wenn $E_{\ominus}$ bzw. $E_{\ominus}$ die ebenen Beleuchtungsstärken an den beiden Grundflächen der Halbkugeln bedeuten. Gemessen werden kann die Raumhelligkeit mit einer Opalkugel, von der eine Hälfte abgedeckt ist, wie in Abb. 7 gezeigt.

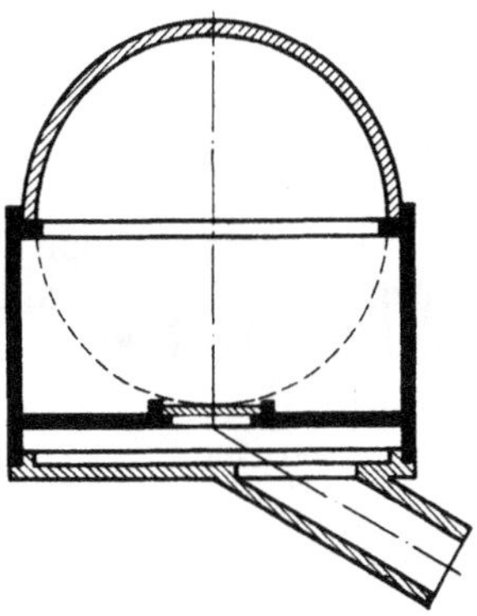

Abb. 7.

Vektorielle Lichtfeldgrößen.

Einen Fingerzeig auf den Beleuchtungsvektor vermittelt das für jeden Vektor geltende Prinzip der Projektion. Ist irgendein Vektor $\bar{D}$ gegeben (Vektoren werden hier durch überstrichene lateinische Buchstaben gekennzeichnet), so ist seine Projektion auf eine durch die Gerade n gegebene Richtung $D_n = D \cos(\bar{D}, n)$, wobei D den Betrag von $\bar{D}$ und $(\bar{D}, n)$ den von dem Vektor und der Geraden eingeschlossenen Winkel bedeutet. Diese Projektion kann auch als skalares Produkt geschrieben werden. Wenn mit $\bar{n}_0$ der in Richtung der Geraden n verlaufende Einheitsvektor bezeichnet wird, ist $D_n = \bar{D}\bar{n}_0$.

Da der Betrag des Einheitsvektors gleich 1 ist ($|n_0| = 1$), ergibt sich auf Grund der Definitionsgleichung des skalaren Produktes

$$D_n = |\bar{D}| \, |\bar{n}_0| \cos(\bar{D}, n) \, ,$$

was der oben angegebenen Beziehung entspricht.

Nun hat man es in der Lichttechnik bei punktförmigen Lichtquellen mit ähnlichen Beziehungen zu tun. Es gilt für die durch die Lichtstärke I im Abstand r erzeugte Beleuchtungsstärke

$$E = \frac{I}{r^2} \cos i .$$

Dafür kann man auch schreiben $E = E_\perp \cos i$, wenn $E_\perp$ die „Normalbeleuchtungsstärke" (bei senkrechtem Einfall, $i = 0$) bedeutet. Der Winkel wird gerechnet zwischen der Lichtrichtung im Punkt P und der Normalen eines hiergegen verdrehten Flächenelementes. Es läßt sich also schreiben:

$$E = E_\perp \cos (E_\perp, n).$$

Die Identitäten $E \equiv D_n$

$$E_\perp \equiv D = |\overline{D}|$$

fallen sofort ins Auge. In diesem einfachsten Fall einer punktförmigen Lichtquelle ist also die Projektion des Beleuchtungsvektors gleichbedeutend mit der Beleuchtungsstärke an dem beliebig geneigten Flächenelement, und die Normalbeleuchtungsstärke entspricht dem Betrag des Beleuchtungsvektors. Man braucht mithin nur noch die Richtung und den als positiv zu rechnenden Richtungssinn festzulegen, um den Vektor vollständig zu erhalten. Hier soll der positive Richtungssinn durch die Lichtrichtung gegeben sein. Dann ist es sinnvoll, die Richtung des Vektors mit der Normalen derjenigen Fläche zusammenfallen zu lassen, die die Beleuchtungsstärke $E_\perp$ erhält. Der Beleuchtungsvektor $\overline{D}$ liegt also, wie Abb. 8 zeigt, in Richtung der Verbindungslinie LP. Die Vektorprojektion D_n gehört zu einem auf ihr senkrecht stehenden Flächenelement und gibt dessen Beleuchtungsstärke an; diese ist natürlich kein Vektor, wie aus der Definition der Vektorprojektion als einem Skalarprodukt folgt. Für ein Flächenelement, das den Beleuchtungsvektor enthält, ist $D_n = 0$.

Aussagen von größerer Allgemeingültigkeit über die Eigenschaften des Beleuchtungsvektors erhält man, wenn man von zwei punktförmigen Lichtquellen L_1 und L_2 ausgeht. Dann muß für jede Lichtquelle allein das soeben Ausgeführte gelten. Im Punkt P gehören also, wie in Abb. 9 gezeigt, zu den entsprechenden Lichtquellen die Vektoren D_1 und D_2. Diese müssen sich zu einer Resultierenden $\overline{D}$ zusammensetzen lassen:

$$\overline{D} = \overline{D}_1 + \overline{D}_2 .$$

Welchen Sinn hat nun der Vektor $\overline{D}$? Eine einfache Rechnung, auf die hier verzichtet wird, zeigt, daß seine Richtung mit der Normalen derjenigen Fläche zusammenfällt, für die im Punkt P die Beleuchtungsstärke ein Maximum ist. Der Betrag D ist gleich dieser resultierenden Maximalbeleuchtungsstärke. Es gilt

$$D = \sqrt{D_1{}^2 + D_2{}^2 + 2\, D_1 D_2 \cos (\alpha + \beta)} .$$

Da der Betrag des Beleuchtungsvektors selbst wieder eine Normalbeleuchtungsstärke ist, kann bei der Konstruktion nach Abb. 9 mit vollem Recht vom Parallelogramm der Normalbeleuchtungsstärken gesprochen werden. Vergleiche auch Abb. 4 und 5.

Nun gilt fraglos auch in diesem Fall das Projektionsgesetz

$$D_n = D \cos (\overline{D}, n).$$

Dabei kommt es bei genügend weiter Drehung der Fläche zu einer Beleuchtung von beiden Seiten. Die Projektion des Beleuchtungsvektors gibt dann, wie sich zeigen läßt, die Differenz der „linken“ und „rechten“ Beleuchtungsstärke an:

$$D_n = E_l - E_r .$$

Wird das Flächenelement so weit gedreht, daß es mit $\bar{D}$ zusammenfällt, dann ist $E_l = E_r$, also $D_n = 0$. Hierauf läßt sich eine experimentelle Methode zur Ermittlung der Lage des Beleuchtungsvektors aufbauen. Man braucht lediglich zwei den Punkt P enthaltende Ebenen ausfindig zu machen, für die $D_n = 0$ ist. Die Schnittlinie dieser Ebenen legt dann die Richtung des Beleuchtungsvektors fest (Abbildung. 10).

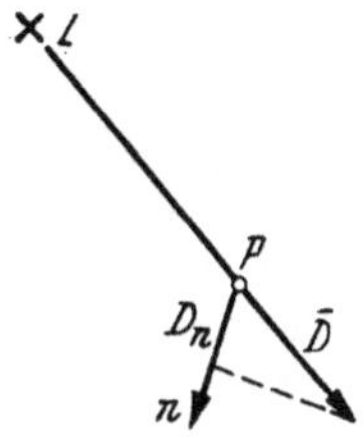

Abb. 8.

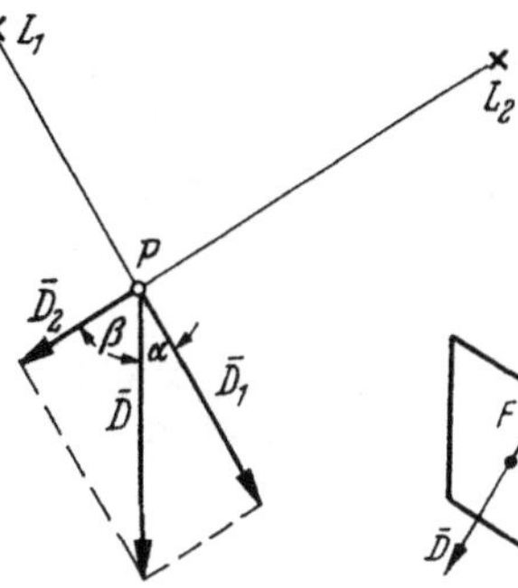

Abb. 9.

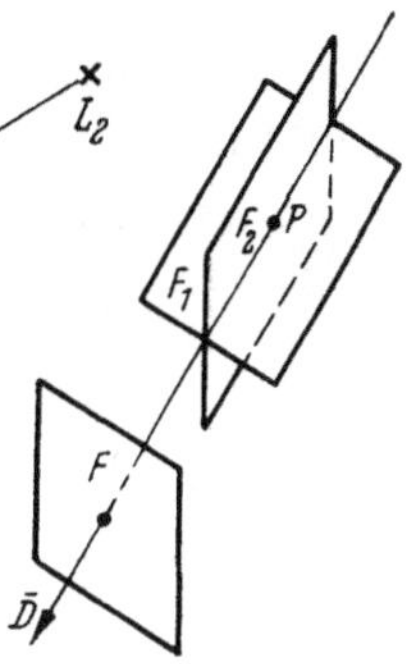

Abb. 10.

Die zuletzt angegebene Beziehung mit der Beleuchtungsstärkendifferenz hat insofern eine grundlegende Bedeutung, als sie auch bei dem Existenzbeweis für den Beleuchtungsvektor als Ergebnis erscheint. Nach diesem allgemeingültigen Beweis, der ähnlich wie in der analytischen Wärmetheorie für das Vorhandensein einer den Strahlungsfluß definierenden vektoriellen Ortsfunktion geführt wird, ist folgender Schluß zu ziehen:

In jedem Punkt des Lichtfeldes gibt es einen von der Wahl der Koordinaten unabhängigen Vektor mit der Eigenschaft, daß seine Projektion auf irgendeine Richtung der Differenz der Beleuchtungsstärken an den beiden Seiten eines in dem betrachteten Punkt befindlichen und senkrecht auf dem projizierten Vektor stehenden, ebenen Flächenelementes zahlenmäßig gleich ist.

Dieser Beleuchtungsvektor bildet — ebenso wie die Raumhelligkeit die skalare — die grundlegende vektorielle Ortsfunktion des Lichtfeldes. Die größte Differenz der Beleuchtungsstärken erhält man, wie leicht einzusehen, wenn das Flächenelement senkrecht auf dem Vektor steht. Bei dieser Lage geht durch das Flächenelement das Maximum an Lichtstrom hindurch. Liegt das Flächenelement mit dem Beleuchtungsvektor in einer Ebene, so erhält es von beiden Seiten gleiche Beleuchtungsstärken. Deren Differenz ist dann Null, was besagt, daß nach jeder Flächenseite ein gleich großer Transport an Strahlungsleistung stattfindet. Diese sicher nicht sehr willkommene Eigenschaft des Beleuchtungsvektors muß man stets im Auge behalten, wenn es sich um Flächen handelt, die von beiden Seiten beleuchtet werden.

In einem durch x punktförmige Lichtquellen erzeugten Lichtfeld ergibt sich der resultierende Beleuchtungsvektor $\bar{D}$ am Punkt P aus der (vektoriellen) Summe der Beleuchtungsvektoren $\bar{D}_x$, die zu jeder dieser Lichtquellen gehören $D = \sum \bar{D}_x$.

Handelt es sich um leuchtende Körper mit nicht zu vernachlässigenden Abmessungen, so bedient man sich der Infinitesimalrechnung, indem man die gesamten durch P gehenden Strahlen in elementare Bündel unterteilt. Dabei sei $dE_\perp$ die durch ein Elementarbündel an einer senkrecht zu dessen Achse stehenden Ebene erzeugte Beleuchtungsstärke. Der zugehörige Vektor ist $d\bar{D}_\perp$, so daß sich der resultierende Vektor ergibt aus

$$\bar{D} = \int_{4\pi} d\bar{D}_\perp .$$

Hierin bedeutet 4π, daß über den vollen Raumwinkel integriert werden soll. Ist $d\omega$ der Raumwinkel des betrachteten Kegels und B seine Leuchtdichte im Punkt P, so gilt

$$dE_{\perp} = B\, d\omega\,.$$

Da der Betrag des Teilvektors $d\bar{D}_{\perp}$ mit dieser Normalbeleuchtungsstärke übereinstimmt, kann man auch schreiben

$$|d\bar{D}_{\perp}| = B\, d\omega\,.$$

Um den Vektor selbst anschreiben zu können, liegt es nahe, einen Vektor $d\bar{\omega}$ einzuführen, dessen Größe mit $d\omega$ übereinstimmt und dessen Richtung in der Achse des elementaren Raumwinkels liegt. Dann erhält man $d\bar{D}_{\perp} = B\, d\bar{\omega}$ und

$$\bar{D} = \int_{4\pi} B\, d\bar{\omega}\,.$$

Demnach ist der Beleuchtungsvektor ein über den gesamten Raumwinkel 4π genommenes, vektorielles Leuchtdichteintegral. Es sei daran erinnert, daß die Raumhelligkeit ein skalares Leuchtdichteintegral darstellt:

$$E_0 = \int_{4\pi} B\, d\omega\,.$$

Die vektorielle Summe aller elementaren Raumwinkel ist sinngemäß als Raumwinkelvektor zu bezeichnen:

$$\bar{\omega}' = \int d\bar{\omega}\,.$$

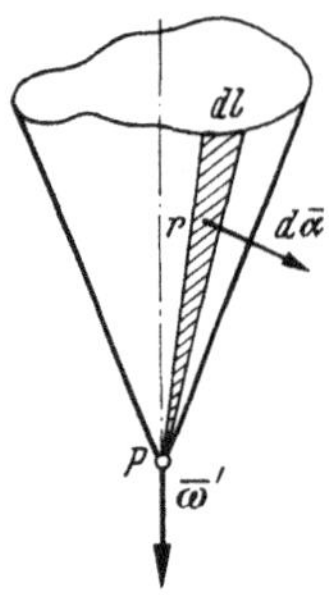

Abb. 11.

Auf seine analytische Darstellung näher einzugehen, würde hier zu weit führen. Es sei lediglich erwähnt, daß der Raumwinkelvektor als Linienintegral geschrieben werden kann:

$$\bar{\omega}' = {}^1\!/_2 \oint d\bar{\alpha}$$

wenn $d\bar{\alpha}$ den Vektor eines Winkelelementes bedeutet, das auf dem Kegelmantel des Raumwinkels liegt (Abb. 11). Ebenso wie ein über eine Oberfläche genommenes Integral in ein Integral umgewandelt werden kann, das längs einer Randlinie geführt ist, so kann ein Integral über einen Raumwinkel in ein Integral umgewandelt werden, das über den den Raumwinkel begrenzenden Mantel zu nehmen ist.

Fluß, Divergenz und Rotor des Beleuchtungsvektors

Aus dem früher erwähnten Existenzbeweis ergab sich folgende Beziehung:

$$E_r - E_l = D \cos i\,.$$

Multipliziert man beide Seiten mit dem im Punkt P befindlichen Flächenelement df, dann steht links die Differenz der Lichtströme, die von links und rechts auf das Flächenelement fallen $d\Phi_r - d\Phi_l = D\, df \cos i$.

Die rechte Seite läßt sich als skalares Produkt schreiben

$$d\Phi_r - d\Phi_l = d\Phi = \bar{D}\, d\bar{f}\,,$$

wenn $d\bar{f} = \bar{n}_0\, df \cos i$ mit $\bar{n}_0$ als dem Einheitsvektor der Normalen definiert wird. Für eine endliche Oberfläche erhält man

$$\Phi = \int_f \bar{D}\, d\bar{f}$$

Das Integral gibt den Fluß des Beleuchtungsvektors an, der gleich dem resultierend durch die Fläche f dringenden Lichtstrom ist. Die Existenz einer Vektorpunktfunktion im Lichtfeld, deren Integral über eine Oberfläche den Energiebetrag angibt, der in der Zeiteinheit resultierend durch die Oberfläche hindurchtritt, muß als grundlegendes Theorem der theoretischen Lichttechnik angesehen werden. Den Begriff des Flußvektors hat bekanntlich POYNTING eingeführt. Der Beleuchtungsvektor kann als ein nach Raum und Zeit makroskopischer Mittelwert des Poynting-Vektors angesehen werden. Er charakterisiert offenbar den Lichtdruck, der auf einen kleinen sphärischen Körper an dem betrachteten Ort ausgeübt wird.

Der über eine geschlossene geometrische Oberfläche genommene Fluß des Beleuchtungsvektors gibt im allgemeinen Fall die Differenz zwischen dem in diesen Bezirk eindringenden und ihn verlassenden Lichtstrom an, ist also ein Maß für den in dem umschlossenen Volumen v erzeugten oder absorbierten Lichtstrom. Für die Volumeneinheit ergibt sich

$$\frac{\Phi}{v} = \frac{l}{v} \int_f \overline{D}\, d\overline{f}.$$

Beim Übergang auf ein sehr kleines Volumen gibt die linke Seite die räumliche Lichtstromdichte δ, die rechte Seite die Divergenz von $\overline{D}$ an:

$$\delta = \lim_{v \to o} \left(\frac{l}{v} \int_f \overline{D}\, d\overline{f} \right) = \operatorname{div} \overline{D}.$$

Für eine Quelle ist δ positiv, für eine Senke negativ. Die emittierte oder absorbierte räumliche Lichtstromdichte ist also gleich der Divergenz des Beleuchtungsvektors. An quellen- und senkenfreien Stellen des Lichtfeldes ist $\delta = \operatorname{div} \overline{D} = 0$.

Nach dem Gesetz von der Erhaltung der Energie muß der die Oberfläche f eines endlichen Volumens v durchsetzende Fluß des Beleuchtungsvektors

$$\int_f \overline{D}\, d\overline{f}$$

gleich dem in dem Volumen erzeugten oder vernichteten Lichtstrom sein, der

$$\int_v \operatorname{div} \overline{D}\, dv$$

beträgt. Die Gleichung

$$\int_f \overline{D}\, d\overline{f} = \int_v \operatorname{div} \overline{D}\, dv$$

stellt das Gaußsche Theorem dar. Das über eine geschlossene Oberfläche genommene Integral eines Vektors ist gleich dem Integral der Divergenz dieses Vektors über das umschlossene Volumen.

Bekanntermaßen ist ein vektorielles Feld vollkommen bestimmt, wenn — abgesehen von Grenzbedingungen und Diskontinuitäten — außer der Divergenz auch der Rotor für jeden Punkt in dem betrachteten Raum bekannt ist.

Wenn rot $\overline{D}$ ebenso wie div $\overline{D}$ gleich Null wäre, würde sich das Lichtfeld in nichts vom elektrostatischen Feld unterscheiden. Dann müßte das Linienintegral über einen beliebigen Umlauf $\overline{l}$

$$\oint \overline{D}\, d\overline{l} = 0$$

sein. Das ist offensichtlich nur für eine Lichtquelle der Fall, die für alle Ausstrahlungsrichtungen eine konstante Lichtstärke besitzt. Die meisten Lichtquellen weisen jedoch eine ungleichmäßige Lichtstärkeverteilung auf, so daß ein Umlauf, wie in Abb. 12 angedeutet, für das Linienintegral den Wert

$$\overline{D}_1 \overline{l}_1 - \overline{D}_2 \overline{l}_2 \neq 0$$

ergibt, da $\bar{D}_1 \neq \bar{D}_2$. Der Wert des Beleuchtungsvektors hängt nicht nur, wie die elektrische Ladung oder die Stärke eines magnetischen Poles, vom Abstand von dem Energiezentrum, sondern außerdem noch von der Richtung ab. Im allgemeinen muß man daher ansetzen

$$\text{rot}\ \bar{D} \neq 0.$$

Man kann mithin auch, von Sonderfällen abgesehen, kein skalares Potential für das Lichtfeld angeben.

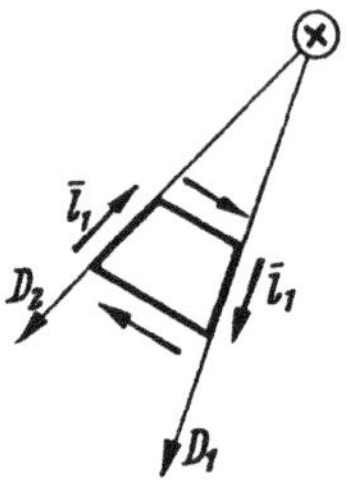

Abb. 12.

Anders steht es um das Vektorpotential. Wird ein quellenfreies (solenoidales) Feld, also div $\bar{D} = 0$, angenommen, so ist der Vektor $\bar{D}$ als Rotor eines quellenfreien Vektors $\bar{A}$ darstellbar:

$$\bar{D} = \text{rot}\ \bar{A}.$$

Das Vektorpotential $\bar{A}$ bestimmt das Feld des Beleuchtungsvektors $\bar{D}$. Die mit dem Vektorpotential verbundenen Vorteile zeigen sich deutlich, wenn man den von einer Fläche zu einer anderen gelangenden Lichtstrom berechnet. Diese Aufgabe führt bekanntlich zu dem photometrischen Grundgesetz. Für eine nach dem LAMBERTschen Gesetz gleichmäßig mit der Leuchtdichte B strahlende Fläche ist der Beleuchtungsvektor nach früherem

$$\bar{D} = \frac{B}{2} \oint d\bar{\alpha}.$$

Den Winkelvektor kann man (Abb. 11) als vektorielles Produkt

$$d\bar{\alpha} = \left[\frac{\bar{r}_0}{r}\, d\bar{l}\right]$$

schreiben, wenn r den Abstand des Punktes P von dem Randelement dl der leuchtenden Scheibe und $\bar{r}_0$ den entsprechenden Einheitsvektor bedeuten. Die Komponenten des Vektors $\frac{\bar{r}_0}{r}$ längs der Koordinatenachsen können nun als Ableitung einer skalaren Funktion ln r längs der entsprechenden Achse aufgefaßt werden. Man kann daher schreiben

$$\frac{\bar{r}_0}{r} = \text{grad ln}\ r.$$

Hieraus ergibt sich wieder

$$d\alpha = [\text{grad ln}\ r\, d\bar{l}] = \text{rot}\ (\ln r\, d\bar{l})$$

und somit

$$\bar{D} = \frac{B}{2} \oint \text{rot}\ (\ln r\, d\bar{l}) = \text{rot}\ \frac{B}{2} \oint \ln r\, d\bar{l} = \text{rot}\ \bar{A}.$$

Demnach ist das Vektorpotential

$$\bar{A} = \frac{B}{2} \oint \ln r\, d\bar{l}.$$

Der Lichtstrom Φ, der von der leuchtenden Fläche F mit der Leuchtdichte B, umschlossen von der Randlinie C, zu der beleuchteten Oberfläche f, umschlossen von der Randlinie c, übergeht, kann nach dem STOKESschen Gesetz umgeformt werden in

$$\Phi = \int_f \bar{D}\, d\bar{f} = \int_c \bar{A}\, d\bar{l}'.$$

Hierin bedeutet dl' analog zu dl die Breite des Flächenelementes auf f. Mit r als dem Abstand zwischen dl und dl' wird

$$\Phi = \frac{B}{2} \int_c \int_C \ln r\, \overline{dl}\, \overline{dl'}\,.$$

Bei Einführung der Absolutbeträge für $\overline{dl}$ und $\overline{dl'}$ ergibt sich

$$\Phi = \frac{B}{2} \int_c \int_C \ln r \cos\,(dl, dl')\; dl\, dl'\,.$$

Die Berechnung des Lichtstromes ist also von einem vierfachen Integral, das sich nach der klassischen Methode ergibt, auf ein Doppelintegral zurückgeführt. In Übereinstimmung mit dem Reziprozitätsgesetz, nach dem sich Körper gleicher Leuchtdichte gleich große Lichtströme zusenden, ist die Endformel für Φ in bezug auf die Elemente der Begrenzungslinien der leuchtenden wie der beleuchteten Oberflächen symmetrisch aufgebaut.

Feldbilder.

Nachdem gezeigt wurde, wie die vektorielle Behandlung lichttechnischer Probleme auf die allgemeine Theorie des vektoriellen Feldes führt, sollen nunmehr einige Feldbilder besprochen werden. Dabei erscheint vorweg der Hinweis geboten, daß die in diesem Zusammenhang gezeigten krummlinigen Kurven nichts gegen die geradlinige Ausbreitung des Lichtes aussagen; diese ist im übrigen bei allen mathematischen Ansätzen als gegeben vorausgesetzt worden.

Es sei angenommen, daß zu einem Punkt P auf der Oberfläche eines leuchtenden Körpers der Beleuchtungsvektor $\overline{D}$ gehöre. Zieht man durch den Punkt P eine Gerade von der Länge $P\,P_1$ in Richtung des Vektors $\overline{D}$ und fügt dann diesem Linienstück ein weiteres $P_1\,P_2$ in Richtung des im Punkt P_1 geltenden Beleuchtungsvektors D_1 an und wiederholt diesen Prozeß, so erhält man einen gebrochenen Linienzug. Verkleinert man die Abstände $P\,P_1$, $P_1\,P_2$ usw. genügend, so ergibt sich eine Kurve, von der jedes einzelne Element mit der Richtung des Beleuchtungsvektors an dem betreffenden Punkt zusammenfällt. Durch jeden Punkt des Feldes geht eine einzige derartige Flußlinie gemäß der Tatsache, daß zu jedem Punkt des Lichtfeldes ein Beleuchtungsvektor, und zwar nur einer gehört. Aus benachbarten Flußlinien läßt sich eine Flußröhre bilden. Die Mantelfläche einer solchen Röhre ist auf Grund der Konstruktionsbedingungen für die Flußlinien überall von außen und innen gleich stark beleuchtet. In Achsrichtung möge, wie in Abb. 13 gezeigt, durch den Querschnitt s_1 der Lichtstrom Φ_1 und durch den Querschnitt s_2 an einer anderen Stelle derselben Flußröhre der Lichtstrom Φ_2 fließen. Auf Grund des Gesetzes von der Erhaltung der Energie hat man $\Phi_2 = \Phi_1 + \Phi_v$ anzusetzen, wenn Φ_v den erzeugten oder vernichteten Lichtstrombeitrag der in dem Raum des Lichtröhrenabschnittes vorhandenen Quellen oder Senken bedeutet. Bei Quellen- und Senkenfreiheit ist $\Phi_v = 0$ und $\Phi_2 = \Phi_1$. Der Fluß des Beleuchtungsvektors ist dann konstant, der resultierend durch einen beliebigen Schnitt der Röhre gehende Lichtstrom also überall der gleiche. Die so definierte „Röhrenkonstante" hat, wenn das Lichtfeld durch konvex leuchtende Körper erzeugt wird, eine einfache physikalische Bedeutung. Sie ist nämlich zahlenmäßig gleich dem durch ein Oberflächenelement des leuchtenden Körpers in alle Richtungen emittierten Lichtstrom, wenn das Oberflächenelement die Basis der Lichtröhre bildet.

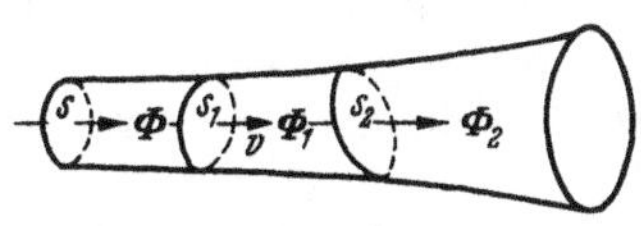

Abb. 13.

Ist ein Raum in eine Anzahl Lichtröhren eingeteilt, so gehört zu jeder dieser Röhren ein bestimmter Lichtstrom. Es ist vernünftig, das Gebiet so zu unterteilen, daß für alle Röhren der Lichtstrom der gleiche ist. Wählt man eine unendlich große Anzahl von elementaren Lichtröhren, so erhält man sehr nahe beieinanderliegende Lichtfäden, von denen angenommen werden darf, daß das Feld innerhalb eines jeden Fadenschnittes homogen ist. Ist df die Schnittfläche eines Lichtfadens, der den Lichtstrom $d\Phi$ befördert, und D_n die Komponente des Beleuchtungsvektors längs der Normalen n des Elementes df, so ist $D_n = \frac{d\Phi}{df}$. Die Beleuchtungsvektorprojektion D_n ist somit ein Maß für die resultierende Flächenlichtstromdichte, also für die Differenz der Beleuchtungsstärken an den beiden Seiten dieser Fläche. Fallen alle Lichtstrahlen von einer Seite auf die Schnittfläche, dann entspricht D_n der Beleuchtungsstärke an dieser Seite des Elementes df.

Man kann schließlich auch an Stelle der Lichtröhre eine einzelne Linie innerhalb der Röhre zeichnen und annehmen, daß der gesamte Lichtstrom der Röhre an diese Linie gebunden sei. Eine in das Lichtfeld gebrachte Oberfläche wird dann in einer Anzahl Punkte von den Flußlinien durchbohrt, und die Anzahl solcher Punkte bestimmt die resultierende Flächenlichtstromdichte bzw. bei einseitiger Beleuchtung direkt die Beleuchtungsstärke.

Im allgemeinen sind die Flußlinien räumliche Kurven, die sich nicht ohne weiteres zweidimensional veranschaulichen lassen. Es gibt jedoch drei Gruppen von Lichtfeldern, die eine ebene graphische Darstellung erlauben. Hierzu gehören:

a) das von einer punktförmigen Lichtquelle herrührende Feld; die Flußlinien fallen mit den Radiusvektoren zusammen;

b) das zweidimensionale Feld, wie es bei einem unendlich langen, gleichmäßig leuchtenden Band vorliegt. Die Flußlinien liegen in Ebenen, die zu diesem Band senkrecht stehen. Die Schnitte des Feldes durch solche Ebenen sind einander identisch;

c) das axialsymmetrische Feld, wie es z. B. von einer Kreisscheibe mit konstanter Leuchtdichte erzeugt wird. Die Flußlinien liegen in Meridianebenen, die für alle Stellungen das gleiche Bild liefern. In diese Gruppe gehört auch das Feld einer leuchtenden geraden Linie.

In manchen Fällen kann das Lichtfeld gleichzeitig zu zwei Gruppen gehören, z. B. bei einem unendlich langen Kreiszylinder, bei dem sowohl ein ebenes als auch ein axialsymmetrisches Feld auftritt. Das Lichtfeld eines unendlich langen, überall gleichmäßig und vollkommen diffus leuchtenden Bandes, das senkrecht zur Zeichenebene steht, zeigt Abb. 14. Die Flußlinien sind konfocale Hyperbeln mit den Brennpunkten an den Kanten des Bandes (A und A' in Abb. 15). Damit der durch jede Röhre gehende Lichtstrom gleich groß ist, ist es notwendig und hinreichend, daß die Lichtröhren von gleich großen, leuchtenden Flächen ausgehen.

Die die Struktur des Lichtfeldes kennzeichnenden Flußlinien erlauben nun nicht nur, die Richtung des Vektors zu beurteilen, man kann aus ihnen auch die Beleuchtungsvektorprojektion D_n an irgendeinem Punkt des Feldes ablesen. Man lege einen Schnitt durch das Feldbild (Abb. 15), der zur Zeichenebene senkrecht steht. Längs der Schnittlinie mißt man den Abstand l zwischen den beiden dem Punkt P benachbarten Flußlinien, die eine P enthaltende Lichtröhre bilden. Ist l' der kleinste vorkommende Abstand zwischen diesen Flußlinien an der Stelle, wo sie die leuchtende Fläche verlassen, und R deren spezifische Lichtausstrahlung für den Bereich der Röhre, so gilt

$$\frac{D_n}{R} = \frac{l'}{l}.$$

Bei Beleuchtung von einer Seite ist D_n gleich der an dem betrachteten Abschnitt der Schnittebene herrschenden Beleuchtungsstärke. Diese ist dann also jeweils dem Abstand benachbarter Flußlinien umgekehrt proportional.

Die Zahl der auf der Schnittlinie S ankommenden Lichtröhren ist ein Maß für den dort auffallenden Lichtstrom. Der von einer Seite des Bandes ausgehende Gesamtlichtstrom sei Φ_0, und der auf den Bezirk P_1 P_2 gelangende Lichtstrom sei Φ. Die Flußlinien durch die Punkte P_1 und P_2 kommen von den Punkten O_1 und O_2 und haben die Abstände a_1 und a_2 von der Mitte des Bandes, dessen Breite mit w bezeichnet werde. Dann ergibt sich, daß

$$\frac{\Phi}{\Phi_0} = \frac{a_1 - a_2}{w}$$

ist. Diese Gleichung führt die Berechnung des Lichtstromes auf die Konstruktion zweier Hyperbeln und auf die Bestimmung des kürzesten Abstandes zwischen ihnen zurück. Aber auch diese Konstruktion kann man vermeiden, denn für die Hyperbelsehnen l_1', l_1 bzw. l_2', l_2 gilt

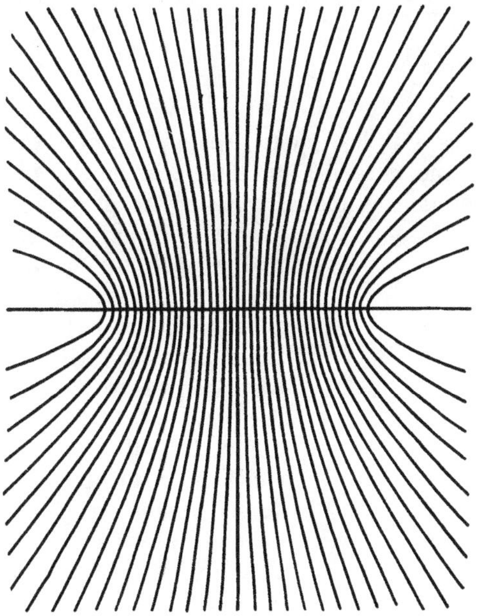

Abb. 14.

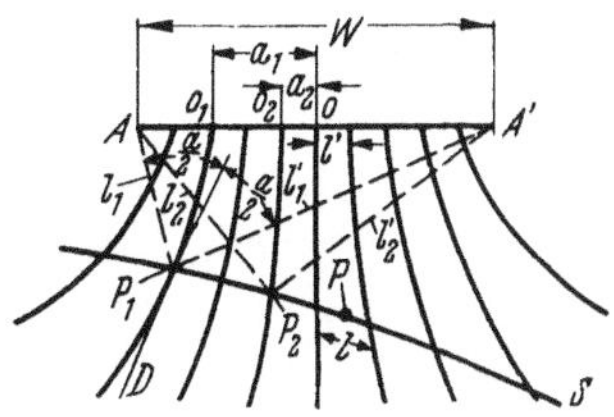

Abb. 15.

$$2a_1 = l_1' - l_1 \quad \text{und} \quad 2a_2 = l_2' - l_2 .$$

Daraus folgt

$$\frac{\Phi}{\Phi_0} = \frac{(l_1' - l_1) - (l_2' - l_2)}{2w} .$$

Diese Formel stellt fraglos die einfachste Methode zur Berechnung des von einem unendlich langen Band zu einem anderen gelangenden Lichtstromes dar.

Die Tatsache, daß die Flußlinien hyperbolisch sind, gestattet eine einfache Bestimmung der Größe des Beleuchtungsvektors. Man betrachte zwei unendlich benachbarte Hyperbeln gleichen Brennpunktes, deren kürzester Abstand voneinander da sei (Abb. 16). Es läßt sich leicht nachweisen, daß die Länge dx des Elementes der senkrechten Verbindungslinie zwischen den beiden Hyperbelkurven durch folgenden Ausdruck gegeben ist:

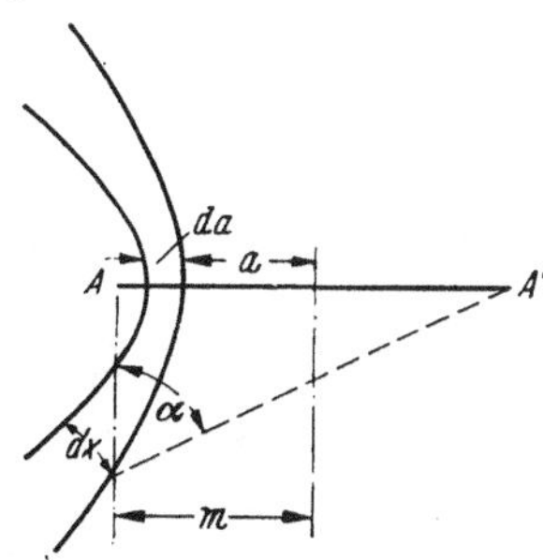

Abb. 16.

$$dx = \frac{da}{\sin\frac{\alpha}{2}} .$$

Daraus läßt sich die Größe des Beleuchtungsvektors D zu

$$D = R\frac{da}{dx} = R\sin\frac{\alpha}{2}$$

ableiten. Der Beleuchtungsvektor halbiert also den Winkel, den das leuchtende Band von dem betrachteten Punkt aus einnimmt. Die Größe des Vektors ist $\sin\frac{\alpha}{2}$ proportional. In großen Abständen vom Band wird das Feld radial mit den Asymptoten der Hyperbeln als Flußlinien. In diesen Gebieten ist die Beleuchtungsstärke dem Abstand umgekehrt proportional. Die Größe des Beleuchtungsvektors beträgt dann

$$D = \frac{B\, w \cos i}{l}.$$

Hierin bedeutet B die Leuchtdichte des Bandes, l den Abstand vom Band und $w \cos i$ die Projektion von $A\, A'$ auf eine gerade Linie senkrecht zu der betrachteten Richtung, die ihrerseits wieder den Winkel i mit der Achse bildet.

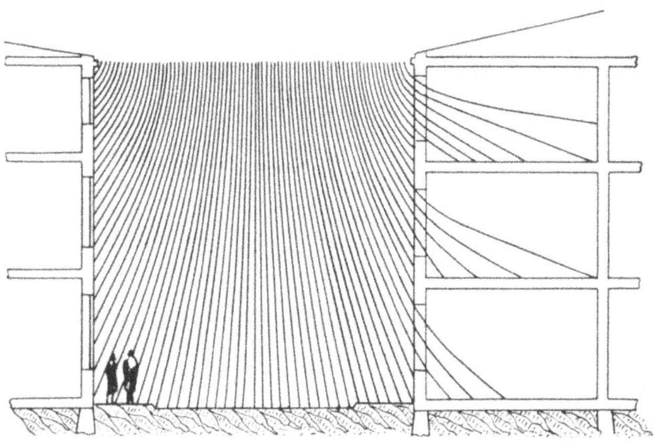

Abb. 17.

Der Fall des gleichmäßig leuchtenden Bandes ist für die Berechnung der natürlichen Beleuchtung von Wichtigkeit. Als Beispiel werde das Lichtfeld betrachtet, das durch das diffuse Himmelslicht in einer beliebig langen Straße mit gleich hohen Häusern entsteht. Das Feld zwischen den Häuserwänden, deren Reflexion vernachlässigt werde, ist dasselbe wie das einer leuchtenden Fläche, die sich zwischen den Dachkanten die ganze Länge der Straße entlangzieht und dieselbe spezifische Lichtausstrahlung wie der Himmel hat. Abb. 17 zeigt das Lichtfeld für die Straße. Da das Lichtfeld in Röhren gleichen Lichtstroms unterteilt ist, gibt dieses Bild nicht nur die qualitative, sondern auch die quantitative Verteilung des Tageslichtes an. So bestimmt die Anzahl der durch ein Fenster gehenden Linien den gesamten dort eindringenden Lichtstrom und die Form dieser Flußlinien die Tageslichtverteilung im Innern der Räume. Die ebene Beleuchtungsstärke ist, wie früher gesagt, dem umgekehrten Verhältnis des Abstandes zwischen benachbarten Flußlinien proportional.

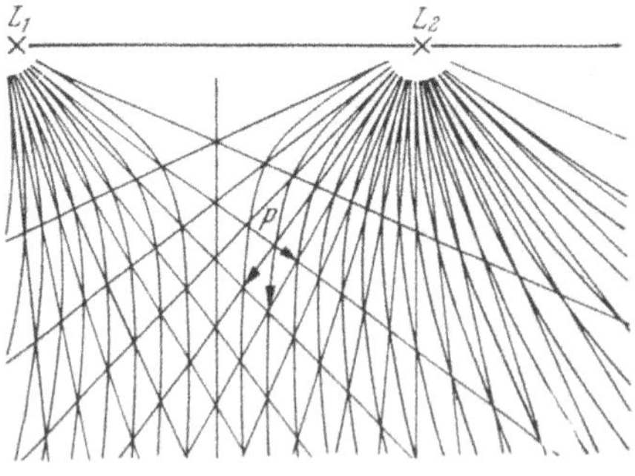

Abb. 18.

Als weiteres Beispiel werde das **Lichtfeld zweier punktförmiger Lichtquellen** mit gleicher und für alle Richtungen konstanter Lichtstärke besprochen. Abb. 18 zeigt die Flußlinien dieses Lichtfeldes. Das von jeder Lampe ausgehende Feld ist durch die von ihr radial ausgehenden Strahlen gegeben. Bei Addition der Einzelfelder nach der Methode von MAXWELL, die für den Punkt P angedeutet ist, und die in der vektoriellen Summation zweier zusammengehöriger Vektoren besteht, ergeben sich die gekrümmten Linien. Die so gewonnenen resultierenden Flußlinien lassen für die Beleuchtungsverteilung in einer von beiden Lichtquellen gleich weit entfernten Horizontalebene folgendes erkennen: Die Abstände der diese Ebene treffenden Flußlinien werden um so gleichmäßiger, d. h. die Gleichmäßigkeit der Beleuchtung wird um so besser, je größer die Aufhängehöhe ist. Vergrößert man den Abstand der Lichtquellen voneinander, so tritt, wie ohne weiteres einzusehen, eine Verschlechterung der Gleichmäßigkeit ein und umgekehrt.

Jeder in ein Lichtfeld gebrachte Körper deformiert infolge seiner Reflexion und Absorption dieses Feld. Auf die hiermit zusammenhängenden Fragen sowie auf die Feldbilder von Reflektoren oder solche von optischen Strahlengängen einzugehen, würde jedoch den Rahmen einer „Einführung" sprengen.

Raumhelligkeit und Beleuchtungsvektor.

Die beiden Ortsfunktionen des Lichtfeldes, die Raumhelligkeit und der Beleuchtungsvektor, stehen nun nicht ohne jeden inneren Zusammenhang nebeneinander. Die Raumhelligkeit war

$$E_0 = \int B \, d\omega ,$$

und für den Beleuchtungsvektor galt

$$\bar{D} = \int B \, d\bar{\omega} .$$

An Stelle des Raumwinkelvektors kann man auch einen Radiusvektor $\bar{s}$ einführen, auf dessen geometrische Bedeutung hier nicht näher eingegangen zu werden braucht. Man kann dann schreiben

$$\bar{D} = \bar{s} \int B \, d\omega, \quad \text{also} \quad \bar{D} = \bar{s} \, E_0 .$$

Der Betrag des Beleuchtungsvektors wird demnach $D = s \, E_0$.

Der die Synthese zwischen der Raumhelligkeit und dem Beleuchtungsvektor bildende Faktor

$$s = \frac{D}{E_0}$$

kann als ein Maß für die Schattigkeit angesehen werden. Das leuchtet insofern leicht ein, als der Beleuchtungsvektor die vorherrschende Lichtrichtung und die Raumhelligkeit den mittleren räumlichen Leuchtdichtezustand an dem betrachteten Punkt angibt. Handelt es sich um die Beleuchtung durch eine punktförmige Lichtquelle, so ist $E_0 = D$, also $s = 1$. Im anderen Grenzfall eines mit konstanter Leuchtdichte strahlenden Raumes (ULBRICHTsche Kugel) ist $D = 0$, also $s = 0$. Die Definition aus der Raumhelligkeit und dem Beleuchtungsvektor dürfte eine interessante Bereicherung des Begriffes der Schattigkeit darstellen.

Zur Kennzeichnung der Farbwiedergabeeigenschaft von Lichtquellen durch ein Mehrfilter-Verfahren[1].

Von

H.-G. FRÜHLING.

Mit 3 Abbildungen.

Die Farbwirkung farbiger Gegenstände ist bekanntlich in erster Linie durch das Zusammenwirken der spektralen Remissionsfunktion β_λ der betr. Oberfläche mit der spektralen Energieverteilungsfunktion S_λ der beleuchtenden Lichqtuelle be-

[1] Originalmitteilung.

dingt. Zur Kennzeichnung der Farbwiedergabeeigenschaft einer Lichtquelle können verschiedene Verfahren herangezogen werden. Eins dieser Verfahren besteht darin, die für die Farbwiedergabe wichtige spektrale Energieverteilung der Lichtquelle dadurch zu kennzeichnen, daß man ihr gesamtes sichtbares Spektrum in eine Anzahl aneinander grenzender Bereiche aufteilt und die in diesen Bereichen vorhandenen Energie- bzw. Lichtstromanteile mißt.

Die sauberste Trennung der Spektralbereiche geschieht durch Ausblendung aus dem durch ein Dispersionsprisma entworfenen Spektrum des Lichts der zu untersuchenden Lichtquelle. Diese Methode ist speziell von holländischen und britischen Autoren in langjähriger Entwicklungsarbeit ausgebildet worden[2, 3, 4]. Da das Verfahren jedoch kostspielige Spektral-Apparaturen mit hochempfindlichen Meßverstärkern erfordert, lag es nahe, zu versuchen, ob es auch mit Filtern möglich ist, die Trennung der Spektralbereiche in befriedigender Weise zu erreichen.

Arbeitsweise der Mehrfilter-Verfahren. Die erste Veröffentlichung über ein solches Verfahren stammt von M. RICHTER[5], der aus Schott-Filterkombinationen je ein Blau-, Grün-, Gelb- und Rotfilter zusammenstellt und die durch diese vier Filter hindurchgelassenen Strahlungsanteile der zu untersuchenden Lichtquelle mit einem ungefilterten Selen-Photoelement mißt. Um die Abweichungen der spektralen Durchlässigkeit der Schott-Filter und der spektralen Empfindlichkeit der Photoelemente bei Verwendung in mehreren Meßgeräten zu kompensieren und die Anschaulichkeit der Ergebnisse zu erhöhen, werden die in den ausgesonderten Spektralbereichen erhaltenen Photoströme auf die bei Verwendung einer vereinbarten Lichtart erhaltenen Werte bezogen.

Das Verfahren ist später von W. OLBERS[6] verbessert worden, indem der kurzwellige Spektralbereich durch Hinzunahme eines Violettfilters unterteilt und außerdem ein an die international vereinbarte spektrale Hellempfindlichkeitsfunktion V_λ angeglichenes Filter-Photoelement nach DRESLER-RIECK[7, 8] verwendet wurde. Hierdurch ist bei Verwendung einer ULBRICHTschen Kugel die Messung des Lichtstroms der betr. Lichtquelle mit der gleichen Apparatur möglich. Außerdem wird auf diese Weise vermieden, daß z. B. langwellige UV-Strahlung auf das Photoelement einwirken und zu einem irreführenden Ergebnis der Farbbewertung Anlaß geben kann. Die bei der Messung in den fünf Filterbereichen erhaltenen Werte werden durch den Lichtstrom der Lichtquelle dividiert. Dies ergibt die „Lichtstromanteile". Das gleiche geschieht bei Messung der Normallichtquelle. Dann werden die Lichtstromanteile der X-Lichtquelle durch die zugehörigen Lichtstromanteile der Normallichtquelle dividiert. Schließlich werden die so erhaltenen „relativen Lichtstromanteile" addiert und auf die Summe 5 umgerechnet. Diese Zahl wurde gewählt, um von vornherein die Angabe von

---

[2] P. J. BOUMA: Two Methods of characterising the Colour Rendering Properties of a Light Source IBK Berichte, 10. Tagung 1939 Bd. 2 (ersch. 1942) S. 57.

[3] P. M. VAN ALPHEN: Ein Photometer zur Untersuchung der Farbwiedergabe verschiedener Lichtquellen. Philips Techn. Rdsch. Bd. 4 (1939) H. 3, S. 71.

[4] G. T. WINCH u. H. R. RUFF: Measurement, Representation and Specification of Colour and Colour Rendering Properties of Light Sources. Trans. Illum. Engg. Soc. (London) Bd. 16 (1951) S. 13.

[5] M. RICHTER: Die Anschaulichkeit der bekannten Methoden zur Bewertung farbigen Lichtes. Licht Bd. 6 (1936) S. 223 und 251.

[6] W. OLBERS: Ein Filter-Verfahren zur Farbbewertung in der Lichttechnischen Praxis. Licht Bd. 10 (1940) S. 229 und 255.

[7] A. DRESLER: Über eine neuartige Filterkombination zur genauen Angleichung der spektralen Empfindlichkeit von Photozellen an die Augenempfindlichkeitskurve. Licht Bd. 3 (1933) S. 41.

[8] J. RIECK: Über das Filter-Photron-Element als objektives Photometer und seine spektrale Empfindlichkeit. Das Licht Bd. 7 (1937) S. 115, 137 und 157.

Prozentwerten der Farbanteile auszuschließen, die wegen der durch den Verlauf der Filterkurven bedingten Überlappung der Spektralbereiche grundsätzlich nicht möglich ist.

Das Verfahren hatte sich bei der Entwicklung der Leuchtstofflampe bewährt und wurde daher nach Kriegsende von uns mit gewissen Abänderungen wieder aufgenommen. Zwecks Vereinfachung und um von den durch die Selektivität des Kugelanstrichs bedingten Fehlerquellen unabhängig zu werden, wurde auf die Messung in der ULBRICHTschen Kugel verzichtet. Es wird jetzt mit der Meßanordnung nur das von der Lichtquelle direkt kommende Licht bewertet. Bei der Auswertung entfällt, da überflüssig, die Bezugnahme auf den Lichtstrom, wodurch das Verfahren weiter vereinfacht wird. An Stelle der früher benutzten Lichtart *B* (ähnlichste Farbtemperatur etwa 4800° K) wurde zur Lichtart *E* (ähnlichste Farbtemperatur etwa 5300° K) übergegangen, da diese dem mittleren Tageslicht in Deutschland näher kommt als die Lichtart *B*.

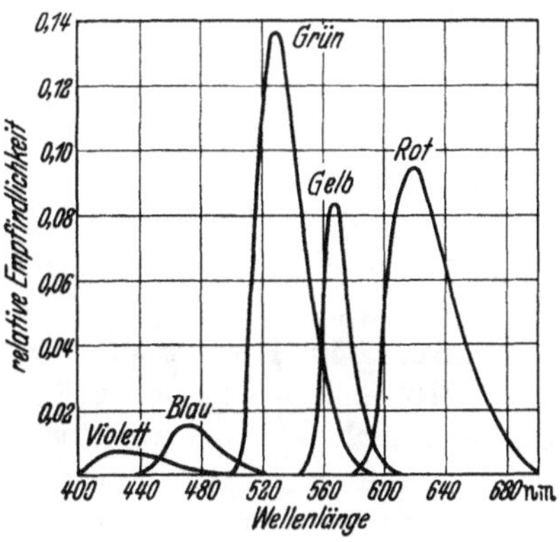

Abb. 1. Relative spezifische Empfindlichkeit in den fünf Filterbereichen des Meßgerätes.

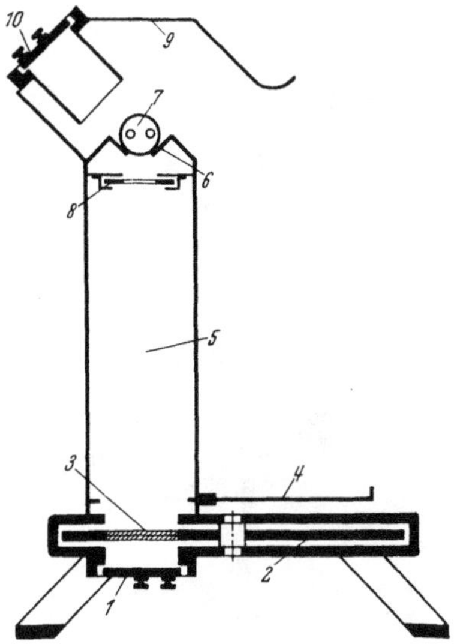

Abb. 2. Schematischer Aufbau des Fünffilter-Meßgerätes für die Fertigungskontrolle von Leuchtstofflampen.

Spektralbereiche. Tab. 1 zeigt die bisher von uns verwendeten Kombinationen von Schott-Filtern, die sich mit den von OLBERS[6] angegebenen decken. Abb. 1 gibt den Verlauf der durch die Filter veränderten spektralen Empfindlichkeit des Filter-Photoelements in diesen 5 Bereichen wieder. Man sieht, daß die Bereiche sich, wie bei Filtern nicht anders zu erwarten, z. T. überlappen, was naturgemäß eine Schwäche des Verfahrens darstellt. Andererseits erkennt man, daß die Bereiche so gewählt wurden, daß die wichtigen Hg-Linien nicht in die Überlappungsgebiete der Filter hineinfallen. Man könnte erwägen, die sehr geringe Rotdurchlässigkeit des Violettfilters durch Zusatz eines Filters BG23/2 mm zu beseitigen.

Tabelle 1. Zusammensetzung der Filterkombinationen.

Violett	Blau	Grün	Gelb	Rot
BG 3 2 mm	GG 5 2 mm BG 12 2 mm	VG 9 2 mm BG 18 2 mm BG 7 1 mm OG 4 2 mm	BG 18 2 mm VG 3 1 mm NG 5 1 mm OG 2 2 mm	RG 1 2 mm NG 4 1 mm

Aufbau des Geräts. Abb. 2 zeigt schematisch die jetzt bei den Geräten für die Fertigungskontrolle von Leuchtstofflampen gewählte Anordnung. Über dem an V_λ angeglichenen Photoelement *1* befindet sich die Revolverscheibe *2* mit den fünf Farbfiltern *3*. Der Abdeckschieber *4* gestattet, die Nullpunkteinstellung des Galvanometers zu kontrollieren. Der Lichtschacht *5* dient als Tubus zum Abschirmen von Fremdlicht und besitzt an seinem oberen Ende eine Rinne *6* zum Einlegen der zu messenden Leuchtstofflampe *7*. Unter dieser sitzt die regelbare Gitterblende *8*, mit deren Hilfe der auf das Photoelement gelangende Lichtstrom so eingestellt werden kann, daß am Galvanometer ein Ausschlag gewünschter Größe entsteht. Über der zu messenden Leuchtstofflampe befindet sich ein Fremdlicht abschirmendes (abnehmbares) Schutzdach *9*, in das bei *10* ein zweites Photoelement zur Kontrolle der Lichtkonstanz der Lampe während der Messung eingesetzt werden kann. Abb. 3 zeigt das Gerät mit eingelegter Leuchtstofflampe.

Abb. 3. Außenansicht des Fünffilter-Meßgerätes mit eingelegter Leuchtstofflampe.

Zur Messung des Photostroms dient ein S & H Lichtmarken-Galvanometer (Mikroamperemeter) mit einem Widerstand von 730 Ohm und einer Stromempfindlichkeit von $5 \cdot 10^{-9}$ A je Teilstrich. Für das Kontroll-Photoelement *10* genügt ein Zeigergalvanometer mit einer Empfindlichkeit von etwa $0{,}4 \cdot 10^{-6}$ A je Teilstrich.

Eichung. Das Gerät wird mit der Lichtart *E* geeicht, indem als Eichlichtquelle eine Glühlampe der Farbtemperatur 2850° K mit dem im Normblatt DIN 5033 angegebenen Flüssigkeitsfilter nach DAVIS-GIBSON oder mit dem für diese Lichtart entwickelten Glasfilter EG der Firma Schott und Gen. benutzt wird. Das Gerät kann zu diesem Zweck um 90° gekippt (d. h. mit horizontal liegendem Lichtschacht) verwendet werden, wobei das Schutzdach *9* abgenommen wird.

Es hat sich herausgestellt, daß auch Leuchtstofflampen mit sehr gutem Erfolg als Gebrauchsnormal für die Nacheichung solcher Geräte verwendet werden können.

Der Zeitbedarf für die Messung einer eingebrannten Lampe beträgt etwa 5 min, wenn man zweimalige Ablesung der Werte in den fünf Bereichen zugrunde legt.

Meßergebnisse. Tab. 2 zeigt die mit dem Fünf-Filter-Verfahren an einer Reihe von künstlichen und natürlichen Lichtquellen erhaltenen Ergebnisse. Die Werte für die Lichtart *E* (1. Zeile) sind in allen fünf Bereichen definitionsgemäß = 1,0 gesetzt. Die nächsten drei Zeilen enthalten Werte für verschiedene Arten natürlichen Tageslichts. Dann folgen drei Beispiele für Temperaturstrahler, wobei die beiden Glühlampen mit um 150° K verschiedener Farbtemperatur einen Rückschluß auf die Empfindlichkeit der Methode zulassen. Die nächste Abteilung enthält vier Typen von Gasentladungslampen, von denen die Xenonlampe XBF 5000 den Werten der Lichtart *E* ziemlich nahekommt. In der letzten Gruppe sind vier verschiedene Typen von Leuchtstofflampen aufgenommen.

Charakteristische Beispiele für Extremfälle der spektralen Verteilung geben die Glühlampen mit von Violett nach Rot ansteigenden Werten und das Tageslicht des blauen Himmels mit dem umgekehrten Verlauf. Die Werte für den bedeckten

Tabelle 2. Meßergebnisse für verschiedene Lichtquellen, bewertet nach dem Fünf-Filter-Verfahren.

Lichtquelle	Farbanteile				
	Violett	Blau	Grün	Gelb	Rot
Lichtart E	1,00	1,00	1,00	1,00	1,00
Sonne	0,88	1,02	1,02	1,05	1,03
Bed. Nordhimmel (starke Wolkendecke)	1,10	1,14	0,99	0,95	0,82
Blauer Himmel	1,57	1,30	0,87	0,73	0,53
Glühl. 2700° K	0,37	0,50	0,91	1,30	1,92
Glühl. 2850° K (Normlichtart A) ..	0,39	0,53	0,95	1,30	1,83
Reinkohlebogen ...	0,79	0,71	0,97	1,15	1,38
HQA 300	1,45	0,10	1,36	2,02	0,07
HBO 2001	1,20	1,44	0,72	1,07	0,57
XBF 5000	0,94	1,10	0,94	0,99	1,03
Kohlensäurelampe .	1,07	1,29	1,05	0,87	0,72
HNT 25 W	0,99	1,00	1,04	1,03	0,94
HNG 25 W	0,78	0,65	1,01	1,26	1,30
HNW 25 W	0,72	0,60	1,15	1,36	1,17
HNI 40 W	0,48	0,17	1,12	1,72	1,51

Nordhimmelstimmen nicht mit denen der Normlichtart *E* überein. Die Werte der Leuchtstofflampe HNT (25 W) entsprechen dagegen angenähert denen der Lichtart *E*.

Die Zahlenwerte vermitteln ein ungefähres Bild der spektralen Energieverteilung der betreffenden Lichtart. Wegen der durch den Verlauf der Filterkurven bedingten Überlappung der Spektralbereiche darf man jedoch keine zu weitgehenden Schlüsse aus den Werten ziehen. Sind die spektralen Energieverteilungen zweier Lichtquellen gleich, so müssen auch die Fünf-Filter-Werte miteinander übereinstimmen, das Umgekehrte braucht nicht unbedingt zuzutreffen. Da das Fünf-Filter-Verfahren eine Art rohe Spektralphotometrie darstellt, lassen die Meßwerte nicht immer eindeutige Rückschlüsse auf das farbige Aussehen der Lichtquelle zu.

Genauigkeit und Reproduzierbarkeit. Das verwendete Filter-Photoelement muß natürlich ermüdungsfrei sein. Bei der Beschaffung mehrerer Geräte für verschiedene Meßstellen muß auf weitgehende Übereinstimmung der spektralen Empfindlichkeit der Photoelemente und des spektralen Transmissionsverlaufs sämtlicher Filter geachtet werden. Die Genauigkeit des Verfahrens ist dann in erster Linie durch die zeitliche Konstanz der zu messenden und der Eichlichtquelle hinsichtlich Lichtemission und relativer spektraler Energieverteilung bedingt. In dieser Hinsicht ist die Leuchtstofflampe, vor allem infolge der erheblich geringeren Abhängigkeit ihres Lichtstroms von der Stromstärke, der Glühlampe überlegen.

Bei bester Konstanz der Lichtquelle beträgt die Reproduzierbarkeit der Meßwerte etwa $\pm 1\%$. Für praktische Zwecke wird mit einer Unsicherheit von höchstens $\pm 2\%$ gerechnet.

Anwendungsbereich. Das Mehrfilter-Verfahren bietet in praktisch ausreichender Weise die Möglichkeit, die spektralen Eigenschaften einer Lichtquelle sinnvoll zu kennzeichnen. Die Methode der Ausblendung aneinandergrenzender Bereiche aus dem Spektrum der zu prüfenden Lichtquelle ist zweifellos grundsätzlich exakter, da sie eine ganz saubere Trennung der Spektralbereiche gestattet.

Ein derartiges Verfahren wird sich aber schon wegen seines größeren Aufwandes weniger für die laufende Kontrolle großer Stückzahlen von Lampen eignen. Das gleiche gilt für die Messung zeitlich wenig konstanter Lichtquellen.

Ist die spektrale Energieverteilung einer Lampentype grundsätzlich bekannt, so genügt eine einfachere Methode zur Feststellung der in der Fabrikation unvermeidlichen kleinen Schwankungen der Farbwiedergabeeigenschaft. Das Mehrfilter-Verfahren hat sich für diesen Zweck als einfaches, relativ billiges und rasch arbeitendes objektives Verfahren für die laufende Überwachung der Fertigung und außerdem noch für die Sammlung von Material über die spektrale Zusammensetzung des zeitlich sehr veränderlichen natürlichen Tageslichts bewährt.

Eignung elektrischer Wechselstrom-Meßinstrumente für die Photometrie von Gasentladungslampen[1].

Von

J. Marterstock.

Mit 7 Abbildungen.

Für jede Präzisions-Photometrie ist die genaue und zuverlässige elektrische Messung unerläßliche Voraussetzung. Bei Wechselstrombetrieb, und zwar besonders bei Gasentladungslampen, stehen der elektrischen Bewertung wesentlich größere Schwierigkeiten im Wege als bei Gleichstrombetrieb. Gesichtspunkte, die bei der Auswahl und Verwendung von Wechselstrommeßgeräten zur Messung von Gasentladungslampen besonders zu berücksichtigen sind, sollen im folgenden behandelt werden.

1. Elektrische Meßgrößen und ihr zeitlicher Verlauf.

Folgende elektrische Größen sind zu messen:

die Netzspannung U_N,
der Lampenstrom I_L,
die Lampenspannung U_L,
die Lampenleistung N_L.

(Die Gesamtleistung N_G ist nur vom wirtschaftlichen Standpunkt aus von Interesse.)

Bei der Drosselfestlegung sind neben der Netzspannung in der Hauptsache zu messen:

der Prüfstrom I_P und
der Kurzschlußstrom I_K.

Um einen Überblick über Eigenart und zeitlichen Verlauf dieser Meßgrößen zu erhalten, sind in Abb. 1 die Stromkurven zusammengestellt, mit denen man bei den Messungen rechnen muß. Als Beispiel haben wir die bei Leuchtstofflampen HN 100 (22,5 W), die z. Z. der Untersuchungen (1942) ausschließlich hergestellt wurden, auftretenden Stromkurven gewählt, da in diesem Fall infolge der höheren Drosselsättigung deren Einfluß auf die Stromkurve am deutlichsten hervortritt. In der ersten Zeile der Abb. 1 sind die Lampenstromkurven

[1] Gekürzter Abdruck des Aufsatzes: „Über die Eignung elektrischer Meßinstrumente für die Photometrie von Gasentladungslampen" aus Lichttechnik, Bd. 2 (1950) H. 7, S. 177...181.

bei Drosselbetrieb und bei Widerstandsbetrieb aufgetragen. Die Schaltung ist rechts daneben gezeichnet. Hier wird deutlich, wieviel stärker die Stromkurve bei Widerstandsbetrieb deformiert ist als bei Drosselbetrieb.

Die nächste Zeile zeigt die sich nur wenig unterscheidenden Stromkurven zweier HN-100-Drosselspulen verschiedenen Kurzschlußstromverhältnisses ($I_K/I_P = 1{,}48$ bzw. 1,71) bei Einstellung der Drosseln mit dem Ersatzwiderstand EW auf den Prüfstrom I_P. Auffälliger ist der Einfluß der Sättigung in der dritten Zeile bei der Messung des Kurzschlußstromes I_K bei Sollnetzspannung. Die linke Kurve ist praktisch dreieckig und rechts nimmt sie den typischen Sättigungscharakter bei starker dritter Oberwelle an. Bei Überspannung ist ein noch stärkerer Unterschied zu erwarten.

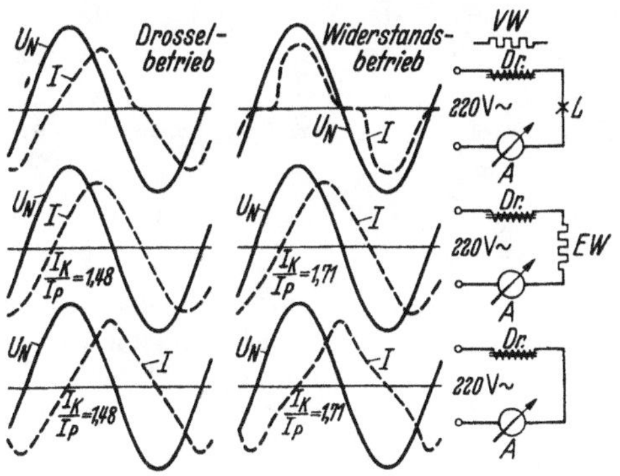

Abb. 1. Stromkurven bei Betrieb einer Leuchtstofflampe HNT 100 und bei Prüfung ihrer Drosselspule.

In Abb. 2 sind für drei charakteristische Lampentypen die Lampenspannungskurven, links bei Drosselbetrieb und rechts bei Widerstandsbetrieb, aufgezeichnet. Abb 3 zeigt die entsprechenden Spannungskurven am Vorschaltgerät (links Drossel, rechts Widerstand). Die Verschiedenartigkeit des Kurvenverlaufs der Meßgrößen ist offensichtlich. Sogar auch die Netzspannung darf keineswegs als immer sinusförmig vorausgesetzt werden. Ihre Kurvenform hängt außer vom Generator auch von Größe und Art des Verbrauchers ab.

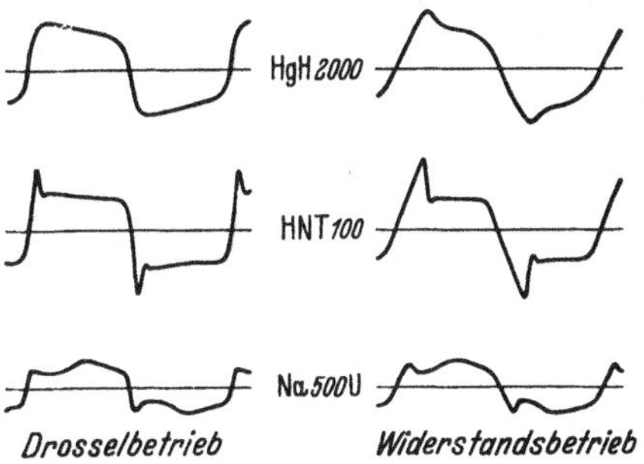

Abb. 2. Lampenspannungskurven von Gasentladungslampen bei Drossel- bzw. Widerstandsbetrieb.

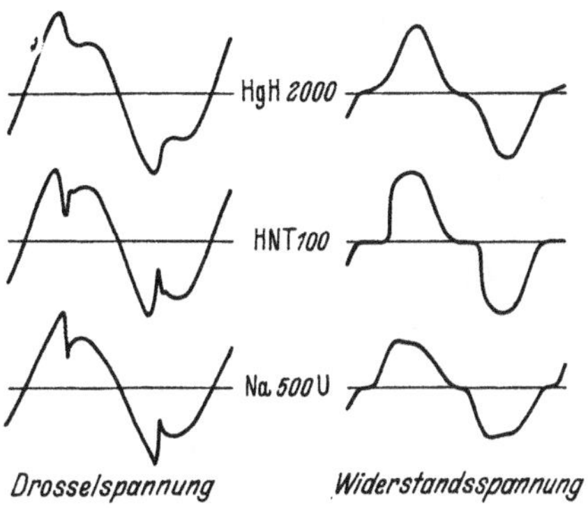

Abb. 3. Spannungskurven am Vorschaltgerät bei Drossel- bzw. Widerstandsbetrieb.

Es handelt sich bei der Prüfung von Gasentladungslampen demnach meist um die Messung von Wechselstromgrößen mit mehr oder weniger stark verzerrter Kurvenform.

2. Meßgerätetypen und ihre Einflußgrößen.

Da es in der Präzisionsphotometrie auf Unterschiede von 1 bis 2% im Lichtstrom ankommt, kommen für die elektrischen Messungen nur Instrumente höchster Güteklasse in Frage. Die Ziffer der Güteklasse, z.B. 0,2, bedeutet nur, daß die normalen Anzeigefehler 0,2% des Höchstwertes nicht überschreiten. Darin sind enthalten die Einstellsicherheit, der Gütefaktor, die Reibungs- und Auswägungsfehler als mechanische, die Skalen- und Ablesefehler als Eichfehler, und nur zum Teil und unter Normalbedingungen die Fehler durch Temperatur-, Frequenz-, Fremdfeld-, Kurvenform-, Lageeinfluß usw.

Bei Messungen an Gasentladungslampen sind besonders folgende beiden Punkte von grundlegender Bedeutung:

1. Wie gezeigt, muß besonderer Wert auf Frequenz- und Kurvenformunabhängigkeit gelegt werden. Da Effektivwerte von Strom und Spannung gemessen werden sollen, sind nur solche Instrumente verwendbar, bei denen das Quadrat der Meßgröße zur Wirkung kommt.

2. Die Meßgröße darf durch die Anwesenheit des Instruments in der Schaltung nach Kurvenform und Wert nicht verfälscht werden. Gasentladungslampen reagieren z. B. äußerst empfindlich auf parallel zu ihnen liegende Nebenschlüsse (vgl. Abschnitt 4). Es sind also Instrumente mit möglichst geringem Eigenverbrauch zu verwenden.

Außerdem sind hohe Einstellgeschwindigkeit des Zeigers und möglichst hohe Überlastbarkeit der Meßgeräte erwünscht.

Tabelle 1. Übersicht über die wichtigsten Daten der gebräuchlichsten anzeigenden Strom- und Spannungsmesser (aus ATM-J-70-4-April 42).

Meßwerk	Wirkungsweise	Gemessene Größe	Für Frequenz bis	Eigenverbrauch (ohne Widerstand bzw. Wandler)	Genauigkeit %	Überlastbarkeit
Drehspul	Drehspule im Feld eines Dauermagneten	I, U	–	I: 12···200 mV U: 0,2···30 mA L: 0,01···1 μW	M: 0,1···1,5 L: 1,5	mäßig
Dreheisen	Weicheisen im Feld einer Spule	I^2, U^2	100 Hz (selten 1 kHz)	0,2···20 VA	0,2···3,0	hoch (I für 1 s bis 50-fach)
Elektrostatisch	Geladene Metallteile gegeneinander beweglich	U^2	6 MHz	Abhängig von Frequenz	1,0···2,0	mäßig
Drehspul mit Gleichrichter	Gleichrichtung des Wechselstromes	Mittelwert von I, U	10 kHz	I: 0,04···6 V U: 0,2···15 mA	1,0···3,0	mäßig
Drehspul mit Thermoumformer	Wechselstrom heizt Thermoelement	I^2, U^2	I: 100 MHz U: 6 MHz	I: 0,1···3,6 V U: 1···60 mA	1,5···6,0	gering
Röhrenspannungsmesser	Röhrenverstärker und -gleichrichter mit Drehspulwerk	U	300 MHz	Abhängig von Frequenz	2,0···10,0	mäßig

Tab. 1 zeigt die hauptsächlich interessierenden Eigenschaften der handelsüblichen Meßwerke für Strom- und Spannungsmesser. Das Drehspulmeßwerk (Zeile 1) mit relativ hoher Empfindlichkeit, hoher Genauigkeit und geringem Eigenverbrauch ist für unsere Zwecke nicht ohne weiteres verwendbar, da der Zeigerausschlag von der Stromrichtung abhängig ist. Brauchbar ist jetzt das Dreheisen- oder Weicheisenmeßwerk, das mit Güteklasse 0,2 die Genauigkeit der Drehspulgeräte nahezu erreicht. Nachteilig ist die verhältnismäßig geringe Frequenzunabhängigkeit und der relativ hohe Eigenverbrauch. Angenehm ist die hohe Überlastbarkeit und die im allgemeinen ausreichende Kurvenformunabhängigkeit.

Beim elektrostatischen Meßwerk ist bei gegebenen geometrischen Verhältnissen der Ausschlag abhängig von U^2 und der sich mit dem Ausschlag ändernden Kapazität C des Meßwerks. Durch konstruktive Maßnahmen kann die quadratische Teilung in eine nahezu lineare übergeführt werden. Die Anzeige des Gerätes ist unabhängig von der Kurvenform und in dem uns interessierenden Bereich auch von der Frequenz. Der Eigenverbrauch ist dabei praktisch gleich Null, denn die Kapazität der Instrumente beträgt nur etwa 10 bis 100 pF. Die geringen elektrostatischen Kräfte zwangen dazu, ein besonders empfindliches, leider wenig erschütterungsfestes Meßwerk zu verwenden und die Abstände der Meßwerkteile klein zu halten, weshalb Genauigkeit und Überlastbarkeit mäßig sind.

Die vielen Vorzüge der Gleichrichterinstrumente, z. B. Handlichkeit, Vielseitigkeit, geringer Eigenverbrauch, haben ihnen in manchen Fällen eine Überschätzung eingebracht. Für genaue Messungen an Gasentladungslampen eignen sie sich nicht. Das Meßwerk, das im allgemeinen im geradlinigen Teil der Gleichrichterkennlinie arbeitet, mittelt den mit Hilfe der Graetz- oder der Gegentaktschaltung gleichgerichteten Strom arithmetisch. Die Skala gibt normalerweise nur für Sinusform (Formfaktor 1,11), die bei Gasentladungslampen selten vorhanden ist, den richtigen Effektivwert.

Bei den Drehspulgeräten mit Thermoumformer ist der Ausschlag proportional dem Quadrat des Stromes bzw. der Spannung. Kurvenformabhängigkeit ist nicht und Frequenzabhängigkeit bis zu hohen Bereichen ebenfalls nicht vorhanden. Auch der Eigenverbrauch kann niedrig gehalten werden. Leider entspricht die Genauigkeit höchstens der Klasse 1,5, die Überlastbarkeit ist gering. Am meisten stört die geringe Einstellgeschwindigkeit des Zeigers infolge der Temperaturträgheit des Thermokreuzes.

Der Röhrenspannungsmesser, der auch nach dem Gleichrichterprinzip arbeitet, kommt wegen der großen Kurvenformabhängigkeit und der geringen Genauigkeit nicht in Frage. — Nicht aufgeführt sind in der Tabelle Hitzdraht- und elektrodynamische Instrumente. Erstere werden besonders wegen ihres hohen Eigenverbrauchs kaum mehr verwendet; sie sind durch die Thermoumformergeräte ersetzt. Die Elektrodynamometer werden als Strom- und Spannungsmesser kaum mehr hergestellt, da sie durch die billigeren und gleich guten Dreheisengeräte verdrängt wurden; nur bei Leistungsmessern wird dieses Meßprinzip weitgehend angewendet.

3. Praktische Erprobung einiger Instrumente.

Es wurden Meßgeräte verschiedener Systeme auf Kurvenformunabhängigkeit geprüft. Sechs Strommesser wurden in Reihe geschaltet und Ströme verschiedener Kurvenform (I_L) der Lampentypen HgH 1000, HQA 500 und HNT 100 bei Drossel- und Widerstandsbetrieb sowie die entsprechenden Drosselkurzschlußströme (I_K) gemessen. Anschließend wurde bei Verwendung sinusförmigen Stromes (I_S) der gleiche Effektivwert eingestellt und die Differenz der beiden Angaben auf ihn bezogen.

Als Vergleichsinstrument für die Einstellung auf den gleichwertigen Sinusstrom wurde ein kurvenformunabhängiges, mit dem Kompensator geeichtes Thermoumformerinstrument benutzt.

Abb. 4 zeigt das Ergebnis. Die von den Herstellfirmen angegebenen Daten der Instrumente sind aufgeführt. Es fällt sofort die bis in die Größenordnung von

20% reichende Fehlweisung beim letzten Gleichrichterinstrument auf. Auch das andere zeigt noch Fehler bis etwa 8%. Es entspricht der Erwartung, daß gerade der Widerstandsbetrieb am schlechtesten abschneidet. Aber auch die Abweichungen bei den anderen Betriebsarten liegen noch zwischen 2 und 6%. Die Fehlweisungen der 3 Dreheiseninstrumente und des Dynamometers liegen mit einer Ausnahme bei 0,5% und darunter, so daß man diese Geräte innerhalb des untersuchten Bereiches als kurvenformunabhängig ansprechen kann.

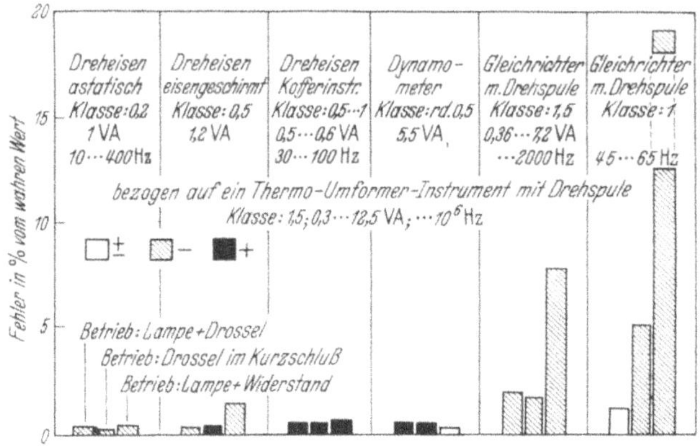

Abb. 4. Fehlweisung von Strommessern verschiedener Typen bei Wechselströmen verschiedener Kurvenformen.

In ähnlicher Weise haben wir sechs Spannungsmesser entsprechender Systemarten geprüft (s. Abb. 5). Als Vergleichsinstrument wurde hierbei das gegenüber dem Thermogerät bzgl. Genauigkeitsklasse und Einstellgeschwindigkeit etwas günstigere elektrostatische Meßsystem benutzt. Auch diesmal schneiden erwartungsgemäß das astatische Dreheiseninstrument, das Dynamometer und das Thermoinstrument sehr gut ab. Das kleine Dreheisenmeßgerät (für Meßkoffer, Spalte 2) weist dagegen bereits Fehler bis zu etwa 2,5% auf. Die Gleichrichterinstrumente erreichen hier sogar eine Fehlweisung von 19 bzw. 21%. Die in Anbetracht des relativ hohen inneren Widerstandes von 333 Ohm/Volt erwartete Überlegenheit dieser Instrumententype wird also durch die Kurvenformfehler illusorisch.

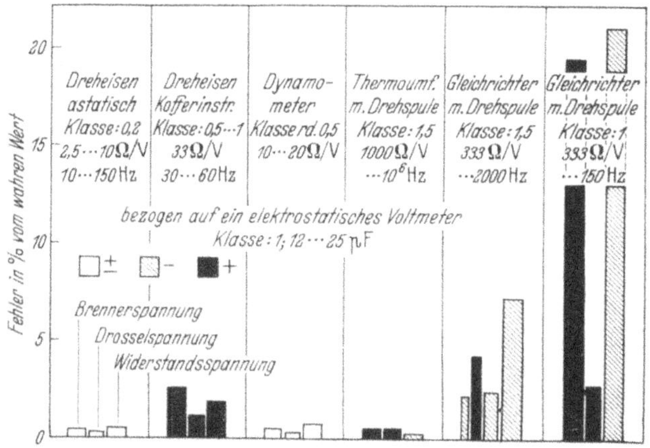

Abb. 5. Fehlweisung von Spannungsmessern verschiedener Typen bei Wechselspannungen verschiedener Kurvenformen.

Die Ergebnisse zeigen, welche Fehler möglich sind, und sollten zur Vorsicht mahnen.

4. Einfluß eines Parallelwiderstandes zur Lampe bzw. Drossel.

Als nächstes wurde der Einfluß des Eigenverbrauchs von Spannungsmessern auf die Meßgenauigkeit überprüft. Lampen verschiedener Typen wurde schrittweise — von $R = \infty$ anfangend — ein immer kleinerer Ohmscher Widerstand parallel geschaltet. Dabei wurde die Veränderung der Lampendaten festgehalten. In Abb. 6 ist links oben für die Leuchtstofflampe HNT 100 sowohl das Ergebnis der Messungen für den Gesamtstrom und den Lampenstrom als auch die errechnete Abhängigkeit von I_{ges}, $I_L = f(R_{/\!/})$ unter der vereinfachenden Annahme, die Lampe sei ein fester Ohmscher Widerstand (Ersatzwiderstand), aufgetragen.

Die Rechnung zeigt erwartungsgemäß: Je kleiner der Parallelwiderstand, um so größer der Gesamtstrom und um so kleiner der Lampenstrom. Die prozentuale Änderung von I_{ges} ist etwa halb so groß wie die von I_L. Für die Messung mit Lampe (kein fester Widerstand) ergibt sich, daß I_{ges} mit fallendem $R_{/\!/}$ schwach, in weiten Grenzen von $R_{/\!/}$ kaum merkbar absinkt, während I_L wesentlich kleiner wird. Dies kann in der Praxis zu erheblichen Fehlern führen, da bei der Messung die Vermutung nahegelegt wird, daß der Einfluß des Parallelwiderstandes (innerer Widerstand eines Voltmeters oder der Spannungsspule eines Wattmeters) vernachlässigbar gering sei. Aber auch dann, wenn man zwar I_{ges} und I_L nicht getrennt mißt, aber den Nebenstrom in üblicher Weise berücksichtigt, indem man ihn von I_{ges} abzieht, übersieht man leicht, daß dieser korrigierte Lampenstrom kleiner ist als der unbeeinflußte bei unendlich großem Parallelwiderstand, den man eigentlich wissen will.

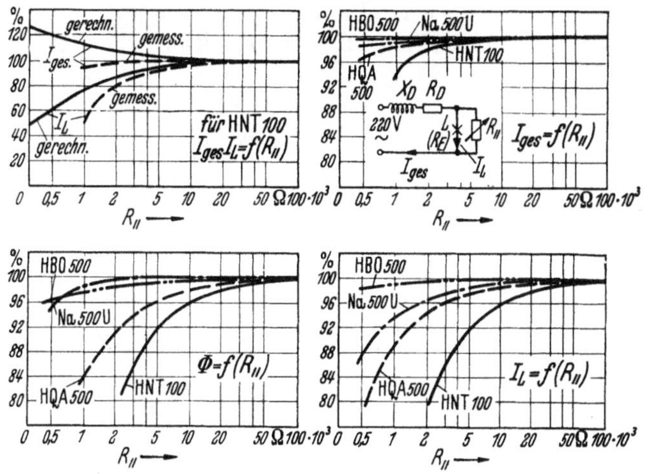

Abb. 6. Einfluß Ohmschen Widerstandes parallel zur Gasentladungslampe auf ihre Betriebsdaten.

Die anderen drei Diagramme der Abb. 6 lassen für 4 Lampentypen (HBO 500, Na 500U, HQA 500, HNT 100) den Einfluß des Parallelwiderstandes zur Lampe auf den Gesamtstrom, den Lampenstrom und den Lichtstrom erkennen. Man kann entnehmen, daß die eine Lampe empfindlicher, die andere unempfindlicher ist, wobei die Abhängigkeit vom Parallelwiderstand um so stärker in Erscheinung tritt, je niedriger der Lampenstrom bzw. je höher die Lampenspannung der betr. Type ist. Bei der HBO 500 und HQA 500 ändert sich der Lichtstrom mit $R_{/\!/}$ etwas stärker als der Lampenstrom. Geringe Lichtstromfehler sind also hier auch dann noch vorhanden, wenn man den Stromfehler rechnerisch berücksichtigt. Der Einfluß des Parallelwiderstandes auf die Lampenspannung ist meist gering, was sich aus der bekannten Charakteristik der Gasentladungslampen ableiten läßt.

Will man also Lampenspannung und Lichtstrom z. B. einer HNT 100 gleichzeitig messen und läßt man 1% Lichtstromfehler zu, dann fordert man damit einen inneren Ohmschen Widerstand des Voltmeters von etwa 45000 Ohm bzw. einen spez. inneren Widerstand von rund 450 Ohm/V bei U_L = etwa 100 V. Solche Werte kann man aber nur bei einem elektrostatischen Voltmeter oder einem Thermoumformergerät in Sonderausführung erwarten. Bei den anderen Lampentypen liegen die Verhältnisse günstiger, aber auch bei ihnen reicht je nach der zugelassenen Fehlergrenze weder das Dreheisen- noch das Dynamometermeßgerät aus.

Ein entsprechender Fehler kann auftreten, wenn man bei der Einstellung der Drosselspule mit Ersatzwiderstand neben dem Strom auch die Drosselspannung oder die Drosselleistung oder beide zusammen messen will, also der Drossel einen im einfachsten Fall Ohmschen Widerstand parallel schaltet. Hier stimmen Messung und Rechnung überein, da bei ungesättigter Drosselspule R_D und X_D unabhängig vom Strom sind. In Abb. 7 ist diese Abhängigkeit des Gesamtstromes I_{ges} und des Drosselstromes I_D vom Ohmschen Parallelwiderstand $R_{//}$ für eine ungesättigte HN-100-Drossel dargestellt. Zwar fällt der Drosselstrom I_D erwartungsgemäß mit $R_{//}$, aber auch der Gesamtstrom I_{ges} wird bei Parallelschaltung zunächst kleiner. Bei verhältnismäßig niedrigem Parallelwiderstand geht diese Differenz wieder auf Null zurück, um bei noch kleineren Parallelwiderständen stark positiv zu werden, wie man es vielleicht zunächst erwartet hätte.

Es kann also der Fall eintreten, daß bei etwa 1000 $\text{Ohm}_{//}$ der Gesamtstrom unverändert bleibt, während der eigentliche Drosselstrom bereits auf 75% seines Sollwertes herabgesunken ist. — Die beiden letzten Abbildungen dürften mit genügender Deutlichkeit die Notwendigkeit unterstrichen haben, daß der Eigenverbrauch, insbesondere der Spannungsmesser, nicht klein genug sein kann.

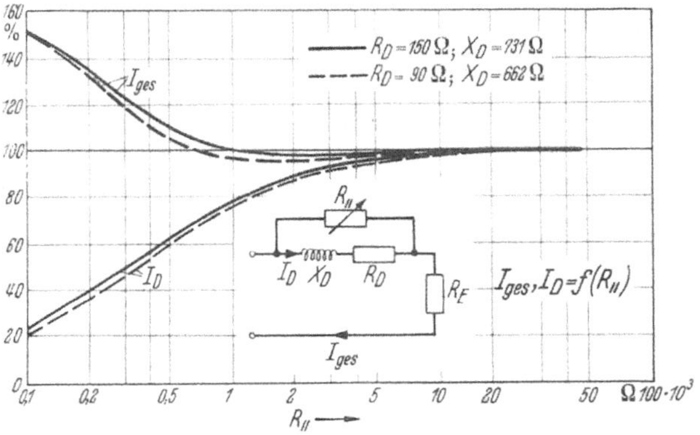

Abb. 7. Einfluß Ohmschen Widerstandes parallel zu einer ungesättigten HN 100-Drosselspule auf I_{ges} und I_D.

Die vorliegenden Ausführungen bezogen sich in der Hauptsache nur auf Strom- und Spannungsmesser, da die Auswahl an Präzisionsleistungsmessern wesentlich geringer ist und die für die Strom- und Spannungsmesser angestellten Überlegungen sinngemäß auch für die Strom- und Spannungspfade der Leistungsmesser gültig sind. Im allgemeinen sind es Elektrodynamometer, die als Präzisionsleistungsmesser Verwendung finden. Ihr Hauptnachteil liegt für unsere Zwecke im relativ hohen Eigenverbrauch. Es gibt allerdings Sonderausführungen (z. B. mit Spannbandaufhängung), bei denen der innere Widerstand des Spannungspfades 333 Ohm/Volt beträgt. Aussichtsvoll erscheint auch das von KÜHNE vorgeschlagene Thermokreuzwattmeter[2], das besonders für kleine Leistungen, z. B. für Messungen an Gasentladungslampen, entwickelt wurde, wegen des sehr hohen Widerstandes im Spannungspfad bei allerdings geringerer Genauigkeit und größerer Trägheit.

Zusammenfassung.

Die äußerst hohen und vielseitigen Anforderungen an Strom- und Spannungsmesser bei der Präzisionsmessung von Gasentladungslampen können von den heute handelsüblichen Instrumenten jeweils nur z. T. erfüllt werden. Wegen der Kurvenformabhängigkeit sind die Gleichrichterinstrumente nicht brauchbar. Für die Strommessung eignen sich Dreheisen- und Thermoumformer-Instrumente, für die Spannungsmessung das elektrostatische Meßwerk und hochohmige Thermoumformergeräte.

---

[2] J. KÜHNE: Thermokreuzwattmeter zur Messung an Gasentladungslampen ETZ Bd. 61 (1940) S. 567.

Der Nachteil der möglichen Anzeigefehler infolge der relativ geringen Genauigkeitsklasse der Thermoumformer- und elektrostatischen Geräte ist durch erhöhte Kontrolle und häufige Nacheichung (möglichst am Arbeitsplatz) weitgehend zu beheben. Bei der Messung der Lampenspannung mit Voltmetern ist zu beachten, daß durch den Parallelstrom die Lampenspannung wenig, der Lampenstrom jedoch stark beeinflußt wird, was sich oft der unmittelbaren Beobachtung entzieht. Der Parallelstrom soll möglichst nicht mehr als etwa 1% (höchstens 3%) des Lampenstromes betragen. Demnach müßte der innere Widerstand bzw. der spezifische innere Widerstand (Ohm/Volt) von Spannungsmessern und Spannungspfaden von Wattmetern beispielsweise für Leuchtstofflampen etwa die in Tab. 2 zusammengestellten Werte haben.

Tabelle 2. Innerer Widerstand bzw. spezifischer innerer Widerstand von Spannungsmessern und Spannungspfaden von Wattmetern für Leuchtstofflampen.

Lampen-Type	Ohm	Ohm/Volt
HN 202 (40 W, 0,41 A)	$\geqq$ 28 000	245
200 (40 W, 0,5 A)	$\geqq$ 19 000	200
120 (25 W, 0,29 A)	$\geqq$ 36 000	345
70 (16 W, 0,20 A)	$\geqq$ 50 000	500
40 (10 W, 0,17 A)	$\geqq$ 41 000	590

Ein einfaches Gerät zur Messung der Leuchtdichte und Größe von Photometer-Gesichtsfeldern[1].

Von

W. MÜNCH.

Mit 3 Abbildungen.

Aufgabenstellung.

Die subjektive heterochrome Photometrie erfordert bekanntlich zur Gewährleistung einer V_λ-getreuen Photometrie die Berücksichtigung bestimmter Photometrier-Bedingungen. Hierzu gehört neben der ausschließlichen Zulassung normaler Trichromaten als Beobachter die Beschränkung der Gesichtsfeldgröße auf höchstens 2° und die Einhaltung einer Gesichtsfeld-Leuchtdichte zwischen 25 und 50 asb[2]. Unter Gesichtsfeldgröße sei die sich dem betrachtenden Auge in Photometrierstellung des Okulars darbietende „scheinbare" Größe des Gesichtsfeldes in Winkelmaß verstanden, unter „Gesichtsfeld-Leuchtdichte" die nach DIN 5031 völlig eindeutige und von keinerlei physio-psychologischen Faktoren beeinflußte Leuchtdichte des scheinbaren, meist virtuellen Gesichtsfeldes hinter der letzten optisch brechenden Fläche des Okulars.

Die Notwendigkeit, sich bei subjektiven heterochromen photometrischen Arbeiten jederzeit von der Einhaltung der obengenannten Bedingungen bequem überzeugen zu können, läßt die Existenz eines Gerätes wünschenswert erscheinen, welches Gesichtsfeldgröße und Leuchtdichte in zwei Meßgängen kurz hintereinander zu messen gestattet. Vor allem ist es zweckmäßig, die Gesichtsfeld-Leuchtdichte einer direkten Messung zugänglich zu machen, um Irrtümer, die gegebenenfalls bei Berechnung auftreten können, weitgehend auszuschließen.

[1] Originalmitteilung.

[2] A. DRESLER: Die Naturwissenschaften Bd. 29 (1941), S. 225. — A. DRESLER und F. RÖSSLER: Arch. Techn. Messen, V 8255-1 (1940).

Die Besonderheit dieser Meßaufgabe, die an sich eine normale Winkel- bzw. Leuchtdichtemessung, für die es bekannte Verfahren gibt, darstellt, ist durch das Vorhandensein der kleinen Austrittspupille des Photometer-Okulars gegeben. Bekannt waren bisher Methoden zur Messung der Gesichtsfeldgröße, bei denen ein in geeigneter Entfernung befindlicher Maßstab mit dem Gesichtsfeld beidäugig oder unter Anwendung eines auf das Okular aufgesetzten teildurchlässigen Spiegels zur Deckung gebracht wird. Auch die Methoden der Meßprojektion ließen sich ohne weiteres den vorliegenden Zwecken dienstbar machen, bedeuten aber mit Rücksicht auf die ausreichende Leistungsfähigkeit der genannten einfacheren Methoden keinen wesentlichen Fortschritt. Abgesehen davon läßt sich die Gesichtsfeldgröße auch aus den geometrisch-optischen Kenngrößen des optischen Systems errechnen, doch sind diese nicht immer bekannt oder einer direkten Messung zugänglich. Zur Messung der Gesichtsfeld-Leuchtdichte kommen in erster Linie subjektive Verfahren in Betracht, da die aus der Austrittspupille austretenden Lichtströme in der Größenordnung von maximal 10^{-6} lm liegen, deren objektive Messung einen verhältnismäßig hohen Aufwand bedingen würde. Das nächstliegende wäre daher, die Leuchtdichte der Austrittspupille zu bestimmen, die mit derjenigen des Gesichtsfeldes identisch ist. Es ist jedoch möglich, wie im folgenden gezeigt werden soll, bei Wahrung aller photometrischen Grundsätze das gesamte Gesichtsfeld zu photometrieren und auszumessen.

Geometrisch-optische Grundbedingungen.

Beim Entwurf eines solchen Meßgerätes wurde von dem Gedanken ausgegangen, zu diesem Zweck mit Hilfe eines abbildenden Systems das Gesichtsfeld des zu prüfenden Photometers (im folgenden kurz mit „Prüfling" bezeichnet) in das Gesichtsfeld des Meß-Photometers abzubilden und dort sowohl einer Leuchtdichte- als auch einer geometrischen Messung zu unterwerfen.

Die Erfüllung dieser Grundforderung ist jedoch optisch-lichttechnisch gesehen gleichzeitig mit der einer Reihe von Nebenbedingungen zu verknüpfen. Das Bild des Gesichtsfeldes des Prüflings soll nicht allein in der Gesichtsfeldebene des Meß-Photometers liegen, sondern auch für die üblichen Gesichtsfeldgrößen kleiner sein als das des Meß-Photometers, damit seine geometrische Ausmessung möglich ist. Ferner soll die Austrittspupille des Prüflings oder ein Teil derselben zugleich Eintrittspupille des Meß-Photometers sein. Diese Forderung bedeutet, daß einerseits die Austrittspupille des Prüflings in die Ebene der Austrittspupille des Meß-Photometers abgebildet wird; andererseits ist bezüglich des Abbildungsmaßstabes darauf zu achten, daß aus Gründen einer einwandfreien Photometrie das Bild der Austrittspupille des Prüflings nicht kleiner ist als die Austrittspupille des Meß-Photometers. Ferner darf keine der auf die Eintrittspupille folgenden Blenden, z. B. die Fassung des Abbildungssystems, den Strahlengang beschränken, damit keine Abvignettierung des Strahlenganges eintritt.

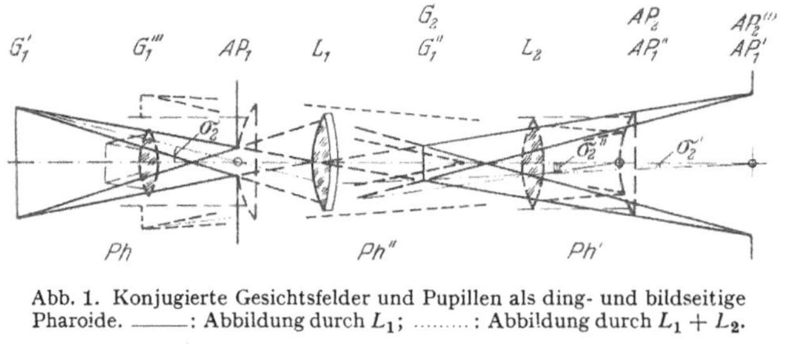

Abb. 1. Konjugierte Gesichtsfelder und Pupillen als ding- und bildseitige Pharoide. ——: Abbildung durch L_1; ....: Abbildung durch $L_1 + L_2$.

Inwieweit sich diese Bedingungen gleichzeitig erfüllen lassen, soll im folgenden diskutiert werden. In Abb. 1 ist G_1' das meist virtuelle Gesichtsfeld des Prüf-

Photometers und AP_1 seine Austrittspupille. Gesichtsfeld und Austrittspupille des Prüf-Photometers bilden ein sog. Pharoid[3], das nach Abbildung durch den im Schnitt gezeichneten Achromaten L_1 im Bildraum als Pharoid Ph' wiederzufinden ist, gegeben durch das Gesichtsfeldbild G_1'' und das Pupillenbild AP_1' bzw. nach weiterer Abbildung durch die Okularlinse L_2 als Pharoid Ph'', gebildet durch G_1''' und AP_1''. Wird nunmehr verlangt, daß ein beliebig liegendes Ebenenpaar (z. B. die reziproken Ebenen G_1' und AP_1 des Prüflings) durch ein optisches System in ein vorgegebenes Ebenenpaar (z. B. G_2 und $AP_2^{(\prime)}$ des Meß-Photometers)[4] abgebildet wird, so ist diese Forderung mit dem gleichen Abbildungssystem bekanntlich nur zu erfüllen, wenn die Lage der beiden Ebenenpaare gegenüber dem System verschieden gewählt werden kann. Das macht jedoch im allgemeinen praktische Schwierigkeiten. Die notwendige Justierarbeit kann erheblich erleichtert werden,

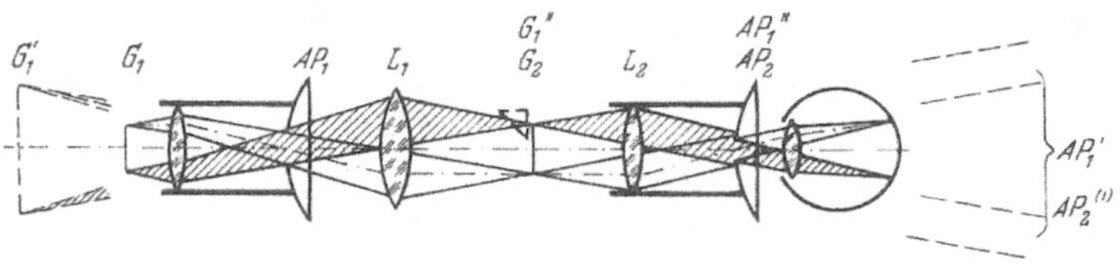

Abb. 2. Strahlengang im subjektiven Gesichtsfeld-Photometer, schematisch.

wenn eine oder zwei der Ebenen bzw. deren Bilder im ∞ liegen. Ein derartiges System ist in Abb. 2 wiedergegeben. Im dingseitigen Brennpunkt der Linse L_1 befindet sich das Zentrum der Austrittspupille des Prüflings, welches durch L_1 nach ∞ abgebildet wird. Im bildseitigen Brennpunkt der Okularlinse L_2 des Meß-Photometers liegt andererseits das Zentrum der Austrittspupille des Meß-Photometers. Durch diese Anordnung ist zunächst gewährleistet, daß das Zentrum von AP_1 durch L_1 und L_2 stets in das Zentrum von AP_2 abgebildet wird, auch wenn L_1 (gemeinsam mit AP_1) verschoben wird. Ferner ist hierdurch erreicht, daß dann auch der Abbildungsmaßstab zwischen AP_1 und seinem Bild AP_1'' stets der gleiche ist. Durch Veränderung der Lage des abbildenden Systems L_1 gegenüber dem Gesichtsfeld G_2 des Meß-Photometers kann dann stets dafür gesorgt werden, daß das Gesichtsfeld des Prüflings in das Gesichtsfeld des Meß-Photometers abgebildet wird. Soll vermieden werden, daß für verschiedene Prüflinge die Lage des abbildenden Systems L_1 gegenüber dem Gesichtsfeld des Meß-Photometers G_2 zur „Scharfeinstellung" verändert werden muß, so wäre dafür zu sorgen, daß das Zentrum des virtuellen Gesichtsfeldes G_1' des Prüflings mit Hilfe des Prüflings-Okulars stets nach ∞ verlegt wird. An der Leuchtdichte des Gesichtsfeldes wird dadurch praktisch nichts, an der scheinbaren Gesichtsfeldgröße meist nur wenig geändert. Das virtuelle Gesichtsfeld G_1' des Prüflings wird dann durch L_1 in dessen bildseitiger Brenn-Ebene abgebildet, in der sich demnach das Gesichtsfeld G_2 des Meß-Photometers befinden muß. Dann ist also die gegenseitige Lage zwischen System L_1 und Meß-Photometer bzw. Prüfling fest. Wie bereits betont, ist bei jeder Lage des abbildenden Systems L_1 zum Meß-Photometer die Pupillenort-Bedingung erfüllt, wenn nur die Lage der Austrittspupille des Prüflings zum abbildenden System unverändert bleibt. Es ist somit möglich, durch ein einfaches abbildendes System das entsprechend dimensionierte Meß-Photometer jederzeit den verschiedenen Bedingungen am Prüf-Photometer bezüglich der Lage der genannten Ebenenpaare anzupassen.

[3] Mitt. Fachaussch. „Opt. Lichttechnik", Das Licht Bd. 12 (1942), S. 17.

[4] Unter $AP_2^{(\prime)}$ soll das zu AP_2 konjugierte Bild bei Rückwärtsabbildung durch L_2 verstanden sein.

Die zu Anfang aufgestellten Forderungen gingen jedoch noch weiter. Es muß noch untersucht werden, ob es gelingt, mit dem gleichen abbildenden System auch die genannten Bildgrößenbedingungen zu erfüllen. Zu diesen gehörte, daß das Bild AP_1'' der Austrittpupille AP_1 des Prüflings nicht kleiner sein darf als die Austrittspupille AP_2 des Meß-Photometers. Es wurde bereits betont, daß bei dem von uns speziell gewählten System durch Änderung der gegenseitigen Lage des abbildenden Systems L_1 gegenüber dem Meß-Photometer am Abbildungsmaßstab der Pupillen nichts geändert wird. Die Tatsache, daß in der Praxis mit Prüflingen mit kleineren Austrittspupillen gerechnet werden muß, als sie beim Meß-Photometer gewählt wurde, bedeutet somit die vorsorgliche Wahl eines Pupillen-Abbildungsmaßstabes >1, wenn nicht die Austrittspupille des Meß-Photometers so klein gehalten wird, daß sie unter der kleinsten Ausdehnung praktisch vorkommender Pupillen an Prüflingen bleibt. Dies wird man jedoch zur Vermeidung anderer Unannehmlichkeiten beim Photometrieren (z. B. „tanzende Mücken") ohne zwingende Notwendigkeit nicht tun. — Zur Einhaltung der Größenbeziehungen gehörte ferner, daß das Bild der praktisch üblichen Gesichtsfelder nicht größer ist als das Gesichtsfeld des Meß-Photometers. Um dies zu erreichen, wird, falls man nicht das Gesichtsfeld des Meß-Photometers unnötig groß machen will, ein Abbildungsmaßstab < 1 für die scheinbare Gesichtsfeldgröße des Prüflings anzuraten sein.

Eine befriedigende Dimensionierung des abbildenden Systems würde daher die gleichzeitige Erfüllung beider Bedingungen zur Voraussetzung haben. Das sei im folgenden erörtert. Da bei verlustloser Abbildung der beiden durch G_1' und AP_1 (vgl. Abb. 1) gegebenen reziproken Ebenen in G_1''' bzw. AP_1'' der durch die konjugierten Pharoide $G_1'-AP_1$ und $G_1'''-AP_1''$ hindurchtretende Lichtstrom erhalten bleibt und die Leuchtdichten im Ding- und Bildraum des gleichen Mediums bekanntlich gleich sind, muß der sog. „geometrische Fluß"[5]

$$\frac{d^2_{AP_1}\pi}{4}\sin^2\sigma_2\pi\,\mathrm{sr} = \frac{d^2_{AP_1''}\pi}{4}\sin^2\sigma_2''\pi\,\mathrm{sr}\,^* \tag{1}$$

der beiden Pharoide gleich sein. Hierin bedeuten d den Pupillendurchmesser, σ_2 bzw. σ_2'' die Winkel, unter denen die halben Gesichtsfelder von AP_1 bzw. AP_1'' aus erscheinen (Abb. 1). Die angegebene Beziehung ist bekanntlich mit der sog. „Sinus-Bedingung" identisch. Setzt man für kleine Winkel statt des sinus diese selbst, so erhält man

$$\left(\frac{d_{AP_1''}}{d_{AP_1}}\right)^2\cdot\left(\frac{\sigma_2''}{\sigma_2}\right)^2 = 1 \text{ (für kleine Winkel)} \tag{2}$$

oder

$$\beta_P''^2\gamma_G''^2 = 1\,, \tag{3}$$

denn der erste Teil des Produktes ist das Quadrat des Abbildungsmaßstabes β_P'' der Pupillen (Pupillenvergrößerung), der zweite das Quadrat des sog. Winkelverhältnisses (Winkelvergrößerung) γ_G'' des halben Gesichtsfeldwinkels unter dem dieses von den Pupillen aus erscheint. Die an sich bekannte Beziehung Gl. (3) bedeutet in unserem Falle nichts anderes, als daß bei jedem abbildenden System, sofern es die Sinus-Bedingung erfüllt, ein vergrößernder Abbildungsmaßstab der Pupillen ein reziprokgleiches (verkleinerndes) Winkelverhältnis der Gesichtsfelder nach sich zieht[6]. Das kommt aber gerade unseren Wünschen entgegen.

[5] Vgl. Fußnote [3]; Größe 4.

* sr ist das Zeichen für die Einheit des Raumwinkels (Steradiant); vgl. Normblatt DIN 5031.

[6] An dieser Tatsache wird auch durch eine bei AP_2 evtl. vorhandene Augenlinse (L_2 ist in diesem Falle die „Feldlinse") nichts geändert.

Bei der praktischen Dimensionierung des abbildenden Systems kann man sich davon leiten lassen, daß normalerweise die Zentren der Gesichtsfelder der Photometer sich virtuell im ∞ befinden (etwa Beobachtung mit entspanntem Auge). Es besteht dann zwischen der Brennweite f_0' des gesamten Photometer-Okulars des Meß-Photometers und der Brennweite f' des gesuchten Objektivs L_1 sowie der Pupillenvergrößerung β_P'' bzw. dem Winkelverhältnis γ_G'' die Beziehung

$$\Gamma' = \gamma_G'' = -\frac{f'}{f_0'}$$

bzw.

$$f' = -\gamma_G'' f_0' = -\frac{1}{\beta_P''} f_0'. \qquad (4)$$

Bei andersartiger Lage des virtuellen Bildes des Gesichtsfeldes des Prüflings muß dann der Abstand zwischen dem nach (4) berechneten Teilsystem L_1 und dem Gesichtsfeld des Meß-Photometers der größeren Schnittweite wegen erhöht werden. Es wird jedoch meist die Messung bei Normallage des Prüflings-Okulars möglich sein, da die die Gesichtsfeldgröße betreffende Änderung bei der erforderlichen nicht sehr hohen Genauigkeit kaum ins Gewicht fallen dürfte.

Es ist nun noch die Bedingung zu beachten, daß keine im gesamten Meß-Photometer, einschließlich des abbildenden Systems L_1 vorhandene Blende den Strahlengang beschränkt. Das bedeutet u. a., daß die Öffnung des abbildenden Systems L_1 genügend groß sein muß, um das aus der Austrittspupille des Prüflings austretende Strahlenbündel völlig zu erfassen. Auch diese Bedingung läßt sich ohne allzu große Schwierigkeiten in der Praxis erfüllen. Es ist ohne weiteres ersichtlich, daß das erforderliche Öffnungsverhältnis des abbildenden Systems unter sonst gleichen Bedingungen etwa mit der Gesichtsfeldgröße des Prüflings ansteigt, wobei man bei Gesichtsfeldgrößen von etwa 8° bereits zu Öffnungsverhältnissen von etwa 1 : 4 für das abbildende System L_1 unter den dargelegten übrigen Bedingungen gelangt. Die Anwendung eines korrigierten Objektivs, mindestens aber eines Achromaten ist daher unbedingt anzuraten.

Die Messung der Gesichtsfeldgröße wurde grundsätzlich bereits angedeutet. Es wird beispielsweise im Gesichtsfeld des Meß-Photometers eine Mikrometerteilung angebracht oder noch besser, weil dann der Photometrier-Vorgang nicht gestört wird, eine Irisblende, mit deren Hilfe das Bild, das sich am gleichen Ort befindet, eingeengt wird. Bei der vorgeschlagenen Normal-Einstellung des Okulars des Prüflings ist das Winkelverhältnis zwischen dem zu prüfenden Gesichtsfeld und seinem im Meß-Photometer erscheinenden Bild stets das gleiche, daher kann in diesem Falle die Irisblende des Meß-Photometers unmittelbar in Gesichtsfeldgrößen des Prüflings geeicht werden. Sollte die Eichung schon für das Gesichtsfeld des Meß-Photometers vorliegen, so besteht zwischen beiden ein konstanter Umrechnungsfaktor.

Beschreibung eines praktisch ausgeführten Gerätes.

In Abb. 3 wird als Beispiel ein praktisch ausgeführtes Gesichtsfeld-Photometer gezeigt. Als „Photometerkopf", zu dem die Vergleichseinrichtung mit dem Gesichtsfeld und dem Okular des Meß-Photometers gerechnet werden soll, diente der Leuchtdichtemesser nach Bechstein von Schmidt & Haensch. Für die in Abb. 3 ersichtliche Versuchsausführung stand leider nur ein Achromat mit einer Brennweite von 75 mm zur Verfügung, so daß bei etwa gleicher Okular-Brennweite des Meß-Photometers Pupillen und Gesichtsfeldwinkel im Verhältnis von etwa 1:1

abgebildet werden. Da die Austrittspupille in der vorliegenden Ausführungsform des Photometerkopfes des Leuchtdichtemessers etwa 5 mm Durchmesser hat, darf daher die Austrittspupille des Prüflings im Durchmesser nicht kleiner sein als 5 mm, was für viele Photometer zutrifft. Andernfalls kann man sich bei dieser Ausführungsform dadurch helfen, daß man die Austrittspupille des Meß-Photometers durch ein entsprechendes Diaphragma künstlich verengt, wodurch die photometrische Eichung nicht verändert wird.

Die äußere Form des Zusatzobjektivs zum Meßkopf des Leuchtdichtemessers ist dadurch bedingt, daß es zweckmäßig erschien, die Eintrittspupille des Meß-Photometers zur Vermeidung falschen Lichtes und Erleichterung der praktisch notwendigen Justage durch eine materielle Blende zu realisieren. Man hat dann lediglich die einmal justierte Blende auf die Austrittspupille des Prüflings aufzusetzen und zu zentrieren, damit der Pupillenbedingung Genüge geleistet wird. Der Achromat läßt sich mit der fest eingestellten Eintrittspupille im Ansatz-Tubus des Meßkopfes zum Leuchtdichtemesser um gewisse Beträge verschieben, so daß auch Gesichtsfelder, die sich virtuell in deutlicher Sehweite befinden, in das Gesichtsfeld des Meß-Photometers abgebildet werden können.

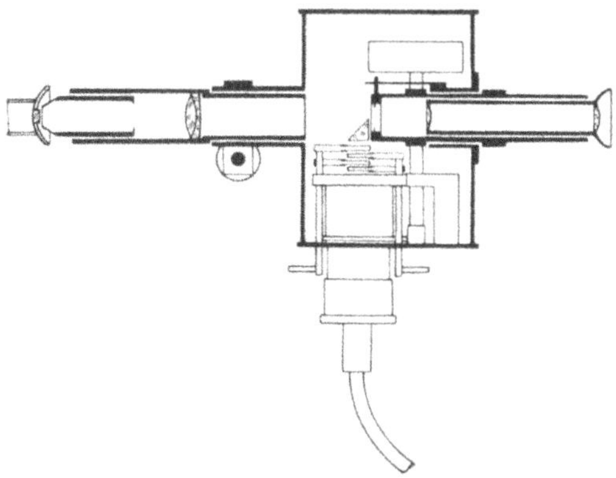

Abb. 3. Gesichtsfeld-Photometer im Schnitt, schematisch.

Das Objektiv besitzt einen rückwärtigen Anschlag, bei dem im ∞ befindliche Prüflings-Gesichtsfelder im Gesichtsfeld des Meß-Photometers scharf erscheinen. Die Gesichtsfeldgröße des Meß-Photometers läßt sich am Leuchtdichtemesser von Schmidt & Haensch durch eine Irisblende variieren, deren Verstellring in Verbindung mit dem genannten Zusatzobjektiv unmittelbar in dem bereits beschriebenen Sinne auf scheinbare Gesichtsfeldgrößen geeicht wurde. Diese Eichung ist von der Lage des Okulars des Meß-Photometers zum Gesichtsfeld unabhängig. Am Einsteck-Tubus des Objektivs ließe sich eine Korrekturskale für andere Lagen des Prüflings-Gesichtsfeldes anbringen.

Die Eichung des Gerätes, die sich sowohl auf die Gesichtsfeldgröße als auch auf seine Leuchtdichte zu erstrecken hat, ist denkbar einfach. Zur geometrischen Eichung genügt es, mit dem Meß-Photometer einen in größerer Entfernung befindlichen Maßstab anzuvisieren. Aus scheinbarem Durchmesser und Abstand des Maßstabes vom Photometer ergibt sich der Winkel durch Rechnung. Die Leuchtdichte-Eichung unterscheidet sich in nichts von der üblichen, bei der mit dem kompletten Gerät bekannte Leuchtdichten anvisiert und ausphotometriert werden. Dabei fallen bekanntlich alle Lichtverluste im Meß-Photometer heraus.

Über die Anwendung des Instrumentes ist noch einiges zu sagen. Es genügt meist die Festlegung einer Gesichtsfeld-Leuchtdichte am Prüfling, die übrigen ergeben sich durch Umrechnung. Da eine gleichzeitige Vornahme der photometrischen und geometrischen Messung wegen der Zentrierarbeit, die sich auf Pupillen und Gesichtsfeld zu erstrecken hätte, zeitraubend ist, genügt es, nach Messung der Gesichtsfeld-Leuchtdichte (Pupillenzentrierung), durch eine kleine Schwenkung des Meß-Photometers das Gesichtsfeld zu zentrieren.

Wie bereits einleitend betont, interessiert die Größe und Leuchtdichte des Gesichtsfeldes den Photometrierenden vor allem deshalb, um feststellen zu können, ob diese innerhalb der empfohlenen Größen[7] liegen, so daß eine einwandfreie Photometrie gewährleistet ist. Es sei jedoch darauf hingewiesen, daß die Feststellung der (objektiven) Leuchtdichte des Gesichtsfeldes streng genommen und besonders bei extremen Pupillendurchmessern am Prüfling nicht ausreichend ist. Maßgebend für den bei der Photometrie wirksamen relativen spektralen Empfindungsgrad des Auges dürften in erster Linie die Beleuchtungsstärke auf der Netzhaut und die Gesichtsfeldgröße (Grad der Beteiligung der Stäbchen) sein. Die erstere ist aber nur dann der Leuchtdichte des gesehenen Feldes proportional, wenn die Pupillenfläche konstant ist. Bei variabler Pupille ist sie auch noch eine Funktion der letzteren, und zwar würde sie theoretisch angenähert noch der Pupillenfläche proportional sein, weshalb gelegentlich vorgeschlagen wurde, das Produkt aus Leuchtdichte und Pupillenfläche als Maß für die „subjektive Leuchtdichte" zu wählen. Von STILES und CRAWFORD[7] wurde jedoch eine starke Abhängigkeit der subjektiv empfundenen Leuchtdichte vom Abstand des Lichtdurchtrittspunktes vom Pupillenzentrum festgestellt, so daß die „subjektive" Leuchtdichte nicht proportional der Pupillenfläche ist. Die Frage, in welcher Weise bei extremen Photometerpupillen diesen Dingen Rechnung getragen werden kann, soll an anderer Stelle behandelt werden.

Zusammenfassung.

Es wird gezeigt, daß es möglich ist, mit Hilfe einer einfachen optischen Anordnung eine Messung der Leuchtdichte von Photometer-Gesichtsfeldern durchzuführen, wobei diese in bequemer Weise mit der Messung der Gesichtsfeldgröße verbunden werden kann. Auf die Notwendigkeit der Einhaltung vor allem gewisser „Pupillenbedingungen" im Interesse einer einwandfreien Photometrie wird hingewiesen und ein praktisch ausgeführtes Gerät beschrieben. Auf den für die praktische Verwertung so gemessener Leuchtdichten in der subjektiven Photometrie u. U. bedeutsamen Unterschied zwischen objektiver und subjektiver Leuchtdichte wird abschließend kurz eingegangen.

[7] STILES and CRAWFORD: Proc. Roy. Soc. London Ser. B, Bd. 112 (1933), S. 428.

Lichtausbeute-Rechengerät für objektive Glühlampenphotometrie[1].

Von

W. SCHILLING.

Mit 7 Abbildungen.

Es wird ein elektrisches Rechengerät beschrieben, das an die üblichen Meßeinrichtungen für Gleichspannungsphotometrie leicht angeschaltet werden kann und gestattet, Lichtausbeute und Leistungsaufnahme von Glühlampen direkt zu messen.

Das Lichtausbeute-Rechengerät beruht auf folgender Überlegung:

1. Wenn der elektrische Strom i der zu messenden Lampe durch einen Ohmschen Widerstand R geleitet wird und dieser Widerstand Abgriffe erhält, die

[1] Originalmitteilung.

proportional der Lampenprüfspannung U sind (s. Abb. 1), so ist der Spannungsabfall V_w am Abgriff gegeben durch

$$V_w = R\,i \text{ und da}$$
$$R = K_1\,U \text{ sein soll, ist}$$
$$V_w = K_1\,U\,i = K_1\,W, \text{ wobei}$$

W die elektrische Leistungsaufnahme der Lampe ist. Man erhält also einen Spannungsabfall, proportional der Leistungsaufnahme.

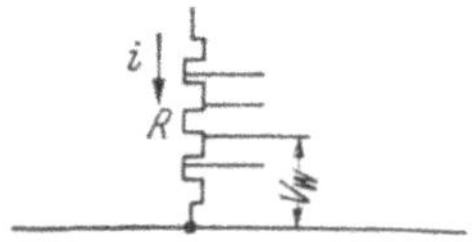

Abb. 1.

2. Bei der üblichen objektiven Messung des Lichtstromes Φ wird von der Photozelle ein elektrischer Strom I_F erzeugt, der im Meßbereich proportional zum Lichtstrom ist, also

$$I_F = K_2\,\Phi.$$

Wenn an das I_F messende Galvanometer die Spannung V_w so gelegt wird, daß der dadurch entstehende Strom I_w dem Photostrom I_F entgegenfließt, d. h. ihn kompensiert, so ergibt sich erfahrungsgemäß keine praktisch ins Gewicht fallende Änderung der Stromverhältnisse im Photozellenkreis.

3. Werden die beiden Stromkreise in der beschriebenen Weise mit einem regulierbaren Widerstand r zusammengeschaltet, so ergeben sich folgende Verhältnisse (s. Abb. 2):

Bei Galvanometerausschlag Null ist $I_w \approx I_F$.

Damit wird

$$I_w \approx \frac{V_w}{r}, \text{ wenn } R \ll r \text{ ist und}$$

$$\frac{V_w}{r} = \frac{K_1\,W}{r} \approx K_2\,\Phi \text{ oder}$$

$$\frac{\Phi}{W} \approx \frac{K_1}{K_2}\,\frac{1}{r}, \text{ d. h.}$$

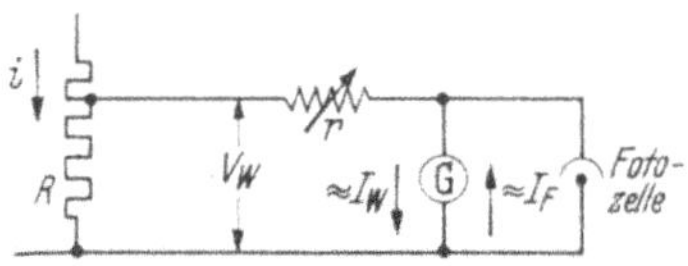

Abb. 2.

die Lichtausbeute Φ/W hängt nur von r ab; r kann also in lm/W geeicht werden.

4. Schaltet man in der Schaltung nach Abb. 2 die Spannung V_w ab, so kann in der üblichen Weise am Galvanometer der Lichtstrom Φ gemessen werden.

5. Schaltet man in der Schaltung nach Abb. 2 die Photozelle ab, so kann am Galvanometer die Leistungsaufnahme W gemessen werden.

6. Wenn der bei den üblichen elektrischen Strom-Spannungs-Messungen auftretende Stromfehler berücksichtigt werden muß, kann die Lampenprüfspannung U durch Kompensation gemessen werden, so daß die Stromkorrektur durch die Spannungsmessung entfällt (s. Abb. 3).

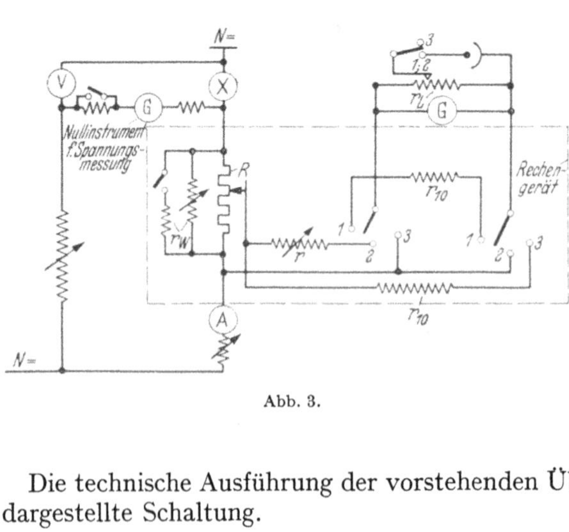

Abb. 3.

Die technische Ausführung der vorstehenden Überlegungen ergibt die in Abb. 3 dargestellte Schaltung.

Gegenüber der Prinzipschaltung hinzugefügt sind

a) das Eichpotentiometer r_L, das eine Einstellung des Galvanometerausschlages, entsprechend der Skaleneinteilung beim Eineichen, des Lichtstroms Φ ermöglicht;

b) der Eichwiderstand r_W, der das Eineichen auf die Leistungsaufnahme W ermöglicht.

Wenn mit zwei Photometerkugeln gearbeitet wird, kann durch Parallelschaltung eines festen Widerstandes (im Bild gezeichnet) eine Anpassung an das zweite Photometer erreicht werden;

c) der Umschalter, mit dem

in der ersten Stellung Φ gemessen wird (dabei ist statt der abgeschalteten Widerstände $r + R$ der Ersatzwiderstand r_{10} eingeschaltet),

in der zweiten Stellung Φ/W in der oben beschriebenen Weise gemessen wird,

in der dritten Stellung W gemessen wird, indem die Photozelle abgeschaltet, die Spannung V_w umgepolt an das Galvanometer geführt und r durch den festen Widerstand r_{10} ausgewechselt wird.

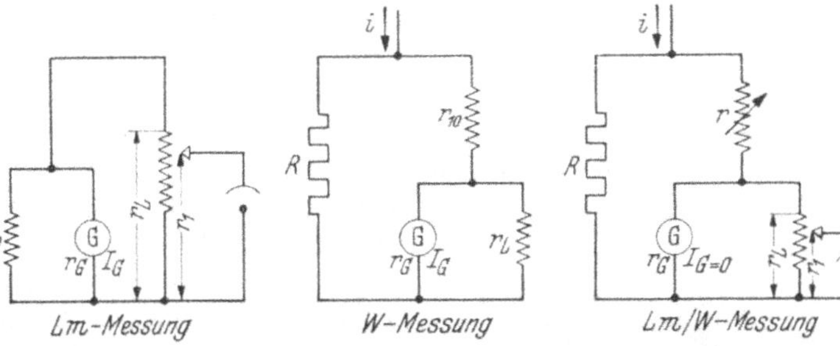

Abb. 4.

Die Bedingungen dafür, daß die schaltungsbedingten Meßfelder bedeutungslos bleiben, ergeben sich nach dem Prinzipschema der Abb. 4 folgendermaßen, wenn man die Kirchhoffschen Stromverzweigungsgesetze anwendet:

Unter der Voraussetzung

$$R = K_1 U \text{ und}$$

$$I_F = K_2 \Phi$$

ergibt sich:

Messung des Lichtstroms (Schaltstellung 1)

$$\Phi = \frac{I_G}{K_2} \frac{r_L}{r_1} \left(\frac{r_G}{r_{10}} + \frac{r_G + r_L}{r_L} \right).$$

Φ wird durch Variation von r_1 eingeeicht und ist dann I_G proportional.

Messung der Leistungsaufnahme (Schaltstellung 3)

$$W \approx \frac{I_G}{K_1} r_{10} \left(\frac{r_G}{r_{10}} + \frac{r_G + r_L}{r_L} \right), \text{ wenn } R \leqq \frac{r_{10}}{1000} \text{ ist.}$$

W wird durch Variation von K_1 durch den Parallelwiderstand r_W (s. Abb. 3) eingeeicht und ist dann I_G proportional. r_{10} wird so gewählt, daß W auf der in *lm*-geeichten Skala mit $^1/_{10}$ des *lm*-Skalenwertes abgelesen werden kann. Daraus folgt die Eichbedingung

$$K_1 = 10\, K_2\, r_{10} \frac{r_1}{r_L}.$$

Messung der Lichtausbeute (Schaltstellung 2)

$I_G = 0$ wird durch Variation von r eingestellt. Damit ergibt sich unter Berücksichtigung der Eichbedingungen für K_1

$$\frac{\Phi}{W} \approx 10\, r_{10}\, \frac{1}{r}\,,\ \text{wenn der Photozellenwiderstand} \geqq \frac{r_L}{500} \text{ und } R \leqq \frac{r}{1000} \text{ ist.}$$

Die abgeleiteten Bedingungen für R, r, r_{10} und r_L gelten für einen maximalen Fehler von 1% und können durch geeignete Dimensionierung gut erfüllt werden.

Das Gerät hat den Vorteil eines einfachen Aufbaus, weil nur Ohmsche Widerstände und Schalter benötigt werden. Es kann an jedes objektive Gleichstromphotometer angeschlossen werden und erspart ein Amperemeter. Bei Kurzschlüssen von Lampen während des Messens tritt im Gegensatz zu den üblichen Meßschaltungen keine Gefährdung eines Meßinstrumentes auf. Das Gerät erspart Arbeitskraft und Zeit, da die gewünschten Größen, Lichtausbeute und Leistungsaufnahme, ohne Rechenarbeit gewonnen werden.

Die Anwendung des Lichtausbeute-Rechengerätes erfordert nach Einbau in ein übliches Objektiv-Photometer folgende Eichvorschrift: Auf *lm*-Schaltstellung wird das Galvanometer in üblicher Weise mit Eichlampe durch Verstellung des Eichpotentiometers r_L in *lm* geeicht. Nach Umschalten auf *W*-Messung wird das Galvanometer durch Verstellung des Eichwiderstandes r_W auf *W* eingeeicht, und zwar in Zehntel der *lm*-Skaleneinteilung. Zur Kontrolle wird der Umschalter auf *lm*/*W* gestellt und durch Veränderung von r der Galvanometerausschlag Null eingeregelt. r zeigt dann die *lm*/*W* direkt an. Die Möglichkeit der Überprüfung der Eichung durch den dritten Meßwert schützt gegenüber den bisherigen Eichmethoden vor Fehleinstellungen.

Abb. 5 zeigt ein Gerät für Allgebrauchslampen. Auch für Sonderlampen-Photometrie wurde ein entsprechendes Gerät entwickelt.

Abb. 5.

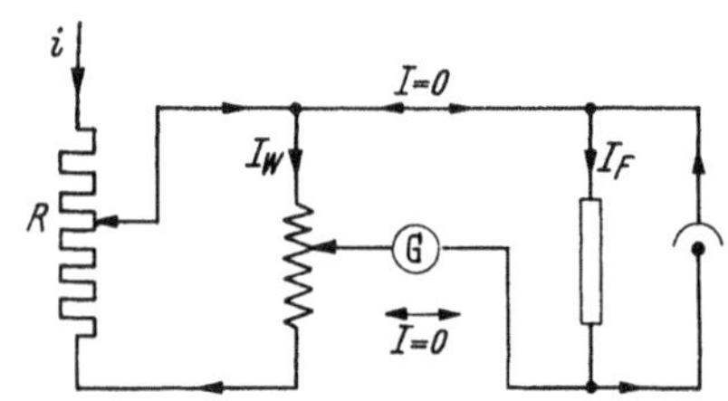

Abb. 6

Lichtausbeute-Rechengeräte der beschriebenen Art haben sich in mehrjährigem Betrieb bewährt. Sie werden für Photometrie von Allgebrauchslampen an 1- bis 2-m-Kugeln sowie für Sonderlampen an $^1/_4$- bis $^1/_2$-m-Kugeln benutzt.

E. Piltz hat darauf hingewiesen, daß durch eine Spannungskompensationsschaltung entsprechend Abb. 6 die Zahl der einengenden Bedingungen vermindert werden kann.

Man erkennt, daß bei dieser Schaltung im Kompensationsfall keine Rückwirkung zwischen Watt- und Photozellen-Stromkreis besteht. Damit entfällt die Bedingung für den Photozellenwiderstand. Außerdem wird die K_1-Eichbedingung überflüssig. Eine Folge davon ist, daß eine absolute Watt-Messung möglich wird, so daß das Gerät mit der Eichlampe nur nach *lm* oder *lm/W* geeicht werden muß. Ein vereinfachtes Ausführungsbeispiel für eine Schaltung mit Spannungskompensation ist in Abb. 7 dargestellt.

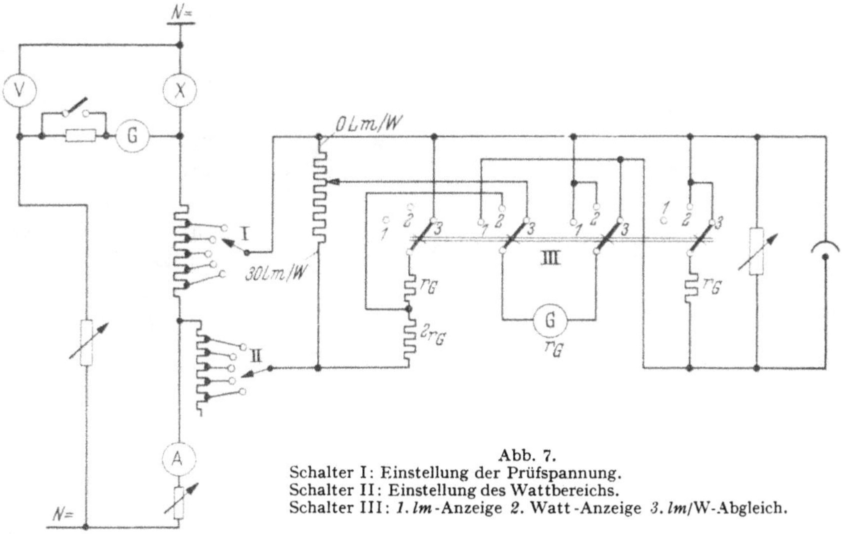

Abb. 7.
Schalter I: Einstellung der Prüfspannung.
Schalter II: Einstellung des Wattbereichs.
Schalter III: *1. lm*-Anzeige *2.* Watt-Anzeige *3. lm*/W-Abgleich.

Lichtdurchlässigkeit mattierter Gläser und ihre Messung[1].

Von

A. DRESLER und H.-J. HELWIG.

Mit 1 Abbildung.

Die lichttechnischen Stoffkennzahlen, Reflexionsgrad, Absorptionsgrad und Transmissionsgrad, sind in zweifacher Weise von Meßbedingungen abhängig, nämlich von der spektralen und räumlichen Verteilung des auftreffenden Lichtstroms sowie von der spektralen und räumlichen Verteilung des zur Bewertung herangezogenen, umgewandelten Lichtstromanteils. Wegen der Selektivität der meisten Stoffe muß jeweils die spektrale Zusammensetzung des Lichtes beachtet werden. Bezüglich der räumlichen Verteilung des auftreffenden Lichtstroms kann man 4 Fälle unterscheiden: Quasiparalleler, spitzwinkliger, stumpfwinkliger und diffuser (hemisphärischer) Lichteinfall. Ebenso kann man für die Lichtausfallseite, gleichgültig, ob es sich um reflektiertes oder durchgelassenes Licht handelt, 4 Bewertungsfälle unterscheiden, in denen vom Photometer entweder das parallel abgestrahlte, das spitzwinklig, stumpfwinklig oder halbräumlich abgestrahlte Licht bewertet wird. Da die korrespondierenden Fälle nicht unbedingt miteinander verkoppelt sein müssen, vielmehr jede Kombination denkbar und unter Umständen auch praktisch bedeutsam ist, sind insgesamt 16 methodisch unterschiedliche Messungen möglich. Von diesen kann man von vornherein keine übereinstimmenden Ergebnisse erwarten. Aus dieser verwickelten Lage führen nur Vereinbarungen

[1] Auszug aus der in Optik Bd. 3 (1948), S. 504...516 erschienenen Arbeit.

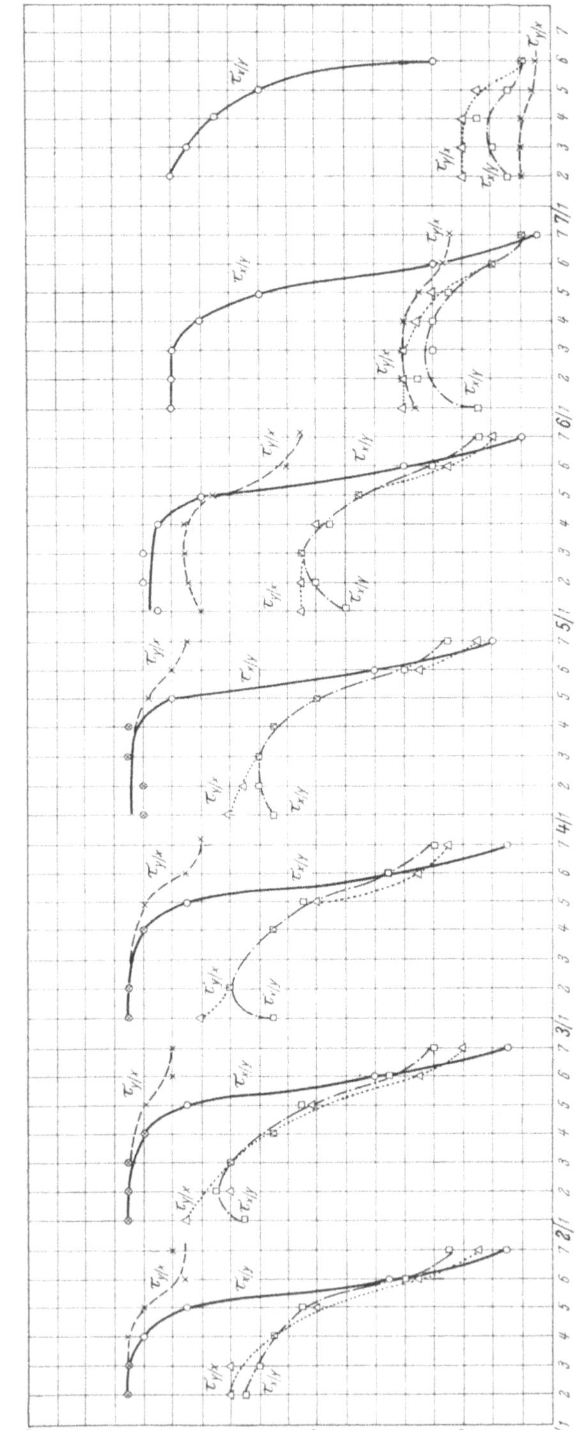

Abb. 1. Transmissionsgrad für verschieden stark mit Säure mattierte Glasplatten bei gerichteter (○×) und diffuser (□△) Beleuchtung von verschiedenen Seiten. Die Mattierungsstärken der Plattenseiten sind durch Zahlen (x,y) gekennzeichnet.

heraus, die darauf hinzielen, eindeutige, leicht reproduzierbare und treffend kennzeichnende Materialkonstanten zu gewinnen. Dies wird am ehesten mit den beiden Extremfällen des Lichteinfalls, dem gerichteten und dem diffusen sowie mit der Festsetzung erreicht, daß stets der gesamte reflektierte oder durchgelassene Lichtstrom den Stoffkennzahlen zugrunde zu legen ist. Welche Meßmethode verwendet worden ist, muß jeweils gesagt werden.

Im vorliegenden Fall wurde der Transmissionsgrad von Glasplatten, die mit Säure verschieden stark mattiert waren, und deren beide Seiten meist verschiedene Mattierungsgrade aufwiesen, bei senkrechtem und bei diffusem Lichteinfall gemessen. Die Glasplatten hatte Herr H. FREYTAG[2] freundlicherweise zur Verfügung gestellt. Für die Messung wurde in bekannter Weise eine ULBRICHTsche Kugel sowie ein schattenloser Kasten und ein universell für Reflexions- und Transmissionsmessungen geeigneter Doppelkasten verwendet.

Abgesehen von dem Nachweis, daß mit eckigen Hohlräumen brauchbare Meßergebnisse erzielt werden, ergaben sich die in Abb. 1 dargestellten Er-

[2] FREYTAG: Zur Kenntnis der Lichtdurchlässigkeit profilierter Gläser und ihrer Messung. Glastechn. Ber. Bd. 19 (1941), S. 353.

gebnisse. Auf der Abszisse sind die Mattierungsgrade, z. B. $^2/_6$, angegeben, auf der Ordinate die gemessenen Transmissionsgrade. Steht an einer Kurve $\tau_{x/y}$, so heißt das, um bei dem Zahlenbeispiel zu bleiben, daß die Seite mit dem Mattierungsgrad 2, dem Lichteinfall zu-, die Seite mit dem Mattierungsgrad 6 dem Lichteinfall abgekehrt war. Das Umgekehrte ist der Fall, wenn $\tau_{y/x}$ angegeben ist.

Man erkennt aus diesen systematischen Reihenuntersuchungen folgendes:

1. Der Transmissionsgrad wird bei beiden Lichteinfallsarten im allgemeinen um so kleiner, eine je stärkere Mattierung vorkommt.

2. Bei gerichtetem, senkrechtem Lichteinfall ist der Transmissionsgrad größer, wenn die matte bzw. stärker mattierte Seite dem Licht zugekehrt ist. Die Durchlaßunterschiede sind um so größer, je stärker die Mattierungsgrade beider Seiten voneinander abweichen[3].

3. Bei diffusem Lichteinfall ist es für den Transmissionsgrad von untergeordneter Bedeutung, von welcher Seite das Licht einfällt. Ein schwacher Einfluß ist dahingehend bemerkbar, daß τ bei schwachen Mattierungen etwas größer ist, wenn das Licht auf die matte bzw. stärker mattierte Seite fällt. Bei starken Mattierungen trifft das Umgekehrte zu.

4. Die Abweichungen der Transmissionsgrade für gerichteten und diffusen Lichteinfall voneinander sind größer:

a) bei schwacher Mattierung, wenn das Licht auf die blanke bzw. schwächer mattierte Seite fällt;

b) bei starker Mattierung, wenn umgekehrt das Licht auf die matte bzw. stärker mattierte Seite fällt. Dazwischen liegt ein stetiger Übergang.

[3] Entspricht den Ergebnissen von R. G. WEIGEL: Das Licht Bd. 4 (1934), S. 13—17 und 39—40.

Photometrische Bestimmung der Brechungszahl[1].

Von

H.-J. HELWIG.

Mit 6 Abbildungen.

Die Methoden der Photometrie lassen sich gelegentlich auch auf anderen Gebieten als den speziellen der Lichttechnik nutzbringend anwenden. Ein Beispiel hierfür ist die Bestimmung der Brechungszahl mit photometrischen Mitteln. Das nachfolgend beschriebene Verfahren dürfte vor allem aus zwei Gründen von Interesse sein:

1. liefert es den direkten experimentellen Beweis für die Abhängigkeit der Leuchtdichte B von der Brechungszahl n, genauer gesagt für die Invarianz der „reduzierten Leuchtdichte“ B/n^2, und

2. liefert es eine neuartige Möglichkeit zur Materialprüfung und -überwachung.

Aus einem Medium mit der Brechungszahl n_1 komme (Abb. 1) ein Lichtbündel mit der Leuchtdichte B_1 und dringe durch eine Grenzschicht in ein anderes Medium ein, dessen Brechungszahl n_2 sei. Die hier herrschende Leuchtdichte werde mit B_2 bezeichnet. Beide Medien seien optisch klare, homogene und isotrope Stoffe. Von der Reflexion

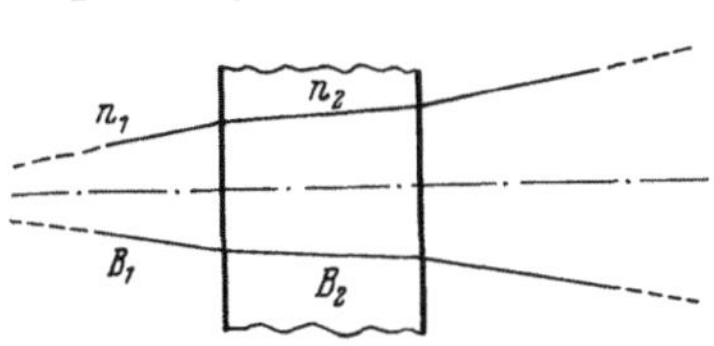

Abb. 1. Brechung eines Lichtbündels.

[1] Abdruck der in C. R. CIE, Stockholm 1952, Bd. 2, erschienenen Arbeit.

sowie von Verlusten durch Absorption werde abgesehen. Dann verlangt bekanntlich die Theorie[2] aus energetischen und geometrisch-optischen Erwägungen, daß sich die Leuchtdichten wie die Quadrate der zugehörigen Brechungszahlen verhalten:

$$\frac{B_1}{B_2} = \left(\frac{n_1}{n_2}\right)^2. \tag{1}$$

Eine photometrische Bestimmung der Brechungszahl muß also die Ermittlung der in den betreffenden Medien herrschenden Leuchtdichten zum Ziel haben. Das Eintauchen von Leuchtdichtemessern ist bei festen Körpern überhaupt nicht möglich und bei Flüssigkeiten oder Gasen wegen der Reaktions- und der Korrosionsgefahr auch nicht immer ohne weiteres durchführbar.

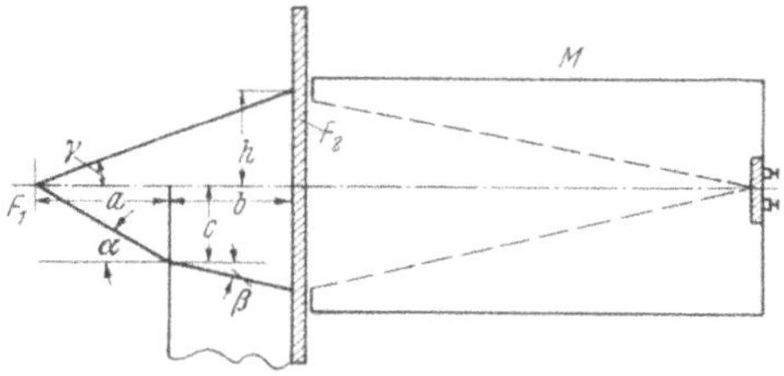

Abb. 2. Oben: Ungebrochener Strahlengang, unten: Gebrochener Strahlengang bei Einschaltung eines Mediums.

Wendet man auf das Problem weitere photometrische Gesetzmäßigkeiten an, so gelangt man zu einer durchaus brauchbaren Meßmethode. Folgende einfache Anordnung (Abb. 2, obere Hälfte) werde betrachtet: Von einer kleinen Fläche F_1 werde eine gut streuende Trübglasscheibe (schraffiert) beleuchtet, auf deren Rückseite ein Leuchtdichtemesser mit der kreisförmigen Eintrittsöffnung F_2 angeordnet sei. Der von F_1 nach F_2 gelangende Lichtstrom ist

$$\Phi = \pi B F_1 \sin^2\gamma. \tag{2}$$

Dieser Lichtstrom erzeugt an der Vorderseite von F_2 die Beleuchtungsstärke

$$E = \Phi / F_2. \tag{3}$$

Die vom Leuchtdichtemesser angezeigte Leuchtdichte B' ist dieser Beleuchtungsstärke proportional:

$$B' = kE = k\pi B \frac{F_1}{F_2} \sin^2\gamma. \tag{4}$$

Nun werde zwischen F_1 und F_2, wie in Abb. 2, untere Hälfte, dargestellt, die zu untersuchende Probe mit der Brechungszahl n_x dicht an F_2 gebracht. Dann erhält F_2 den Lichtstrom

$$\Phi_x = \pi B F_1 \sin^2\alpha = \pi B_x F_1 \sin^2\beta. \tag{5}$$

Die zweifache Schreibweise erklärt sich einfach daraus, daß einmal der Raumwinkel mit dem Öffnungswinkel α und der Leuchtdichte B und zum anderen der Raumwinkel mit dem Öffnungswinkel β und der Leuchtdichte B_x genommen ist. Durch beide, infolge der Brechung an der Grenzschicht verschieden große Raumwinkel muß der gleiche Lichtstrom dringen. Der Lichtstrom Φ_x erzeugt an der durch die Eintrittsöffnung des Leuchtdichtemessers festgelegten Fläche F_2 an der Vorderseite der Trübglasscheibe die Beleuchtungsstärke

$$E_x = \Phi_x / F_2. \tag{6}$$

Vom Leuchtdichtemesser wird, da sich die Eigenschaft der Trübglasscheibe, mithin k, nicht ändert,

$$B_x' = k E_x = k\pi B_x \frac{F_1}{F_2} \sin^2\beta$$

[2] H.-J. HELWIG, Die Leuchtdichte in optisch dichten Medien, Optik Bd. 5 (1949), S. 419 – 425.

angezeigt. Das Verhältnis der so gemessenen Leuchtdichte ist

$$\frac{B_x'}{B'} = \frac{B_x}{B} \, \frac{\sin^2 \beta}{\sin^2 \gamma} \,. \tag{7}$$

Um das Verhältnis der wahren Leuchtdichten zu erhalten, muß werden

$$\sin^2 \beta = \sin^2 \gamma \,, \tag{8}$$

und wenn die in Abb. 2 angeschriebenen Streckenbezeichnungen eingeführt werden

$$\frac{(h-c)^2}{(h-c)^2 + b^2} = \frac{h^2}{h^2 + (a+b)^2} \,. \tag{9}$$

Die Forderung ist erfüllt, wenn $a = 0$ und $c = 0$ gilt. Dem Verlangen ist leicht nachzukommen, indem man, wie in Abb. 3 angedeutet, das von einem Projektor entworfene Bild einer Lichtquelle in die Grenzfläche verlegt. Dem ist bei der Meßanordnung zu entsprechen.

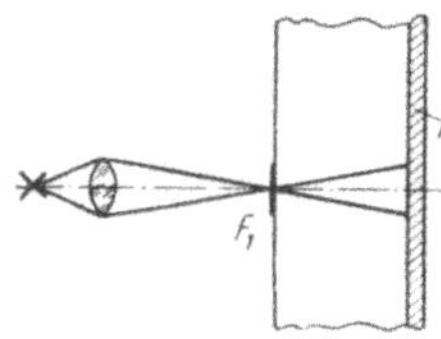

Abb. 3. Abbildung der Lichtquelle in die Grenzfläche des Mediums verlegt.

Es bereitet keine Mühe, mit Winkeln von 1° bis 2° zu arbeiten. Dann aber darf man überall die Sinus- durch die Tangens-Funktionen ersetzen. Mithin gilt an Stelle für Gl. (7)

$$\frac{B_x'}{B'} = \frac{B_x}{B} \left(\frac{\operatorname{tg} \beta}{\operatorname{tg} \gamma} \right)^2 . \tag{10}$$

Für kleine Winkel kann man das Brechungsgesetz von Snellius ansetzen in der Form

$$\operatorname{tg} \alpha = n \operatorname{tg} \beta \,. \tag{11}$$

Führt man in Gl. (10) und (11) für die trigonometrischen Funktionen die in Abb. 2 angeschriebenen Strecken ein und eliminiert c, so erhält man

$$\frac{B_x'}{B'} = \frac{B_x}{B} \left(\frac{a+b}{n_x a + b} \right)^2 . \tag{12}$$

Da $\dfrac{B_x}{B} = n_x{}^2$ sein soll, mißt man

$$\frac{B_x'}{B'} = n_x{}^2 \left(\frac{a+b}{n_x a + b} \right)^2 . \tag{13}$$

Um die Berechtigung der vereinfachenden Annahme $c \ll h$ und die Aussage, daß für $a = 0$ der Wert $B_x'/B' = n_x{}^2$ gemessen werden müsse, zu prüfen, wurden praktische Messungen $B_x'/B' = f(a)$ mit Flüssigkeiten, deren n bekannt war, durchgeführt. Der Versuchsaufbau ist in Abb. 4 skizziert. Die Reflexions- und Absorptionsverluste wurden durch gesonderte Durchlässigkeitsmessungen bestimmt und berücksichtigt. (Der B'- bzw. der B_x'-Wert ist jeweils mit $1/\tau$ bzw. $1/\tau_x$ zu multiplizieren.) Die mit Wasser und Trichloräthylen erhaltenen Ergebnisse zeigt Abb. 5. Für $a = 0$ ist tatsächlich jeweils $n_x{}^2$ gemessen worden, und die nach Gl. (13) berechneten Kurven schmiegen sich gut den Meßpunkten an.

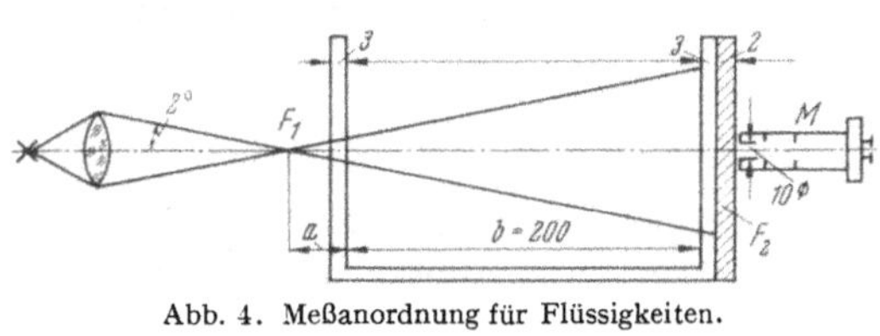

Abb. 4. Meßanordnung für Flüssigkeiten.

Seit ERNST ABBE 1874 das erste Refraktometer bei Zeiss herausbrachte, hat man mit Geräten, ähnlich geodätischen Präzisionsinstrumenten, den Winkel der Totalreflexion bestimmt und daraus auf die Brechungszahl geschlossen. Dabei war man auf visuelle Messungen angewiesen. Bei dem geschilderten Verfahren kann man dagegen objektive Photometer verwenden. Diese können kontinuierlich, z. B. an strömenden Flüssigkeiten arbeiten, wie in Abb. 6 schematisch dargestellt,

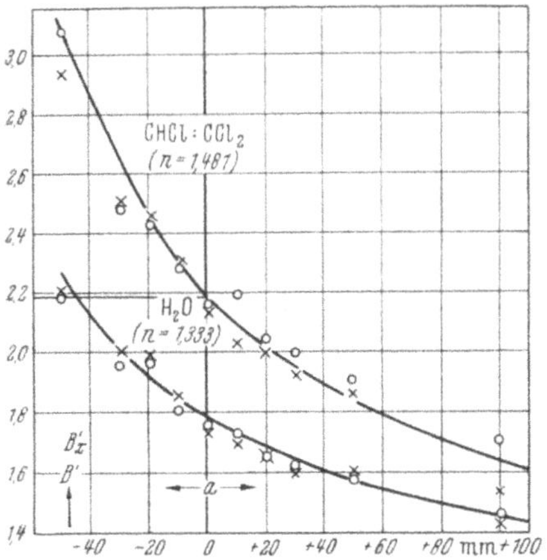

Abb. 5. Die Quadrate der Brechungszahlen in Abhängigkeit von dem Abstand des Bildpunktes von der Grenzfläche.

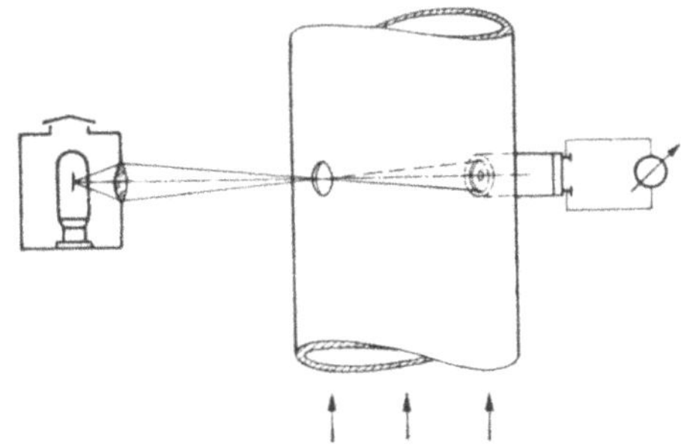

Abb. 6. Anordnung zur Kontrolle strömender Flüssigkeiten oder Gase.

und registrierende elektrische Meßgeräte steuern oder auch Signalanlagen betätigen. Die photometrische Methode dürfte die Refraktometrie bisherigen Stils, wenigstens wegen der Möglichkeit einer laufenden Kontrolle der Brechungszahl von Flüssigkeiten und Gasen, wesentlich ergänzen.

Schätzung der mittleren Lebensdauer von Lampen[1].

Von

R. FRIES.

Mit 1 Abbildung.

Die exakte Feststellung der mittleren Lebensdauer einer Serie von n Lampen beruht auf der Kenntnis der n Einzellebensdauerwerte. Man muß also warten, bis die letzte Lampe ausfällt, womit ungefähr nach dem 1,5fachen Wert der mittleren Lebensdauer zu rechnen ist.

Die ungefähre Schätzung der mittleren Lebensdauer dauert nicht ganz so lange. Sie beruht auf der statistisch berechtigten Annahme, daß die mittlere Lebensdauer etwa der Lebensdauer der $\frac{n}{2}$-ten oder $\frac{n+1}{2}$-ten Lampe entspricht, je nachdem n gerade oder ungerade ist. Aber auch hier muß man sich mindestens bis zu dem erwarteten Mittelwert gedulden.

Es kommt aber vor, daß man nicht einmal diese Zeit erwarten kann und sich schon eher ein annäherndes Urteil bilden muß. Für solche Fälle gibt es ein Verfahren, mit dessen Hilfe man sich bereits nach kurzer Zeit ein Bild über den voraussichtlichen Wert der Lebensdauer machen kann.

[1] Originalmitteilung.

Es beruht zunächst auf der Annahme, daß die quadratische Streuung s der Fabrikation mit einer Genauigkeit von rd. 5% der mittleren Lebensdauer bekannt ist, was ohne weiteres unterstellt werden darf. Weiter auf der Annahme, daß die n Lampen eines Versuches in einer zeitlichen Aufeinanderfolge ausfallen, die der theoretischen GAUSSschen Häufigkeitskurve entspricht, was aber praktisch nie ganz der Fall sein wird. Zunächst wird dann dessenungeachtet die erste von n Lampen zu einem Zeitpunkt L_1 ausfallen, der sich aus s, n und der mittleren Lebensdauer L_m berechnen läßt. Umgekehrt kann man natürlich auch ebenso die zunächst fragliche mittlere Lebensdauer L_m aus den Bekannten s, n und L_1 berechnen. Die Funktion

$$L_m = f(s, n, L_1)$$

bildet eine Flächenschar, die in Abb. 1 als Fluchtlinientafel dargestellt ist. Ihr Gebrauch ist ohne weiteres klar. Die Tafel ist aus dem sogenannten Häufigkeits-

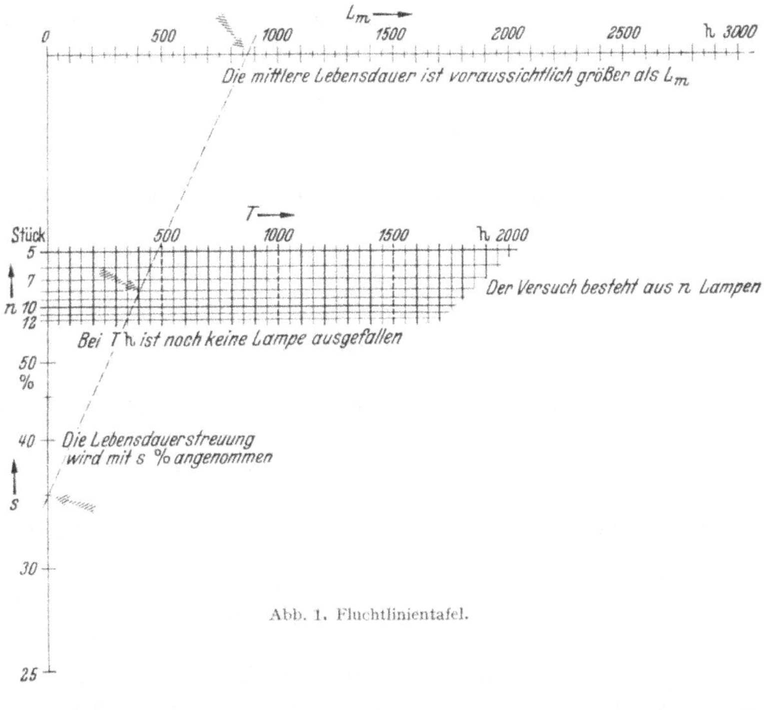

Abb. 1. Fluchtlinientafel.

papier entstanden, einem Liniennetz, dessen Abszisse linear unterteilt ist, während der Ordinatenmaßstab so verzerrt wird, daß die Häufigkeitssummenkurve (das sog. GAUSSsche Fehlerintegral) als Gerade erscheint. Teilt man den Ordinatenmaßstab, der auf dem Liniennetz bei fast 0% beginnt und nicht ganz bis 100% reicht (0 und 100% liegen im Unendlichen) in $n + 1$ numerisch gleiche Teile, also z. B. bei $n = 5$ in 6 Teile, so wird die 1. Lampe die Marke $^1/_6$ oder 16,7% erhalten. Die dieser Ordinate entsprechende Waagerechte ist auf Abb. 1 für $n = 5$ eingezeichnet. Dazu die Parallelen bis $n = 12$. Bei 50% Ordinatenmaßstab befindet sich die obere Ablesekante für die mittlere Lebensdauer L_m. Die linke Ablesekante trägt außerdem die Fluchtpunkte für das oben erwähnte, zu einer Geraden entzerrte Fehlerintegral, das in diesem Diagramm durch die Fluchtgerade dargestellt wird. Alle Geraden gleicher Streuung entspringen ein und demselben Fluchtpunkt, weshalb die Fluchtpunkte mit dem Streumaß s bezeichnet sind.

Die Fluchtlinientafel läßt sich in folgenden Eilfällen verwenden:

1. Die erste Lampe ist soeben ausgefallen. Die mittlere Lebensdauer des Versuchs wird voraussichtlich etwa soundso hoch sein.
2. Es ist noch keine Lampe ausgefallen. Die mittlere Lebensdauer wird voraussichtlich größer als soundso viel Stunden sein.
3. Wenn vom Versuch eine bestimmte Mindestlebensdauer erwartet wird, darf vor soundso viel Stunden keine Lampe ausfallen.

Die schon eingangs als praktisch nicht vorhanden angeführte Voraussetzung einer streng GAUSSschen Verteilung bedingt natürlich eine Unsicherheit der Aussage. Um deren Größenordnung zu kennen, wurde die Schätzung mittels der Fluchtlinientafel mit 22 bis zu Ende durchgeführten Versuchen an Allgebrauchslampen verschiedener Typen verglichen. Als Lebensdauerstreuung wurde das z. Z. erreichte Mittelmaß von rd. 25% von L_m angenommen. Im Mittel aller Versuche weicht die Schätzung zwar nur um 2% von der Wirklichkeit ab, im einzelnen muß allerdings mit einem Schätzungsfehler von $\pm$ 25% gerechnet werden. Das scheint zwar hoch, ist es aber nicht, wenn man den Zweck bedenkt: das Endergebnis zu schätzen, ohne die Zahlen zu kennen, aus denen es hervorgeht.

Die Bewertung von Untersuchungen an Stichproben[1].

Von

R. FRIES.

Mit 3 Abbildungen.

Wenn an einer sehr großen Menge gleichartiger Individuen das Auftreten gewisser Eigenschaften ermittelt werden soll, ist es meist unerläßlich, bestimmt aber zweckmäßig, sich auf die Untersuchung einer kleinen Auswahl zu beschränken und das Ergebnis auf die Ausgangsmenge zu übertragen.

In der Statistik pflegt man die Ausgangsmenge als Kollektiv N, die einzelnen Individuen als Elemente und die Auswahl als Stichprobe oder kurz Probe n zu bezeichnen. Die Elemente können sowohl natürlicher als auch künstlicher Herkunft sein, also beispielsweise Menschen, Pflanzen oder industrielle Massenartikel bedeuten.

Es ist üblich, das Ergebnis der Probe ohne Einschränkung auf das Kollektiv zu übertragen, aus dem die Probe stammt. Wenn beispielsweise bei der Kontrolle eines Massenartikels eine Probe von $n = 20$ Stück 3 fehlerhafte enthält, so wird meist geschlossen, daß auch die ganze Lieferung 15% Fehler enthalte. Dieser Schluß darf aber nicht ohne Einschränkung gezogen werden. Denn es ist nicht nur möglich, sondern recht wahrscheinlich, daß eine weitere, ebenso große Probe vielleicht 4 oder 2, vielleicht auch gar keinen Fehler aufweist. Nehmen wir an, das sehr große Kollektiv enthalte $F = 23$ fehlerhafte Stücke. Dann gibt es immerhin $\binom{F}{n} = 1771$ Möglichkeiten, zufällig eine 20er Probe zu entnehmen, die nur aus Fehlern besteht — und sehr viel mehr Möglichkeiten dafür, daß sie gar keinen Fehler zeigt.

Bezeichnen wir die Fehlerzahl mit F bzw. f (wobei große Buchstaben für das Kollektiv und kleine für die Probe gelten) und die Fehleranteile entsprechend mit

[1] Originalmitteilung.

$P = F/N$ bzw. $p = f/n$, so folgt die Wahrscheinlichkeit dafür, daß in der Probe n der Fehler $f$mal auftritt, aus der Gleichung

$$w_1 = \binom{n}{f} P^f (1 - P)^{n-f} . \tag{1}$$

Sie gilt theoretisch nur für ein unendlich großes Kollektiv. Ist es nicht sehr groß, sondern N meßbar gegen n, so wird

$$w_2 = \binom{n}{f} \frac{\binom{N-n}{F-f}}{\binom{N}{F}} . \tag{2}$$

Die nachfolgenden Überlegungen und Kurventafeln gelten jedoch für den 1. Fall.

Aus Gl. (1) läßt sich beispielsweise berechnen, daß bei einem angenommenen Fehleranteil des Kollektivs von $P = 15\%$ nur $w_1 = 24\%$ Wahrscheinlichkeit bestehen, daß eine 20er Probe denselben Fehleranteil, nämlich $f = 3$ Fehler aufweist. In den restlichen drei Viertel aller möglichen Fälle wird sie mehr oder weniger Fehler enthalten. Die der Gl. (1) entsprechende Funktion $w_1 = \varphi(f)$ mit P und n als Parameter liefert eine Treppenlinie, die der glockenförmigen Wahrscheinlichkeitskurve ähnelt.

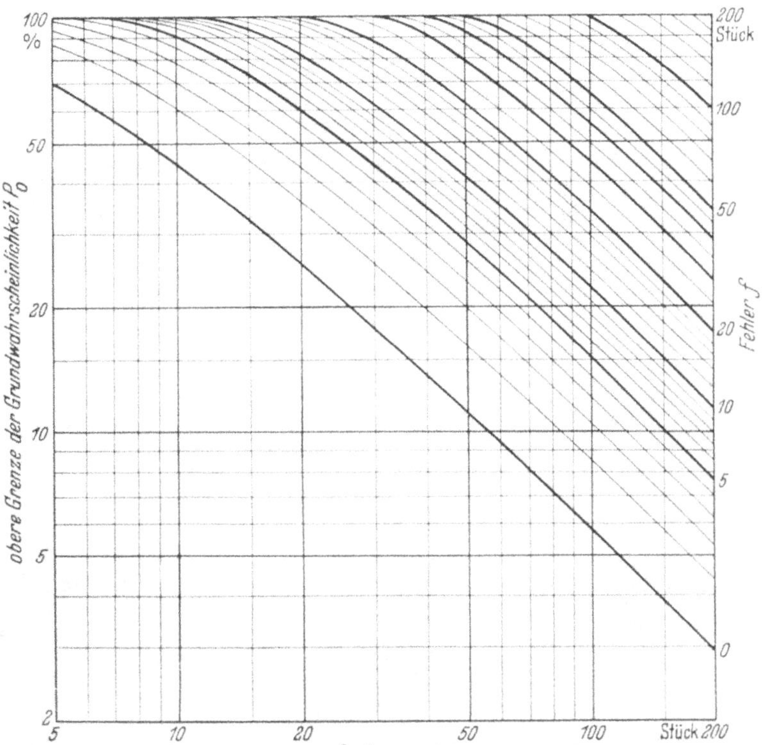

Abb. 1.

Umgekehrt läßt sich natürlich berechnen, welche Wahrscheinlichkeit der Aussage zukommt, daß bei wieder 3 Fehlern in einer 20er Probe der Fehleranteil im Kollektiv ebenfalls annähernd 15% beträgt. Wird jedoch Wert auf stets gleiche Wahrscheinlichkeit gelegt, die ja ein Maß für die Sicherheit der Aussage bildet, so muß die Rechnung folgende Frage beantworten: innerhalb welcher Grenzen P_u und P_o (untere und obere) liegt der Fehleranteil des Kollektivs, wenn f Fehler in der Probe n sind und die Wahrscheinlichkeit der Aussage w einheitlich vorgeschrieben ist. w kann beispielsweise 90 oder 99% betragen. Das heißt, daß man in einem von 10 bzw. 100 Fällen danebenschätzt. In der Statistik hat sich ein Wert von $w = 99{,}73\%$ eingebürgert. Er wird auch als 3σ-Grenze bezeichnet, weil bei der theoretischen Gaussschen Glockenkurve 99,73% ihrer Fläche innerhalb der Grenzen $\pm 3\sigma$ liegen. Dieser Wert ist — mit Absicht — so hoch gewählt, weil er praktisch der hundertprozentigen Sicherheit gleichkommt. Denn erst bei 370

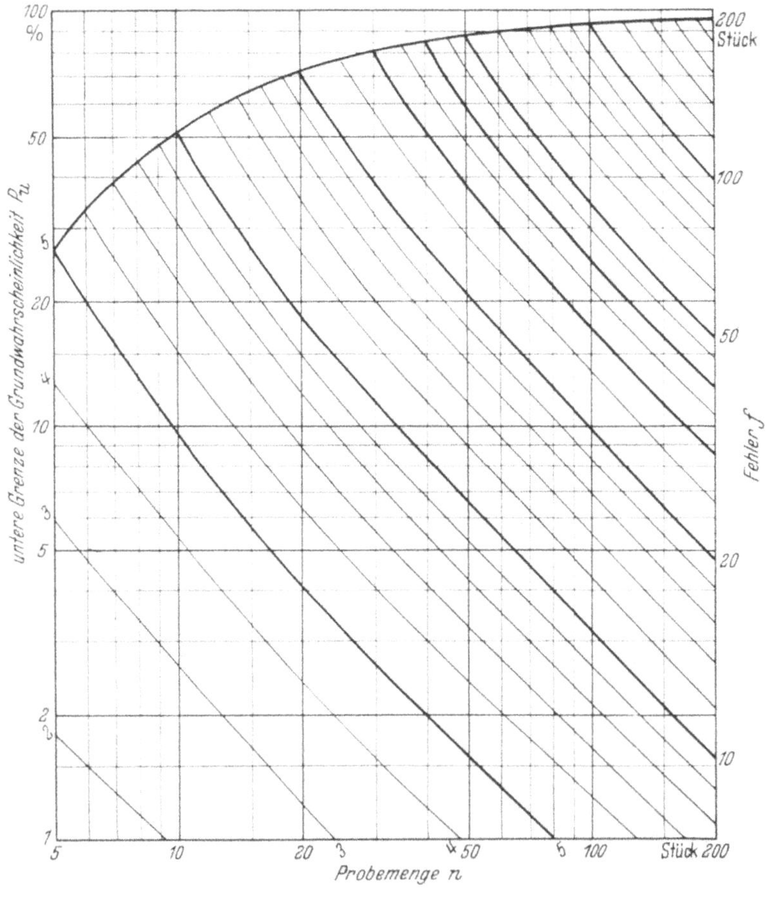

Abb. 2.

gleichartigen Versuchen besteht die Wahrscheinlichkeit einer falschen Schätzung. Die Berechnungen unter dieser Voraussetzung hat S. Koller ausgeführt und in einer ausgezeichneten Sammlung von Kurventafeln niedergelegt[2].

Die in Abb. 1 u. 2[3] dargestellten Tafeln beruhen auf den gleichen Voraussetzungen. Sie zeigen in dem vorhin angeführten Beispiel, daß 3 Fehler in einer 20er

[2] S. Koller: Graphische Tafeln zur Beurteilung statistischer Zahlen. Dresden und Leipzig 1943.

[3] Eine ähnliche auszugsweise Darstellung bringt Kuttner in „Die Technik“, Bd. 4 (1949) H. 10, S. 468—470.

Probe praktisch mit Sicherheit darauf schließen lassen, daß der Fehleranteil im Kollektiv nicht größer als 50% (Abb. 1) und nicht kleiner als 1,2% ist (Abb. 2). Das Ergebnis mag zwar enttäuschend ungenau sein — es ist aber so gut wie sicher. Die weiten Grenzen lassen sich nur auf zweierlei Weise einengen. Erstens

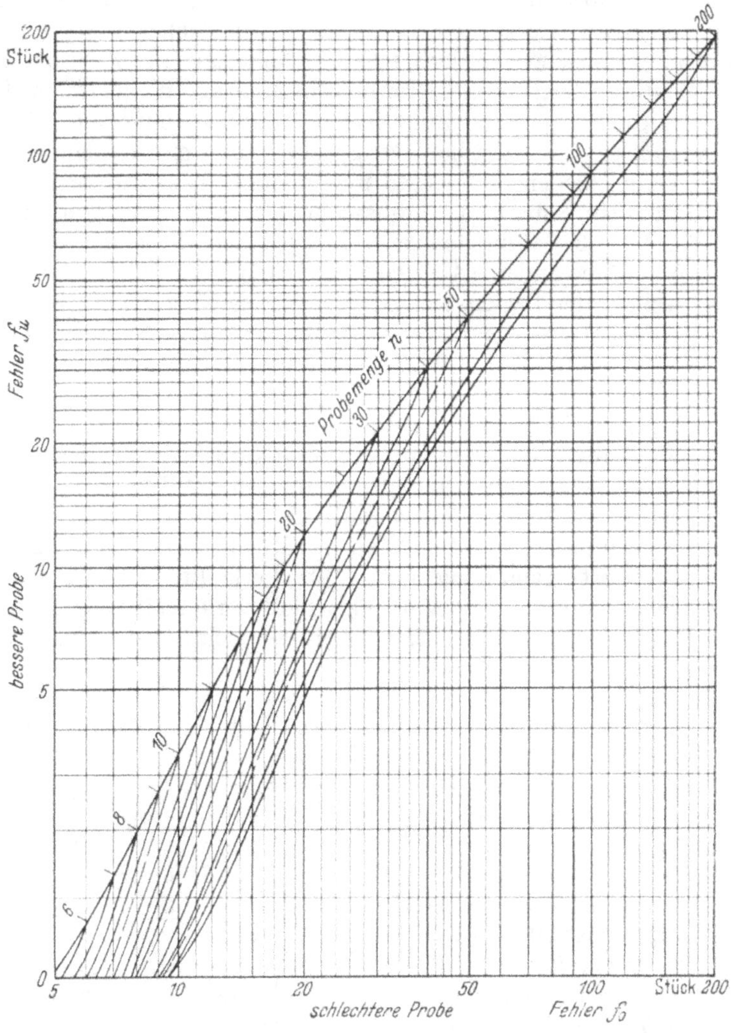

Abb. 3.

durch geringere Sicherheit für die Aussage. Das ist aber eigentlich ein Selbstbetrug, weil die Gelegenheit, falsch zu schätzen, größer geworden ist. Zweitens erreicht man eine wirkliche Verbesserung durch eine größere Probe. Nehmen wir an, daß bei einer Verdoppelung der Probe ($n = 40$) wieder 15%, also jetzt $f = 6$ Fehler auftauchen, so schrumpfen die Grenzen für P auf 3 und 38% zusammen.

Aus dem wesentlich größeren Kurvenabstand für niedrige Fehlerzahlen f folgt, daß die Aussage um so präziser wird, je mehr Fehler die Probe enthält. Ist daher die Fehleranzahl kleiner als etwa 3 oder 4, so ist die Probe zu vergrößern oder zu wiederholen.

Eine besondere Erläuterung erfordert die Kurve $f = 0$ in Abb. 1. Sie hat natürlich nur dann einen Sinn, wenn überhaupt damit zu rechnen ist, daß der gesuchte, aber in der Probe nicht enthaltene Fehler im Kollektiv vorkommt, wenn also anzunehmen ist, daß das Ergebnis $f = 0$ ein Zufallstreffer ist. Um so mehr empfiehlt sich dann eine Wiederholung der Probe.

Sehr oft ist es in der Praxis nötig, nicht nur eine bestimmte Lieferung, sondern die über längere Zeit laufende Herstellung durch Stichproben zu überwachen. Da erhebt sich die Frage, wie weit es berechtigt ist, aus dem verschiedenen Ergebnis zweier aufeinanderfolgender Proben auf eine Änderung der Fabrikationsgüte zu schließen. Denn verschiedene Fehleranteile in zwei aufeinanderfolgenden, gleich großen Proben können auch eine Zufallserscheinung sein, ohne daß sich der Fehleranteil P im Kollektiv geändert hat. Der gleiche Fall liegt vor, wenn es sich darum handelt, zwei verschiedene Fabrikate miteinander zu vergleichen. Diese Frage behandelt unter der bisherigen Voraussetzung einer 99,73%igen Aussagewahrscheinlichkeit Abb. 3. Wenn von zwei 20er Proben die eine 3 Fehler enthält (Ordinate), so muß die andere (Abszisse) mindestens 13 aufweisen, wenn auf einen echten Unterschied der beiden Kollektive geschlossen werden darf. Wenn aber die zweite etwa weniger als 3 Fehler aufweist, besteht kein solcher Unterschied, denn alle Schnittpunkte für $f_o = 3$ und $f_u < 3$ liegen schon außerhalb der Kurvenschar.

Dieses Beispiel und Abb. 3 überhaupt lassen sich aber auch auf den eingangs erwähnten Fall einer Probe anwenden, wenn man befürchtet, einen der seltenen Zufallstreffer gezogen zu haben, die aber immerhin mit 100—99,73 = 0,27%iger Wahrscheinlichkeit auftreten können und zu einem ausgesprochenen Fehlurteil führen. Dann entnimmt man nämlich eine zweite Probe. Liegen nun die Fehlerzahlen f_1 und f_2 weiter auseinander als Abb. 3 erlaubt, so ist die eine Probe bestimmt solch ein seltener, zu einem Fehlschluß verleitender Zufallstreffer, weil ja nur ein Kollektiv vorhanden ist, das sich von sich selbst nicht unterscheiden kann.

Zum Schluß sei noch einmal darauf hingewiesen, daß es sich keineswegs immer um Fehler handeln muß, von denen hier der Einfachheit halber die Rede war. Ebenso kann von irgendwelchen Eigenschaften — auch Vorteilen — oder ganz allgemein von Ereignissen gesprochen werden, wenn nur die Voraussetzung erfüllt ist, daß die Elemente unter gleichen Umständen entstanden sind und nur zufällige Einflüsse ohne vorliegende Absicht zu Abweichungen geführt haben. Nur unter dieser Voraussetzung gelten die vorstehenden Überlegungen. Ebenso ist es mit der Entnahme der Probestücke. Sie muß ebenfalls zufällig und ohne gewollten Einfluß erfolgen, sonst gilt das Gesagte nicht. Es erfordert Überlegung und einige Erfahrung, die Probestücke richtig zu entnehmen. Die oft empfohlene Methode, sie in gleichen numerischen oder zeitlichen Abständen zu entnehmen, kann versagen, wenn zum Beispiel gleiche zeitliche Umstände mit gleichen Wochentagen zusammenfallen (blauer Montag) oder mit der Standzeit eines Werkzeuges. Eine völlig einwandfreie Methode ist das Losen. Die Nummern der Elemente werden auf Zettel geschrieben und als Lose gezogen. Auch 10000 und mehr Elemente lassen sich auf diese Weise verlosen, indem man die Ziffern für Tausender, Hunderter usw. auf Zettel schreibt, ohne die Null zu vergessen, in verschiedene Behälter tut und dann die Kombinationen zieht.

Über eine analytische Schnellmethode zur Bestimmung des Calciumgehaltes in verschiedenen Calciumphosphaten ohne Abtrennung der Phosphorsäure*.

R. KNÜTTER und G. KRESSIN.

Die Bestimmung der Phosphorsäure und des Calciums nebeneinander wird meist nach den bewährten Methoden der Abtrennung von Phosphorsäure mit Ammonmolybdat in salpetersaurer Lösung und darauffolgende Bestimmung des Calciums durch Verglühen des Oxalates zum Oxyd oder durch maßanalytische Bestimmung mit eingestellter Permanganatlösung durchgeführt[1], Erforderlich wird die Abtrennung der Phosphorsäure, weil das Calcium in ammoniakalischer Lösung als Calciumphosphat mit ausfällt.

Die Bestimmung des Calciums in Phosphaten verschiedener stöchiometrischer Zusammensetzung wird erleichtert, wenn man das Calcium über stark saure, ammonsalzhaltige Lösungen durch Pufferung mit Urotropin als Oxalat abscheidet. Im folgenden werden die zum Gelingen der Analyse zu beachtenden Parameter des p_H-Wertes, der Konzentration und der Geschwindigkeit diskutiert, sowie die Genauigkeit der Bestimmungen mit einigen Ergebnissen belegt.

Die Notwendigkeit einer Schnellmethode zur Calciumbestimmung in Calciumphosphaten ergab sich im Rahmen einer Arbeit, die sich mit der Fällung von Calciumphosphaten aus wäßriger Lösung sowie der Zusammensetzung der koexistenten Phasen von sekundärem und tertiärem Phosphat bzw. von Hydroxyl-Apatit befaßt.

Wegen der Gegenwart von Phosphorsäure ist es naturgemäß nicht möglich, die Fällung des Calciums in ammoniakalischer Lösung durch Zusatz von Oxalat durchzuführen[2].

Es wurde daher versucht, die quantitative Fällung aus sauren, oxalathaltigen Lösungen durch Neutralisation bzw. Abpufferung zu erreichen.

Die Methode, die heißen, salzsauren, oxalathaltigen Lösungen durch Zusatz von Ammoniak bis zur quantitativen Fällung zu neutralisieren (Methylorange als Indikator), gelingt nur bei der Bestimmung geringer Calciummengen und Verwendung sehr verdünnten Ammoniaks und derartig langsamer Neutralisation, daß die Methode für die praktische Durchführung unzweckmäßig wird.

Bei schnellerer Neutralisation fallen die durch Titration des Calciumoxalats ermittelten Werte regelmäßig in nicht exakt reproduzierbarer Weise zu niedrig aus, was offensichtlich auf Ausfallen von Niederschlägen nicht stöchiometrischer Zusammensetzung beruht, hervorgerufen durch vorübergehende, lokal alkalischere Reaktion.

Bedient man sich des Natriumacetats zur Abpufferung, so fallen erwartungsgemäß die wie oben ermittelten Werte zu hoch aus, weil die hohe Konzentration von Na-Ionen ein Mitfällen von Na-Oxalat bewirkt[3]. Auch mit Ammoniumacetat werden aus dem gleichen Grunde keine zuverlässigen Ergebnisse erhalten.

Diese Befunde zeigen, daß für den vorliegenden Fall die Fällung des Ca-Oxalats in schwach salzsaurer und geeignet abgepufferter Lösung vorgenommen werden muß. Dies gelingt mit Zusatz von Urotropin, wobei — wie im folgenden gezeigt wird — exakt reproduzierbare Werte zu erhalten sind. Es ergeben sich hierbei innerhalb ziemlich weiter Fällungsbedingungen die theoretisch zu erwartenden Werte, und zwar sowohl bei Zusatz kalter oder heißer Urotropinlösung in einem Guß als auch bei langsamem Zusatz. Jedoch erweist es sich als notwendig,

* Originalmitteilung.

[1] a) v. LORENZ: Z. anal. Chemie Bd. 46 (1907) S. 191; b) WILEY, YEDINAK: Ind. Engng. Chem., Analyt. Edit. Bd. 10 (1938) S. 322—23.

[2] DOBBINS, MEBANE: Journ. Amer. Chem. Soc. Bd. 52 (1930) S. 1469—72.

[3] TREADWELL: Kurzes Lehrbuch der analytischen Chemie, 11. Auflage, S. 62.

die Fällungen mindestens drei bis vier Stunden stehen zu lassen. Die Methode liefert exakte Werte bis zu einem Überschuß an Phosphorsäure über das primäre Phosphat hinaus.

Werden dieselben Calciumphosphatlösungen ohne Zusatz von Oxalat nach der gleichen Methode behandelt, so resultieren etwa dieselben p_H-Werte (Methylorange als Indikator), jedoch treten selbst nach Tagen keine Fällungen von Calciumphosphaten auf. Damit ist bewiesen, daß bei den angegebenen Bedingungen und Mengenverhältnissen noch kein Calciumphosphat ausfällt, Calciumoxalat dagegen quantitativ.

Die Wirksamkeit der Methode dürfte darauf beruhen, daß bei dieser Art der Annäherung aus dem sauren Gebiet mit Sicherheit eine lokal alkalischere Reaktion und damit die Möglichkeit der Fällung von Calciumphosphat vermieden wird, im Gegensatz zur Neutralisation mit stark alkalischen Mitteln wie Ammoniak.

Die Kontrollbestimmungen wurden wie folgt ausgeführt:

20 cm³ einer eingestellten 0,2 n Calciumnitratlösung wurden abpipettiert, in einem 400er Becherglas auf 200 bis 250 cm³ verdünnt, mit 1 bis 2 g Ammoniumchlorid und 3 bis 5 cm³ konzentrierter Salzsäure versetzt. Hierzu wurde eine abgemessene Menge 0,2 n Ammoniumphosphatlösung zugefügt und mit einem 50 bis 100%igen Überschuß an Ammoniumoxalatlösung versetzt. Zur klaren Lösung wurden 3 bis 4 Tropfen Methylorange gegeben, die Lösung wurde zum Sieden erhitzt und dann mit Urotropin, wie nachstehend angegeben, gefällt.

Für die Pufferung mit Urotropin wurde eine 10%ige Lösung benutzt, die mit Salzsäure bis zur Rötung von Methylorange versetzt worden war. Die saure Calciumphosphatlösung wurde siedend bis zur beginnenden Trübung mit Ammoniak versetzt, diese mit 1 bis 2 Tropfen konzentrierter Salzsäure wieder gelöst und dann mit der angegebenen Menge (20 cm³) Urotropin gefällt. Bei Zusatz der gesamten Menge kalter Urotropinlösung tritt als Übelstand leicht eine Unterbrechung des Siedens und damit Neigung zum späteren Stoßen auf.

In allen Fällen wurde die Lösung nach Zugabe des Urotropins noch 2 bis 3 Minuten im Kochen gehalten. Tropfenweiser Zusatz der Urotropinlösung bringt keine weiteren Vorteile, so daß im allgemeinen der Zusatz der Urotropinlösung (20 cm³) in einem Guß erfolgen kann. Beim Erkalten säuern alle Lösungen etwas nach (Farbänderung des Indikators), doch erfolgt diese Nachsäuerung in stärkerem Maß nur bei zu kurzzeitigem Erhitzen auf Siedetemperatur. Bei gelegentlich zu starker Rötung des Indikators beim Erkalten wurde durch vorsichtigen Zusatz von verdünntem Ammoniak bis zur Gelbfärbung nachgefällt.

Bei geringer Rötung (orange bis rosa) erweist sich dies als nicht notwendig. Zu bemerken ist, daß beim Kochen mit Urotropin der Indikator zerstört wird. Es ist also notwendig, nach Beendigung des Siedens nochmals 2 bis 3 Tropfen Methylorange zuzugeben.

Nach mehrstündigem Stehen wurde der Niederschlag durch einen Glasfiltertiegel 1 G 4 abgesaugt und mit ammoniakhaltigem Wasser gewaschen, bis im Filtrat mit Silbernitrat und Salpetersäure nur noch eine schwache Trübung auftrat. Nach den vorliegenden Erfahrungen war der Niederschlag dann frei von überschüssigem Oxalat.

Bei sehr geringen Mengen an Calcium wurde nach dem ersten Waschen mit einer Lösung weiter gewaschen, die an Calciumoxalat etwa zur Hälfte gesättigt war, um einerseits zu starke Lösung des Niederschlages zu vermeiden und andererseits eine Fällung von Calciumoxalat aus dem Waschwasser bei etwaigem starken Überschuß von Oxalat im Niederschlag bzw. in der Glasfritte zu verhüten.

Die Titrationen des Calciumoxalats wurden mit n/10 Permanganat-Lösung wie üblich bei etwa 70° C in einem Volumen von 200 bis 250 cm³ durchgeführt, wobei der Niederschlag mitsamt Tiegel in das Titrationsgefäß gebracht, dort mit Schwefelsäure behandelt und der Tiegel bei der Titration nicht entfernt wurde. Nach vorangegangenen Versuchen ergaben sich keine Differenzen bei diesem Verfahren gegenüber der zeitraubenden Methode, den Niederschlag quantitativ vom Filter zu trennen. Eine Rücktitration überschüssiger Oxalsäure verbot sich durch die Anwesenheit der organischen Puffersubstanz (Formaldehyd) und des Indikators.

Analytische Belege.

Fällungen von $Ca\,C_2O_4$ mittels Urotropin.

Es werden immer 3 bis 5 cm³ HCl und 1 bis 2 g NH_4Cl angewendet, in einem Volumen von 200 bis 300 cm³ gearbeitet und die Fällungen, wie vorstehend angegeben, mit n/10 $KMnO_4$ titriert.

Die Zahlenangaben verstehen sich in cm³.

Berechneter Verbrauch: 40,55 cm³.

A. Fällungen ohne PO_4-Zusatz.

	Ca-Lsg. 0,2 n	Oxalat 0,5 n	PO_4-Lsg. 0,2 n	Urotropin 10%	Filtration nach	Indikator Farbe	Verbrauch n/10 $KMnO_4$
1	20	15	—	5	12 h	rosarot bis rot	40,00; 40,25 40,20
2	20	15	—	10	12 h	orange	40,50; 40,50 40,55
3	20	15	—	20	12 h	orange	40,50; 40,55 40,55

B. Fällungen mit PO_4-Zusatz.

	Ca-Lsg. 0,2 n	Oxalat 0,5 n	PO_4-Lsg. 0,2 n	Urotropin 10%	Filtration nach	Indikator Farbe	Verbrauch n/10 $KMnO_4$
1	20	15	40	20	12 h	orange	40,60; 40,50; 40,55
2	20	40	40	20	12 h	rosarot	40,50; 40,55; 40,50
3	20	15	80	20	12 h	rosa	40,50; 40,55; 40,55
4	20	40	80	20	12 h	rot	40,50; 40,50; 40,55
5	20	15	40	20	10 min	gelb	40,25; 40,35; 40,35
6	20	40	40	20	10 min	rot	40,50; 40,35; 40,35
7	20	15	80	20	10 min	orange	40,10; 40,00; 40,05
8	20	40	80	20	10 min	rosa	40,10; 40,10; 40,00
9	20	15	40	20	20 min	gelb	40,45; 40,40; 40,30
10	20	15	40	20	4 h	gelb	40,55; 40,55; 40,50
11	2	5	5	20	4 h	gelb	4,05; 4,00; 4,05
12	2	10	5	20	4 h	gelb	4,05; 4,10; 4,10
13	2	20	5	20	4 h	gelb	4,15; 4,10; 4,20

Die angegebene Methode der Fällung von Calcium als Calciumoxalat in Gegenwart von Phosphorsäure dürfte mithin für Untersuchungen von Calciumphosphaten allgemein brauchbar sein, wenn folgende Bedingungen eingehalten werden:

1. Für jede Bestimmung dürfen nur Substanzmengen, die höchstens 100 mg Calcium entsprechen, benutzt werden.
2. Der Phosphorsäure-Gehalt darf nicht über die Zusammensetzung des primären Phosphats hinausgehen.
3. Die Analyse soll mit einem Flüssigkeitsvolumen von 200 bis 300 cm³ ausgeführt werden.

Es ist dann mit 20 cm³ 10%iger Urotropinlösung und 2 bis 3 Minuten Kochen quantitative Fällung zu erzielen.

Die Niederschläge fallen in gut filtrierbarer Form aus, und eine Umfällung erweist sich als nicht notwendig.

Bemerkung über die Lösbarkeit von Wolframaten in konzentrierter Salzsäure[1].

Von

G. HEYNE †.

In zwei Schrifttumsstellen ist vom analytischen Standpunkte aus auf die Löslichkeit von Wolframaten in konzentrierter Salzsäure hingewiesen[2,3]. Es stellte sich heraus, daß diese Lösbarkeit sich viel allgemeiner bei der Analyse der Wolframate anwenden läßt.

Außer Kalziumwolframat (Scheelit) löst sich Ammoniumparawolframat leicht in konzentrierter, auf 60° erwärmter Salzsäure. Löst man Kalium- oder Natriumwolframat in möglichst wenig Wasser und gibt zu der Lösung reichlich konzentrierte Salzsäure, so erhält man ebenfalls eine klare Lösung.

Wolframit (Fe, Mn)WO_4 und Magnesiumwolframat müssen schärfer behandelt werden. Übergießt man sie aber in einer Druckflasche oder einem Einschmelzrohr mit konzentrierter Salzsäure, verdrängt, wenn die Gefäße einen zu großen Totraum haben, die überstehende Luft durch Chlorwasserstoff, verschließt und erhitzt nun im Dampfbad, so gehen auch diese Wolframate in Lösung.

Aus diesen Lösungen läßt sich die Wolframsäure durch Verdünnen mit heißem Wasser ausfällen, während die Metalle als Chloride in Lösung bleiben. Für viele Zwecke fällt die Wolframsäure genügend vollständig aus, so daß man sie nur abzufiltrieren und zu wägen braucht. Für feine Bestimmungen empfiehlt es sich allerdings, die Vollständigkeit der Fällung nachzuprüfen, indem man in der Lösung den restlichen Wolframgehalt kolorimetrisch bestimmt. Auch so bleibt die Bestimmungsweise noch wettbewerbsfähig gegenüber einem Sodaaufschluß. Denn die Lösbarkeit in Salzsäure gibt bei Mineralien und Erzen gleichzeitig über die Anwesenheit von anderen Stoffen, etwa Silikaten, Sulfiden oder Karbonaten Aufschluß und ebenso bei reinen synthetischen Stoffen über die Anwesenheit von freier Wolframsäure.

---

[1] Originalmitteilung.

[2] W. W. SCOTT: Standard methods of chemical analysis, S. 555, nach BERL-LUNGE: Chem.-techn. Untersuchungsmethoden, 8. Aufl. (1932), Bd. II, 2; S. 1676.

[3] M. v. STACKELBERG, P. KLINGER, W. KOCH u. E. KRATH: Techn. Mitt. Krupp, Forsch.-ber. Bd. 2 (1939) Nr. 6, S. 75 u. 83.

Bestimmung von kleinen Mengen Kohlenstoff[1].

Von

G. HEYNE †.

Mit 3 Abbildungen.

Will man in kleinen Metallmengen geringe Mengen Kohlenstoff bestimmen, sollen also nur einige 10^{-1} bis zu 10^{-2} Milligramm Kohlenstoff erfaßt werden, so ist ein gewichtsanalytisches Verfahren ungeeignet. Ein maßanalytisches Verfahren, das von W. J. KING[2] vorgeschlagen ist, erfordert eine schwierig zu bauende Glasapparatur und ist auch nicht einfach zu handhaben.

Es wurde daher ein Verfahren entwickelt, das auf Messung der elektrolytischen Leitfähigkeit von Barytlauge beruht. Die Bestimmung ist nicht absolut, vielmehr muß das Gerät geeicht werden. Die Bestimmungen wurden ohne wesentliche Abänderungen des Verbrennungsgerätes seit 1926 im analytischen Laboratorium der Studiengesellschaft für elektrische Beleuchtung ausgeführt. Inzwischen sind ähnliche Verfahren veröffentlicht worden[3].

Es wird folgendermaßen verfahren:

Die zur Verbrennung nötigen Gase, Sauerstoff oder Luft, gehen durch eine kleine Waschflasche mit Kalilauge (als Blasenzähler) in ein Hartglasrohr, das mit platinierten Tonstücken gefüllt ist und durch einen Gasbrenner geheizt wird. Von da werden sie durch ein Rohr mit Kaliumhydroxydstücken in das Verbrennungsrohr geleitet. Von dem Rohre mit platinierten Tonstücken an sind Gummiverbindungen zu vermeiden. Dieses Rohr ist mit dem Kaliumhydroxydrohr verschmolzen, dieses wieder mit dem Verbrennungsrohr durch Schliff verbunden. Das Verbrennungsrohr von 14 mm Durchmesser und 25 cm Länge ist aus Quarz. Die Schliffläche liegt außen und wird mit Phosphorsäuresirup gedichtet. Durch einen kleinen elektrischen Strahlungsofen mit Nichromdrahtwendeln, der von unten gegen das Rohr geschoben und oben abgedeckt werden kann, wird auf 1000° C erhitzt. Die Verbrennungsgase treten aus dem Rohr in eine Vorlage aus Thüringer Glas, die gleichfalls durch einen Schliff (Glas auf Quarz) angeschlossen ist (Abb. 1a und 1b). Die Vorlage ist im wesentlichen nach dem Grundsatze der VOLHARD-Vorlage gebaut (Abb. 1b). Der Raum über der Barytlauge ist mit dem Abzugsrohr durch ein Hahnrohr verbunden, damit man den Gasdruck ausgleichen kann. Sie enthält zwei platinierte Platinnetzstücke von je etwa 1 cm^2 als Elektroden und wird mit 4 cm^3 0,05n-Barytlauge gefüllt. Hinter ihr liegt zum Schutz gegen rückwärts eindringendes Kohlendioxyd ein Natronkalkröhrchen. Die Barytlauge wird durch ein Wasserbad auf gleicher Temperatur, zwischen 10 und 20° C, gehalten. Ihr elektrolytischer Widerstand beträgt 30 bis 40 Ω.

Die Widerstandsmessung wird nach der Brückenmethode mittels Kopfhörer ausgeführt mit der Abänderung, daß das Minimum nicht unmittelbar abgehört, sondern nach dem Vorschlage von R. LORENZ und H. KLAUER[4] durch Einschalten

[1] Originalmitteilung.

[2] W. J. KING: J. Amer. chem. Soc. Bd. 47 (1925) S. 615 [Ref. Chem. Zbl. Bd. 96 I (1925) S. 2324.]

[3] F. SARTORIUS u. J. DERKS: Arch. f. Hyg. Bd. 110 (1933) S. 322. [Ref. Z. anal. Chem. Bd. 100 (1935) S. 197.] — J. R. CAIN u. L. C. MAXWELL: J. Eng. Chem. Bd. 11 (1919), S. 852. — Z. anal. Chem. Bd. 102 (1935) S. 202. — R. G. NEWTON: Ann. Botany Bd. 49 (1935) S. 381 [Ref. Chem. Zbl. Bd. 107 II (1936) S. 1210.] — A. LASSIEUR: C. R. hebd. séances Acad. Sci., Paris Bd. 206 (1938) S. 606. [Ref. Chem. Zbl. Bd. 109 II (1938) S. 3956.]

[4] R. LORENZ u. H. KLAUER: Z. anorg. allg. Chem. Bd. 136 (1924) S. 121.

eines Röhrenverstärkers verstärkt wird (Schaltung siehe Abb. 2). Die Wechselstromquelle ist ein Summer oder eine Schwingungsschaltung mit einer Glimmlampe. Das Minimum ist deutlicher, wenn als Vergleichswiderstand ein Flüssigkeitswiderstand und ein zu diesem parallelgeschalteter Drahtwiderstand von etwa 100 bis 500 Ω benutzt wird. Der Flüssigkeitswiderstand besteht aus einem ähnlich gebauten Gefäß, das mit verdünnter Chlornatriumlösung (1 Teil NaCl auf 350 Teile Wasser) gefüllt ist. Er hängt in demselben Wasserbecken wie die Vorlage und ist daher stets auf der gleichen Temperatur. Dies hat außerdem noch den Vorteil, daß eine Temperaturabweichung bei der Leitfähigkeitsmessung nur eine geringe Rolle spielt.

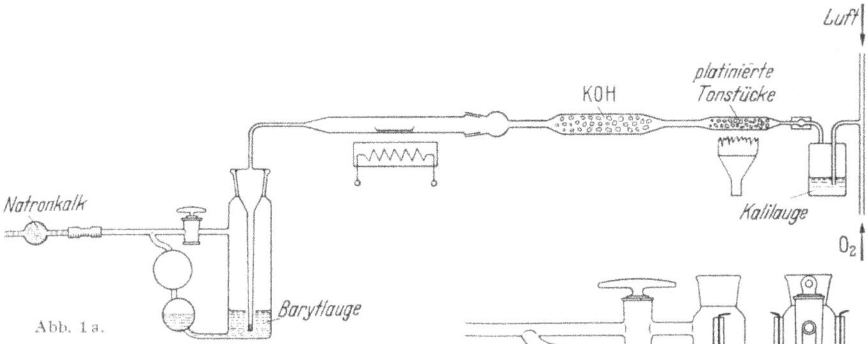

Abb. 1a.

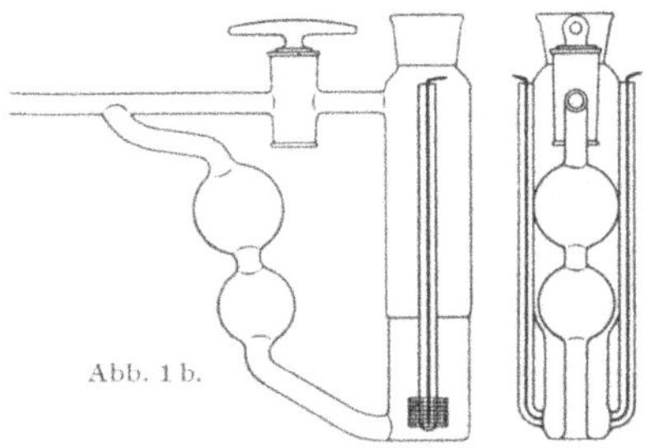

Abb. 1b.

Abb. 1a. Gerät zur Mikro-Kohlenstoffbestimmung.

Abb. 1b. Baryt-Vorlage.

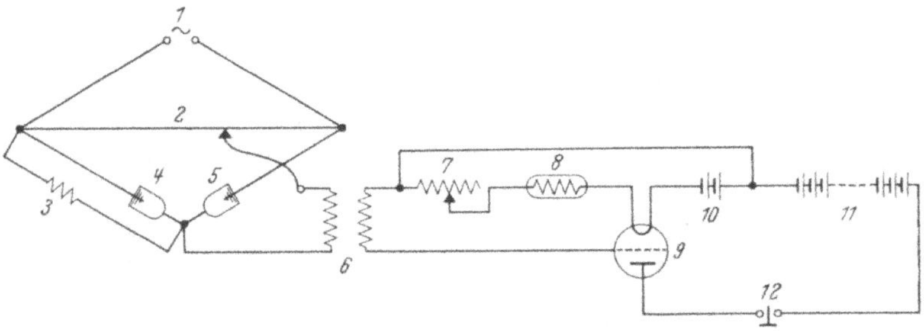

Abb. 2. Schaltskizze zur Widerstandsmessung.

1 Wechselstromquelle,
2 Brückendraht,
3 Drahtwiderstand } Vergleichswiderstände,
4 Flüssigkeitswiderstand }
5 Zu messender Widerstand,
6 Transformator 2500/3500
7 Regulierwiderstand,
8 Eisendrahtwiderstand,
9 Verstärkerröhre.
10 Akkumulator 10 V,
11 Hochspannungsbatterie,
12 Kopfhörer.

Für die Leitfähigkeitsmessung hat sich auch das Gerät zur visuellen Leitfähigkeitsmessung nach JANDER-PFUNDT gut bewährt, das von der Fa. Ruhstrat, Göttingen, zu beziehen ist. Das Gerät wird mit Wechselstrom aus der Lichtleitung betrieben, der durch zwei Osram-Eisendraht-Widerstände konstant gehalten wird. Der Brückenstrom wird so mit einem Drehspulengalvanometer bestimmt, daß der zu messende Strom nur durch die Spule geht, während das Feld unmittelbar durch den Netzstrom erregt wird. Auch bei diesem Gerät bleibt der obenbeschriebene Flüssigkeitswiderstand in Benutzung. Ebenso dient das Galvanometer als Nullinstrument, die Spannung ist auf 4 V, die Empfindlichkeit auf 5 eingeregelt. Beide Leitfähigkeitsmeßverfahren haben sich gut bewährt.

Zur Untersuchung wird das Metallpulver in ein Quarzschiffchen eingewogen, in das Rohr geschoben und das Gerät zusammengesetzt. Nun wird mit Luft gespült, während der Glashahn an dem Vorlagekölbchen offen ist, dann der Hahn geschlossen, kurze Zeit weitergespült, der Gasstrom abgestellt und bei geöffnetem Ausgleichhahn der Widerstand gemessen. Das Ausspülen mit Luft wird in gleicher Weise wiederholt, um zu sehen, ob die Messung konstant bleibt. Ist dies der Fall, so wird der Ofen eingeschaltet und das Metallpulver erst im Luftstrom, nach der Hauptverbrennung im Sauerstoffstrom verbrannt, wozu insgesamt etwa $^3/_4$ Stunden gebraucht werden, einschließlich der Zeit zum Hochheizen des Ofens. Dann wird der Ofen ausgeschaltet und gesenkt, kurze Zeit später der Sauerstoffstrom abgestellt und bei geöffnetem Ausgleichhahn der Widerstand gemessen. Auch diese Messung wird wie vor der Verbrennung wiederholt.

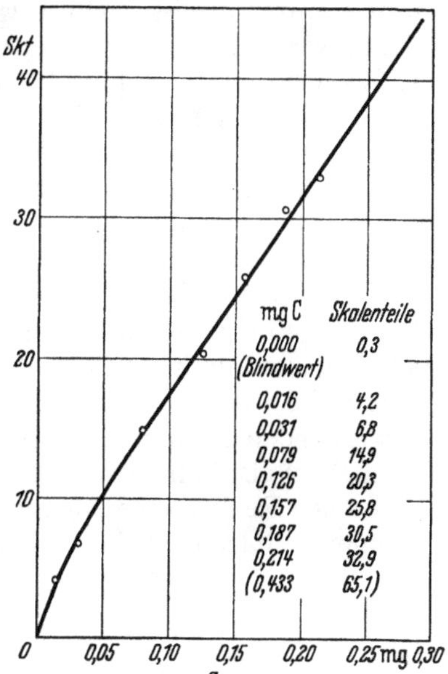

Abb. 3. Abhängigkeit der Leitfähigkeitsabnahme von der Kohlenstoffmenge.

Die Apparatur wird geeicht durch Verbrennen von wechselnden Mengen eines Wolframmetalls mit einem Kohlenstoffgehalt von einigen Zehntelprozenten. Es wird hergestellt, indem Wolframmetall- und -karbidpulver in geeignetem Verhältnis gemischt, zum Stab gepreßt und hochgesintert wird. Wird ein solcher im Diamantmörser gepulvert, so hat man die Gewähr, daß der Kohlenstoffgehalt in dem Pulver gleichmäßig verteilt ist. Er wird in gebräuchlicher Weise makroanalytisch bei 2 g Einwaage bestimmt. Die Werte der Widerstandszunahme der Barytvorlage, ausgedrückt in Teilstrichen auf der 1000teiligen Walzenbrücke, werden in ein Koordinatensystem in Abhängigkeit von der Menge des verbrannten Kohlenstoffes in Milligramm eingetragen. Eine so erhaltene Kurve zeigt beispielsweise Abb. 3. Sie verläuft fast geradlinig, nur ganz im Anfang ist sie leicht gekrümmt.

Das Gerät ist dann später auch zur Bestimmung von Kohlenstoff in Gasen eingerichtet worden. Dafür wird statt des Schiffchens ein Kontaktkörper, bestehend aus einem platinierten porösen Tonrohr (Pfeifenrohr), eingeschoben. An diesem verbrennt der Kohlenstoff in der gemessenen Gasprobe mit im Überschuß zugesetztem Sauerstoff.

Über Kataphoresegetterung[1].

Von

A. WEBER †.

Mit 1 Abbildung.

Bei der Herstellung von Vakuumlampen wird seit vielen Jahren mit gutem Erfolge das Kataphoresegetter-Verfahren angewendet, bei dem die Gettersubstanzen aus einer alkoholischen Phosphor-Kryolith-Suspension kataphoretisch auf die Wendel abgeschieden werden. Je mehr dieses Verfahren eingeführt wurde, desto häufiger traten gewisse Schwierigkeiten in Erscheinung, die anfänglich nicht aufgefallen waren. Die Getterlösungen waren alkoholische Suspensionen von Phosphor und Kaliumaluminiumfluorid und etwas Calciumchlorid als Leitsalz. Die Getterung war bisweilen ungleichmäßig, auch ließen sich manche Getterlösungen aus zunächst unbekannten Gründen überhaupt nicht verarbeiten.

Im Verlauf unserer Untersuchungen machten wir die Erfahrung, daß der Grund für die Ungleichmäßigkeiten hauptsächlich in der Reaktion zwischen Kaliumaluminiumfluorid und dem als Leitsalz zugesetzten Calciumchlorid liegt.

Wie wir durch Studium der einschlägigen Literatur festgestellt haben, ist es schon lange bekannt[2], daß sich Kryolith (Natriumaluminiumfluorid) und ebenso auch Calciumaluminiumfluorid und Kaliumeisenfluorid mit Lösungen von Magnesium-Calcium-Strontium- und Bariumsalzen in der Weise umsetzen, daß, ähnlich wie bei den bekannten Permutiten, das Alkali durch das Erdalkali ersetzt wird, aber nicht vollständig, sondern nur bis zu einem gewissen Gleichgewichtszustand, der von den Reaktionsbedingungen (Dauer, Temperatur usw.) abhängt und im allgemeinen zu folgenden Verbindungen führt:

$$K_3Al\,F_6 + CaCl_2 = KCaAlF_6 + 2\,KCl \quad (1)$$

$$4\,K_3Al\,F_6 + 5\,CaCl_2 = K_2Ca_5Al_4F_{24} + 10\,KCl \quad (2)$$

Die Verbindung $KCaAlF_6$ in Gleichung (1) enthält theoretisch 25,5% CaO und 23,3% Al_2O_3, die Verbindung $K_2Ca_5Al_4F_{24}$ in Gleichung (2) 33,3% CaO und 24,2% Al_2O_3.

Zur Überprüfung dieser Verhältnisse haben wir in einer kleinen Porzellanmühle 50 g Kaliumaluminiumfluorid, 75 g krist. Calciumchlorid und 500 ccm Wasser zusammen 120 Std. gemahlen. Das Reaktionsprodukt war ein schleimiger, sehr schlecht filtrierbarer Körper, der möglichst gut mit heißem Wasser gewaschen, abgenutscht und getrocknet wurde. Die Analyse ergab 24,6% Al_2O_3 und 26,1% CaO. Es handelt sich also offentlichlich um die nach Gleichung (1) entstandene Verbindung $KCaAlF_6$. Die Getterlösungen werden aber nicht mit Wasser, sondern mit Alkohol angesetzt, so daß man hier erwarten muß, daß die Umsetzung wesentlich langsamer vonstatten geht. Außerdem ist das durch die Reaktion entstandene Kaliumchlorid in Alkohol ebenfalls unlöslich. Es muß daher in alkoholischer Lösung, falls ein genügender Überschuß von dem Fluorid vorhanden ist, wie das ja bei den Getterlösungen der Fall ist, mit der Zeit das Calciumchlorid aus der Lösung vollkommen verschwinden.

Zur Verfolgung dieses Umsatzes wurden 50 g Kaliumaluminiumfluorid zusammen mit 5 g Calciumchlorid und 500 ccm Alkohol in einer Porzellanmühle gemahlen

[1] Originalmitteilung.

[2] A. NOELLNER: Z. geol. Ges. Bd. 33 (1881) S. 139. J. LEMBERG: Z. geol. Ges. Bd. 28 (1876) S. 620.

und nach verschiedenen Zeiten eine Probe der Flüssigkeit entnommen. Die Bestimmung des noch darin vorhandenen Calciumchlorids wurde durch Titration der Cl-Konzentration mit $^1/_5$ normaler Silbernitratlösung vorgenommen. Die erhaltenen Werte sind auf der anliegenden Zeitkurve (Abb. 1) aufgetragen und zeigen, daß nach 2 Tagen (der für die Getterherstellung vorgeschriebenen Mahldauer) etwa zwei Drittel und nach voraussichtlich 8—10 Tagen das gesamte Calciumchlorid umgesetzt ist.

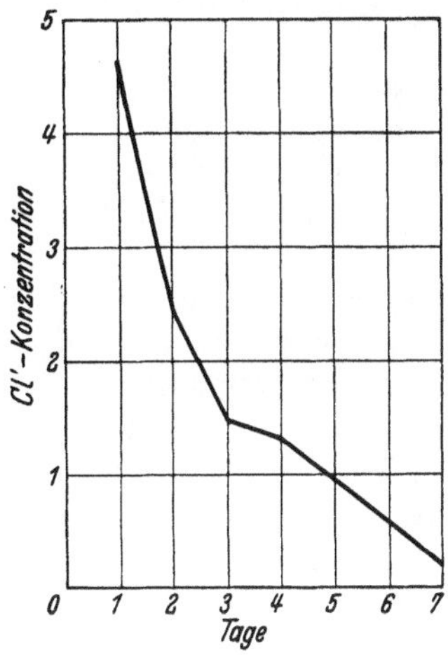

Abb. 1.

Als dritter Versuch wurde der zuerst geschilderte in etwas veränderter Form wiederholt. 50 g Kryolith (Natriumaluminiumfluorid) wurden zusammen mit 75 g Calciumchlorid und 500 ccm Spiritus 300 Std. gemahlen, die erhaltene Paste getrocknet, in Wasser ausgekocht, um das entstandene NaCl zu entfernen und dann nochmals getrocknet. Bei vollständiger Umsetzung müßte entsprechend dem ersten Versuch die Verbindung $NaCaAlF_6$ entstehen, die 25,0% Al_2O_3 und 27,5% CaO enthält. Es wurden aber 26,2% Al_2O_3 und nur 12,8% CaO gefunden. Vielleicht muß man annehmen, daß bei der Umsetzung bei gewöhnlicher Temperatur in wässeriger Suspension zwei Drittel des Alkalis umgesetzt werden, in alkoholischer Suspension dagegen nur ein Drittel. Das würde zu einer Verbindung $Na_4CaAl_2F_{12}$ führen, die 24,7% Al_2O_3 und 13,5% CaO enthält.

Auf jeden Fall ist die Getterlösung für das Kataphoreseverfahren ein unstabiles System, das durch die Umsetzung zwischen dem Doppelfluorid und dem Calciumchlorid einer dauernden Veränderung unterworfen ist.

Die Umsetzung wird zwar durch das Mahlen gefördert, geht aber auch ohne dieses vor sich, allerdings erheblich langsamer. Dadurch kommt es, daß die wirksame Leitsalzmenge jeder Getterlösung nur allein durch Stehenlassen infolge der Umsetzung dauernd abnimmt.

Die Umsetzung erfolgt, wie eingangs erwähnt, nur zwischen den Alkalidoppelfluoriden und Salzen der Erdalkalien, aber nicht zwischen den Doppelfluoriden und Salzen der dreiwertigen Metalle (Al, Fe usw.). Bei Natrium- oder Kaliumaluminiumfluorid würde keine solche Umsetzung erfolgen, wenn man Aluminiumchlorid als Leitsalz verwenden würde. Auch mit Alkalisalzen würde keine Umsetzung vonstatten gehen; leider gibt es keine geeigneten alkohollöslichen Kalium- oder Natriumsalze. Bei dem Getterverfahren mit Kaliumeisenfluorid, wobei Eisenchlorid als Leitsalz verwendet wird, erfolgt keine solche Umsetzung.

Die Spektrographie im Dienste der Mikrochemie[1].

Von

G. HEYNE † und F. SCHAEFER.

Die chemische Spektralanalyse hat sich heutzutage schon so weit durchgesetzt, daß über ihre Vorzüge und Nachteile gegenüber der klassischen chemischen Analyse, die mit Fällungen und Färbungen arbeitet, nicht weiter gesprochen zu

[1] Originalmitteilung. Vorliegende Arbeit ist inhaltlich im wesentlichen gleich dem Beitrag der Verf. zur Festgabe anläßlich des 50. Geburtstages des 1933 verstorbenen Prof. Dr. E. WILKE-DÖRFURT, Stuttgart. Nicht gedruckt erschienen.

werden braucht. In Sonderaufgaben vermag sie sich noch manches neue Gebiet zu erobern. So ist die Spektralanalyse u. a. berufen, auch in Fragen der Mikroanalyse helfend einzugreifen. Hierzu sind im Schrifttum Hinweise bereits vorhanden[2]. Es soll hier untersucht werden, ob auf diesem Wege ebenso kleine Mengen erfaßbar sind wie durch mikroanalytische Kristallfällungen und Farbreaktionen.

Als diejenige Anregungsart, bei der noch die kleinsten Mengen eines spektral erregbaren Stoffes zur Geltung kommen, hat sich in oft wiederholten Versuchen der einfache kondensierte Funke zwischen Kohleelektroden bewährt, in den der zu prüfende Stoff als Lösung gebracht wurde. Alle anderen Erregungsarten, wie gesteuerter Funke, Hochfrequenzfunke, Lichtbogen, Flammenerregung, brauchen, von Ausnahmen abgesehen, größere Mengen eines Metalls, um dessen bezeichnende letzten Linien hervorzubringen.

Zur Erregung des Spektrums wurde der Stoff in Wasser, Salzsäure, Ammoniak, Wasserstoffperoxyd oder dgl. gelöst und 0,01 cm^3 Lösung auf reinster Elektrodenkohle im kondensierten Funken verfunkt. Durch eine Quarzkondensorlinse wurde der Funke auf den Spalt eines Quarzspektographen für Chemiker der Fa. Carl Zeiss, Jena, Plattengröße 13×18, abgebildet und auf einer gebräuchlichen, nicht sensibilisierten Photoplatte mit einer Belichtungszeit von 90 s aufgenommen.

Um festzustellen, welche kleinsten Mengen auf der Platte noch eine eben sichtbare Linie hervorrufen, wurden Lösungen abgestuften Gehaltes auf die Kohlen gebracht, anfangend von den verdünntesten.

Die so erhaltenen Kleinstwerte sind in der nachfolgenden Zahlentafel zusammengestellt. Sie sind da den Erfassungsgrenzen gegenübergestellt, wie sie 1. für Kristallreaktionen[3], 2. für Tüpfelreaktionen[4] angegeben sind.

Tabelle.

Metall	Erfassungsgrenze γ			Metall	Erfassungsgrenze γ		
	spektrographisch	Kristallfällung	Tüpfelreaktion		spektrographisch	Kristallfällung	Tüpfelreaktion
Na	0,5	0,1...0,5	2,5	Ti	0,015	1 B	2
K	20	0,1	1	Zr	0,02	0,06 B	0,1
Rb	10	0,5 B	–	Th	0,1	0,05 B	–
Cs	50	0,1 B	–	Sn	0,1	0,1	0,03
Cu	0,001	0,01	0,006	Pb	0,5	0,01	0,004
Ag	0,01	0,15	0,005	P	0,5	0,01	0,03
Be	0,0003	0,08 B	0,14	V	0,05	0,07 B	0,1
Mg	0,0006	0,05	0,19	Ta	1	1,2 B	–
Ca	0,001	0,03	0,01	Cr	0,02	0,02	0,25
Sr	0,02	0,1	3,9	Mo	0,1	0,03 B	0,04
Ba	0,01	0,1	0,25	W	0,5	0,08 B	4
Zn	0,1	0,1	0,025	Mn	0,001	0,1	0,001
Cd	0,05	0,01 B	0,8	Re	0,5	–	–
Hg	0,05	0,05	0,0001	Fe	0,02	0,07 B	0,03
B	0,01	0,1 B	0,003	Co	0,1	0,01	0,03
Al	0,06	0,1	0,005	Ni	0,05	0,2	0,012
Si	0,02	0,004 B	0,05				

[2] Z. B. W. Böttger: Physikalische Methoden der analytischen Chemie, Teil I (1933) S. 46—47. O. Schliessmann: Über die spektralanalytische Nachweisempfindlichkeit von Legierungsbestandteilen in Stahl und Eisen; Angewandte Chemie A, Bd. 55 (1942) S. 104. W. Gerlach: Die chemische Emissionsspektralanalyse, II. Teil, S. 61.

[3] W. Geilmann: Chemiker-Taschenbuch, 58. Aufl., Teil II, Berlin 1937, S. 331. In Ergänzung Behrens-Kley: Mikrochemische Analyse, 4. Aufl. Teil I (1921), letztere Werte in der Zahlentafel durch ein B bezeichnet.

[4] F. Feigl: Qualitative Analyse mit Hilfe von Tüpfelreaktionen. 2. Aufl. Leipzig 1935.

Aus der Tafel geht hervor, daß bei dem spektrographischen Verfahren die Erfassungsgrenzen für die Metalle in der gleichen Größenordnung liegen wie bei den andern mikrochemischen Verfahren. In einzelnen Fällen ist der Nachweis empfindlicher, in anderen weniger empfindlich. Der spektrographische Nachweis von Natrium und Lithium wird erheblich empfindlicher, wenn die Linien mit rotempfindlicher Platte aufgenommen werden. In einigen neuen Literaturstellen[5] ist die Erfassungsgrenze einiger Kristallreaktionen und auch einiger Tüpfelreaktionen verschiedener Kationen merklich niedriger angegeben, die angeführten Reaktionen sind jedoch für die betreffenden Metalle meistens nicht spezifisch und können oft durch die Anwesenheit anderer Elemente gestört werden. Bei der Spektralanalyse ist dagegen bekanntlich eine Verwechslung mit anderen Metallen nicht möglich und eine Störung durch die Anwesenheit anderer Elemente nur selten der Fall. Bemerkenswert ist die hohe Nachweisempfindlichkeit von Beryllium, Magnesium, Kupfer und Mangan. Die Anwesenheit dieser Metalle, besonders des Berylliums, wird oft bemerkbar, wo man es früher nicht gefunden oder vermutet hat, z. B. in Wolfram- und Kieselsäureproben.

Es soll hier nicht behauptet werden, daß mit den getroffenen Versuchsanordnungen die günstigsten Bedingungen gefunden sind. Es ist wohl denkbar, daß sich, besonders für einzelne Elemente, noch günstigere finden lassen. Doch läßt sich immerhin zeigen, daß die spektrographische Arbeitsweise den anderen mikrochemischen ebenbürtig zur Seite steht und damit auf dem Sondergebiet der Mikrochemie ein wertvolles Hilfsmittel darstellt.

[5] Z. B. D'ANS und LAX: Taschenbuch für Chemiker und Physiker, 2. Aufl. (1949).

Prüfung von Pumpenölen für Pumpenautomaten mit der Gasprüflampe 100 W/107 V[1].

(Arbeiten aus dem Gastechnischen Laboratorium der Osram GmbH. Komm.-Ges.)

Von

F. MÄHNERT.

Mit 3 Abbildungen.

Die für die Herstellung von Lampen verwendeten Füllgase werden auf einem Pumpstand mit der Gasprüflampe 100 W/107 V auf ihre Reinheit geprüft. Diese Prüflampe zeigt geringste Mengen reduzierender Verunreinigungen von Wasserstoff und Kohlenwasserstoffen an, die auf anderem Wege analytisch kaum noch erkennbar sind. Sie ist von HENKEL und SCHNEIDEWIND entwickelt worden und seit Jahren dauernd in Gebrauch. Kennzeichnend für die Lampe ist, daß sie nicht gegettert ist und daß ihre Stromzuführungen aus oxydiertem Kupferdraht bestehen.

Die Wirkungsweise der Lampe ist nach HEYNE[2] folgende:

Beim Brennen der Gasprüflampen treten, wenn das Füllgas Spuren von reduzierenden Gasen enthält, auf den Molybdänhaltern in der Nähe der Wendeln, dunkle, ringförmige Stellen auf. Die Entstehung dieser Flecken wird folgendermaßen erklärt: Wasserstoff oder Kohlenwasserstoffe setzen sich mit dem heißen Kupferoxyd der Elektroden zu Wasser (Kohlensäure) und Kupfermetall um.

[1] Originalmitteilung.

[2] Unveröffentlichte Arbeit.

Wasserdampf und Kohlensäure oxydieren die glühende Wolframwendel, wobei als flüchtige Stoffe Wasserstoff und Wolframsäuredampf entstehen. Der Wasserstoff bildet mit weiterem Kupferoxyd wieder Wasserdampf usf., wobei weitere Mengen Wolframsäuredampf entstehen. Dieser wird an den Molybdänhaltern an Stellen innerhalb eines bestimmten Temperaturbereiches durch einen Teil freigewordenen Wasserstoffes reduziert, und hier bildet dann niedergeschlagenes Wolframmetall die dunklen Ringe.

Ist das Füllgas rein, so bleiben auch die Halter in der Lampe klar und blank.

Dies Verfahren ist bis zum Jahre 1945 mit gutem Erfolge angewendet worden, ohne daß sich dabei Schwierigkeiten ergeben haben. Als die gleiche Prüfmethode nach dem Kriege wiederaufgenommen wurde, versagte sie; es war nicht mehr möglich, auf die altbewährte Weise einwandfreie Lampen zu erhalten. An der Güte des Gases war nicht zu zweifeln, da andere Prüfungen, z. B. Leiten einer größeren Gasmenge über erhitztes Kupferoxyd[3] bewiesen, daß das Gas rein war. Undichtigkeiten in der Pumpanlage wurden auch bei gründlichster Untersuchung der Apparatur nicht gefunden. Schädlicher Einfluß von Feuchtigkeit im Gas oder im Pumpöl kam nicht in Betracht, da die Prüflampe durch vorgelegtes Phosphorpentoxyd gegen Wasserdampf geschützt war. Der Befund in der Lampe wies aber eindeutig auf das Vorhandensein von reduzierenden Verbindungen hin. Es lag nun die Vermutung nahe, daß diese aus dem Pumpenöl stammten. Zum Evakuieren der Prüflampen wurden LEYBOLD-Pumpen oder PFEIFFER-Pumpen verwendet, die mit Vactra-Öl der Deutschen Vakuum-Öl-Gesellschaft gefüllt waren, da nach dem Kriege ein anderes Öl zunächst nicht zur Verfügung stand. Es mußte nun festgestellt werden, ob das Vactra-Öl im Vakuum Kohlenwasserstoffe abspaltet, die in die Prüflampe eindringen und durch die oben beschriebene Reaktion die schwarzen Wolfram-Beschläge auf den Haltern hervorrufen. Waren Kohlenwasserstoffe tatsächlich vorhanden, so mußten sie in einem geeigneten Gasfilter zu adsorbieren sein. Verfasser hatte im Jahre 1917 im Kaiser-Wilhelm-Institut Gelegenheit, über die Aufnahmefähigkeit von Masken-Einsätzen für Gase zu arbeiten, und dabei die Vorzüge der Aktiv-Kohle kennengelernt. Durch den Einbau eines Filterrohres, das mit Aktiv-Kohle gefüllt und zwischen Pumpe und Lampe geschaltet wurde, waren die Schwierigkeiten bei der Herstellung der Prüflampen mit einem Schlage behoben: alle auf diese Weise hergestellten Lampen waren gut und zeigten einwandfrei blanke Halter. Es war somit der Beweis erbracht, daß das Vactra-Öl ohne vorgeschaltetes Gasfilter zur Herstellung von Lampen nicht geeignet ist.

Während diese Versuche noch liefen, empfahl die Deutsche Vakuum-Öl-Gesellschaft, an Stelle des bisher benutzten Vactra-Öles die Marke „Gargoyle DTE schwer“ als Pumpenöl zu verwenden. Um die Versuche auf eine breitere Basis zu stellen und mehrere Öle auf ihre Eignung zu untersuchen, wurden außer dem angebotenen Gargoyle DTE schwer noch ein Shell-Öl CY 2 von Leybold und ein CY 2-Öl direkt von Shell bezogen.

Von diesen 4 Ölsorten wurden zunächst die physikalischen Daten ermittelt, die in folgender Tabelle zusammengestellt sind:

	Vactra	Gargoyle DTE schwer	CY 2 von Shell	CY 2 von Leybold	gefordert
Spez. Gew.	0,915	0,892	0,895	0,898	0,80—0,90
Viskosität °E bei 20°	25,5	32,5	54,2	56,4	12—15
bei 50°	6,8	7,5	10,1	9,6	3—4

[3] G. HEYNE: Z. angew. Chemie 38 (1925) S. 1099.

Die Viscosität der untersuchten Öle ist für verschiedene Temperaturen aus dem Diagramm auf Abb. 1 zu ersehen.

Aus diesen Werten läßt sich ein Schluß über die Verwendbarkeit der einzelnen Öle nicht ziehen, zumal die Daten sämtlicher Öle bis auf das spez. Gewicht von den vorgelegten abweichen.

Die mit den einzelnen Ölen zu erreichenden Vakua sind den Abb. 2 u. 3 zu entnehmen.

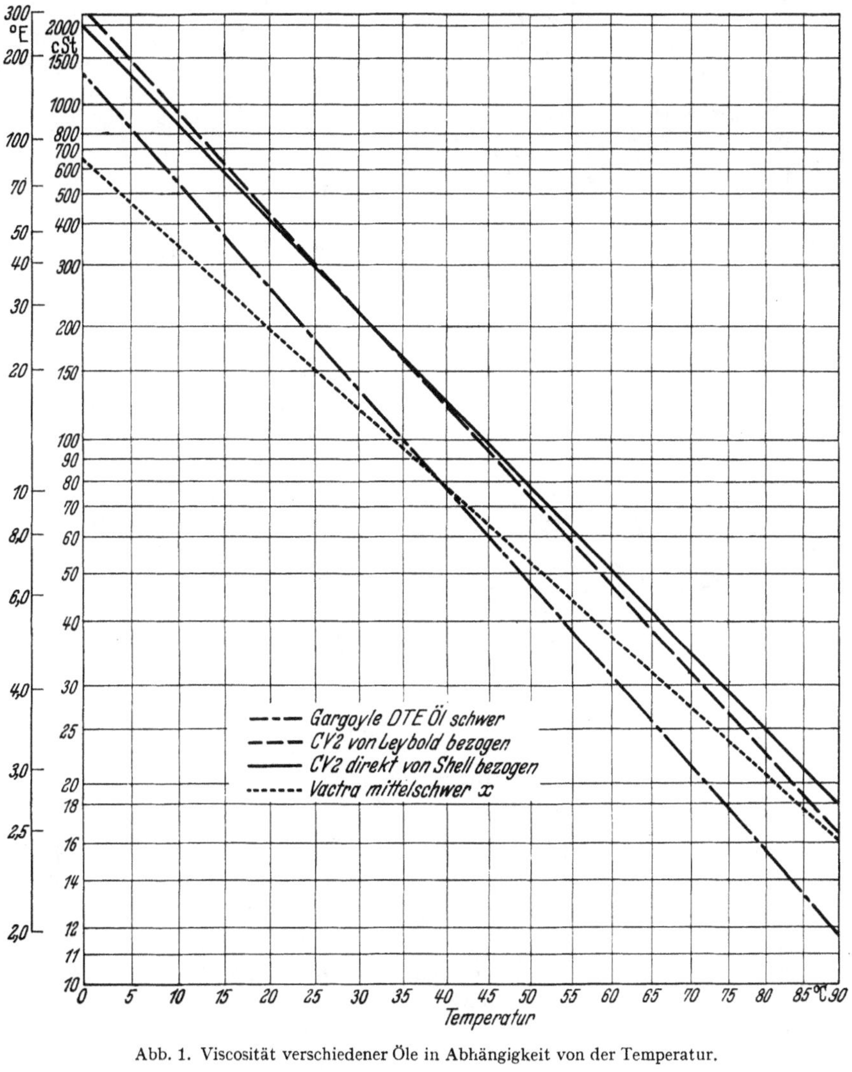

Abb. 1. Viscosität verschiedener Öle in Abhängigkeit von der Temperatur.

Hieraus ergibt sich:

1. Das neu vorgeschlagene Öl „Gargoyle DTE schwer“ gibt die günstigsten Enddrucke und Pumpzeiten.

2. An zweiter Stelle liegen gemeinsam das Öl Vactra mittelschwer und Shell CY 2, bezogen von der Firma Leybold.

3. Am schlechtesten schneidet das „Shell-Öl CY 2“, direkt von Shell bezogen, ab.

Somit war wenigstens ein Unterschied zwischen den verschiedenen Ölsorten gefunden, und es war festgestellt, daß Gargoyle-Öl DTE schwer, was das erreichbare Vakuum anlangt, am geeignetsten ist.

Es lag nun die Vermutung nahe, daß der verschiedene Wirkungsgrad der Öle von deren Neigung zur Abgabe von Wasserdampf oder zur Abspaltung von Kohlenwasserstoffen abhängt. Es wurden daher mit jedem der untersuchten Öle im Gastechnischen Labor Gasprüflampen 100 W/107 V angefertigt und deren Güte beurteilt.

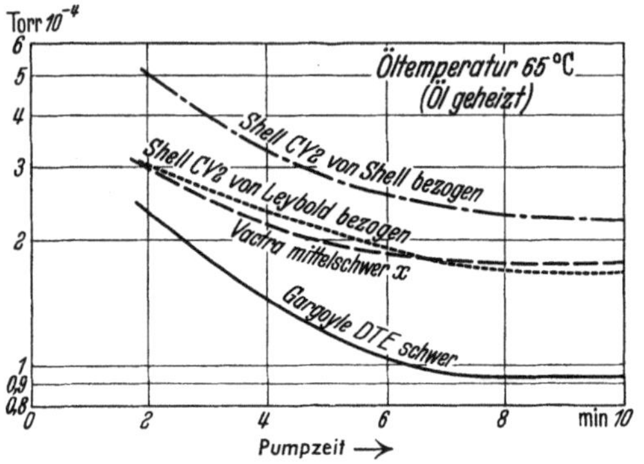

Abb. 2. Bei 65 ° C Öltemperatur erreichbare Vakua.

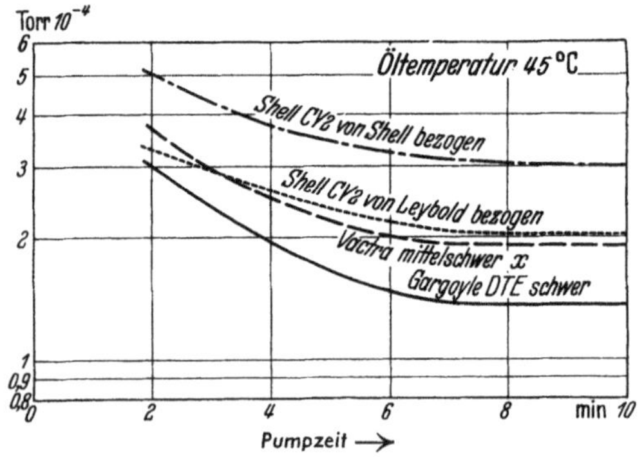

Abb. 3. Bei 45 ° C Öltemperatur erreichbare Vakua.

Eine evtl. Abgabe von Wasserdampf wurde nicht weiter untersucht, da die Prüflampe durch ein mit P_2O_5-gefülltes Rohr, das zwischen Lampe und Pumpe geschaltet ist, gegen Feuchtigkeit geschützt ist.

Daß die Abspaltung von Kohlenwasserstoffen durch ein zwischen Pumpe und Lampe gelegtes Kohlefilter unwirksam gemacht wird, war durch die Versuche mit Vactra-Öl erwiesen.

Es wurden nun die verschiedenen Öle nacheinander in die für die Versuche verwendete LEYBOLD-Pumpe gefüllt und zunächst ohne Kohlefilter Prüflampen hergestellt, mit dem Ergebnis, daß Vactra-Öl und Shell-Öl CY 2, von Shell bezogen, schlechte Lampen mit angeflogenen Haltern, dagegen Gargoyle-Öl DTE schwer und Shell-Öl CY 2, von Leybold bezogen, einwandfreie Lampen mit blanken Haltern ergaben. Mit eingeschaltetem Kohlefilter wurden mit allen vier Ölarten gute Lampen erhalten.

Es war somit eine Methode gefunden, mit der festgestellt werden konnte, ob ein Öl sich unter dem Einfluß von Vakuum zersetzt und somit ohne besondere Schutzmaßnahmen für die Herstellung von Lampen nicht geeignet ist.

Es galt nun, diese Prüfung von Ölen auf möglichst einfache Art auszuführen, d. h. mit einer geringen Menge, ohne die ganze Pumpe füllen zu müssen, und unabhängig von dem zur Erzeugung des Vakuums in der Pumpe verwendeten Öle:

Zu diesem Zwecke wurde folgende Versuchsanordnung getroffen:

Zwischen P_2O_5-Rohr und der Pumpe blieb das Kohlefilter eingeschaltet; in das P_2O_5-Rohr wurde vor dem P_2O_5 ein Schiffchen gelegt, das mit etwa ½ cm³ des zu prüfenden Öles gefüllt war und über das das Füllgas streichen mußte, um in die Prüflampe zu gelangen.

Mit dieser Versuchsanordnung wurden von den vier Ölsorten Prüflampen gefüllt und gebrannt mit dem Ergebnis, daß auch hier mit Gargoyle-Öl DTE schwer und Shell-Öl CY 2, von Leybold bezogen, sofort gute Lampen erhalten wurden. Vactra-Öl mittelschwer und Shell-Öl CY 2, von Shell bezogen, ergab in mehreren Versuchsreihen übereinstimmend, daß die ersten Lampen schlecht, die zweiten und weiteren schon besser und meistens die vierten und folgenden gut waren. Beim Nachfüllen von Öl in das Schiffchen wiederholte sich in neuen Versuchsreihen derselbe Vorgang. Die Entgasung der Öle geht also bei den zum Versuch verwendeten geringen Mengen ziemlich schnell vor sich, würde aber in der Pumpe, die 2—3 kg Öl faßt, zu lange dauern, und es wäre zu umständlich und zeitraubend, wenn man das Öl vor dem Einfüllen in die Pumpe unter Vakuum entgasen wollte.

Das Ergebnis der ausgeführten Versuche ist in nachfolgender Tabelle zusammengestellt:

Ölsorte	Beurteilung der Prüflampe unter folgenden Versuchsbedingungen			
	ohne Filter	mit Filter zwischen Pumpe und Lampe	mit Filter hinter und Ölprobe vor der Prüflampe: 1. Versuchsreihe	mit Filter hinter und Ölprobe vor der Prüflampe: 2. Versuchsreihe
Vactra mittelschwer	schlecht	gut	1. Lampe schlecht 2. Lampe besser 3. Lampe fast gut 4. Lampe gut	1. Lampe schlecht 2. Lampe besser 3. Lampe fast gut 4. Lampe gut
Gargoyle DTE schwer	gut	gut	gut	—
CY 2 von Leybold	gut	gut	gut	—
CY 2 von Shell	schlecht	gut	1. Lampe schlecht 2. Lampe schlecht 3. Lampe schlecht 4. Lampe schlecht 5. Lampe schlecht 6. Lampe besser 7. Lampe gut 8. Lampe gut	1. Lampe schlecht 2. Lampe schlecht 3. Lampe besser 4. Lampe gut 5. Lampe gut

Es ist somit erwiesen, daß die Brauchbarkeit eines Öles zur Herstellung von Lampen nicht nur nach seinen physikalischen Daten zu beurteilen ist, wie es bisher geschah. Wichtiger noch ist, daß es sich auch unter Vakuum nicht zersetzt und Kohlenwasserstoffe abspaltet.

Zur Erkennung dieser Eigenschaft ist durch die Verwendung der Gasprüflampe 100 W/107 V in der beschriebenen Apparatur ein einfaches und sicheres Mittel zur Beurteilung der Vakuum-Pumpenöle gefunden, das es auch ermöglicht, die Untersuchung mit einer geringen Menge Substanz auszuführen.

Über die Schlierenbildung in Gläsern durch feuerfeste Massen[1].

Von

R. SCHMIDT und **M. THOMAS**.

Von einem feuerfesten Baustoff, der mit der Glasschmelze in Berührung kommt, verlangt man erstens, daß er bei den in Frage kommenden Schmelztemperaturen sich nicht unter Druck oder Zug deformiert, zweitens, daß er sich nicht allzuschnell im Glasfluß auflöst und drittens, daß die Auflösung gleichmäßig vor sich

[1] Abdruck der in den Glastechn. Ber. Bd. 22 (1948) S. 17 erschienenen Arbeit.

geht, daß also das Glas nicht durch Schlieren verunreinigt wird. Für die ersten beiden Anforderungen, nämlich Erweichungsverhalten und chemische Beständigkeit gegenüber den Glasflüssen, liegen Prüfverfahren vor, welche das unterschiedliche Verhalten der feuerfesten Baustoffe einigermaßen erkennen lassen. Für die Schlierenbildung in Gläsern durch feuerfeste Baustoffe sind dagegen u. W. keine Prüfverfahren ausgearbeitet worden. Die gelegentlich vertretene Meinung, daß gute chemische Beständigkeit gegenüber dem Glasfluß auch geringe Schlierenbildung nach sich zieht, ist im Laufe der Zeiten durch die Praxis derart oft widerlegt worden, daß u. E. ein Bedürfnis für eine Prüfung der Schlierenbildung in Gläsern durch feuerfeste Baustoffe besteht. Besonders groß wird dieses Bedürfnis bei Hütten sein, welche sehr verschiedene Glasarten herstellen, zumal in diesen Hütten allgemein bekannt ist, daß die feuerfesten Baustoffe sich bezüglich Schlierenbildung in den verschiedenen Gläsern ganz verschieden verhalten können.

Das bei den folgenden Versuchen verwendete Verfahren besteht darin, daß man das Glas aus Gemenge in einem Platintiegel bei der praktisch in Frage kommenden Schmelztemperatur in Anwesenheit von einigen Kubikzentimetern des zu untersuchenden feuerfesten Materials (möglichst Würfelform) blank schmilzt, dann aus dem Glas Fäden von einigen Zehntel mm Durchmesser zieht und endlich diese Glasfäden auf die Zahl der Schlieren hin untersucht. Die Schlieren können leicht dadurch gefunden werden, daß man die einzelnen Glasfäden durch die Finger gleiten läßt; hierbei kann man jede Verdickung leicht wahrnehmen. Bezieht man die Zahl der Schlieren auf die Länge oder das Gewicht der untersuchten Glasfäden, so kann man den Grad der Schlierenbildung in Maß und Zahl angeben.

Bei der Ausarbeitung der Methode gingen wir jeweils so vor, daß wir für jedes Glas, zunächst in Abwesenheit des feuerfesten Materials, ein Temperaturzeitschmelzdiagramm suchten, bei dem das Glas nach der Fadenprobe absolut homogen ausfiel; dann gaben wir bei weiteren Schmelzen Proben solcher Wannensteine hinzu, die sich nach den praktischen Betriebsergebnissen harmlos im Glas auflösten. In diesem Fall durften bei der Laboratoriumsprobe auch keine Schlieren auftreten; dies war auch stets der Fall. Gab man den weiteren Schmelzen Wannensteinmaterial hinzu, welches im praktischen Betrieb Schlieren ergeben hatte, so mußten bei der Fadenprobe Schlieren in Erscheinung treten; auch dies kam bei der Laboratoriumsprobe gut heraus. Je nach der Zahl der Schlieren konnten wir die Wannensteine in solche einteilen, die gar keine Schlieren ergaben, in solche, die nur wenig Schlieren aufwiesen, und in solche, die das Glas durch und durch schlierig machten.

Die Methode kann in zwei Richtungen verwendet werden: Erstens in der Richtung, daß man zu einem bestimmten Glas einen feuerfesten Baustoff sucht, der keine Schlieren ergibt, und zweitens in der Richtung, daß man, falls kein feuerfester Baustoff für ein bestimmtes Glas zu finden ist, das Glas unter möglichster Beibehaltung der gewünschten Eigenschaften in der Zusammensetzung so modifiziert, daß bei einem bestimmten verfügbaren feuerfesten Material keine Schlieren mehr auftreten.

Die Methode gab durchweg eine sehr gute Übereinstimmung mit den praktischen Betriebsergebnissen. Lediglich in einem Falle versagte sie vollständig, und zwar bei der allgemein bekannten Verwendung des Corhartwannensteins für Bleiglas. Hier wurden bei der Laboratoriumsprobe stets viele Knoten gefunden, obwohl bekannt ist, daß Bleigläser sich durchweg schlierenfrei in Corhartsteinen schmelzen lassen. Wir möchten das Versagen der Methode darauf zurückführen, daß der Corhartstein im praktischen Gebrauch wegen des hohen Wärmeleitvermögens des dichten Steines und der durchweg angewandten starken Kühlung an der Reaktionsfläche Stein/Glas längst nicht so heiß ist wie die anderen Wannensteine, daß also damit der Angriff und im Zusammenhang damit die Schlierenbildung bei weitem nicht so groß ist wie in der Laboratoriumsprobe, bei der sich der Stein zusammen mit dem Gemenge bei der hohen Schmelztemperatur befindet.

Die Methode war uns sehr dienlich, insbesondere bei der Entwicklung von feuerfestem Material für hochbaryt- und hochbleihaltige Gläser. Hier fanden wir insbesondere, daß im Gegensatz zu den hochbasischen CORHARTsteinen, die meistens für Bleigläser verwendet werden, auch ganz saure Massen brauchbar sind. Wir konnten beispielsweise Steine entwickeln, die nahezu ausschließlich aus SiO_2 zusammengesetzt waren. Es sei hier an die gelegentliche Verwendung von Natursandsteinen als Wannensteine für Bleigläser erinnert. Eine gewisse Schwierigkeit bei diesen Steinen lag allerdings in der starken Reißgefahr der Steine, die mit den Umwandlungspunkten der verschiedenen Kieselsäuremodifikationen zusammenhängt. Sehr interessant war, daß der hochsaure Krummendorfer Quarzschiefer, der nach Untersuchungen von ENDELL[2] auch nach Temperaturbeanspruchungen infolge seiner schiefrigen Struktur hervorragende Festigkeit aufweist, gegenüber Bleigläsern alsolut keine Schlierenbildung ergab. Dieser Stein wäre ein idealer Wannenstein für Bleigläser. Bedauerlich ist lediglich, daß man ihn nicht in der genügenden Größe zum Aufbau einer Wanne gewinnen kann. Es erscheint aber sehr lohnend, einen derartigen Stein synthetisch als Wannenstein zu entwickeln.

Bei der Frage, inwieweit man ein Glas ohne allzustarke Änderung der gewünschten Eigenschaften so ändern kann, daß es für einen bestimmten Wannenstein zur Schlierenbildung paßt, war folgende Erkenntnis bemerkenswert: Der bekannte saure Wannenstein der Firma Didier mit etwa 24% Tonerde erwies sich sowohl gegenüber einem hochbleihaltigen Glas als auch gegenüber einem hochbarythaltigen Glas als sehr schlecht. Mischte man aber diese Gläser, so daß also Gläser mittleren Blei- und mittleren Barytgehaltes herauskamen, so wurde das Verhalten des Steines sofort erheblich besser. Diese zunächst nicht leicht zu deutende Tatsache wurde in mehreren Versuchsreihen absolut sichergestellt.

Zusammenfassend möchten wir feststellen, daß wir glauben, ein Laboratoriumsverfahren gefunden zu haben, welches gestattet, die Schlierenbildung in Gläsern durch feuerfeste Baustoffe, abgesehen von dem Sonderfall des CORHARTsteines, zu erkennen, und welches somit den Glastechnologen vor großen Mißgriffen in der Praxis zu schützen vermag.

Da die Untersuchungsunterlagen verlorengegangen sind, muß im vorliegenden Bericht auf konkrete Zahlenangaben verzichtet werden.

[2] K. ENDELL: Ber. Dtsch. Keram. Ges. Bd. 19 (1938) S. 359.

Überprüfung der zeitlichen Konstanz von Glasschmelzen durch Messung von physikalischen Eigenschaften[1].

Von

M. THOMAS.

Mit 5 Abbildungen.

Die Führung einer Glashütte, bei der Wert auf ein absolut gleichmäßiges Produkt gelegt wird, ist allein an Hand von Glasanalysen nahezu unmöglich. Erstens benötigt die Analyse zu viel Zeit und zweitens ist sie zu ungenau, als daß man sich

[1] Nach einem Vortrag, gehalten auf der Mitgliederversammlung der Hüttentechnischen Vereinigung für die Glasindustrie am 15. 9. 1950 in Königstein/Taunus.

auf eine Analyse verlassen könnte. Beispielsweise kann der sehr wichtige Alkaligehalt in einer Analyse nur mit einer Genauigkeit von ± 0,15% des Gesamtglasgewichtes festgestellt werden. Hinzu kommt, daß die Analyse eine kostspielige Einrichtung und ein geschultes Personal erfordert. Man muß also nach einfachen physikalischen Methoden suchen, welche schnell etwas Charakteristisches über den Zustand eines Glases aussagen.

In den letzten Jahren ist, insbesondere von amerikanischer Seite, zur Prüfung der zeitlichen Konstanz von Gläsern eine laufende Messung des spezifischen Gewichtes der Gläser vorgeschlagen worden. Es wurden hierzu Methoden entwickelt, mit denen man das spezifische Gewicht von Glasproben sehr schnell und sehr genau ermitteln kann. Es werden in einer Reihe von Glashütten, insbesondere Flaschenhütten, laufende Messungen des spezifischen Gewichtes gemacht. Hierbei lassen sich Fehler im Gemengebetrieb sowie im Scherbenzusatz (Fremdscherben) eliminieren. Die Tatsache eines verhältnismäßig starken Sprunges im spezifischen Gewicht führt jeweils zu einer genauen Überprüfung aller Einrichtungen und damit meistens zu schnellem Erfolg. Auch eine laufende Überprüfung des Brechungsindex, die ebenso schnell wie die Messung des spezifischen Gewichtes durchgeführt werden kann, führt zu dem gleichen Ergebnis. Zu bemerken ist, daß spezifisches Gewicht und Brechung bei den vielfach gezeigten Kurven praktisch parallel gehen.

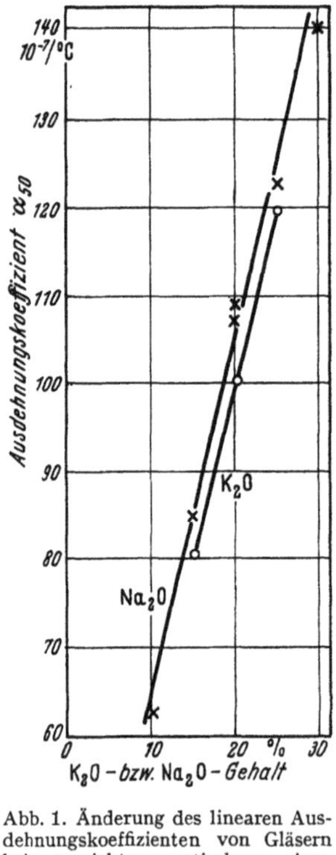

Abb. 1. Änderung des linearen Ausdehnungskoeffizienten von Gläsern bei gewichtsprozentischem Austausch von Kieselsäure durch Kaliumoxyd bzw. Natriumoxyd.

Leider läßt aber die Messung des spezifischen Gewichtes und des Brechungsindex im allgemeinen nur erkennen, daß etwas nicht in Ordnung ist. Sie verrät aber nicht genau, was. Bei einem normal zusammengesetzten Natronkalkglas ändert sich nämlich nach ELLIOT[2] die Dichte

bei Zufügung von 1% Kieselsäure um − 0,002
bei Zufügung von 1% Kalziumoxyd um + 0,011
bei Zufügung von 1% Natriumoxyd um + 0,005.

Diese Zahlen zeigen, daß das spezifische Gewicht nur mäßig stark auf die Änderung des wichtigsten Glasbildners, nämlich des Alkalis, anspricht. Stärker ist die Reaktion beim Kalziumoxydgehalt und bekanntlich auch beim Bariumoxyd- und Bleioxydgehalt; bei einem normalen Bleiglas ergibt Zusatz von 1% Bleioxyd eine Erhöhung des spezifischen Gewichtes von 0,03. Wenn man aus einer Abweichung des spezifischen Gewichtes vom Sollwert Schlüsse ziehen will für eine Gemengekorrektur (wobei angenommen ist, daß Gemengehaus und Scherbenhaushalt in Ordnung sind), so kann dies nur mit Vorteil geschehen bei reinen Bleigläsern oder reinen Barytgläsern, jedoch kaum bei Kalkgläsern. Bei reinen Bleigläsern hat sich nach unseren Erfahrungen eine laufende Überwachung des spezifischen Gewichtes zur Konstanthaltung der Gläser als nützlich erwiesen.

Zur Überwachung des Alkaligehaltes, der für die bei der Glasverarbeitung wichtige Viskosität von ausschlaggebender Bedeutung ist, hat sich die laufende Messung des Ausdehnungskoeffizienten als sehr praktisch erwiesen. Abb. 1 gibt

[2] ELLIOT: Glaszusammensetzung und Dichteänderung, J. Amer. Ceram. Soc. 28 (1945) S. 303.

eine Übersicht über die Änderung des Ausdehnungskoeffizienten beim Austausch von Kieselsäure gegen Natriumoxyd und Kaliumoxyd[3]. Bemerkenswert ist der geradlinige Verlauf der Eigenschaftsänderung über große Prozentbereiche. Die übrigen Glasbildner verändern den Ausdehnungskoeffizienten in erheblich geringerem Maße. Aus den bekannten Daten von ENGLISH und TURNER[4] über den Einfluß der Zusammensetzung auf den Ausdehnungskoeffizienten geht hervor, daß bei einem normalen Natronkalkglas der lineare Ausdehnungskoeffizient sich

durch Hinzufügung von 1% SiO_2 um $- 3{,}3 \cdot 10^{-7}/°C$
durch Hinzufügung von 1% Na_2O um $+ 3{,}5 \cdot 10^{-7}/°C$
durch Hinzufügung von 1% CaO um $- 0{,}6 \cdot 10^{-7}/°C$

ändert.

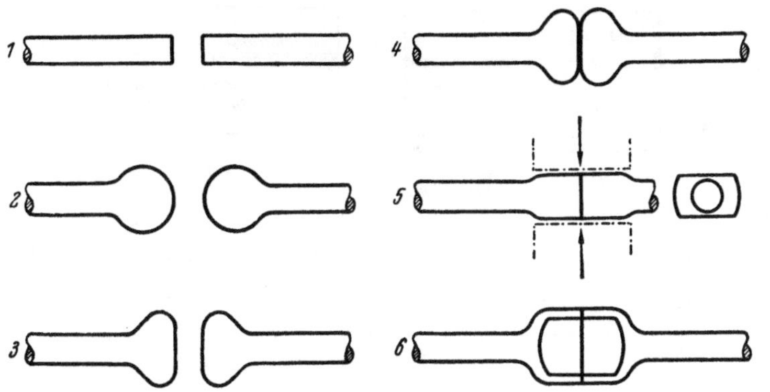

Abb. 2. Verschmelzprobe von zwei Gläsern zur Feststellung der Differenz der Ausdehnungskoeffizienten.

Die Zahlen zeigen den bekannten starken Einfluß des Alkalis im Austausch gegen Kieselsäure gegenüber dem wesentlich geringeren des Kalziumoxyds auf den Ausdehnungskoeffizienten. Eine Änderung des Ausdehnungskoeffizienten um eine Einheit $(1 \cdot 10^{-7}/°C)$ entspricht einer Änderung im Alkaligehalt von etwa 0,3% des Glasgewichtes.

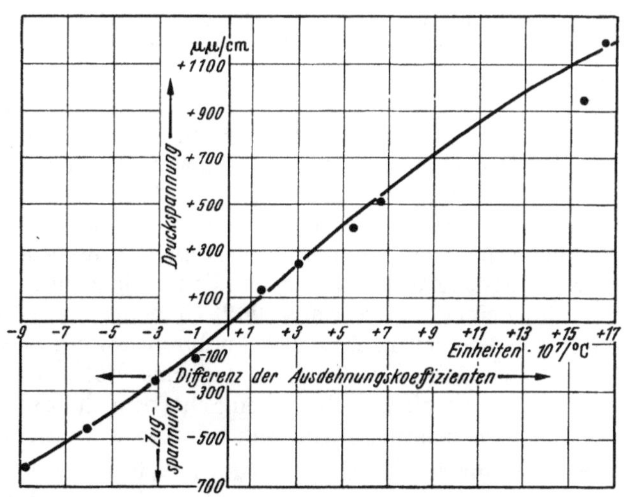

Abb. 3. Doppelbrechung von Verschmelzproben je zweier Gläser in Abhängigkeit von der Differenz der Ausdehnungskoeffizienten.

Eine absolute Messung des Ausdehnungskoeffizienten ist für den vorliegenden Zweck leider viel zu zeitraubend und ungenau. Dagegen kann man die Ausdehnungsdifferenz von Gläsern, beispielsweise eines Standardglases und des zu untersuchenden Glases, mit sehr großer Genauigkeit dadurch messen, daß man die beiden Gläser nach Abb. 2 miteinander verschmilzt, tempert und die Spannung als Doppelbrechung an der Verschmelzstelle mit einem Kompensator feststellt. Abb. 3

[3] G. GEHLHOFF: Glastechn. Ber. Bd. 6 (1928/29) S. 434.
[4] S. ENGLISH u. W. E. TURNER: J. Soc. Glass Technol. Bd. 5 (1921) S. 121.

zeigt, daß die Doppelbrechung auf die Ausdehnungsdifferenz sehr stark reagiert, und zwar entsprechen $1 \cdot 10^{-7}/°$ C Ausdehnungsdifferenz bereits 70 nm/cm Doppelbrechung[5].

Diese Zahl bezieht sich auf Gläser normaler Zusammensetzung. Da man nun die Doppelbrechung bequem mit einer Genauigkeit von 30 nm/cm messen kann, und da nach einer Feststellung weiter oben $1 \cdot 10^{-7}/°$ C Ausdehnungsdifferenz 0,3% Alkali entspricht, kann man mit der einfachen Methode der Spannungsmessung die Alkaliänderung eines Glases auf 0,15% des Gesamtglasgewichtes genau feststellen. Die Überprüfung eines Glases mit Hilfe des Ausdehnungs-

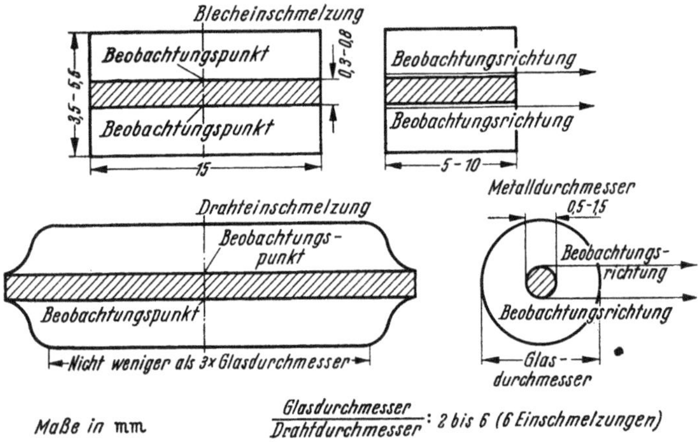

Abb. 4. Englische Normvorschläge für Verschmelzproben zur Messung der Ausdehnungsdifferenz zwischen Glas und Metall.

koeffizienten, die innerhalb von 2 Stunden durchzuführen ist, leistet also bezüglich der Feststellung des Alkaligehaltes wesentlich mehr als die zeitraubende Analyse. Abb. 4 zeigt Metalleinschmelzungen, bei denen das Metall als Standardmaterial dient.

Mit der Methode des spezifischen Gewichtes bei Bleigläsern und mit der beschriebenen Methode des Ausdehnungskoeffizienten bei allen Gläsern sind in unseren Betrieben seit 1930 unsere sämtlichen Gläser recht konstant gehalten worden. Das umfangreiche, mehr als 100000 Einzelwerte umfassende Zahlenmaterial läßt darüber hinaus erkennen, daß sich Glas in großen kontinuierlichen Wannen erheblich langsamer ändert als in Tageswannen oder im Hafen. Darüber hinaus läßt das Zahlenmaterial den Unterschied einer Schmelze aus 100% Scherben gegenüber einer Schmelze aus 100% Gemenge klar erkennen. Derartige Schmelzen unterscheiden sich nach vielen Analysen um einen Alkaligehalt von etwa 0,2%. Würde man das Glas laufend das eine Mal mit einem sehr geringen und das andere Mal mit einem sehr hohen Scherbengehalt schmelzen, so würden im Laufe der Zeit zwei sich im Alkaligehalt relativ stark unterscheidende Gläser entstehen.

Es liegt auf der Hand, daß man die Wirkung des verschieden hohen Scherbenzusatzes mit der Ausdehnungsmethode klar erkennen kann und daß man gegebenenfalls durch Zugabe oder Wegnahme von Alkali der Wirkung des aus betrieblichen Gründen gelegentlich notwendigen verschiedenen Scherbengehaltes entgegensteuern kann.

Nebenbei sei bemerkt, daß die Spannungsmethode sehr nützlich ist bei der Herstellung von Überfanggläsern, beim Emaillieren von Gläsern zum Aussuchen eines

[5] A. RUSS: Glastechn. Ber. Bd. 9 (1931) S. 531.

Emails mit gleichem Ausdehnungskoeffizienten sowie beim Kitten von Gläsern zum Aussuchen eines Kittes, welcher dem Glas nur geringe Spannung aufdrückt.

Will man über die durch Dichte und Ausdehnungskoeffizient gegebene Kontrollmöglichkeit hinaus in Erfahrung zu bringen suchen, ob auch das Verhältnis von Natriumoxyd zu Kaliumoxyd einigermaßen konstant ist, so ist hierzu eine Messung des elektrischen Leitvermögens nützlich. Das elektrische Leitvermögen reagiert bekanntlich auch sehr stark auf den Alkaligehalt der Gläser. Man könnte auch die laufende Messung des elektrischen Leitvermögens dazu benutzen, um die Gläser bezüglich des Alkaligehaltes in Ordnung zu halten. Indessen hat sich die Methode, wohl weil sie den meisten Hütten etwas fern liegt, nicht eingebürgert. Auch ist sie nicht bequemer auszuführen als die auf der Ausdehnungsdifferenz beruhende Spannungsmethode.

Dagegen leistet das elektrische Leitvermögen mehr als der Ausdehnungskoeffizient, wenn man etwas über das Verhältnis des Natriumoxyds zu Kaliumoxyd zu wissen wünscht. Abb. 5 zeigt bekannte Kurven über die Änderung des T_{K100}-Wertes (Temperatur des Leitfähigkeitswertes $100 \cdot 10^{-10}\ \mathrm{Ohm}^{-1}\ \mathrm{cm}^{-1}$)[6]. Die Kurven zeigen, daß bei gemischten Natronkaligläsern auf dem Natronast der Kurven ein Austausch von 1% Kaliumoxyd gegen 1% Natriumoxyd den T_{K100}-Wert um etwa 15° erniedrigt. Da der T_{K100}-Wert mit einfachen Mitteln mit einer Genauigkeit von 5° gemessen werden kann, läßt sich eine Verschiebung von Kaliumoxyd nach Natriumoxyd um 0,3% des Gesamtgewichtes feststellen. Glücklicherweise liegen die meisten Gläser auf dem Natronast der Kurve, so daß sich diese Methode zur Kontrolle des Alkaliverhältnisses sehr gut anwenden läßt, nachdem man sich zuvor nach der Ausdehnungsmethode über den Gesamtalkaligehalt vergewissert hat.

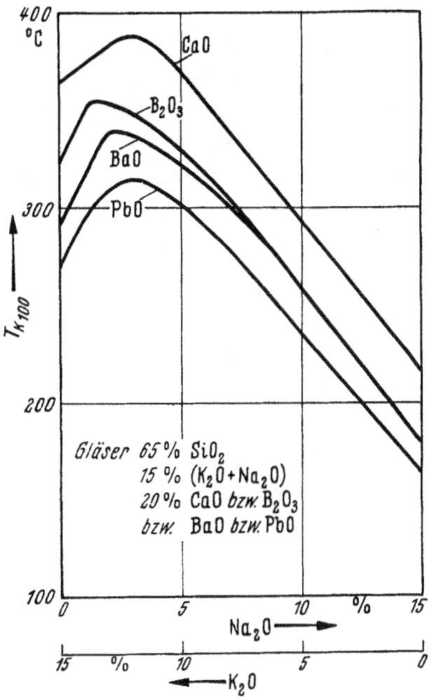

Abb. 5. Änderung des T_{K100}-Wertes von Gläsern bei gewichtsprozentischem Austausch von Kaliumoxyd durch Natriumoxyd.

An sonstigen physikalischen Eigenschaften könnte u. E. höchstens noch die UV-Durchlässigkeit von einer gewissen Bedeutung für die Kontrolle des Eisenoxydgehaltes sein. Die UV-Durchlässigkeit reagiert bekanntlich in gewissen Wellenbereichen, die man durch Filter aus einem Spektrum herausschneiden kann, sehr stark auf den Eisengehalt. Die Methode wurde von uns zur Überprüfung der UV-Durchlässigkeit von UV-Glasschmelzen laufend angewandt. Bei der Frage, was die Methode für die Kontrolle des Eisenoxydgehaltes leistet, muß man natürlich Gewißheit haben, ob durch die Art der Schmelze ein konstantes Verhältnis von Eisenoxyd zu Eisenoxydol gewährleistet ist.

Zusammenfassend möchten wir feststellen, daß auf Grund unserer über etwa 20 Jahre reichenden Erfahrungen die laufende Kontrolle des Ausdehnungskoeffizienten nach der spannungsoptischen Methode sowie bei gewissen Gläsern auch eine Kontrolle des spezifischen Gewichtes und des elektrischen Leitvermögens unter Zuhilfenahme von vereinzelten Analysen eine recht große Konstanz der Gläser gewährleistet.

[6] G. Gehlhoff: Glastechn. Ber. Bd. 6 (1928/29) S. 441.

Elastische Spannungen in Gläsern, ihre Bedeutung und ihre Messung*.

Von

WERNER SCHWIECKER.

Osram-Studiengesellschaft Berlin.

Einleitung.

Die technologische Bedeutung der Untersuchung elastischer Spannungsfelder liegt auf dem Gebiete der Festigkeitsprüfung und Festigkeitsforschung. In jedem festen Körper bildet sich unter dem Einfluß einer Belastung ein Spannungsfeld aus, das bei entsprechender Größe der Belastung zu seiner Zerstörung führt. Die unmittelbare Ursache der Zerstörung ist die Überschreitung des Grenzwerts der für die Festigkeit des Werkstoffs maßgebenden Spannungskomponenten. Zur Feststellung des Sicherheitsintervalls, welches ein Bauelement bei der vorgesehenen Belastung gegenüber der Zerstörungsgrenze besitzt, müssen die folgenden beiden Punkte besonders untersucht werden:

1. Die Festigkeit des Werkstoffs gegenüber den verschiedenen Arten der Spannungen.
2. Das im Werkstoff bei normaler Belastung vorhandene Spannungsfeld.

Der erste Punkt gehört in das Gebiet der Materialprüfung, während der zweite in den Bereich der Spannungsmechanik fällt.

Grundlegende Betrachtungen.

Die technischen Festigkeitsangaben beziehen sich auf die Merkmale der äußeren Belastung des Probekörpers. Sie unterscheiden z. B. Zug-, Druck-, Biege-, Schlag-, Schub- und Abschreckfestigkeit, ohne dabei das sich im Innern der Probe ausbildende Spannungsfeld in Betracht zu ziehen. Gegenüber den verschiedenen Arten der Belastung verhalten sich Stoffe, die sich in ihrer Struktur voneinander unterscheiden, nicht gleichartig. So besitzen etwa schichtartig aufgebaute Stoffe, wie z. B. Graphit, im allgemeinen gegenüber einer Schubspannungskomponente die geringste Festigkeit, während isotrope Stoffe gegenüber Zugbeanspruchungen am wenigsten fest sind. Wir beschränken uns bei den weiteren Untersuchungen auf den Werkstoff Glas, der ein ausgesprochen isotroper Stoff ist, wenn man ihn vom Standpunkt der Kontinuum-Mechanik aus betrachtet.

Die Struktur des Glases.

Vom Standpunkt der Thermodynamik aus gesehen, sagt man im allgemeinen, Glas sei eine unterkühlte Flüssigkeit. Dies ist nur bedingt richtig, denn eine unterkühlte Flüssigkeit befindet sich im inneren thermodynamischen Gleichgewicht; beim Glas ist das nicht der Fall[1]. Das thermodynamische Gleichgewicht besteht nur bei der Temperatur, bei der das Glas gerade fest wird (das Festwerden erfolgt nicht bei einer scharf definierten Temperatur, sondern zieht sich beim Abkühlen über einen ganzen Temperaturbereich hin). Bei allen Temperaturen, die niedriger sind als die eben besprochene Temperatur des Festwerdens, befindet sich das Glas nicht im thermodynamischen Gleichgewicht. Es ist daher bestrebt, diesen

* Gekürzter Abdruck aus Glas- und Hochvakuum-Technik Bd. 1 (1952) H. 1, S. 14—18.

[1] G. O. JONES und F. E. SIMON: Endeavour Bd. 8 (1949) Nr. 32; Physik. Bl. Bd. 7 (1951) S. 9.

Gleichgewichtszustand herzustellen, was infolge der Zähigkeit des festen Glases außerordentlich lange Zeiten erfordert, so daß die Aussicht, daß dieses Gleichgewicht jemals erreicht wird, sehr gering ist.

Vom Standpunkt der Atomphysik aus gesehen, handelt es sich beim Glas um ein unregelmäßiges Netzwerk kleiner Bauelemente, die selbst eine regelmäßige Anordnung der beteiligten Ionen besitzen[2]. Bei Silikatgläsern bestehen die Bauelemente aus SiO_4-Tetraedern. Diese sind so aufgebaut, daß sich an den Ecken einer gleichseitigen Dreieckspyramide je ein Sauerstoffion und im Schwerpunkt der Pyramide ein Siliziumion befinden. Das Netzwerk entsteht so, daß derartige Tetraeder Sauerstoffionen gemeinsam haben, wobei nicht an allen Ecken des Tetraeders ein weiteres Tetraeder angesetzt ist. Wäre dies der Fall, dann könnte sich kein unregelmäßiges Netzwerk bilden. Weitere Netzwerkbildner dieser Art sind B_2O_3, Al_2O_3 u. a. In die entstehenden Lücken können z. B. Alkaliionen und andere im Glas enthaltene Ionen eingelagert werden. Von diesem Standpunkt aus betrachtet, besitzen also die Gläser eine gewisse Nahordnung, während sie sich im Gegensatz zu den Kristallen im großen in einem ungeordneten Zustande befinden.

Die beiden Auffassungen stellen keine Gegensätze dar, sondern sie sind miteinander verträglich. Für das Festigkeitsverhalten geht daraus hervor, daß das Glas im großen isotrop ist, und daß eine Zerstörung nur durch Zerreißen einer solchen Tetraederkette eingeleitet werden kann.

Der Spannungszustand.

Zur Beschreibung des Spannungszustands in einem kleinen Volumenelement des zu untersuchenden Materials ist die Verwendung von Tensoren erforderlich. Die Darstellung eines Tensors in einem rechtwinkligen, dreiachsigen Koordinatennetz ist nur mit mindestens sechs Komponenten möglich, im Gegensatz zu der Darstellung eines Vektors, bei dem drei Komponenten ausreichen (z. B. elektrische Feldstärke), oder der eines Skalars, bei dem die alleinige Angabe eines Zahlenwerts genügt (z. B. Temperatur). Die sechs Komponenten eines Spannungstensors setzen sich aus drei Normalspannungskomponenten und drei Schubspannungskomponenten zusammen, die auf ein Koordinatensystem bezogen werden, das in dem zu untersuchenden Körper festgelegt wird. Unter der Mannigfaltigkeit aller solcher Koordinatensysteme, die man durch beliebige Drehung aus einem Koordinatensystem erhalten kann, gibt es für den Spannungszustand im betrachteten Volumenelement ein System, bei dem die drei Schubspannungskomponenten den Wert Null haben. Die in diesem System auftretenden Normalspannungskomponenten heißen die Hauptspannungskomponenten; sie sind für die späteren Betrachtungen von Bedeutung, weil es, wie oben bereits erwähnt, bei Festigkeitsuntersuchungen an Gläsern nur auf die Normalspannungskomponenten ankommt. Die Hauptspannungskomponenten stellen aber die Extremwerte der Normalspannungskomponenten dar.

Um ein anschauliches Beispiel für das Verhalten des Werkstoffs unter dem Einfluß von Spannungen zu bekommen, stelle man sich vor, daß das Volumenelement im spannungsfreien Zustand die Form einer kleinen Kugel habe. Unter dem Einfluß der Spannungen wird das Volumenelement deformiert, und zwar so, daß es in Richtung der Hauptspannungskomponenten entweder eine Dilatation (Dehnung) oder eine Kontraktion (Verkürzung) erfährt. Das Volumenelement hat nun im allgemeinen Falle des dreiachsigen Spannungszustands die Form eines Ellipsoids, dessen drei Hauptachsen in der Richtung der Hauptspannungskompo-

[2] W. H. Zachariasen: J. Amer. Chem. Soc. Bd. 54 (1932) S. 3841. — B. E. Warren: J. Appl. Physics Bd. 8 (1937) S. 645; J. Amer. Ceram. Soc. Bd. 24 (1941) S. 256; J. Appl. Physics Bd. 13 (1942) S. 602. — W. A. Weyl: Glastechn. Ber. Bd. 23 (1950) S. 174.

nenten liegen und verschiedene Länge haben. Jeder andere Radiusvektor der Kugel, dessen Richtung nicht mit einer der Hauptspannungsrichtungen zusammenfällt, erfährt bei der Deformation außer einer Dilatation bzw. Kontraktion eine Drehung. Die Drehung aber ist der Ausdruck für eine Schubspannung. Man sieht, daß allein die drei Radiusvektoren, die in Richtung der Hauptspannungskomponenten liegen, keine Drehung erfahren.

Das Spannungsfeld.

Das Spannungsfeld umfaßt die Gesamtheit der Spannungszustände eines größeren zusammenhängenden Bereichs. Die Hauptspannungslinien stellen im Spannungsfeld ein orthogonales Liniensystem dar, bei dem sich alle Linien unter rechten Winkeln schneiden. Die Linien sind im allgemeinen keine Geraden.

Bei einem idealen einachsigen Spannungszustand hat das Hauptlinienfeld die Form eines sich rechtwinklig schneidenden Geradenfeldes, bei dem zwei der Hauptspannungskomponenten jeweils null sind. Alle anderen, zweiachsigen und dreiachsigen Spannungszustände zeigen kompliziertere Hauptlinienfelder, aus deren Form (Krümmung der einzelnen Linien und Dichte der Linien) man gewisse Rückschlüsse auf den Verlauf der Hauptspannungskomponenten ziehen kann.

Die Herstellung homogener einachsiger Spannungszustände ist, insbesondere bei Druckversuchen, nicht immer leicht. Die zur Übertragung der Kräfte erforderlichen Teile der Versuchsapparatur beeinflussen den Spannungszustand in ihrer Nähe. Man hilft sich beim Zugversuch dadurch, daß man verhältnismäßig lange Probekörper verwendet und die Messung in der Mitte des Probekörpers durchführt, weil mit zunehmender Entfernung von den Kraftübertragungselementen der Einfluß der erwähnten Störungen kleiner wird. Beim Druckversuch entstehen jedoch auch hierbei Schwierigkeiten, weil bei einem zu großen Verhältnis der Länge des Druckkörpers zu seiner Grundfläche die Gefahr des Knickens eintritt. Die Ursachen für das Auftreten der störenden Einflüsse erkennt man bei der Betrachtung des elastischen Verhaltens des Werkstoffs.

Das elastische Verhalten des Werkstoffs.

Deformations- und Spannungstensor lassen sich gesetzmäßig derart miteinander verbinden, daß das empirisch gefundene Verhalten des Werkstoffs mit guter Näherung wiedergegeben wird. Man kommt auf diese Weise zu dem bekannten HOOKEschen Gesetz. Dieses Gesetz hat für den einachsigen Spannungszustand die einfache Form:

$$\varepsilon E = \sigma .$$

Die relative Längenänderung ε (das Verhältnis der Längenänderung zur ursprünglichen Länge) ist hiernach von der Hauptspannung σ linear abhängig. Die Proportionalitätskonstante E, der Elastizitätsmodul, ist ein Maß für das elastische Verhalten des Werkstoffs. Bei gleicher Zugspannung zeigen Werkstoffe mit großem E eine kleinere Dehnung als Werkstoffe mit kleinem E. Trägt man, wie es normalerweise geschieht, in einem Achsenkreuz die Zugspannung σ über der Dehnung ε auf, so erhält man empirisch zunächst eine gerade Linie, die unter einem bestimmten Winkel gegenüber der Abszisse ansteigt. Der Winkel wird durch das Verhältnis $\Delta\sigma/\Delta\varepsilon$ bestimmt, d. h. er ist ein Maß für den Elastizitätsmodul E. Bei größeren Dehnungen kommt es bei spröden Stoffen sehr bald zum Bruch, bei plastischem Material biegt die Kurve um, so daß sie nunmehr einen kleineren Winkel mit der Abszisse bildet. Bei diesen Stoffen tritt ein Fließen der Materie ein, und das ist gerade das Kennzeichen für das plastische Material.

Das Glas verhält sich im allgemeinen wie ein spröder Körper, insbesondere bei Belastungen, die sich nicht über allzu lange Zeiten hinziehen. Normalerweise ist das bei den Zug- und Druckversuchen der Fall. Bei langanhaltender Belastung kann jedoch das plastische Verhalten des Glases in Erscheinung treten. So ist z. B. bekannt, daß sich waagerecht gelagerte und an zwei Stellen unterstützte Glasstäbe durch das Eigengewicht durchbiegen und nach langzeitiger Lagerung eine bleibende Deformation zeigen. Der Einfluß der Belastungszeiten macht sich auch bei der Messung der Festigkeit bemerkbar. Mit der Temperatur nimmt der Elastizitätsmodul ab; gespannte Gläser zeigen gegenüber spannungsfreien Gläsern ebenfalls einen kleineren Elastizitätsmodul[3]. Die bisherigen Betrachtungen galten für den einachsigen Spannungszustand. Beim zwei- und dreiachsigen Spannungszustand ist zu berücksichtigen, daß eine Dehnung in Richtung der Zugspannung beim freien Körper eine Querkontraktion in den zur Dehnung senkrechten Richtungen bedingt. Das Maß für dieses Verhalten ist die POISSONsche Querkontraktionszahl. Das Verhältnis der Querkontraktion zur Längsdehnung liegt bei Gläsern in der Größenordnung von 0,2—0,3. Wird die Querdehnung, z. B. beim Würfeldruckversuch, an den Kraftübertragungsflächen durch Reibung verhindert, so folgt in diesen Gebieten ein Verzerrungszustand, der bedingt, daß der Spannungszustand im Material gestört wird. Das Hauptlinienfeld besteht dann bei einachsigen Spannungszuständen nicht mehr aus parallelen Geraden, sondern wird in komplizierter Weise verzerrt. Die Folge ist, daß beim Würfeldruckversuch die Zerstörung des Probekörpers nur mittelbar durch die Druckspannungen verursacht wird[4]. Unmittelbare Ursache des Bruchs sind auch hier Zugspannungskomponenten.

Die Zerstörung des Werkstoffs.

Aus dem bisher Besprochenen geht hervor, daß die Ursache für die Zerstörung in der Überschreitung der zulässigen Größe der Zugspannungskomponente liegt. Es wäre danach für die Zerreißfestigkeit eines Glases ein gut definierter und reproduzierbarer Wert zu erwarten. In Wirklichkeit streuen die gemessenen Werte in einem weiten Bereich. Dieses Verhalten läßt auf einen für den Einsatz der Zerstörung weiteren Einfluß schließen. Nach SMEKAL[5] ist außer der Zugspannungskomponente noch die Verteilung sogenannter Störstellen, wie Einschlüsse, Kerbstellen usw., von mikroskopischer und submikroskopischer Größe von Bedeutung. Diese Störstellen machen das Spannungsfeld durch lokale Erhöhungen der Spannung (Kerbwirkung) inhomogen. Die Wahrscheinlichkeit des Auftretens eines Sprunges ist danach von der Störstellenkonzentration abhängig, die an der Oberfläche des untersuchten Körpers im allgemeinen größer ist als im Körperinneren, so daß die Sprünge weitaus mehr von der Oberfläche ausgehen, als daß sie im Körperinnern entstehen. Diese Auffassung ist durch experimentelle Untersuchungen bestätigt worden, bei denen die Zugfestigkeit in Abhängigkeit vom Oberflächenzustand gemessen wurde.

Die weitere Entwicklung des Bruchs ist ein dynamischer Vorgang[6], bei dem die entstehenden elastischen Wellen eine besondere Rolle spielen.

---

[3] G. QUINCKE: Ann. Physik Bd. 19 (1883) S. 545. — A. WINKELMANN und O. SCHOTT: Ann. Physik Bd. 51 (1894) S. 697. — A. WINKELMANN: Ann. Physik Bd. 61 (1897) S. 105. — W. LUDWIG: Phys. Z. Bd. 1 (1900), S. 124. — E. WANDERSLEB: Ann. Physik Bd. 8 (1902) S. 367.

[4] CH. DE FREMINVILLE: Rev. de Metallurgie (1914) S. 980. — A. A. GRIFFITH: Proc. Internat. Congr. Appl. Mech. Delft (1924). — F. W. PRESTON: J. Soc. Glass Techn. Bd. 10 (1926) S. 234; J. Soc. Glass Techn. Bd. 11 (1927) S. 3. — A. SMEKAL: „Kohäsion der Festkörper" im Handbuch d. phys. u. techn. Mech. v. Auerbach u. Hort (1931).

[5] A. SMEKAL: Glastech. Ber. Bd. 13 (1935) S. 222; Fiat-Ber. 8,1 (1947) S. 84; Glastechn. Ber. Bd. 23 (1950) S. 186.

[6] H. SCHARDIN und W. STRUTH: Glastechn. Ber. Bd. 16 (1938) S. 219. — A. SMEKAL: Glastechn. Ber. Bd. 23 (1950) S. 57.

Praktische Folgerungen.

Für die technisch angewendeten Prüfverfahren ergeben sich die folgenden Gesichtspunkte, die bei der Messung beachtet werden müssen.

Beim Zugversuch muß die Anordnung einen reinen, einachsigen Spannungszustand gewährleisten. Auf den Zustand der Oberflächen muß geachtet werden. Wegen der Abhängigkeit der Festigkeit von der Dauer der Belastung müssen definierte Belastungsgeschwindigkeiten angewendet werden. Man kann dann das weite Gebiet zwischen einer quasistatischen und einer ausgesprochen dynamischen Belastung überstreichen. Erwünscht sind die Messung der mittleren Zerreißfestigkeit und die Angabe der unteren Grenze, bei der eine Zerstörung auftritt.

Die Ergebnisse, die mit dem Druckversuch erzielt werden können, sind zur Charakterisierung der Werkstoffeigenschaften wegen der bereits geschilderten Verzerrung des Spannungsfeldes nur bedingt verwertbar, da die Eigenschaften der verwendeten Apparatur, die nur schwer zu erfassen sind, die Meßergebnisse beeinflussen.

Beim reinen Biegeversuch sind die Verhältnisse gut zu übersehen. An der gedehnten Oberfläche ist die maximale Zugspannung zu erwarten, ihre Richtung liegt parallel zur Oberfläche. Diese Prüfung ist mit dem Zugversuch vergleichbar, so daß die dort gegebenen Hinweise hierauf übertragen werden können. Verwickelter sind die Verhältnisse bei der Schlagprüfung, obwohl auch hier die Zerstörung durch die Zugspannungskomponente erfolgt. Das auftretende Spannungsfeld ist von der Form des Prüfkörpers und der Schlagapparatur abhängig. Diese Prüfung fällt in die Gruppe der dynamischen Untersuchungen.

Ähnlich komplizierte Verhältnisse liegen bei der thermischen Festigkeitsprüfung vor. Hier spielen außer den elastischen Eigenschaften noch die thermischen Eigenschaften (Wärmeleitvermögen, spezifische Wärme und thermische Ausdehnung) eine Rolle. Gleichmäßige Erwärmung ruft nur eine Ausdehnung, jedoch kein Spannungsfeld hervor. Spannungen entstehen, wenn Temperaturdifferenzen auftreten. Die Größe der Spannungen hängt insbesondere auch vom Wärmeleitvermögen ab, dessen Koeffizient temperaturabhängig ist. Wird ein Glaskörper abgeschreckt, so sind die tangentialen Spannungskomponenten Zugspannungen an der Oberfläche, weil die abgekühlten Oberflächenschichten durch den Zusammenhang mit dem dahinterliegenden wärmeren Material am Zusammenziehen gehindert werden. Das Umgekehrte ist der Fall, wenn der Körper plötzlich erwärmt wird, dann sind die tangentialen Oberflächenspannungen Druckspannungen.

Die spannungsoptischen Methoden.

Wegen der vielfachen Abhängigkeiten, die Form und Größe eines elastischen Spannungsfeldes beeinflussen, ist seine theoretische Berechnung nur in einfachen Fällen möglich. Für die Ermittlung des Spannungsfeldes müssen in den anderen Fällen experimentelle Methoden angewendet werden.

Der spannungsoptische Effekt.

Ein im spannungsfreien Zustande optisch isotroper Stoff wird unter dem Einfluß elastischer Spannungen optisch anisotrop, d. h. doppelbrechend. Die Ausbreitungsgeschwindigkeit einer planpolarisierten Lichtwelle ist in diesem Falle nicht mehr unabhängig von der Orientierung der Schwingungsebene des Lichts gegenüber einer im Stoff festgelegten Ebene. Als Maß für die Größe der Doppelbrechung verwendet man in einer geeigneten Form die Differenz der Fortpflanzungsgeschwindigkeiten zweier planpolarisierter Lichtwellen, deren Schwingungsebenen zueinander senkrecht stehen und in Richtung je einer Hauptspannungskomponente liegen. Das Licht soll sich dabei in Richtung der dritten Hauptspannungskomponente ausbreiten. Unter diesen Voraussetzungen erhält man aus der Größe der Doppelbrechung die Größe der Hauptspannungsdifferenz der beiden senkrecht zur Fortpflanzungsrichtung orientierten Hauptspannungskomponenten durch Anwendung der spannungsoptischen Beziehung[7]

$$m = K D (\sigma_1 - \sigma_2) .$$

Diese Beziehung, bei der $(\sigma_1 - \sigma_2)$ die Hauptspannungsdifferenz, K den spannungsoptischen Koeffizienten, D die Dicke der durchstrahlten Schicht und $G = m \lambda$ den Gangunterschied bedeuten, ist mehrfach experimentell bestätigt worden (m: dimensionslose Zahl, λ: Wellenlänge des Lichts). Mit ihr läßt sich in einfacher Weise ein über die Dicke des Körpers homogener ebener Spannungszustand untersuchen. Die Ausmessung beliebiger räumlicher Spannungsfelder ist mit einfachen Mitteln nicht möglich.

Bei der Untersuchung ebener Spannungszustände unter Benutzung der oben angegebenen Beziehung ist zu beachten, daß der gemessene relative Gangunterschied ein Maß für die Hauptspannungsdifferenz ist; die Messung ist also, bezogen auf die einzelnen Hauptspannungskomponenten, nicht eindeutig. Zu ihrer Ermittlung ist entweder eine weitere Messung, die etwa die Summe der Hauptspannungskomponenten ergibt, notwendig, oder es muß unter Zuhilfenahme der elastischen Gleichgewichtsbedingungen ein Integrationsverfahren von eindeutig zu messenden Punkten ausgehend, z. B. Punkten eines unbelasteten Randes, durchgeführt werden.

Der spannungsoptische Koeffizient.

Außer der Dicke der durchstrahlten Schicht ist bei gegebener Hauptspannungsdifferenz für die Größe des relativen Gangunterschiedes der spannungsoptische Koeffizient von Bedeutung. Er ist ein Ausdruck für die spannungsoptische Wirksamkeit des Werkstoffs und hat in der angegebenen Gleichung die Dimension mm/kg, wenn alle Längen in mm und alle Spannungen in kg/mm² angegeben werden. Der Zahlenwert des spannungsoptischen Koeffizienten gibt den relativen Gangunterschied an, der an einer Schicht von 1 mm Dicke bei einer einachsigen Belastung mit 1 kg/mm² gemessen wird. Dieser Zahlenwert kann bei Gläsern im Bereich von etwa $+0{,}03$ bis $-0{,}08$ mm/kg liegen[8]. Für Quarzglas hat er den Wert $-0{,}063$ mm/kg, für andere Gläser, z. B. ein Bariumsilikatglas bestimmter Zusammensetzung, $-0{,}033$ mm/kg. Zu beachten ist, daß er in besonderen Fällen auch positive Werte annehmen kann. Das ist im Zusammenhang mit der Tatsache von Bedeutung, daß auch der relative Gangunterschied sein Vorzeichen wechselt, wenn die Hauptspannungsdifferenz ihr Vorzeichen wechselt. Bei Verwendung von Gläsern unbekannter Zusammensetzung muß man durch einen Eichversuch feststellen, welche Größe und welches Vorzeichen der spannungsoptische Koeffizient besitzt, wenn man aus der Messung des relativen Gangunterschiedes auf das Vorzeichen der Hauptspannungsdifferenz schließen will.

---

[7] K. E. Neumann: Ann. Physik u. Chemie Bd. 54 (1841) S. 449; Abhdlg. d. Königl. Akad. Wiss. Berlin 1843. — F. Pockels: Ann. Physik Bd. 37 (1889) S. 144, 269, 372; Phys. Z. Bd. 2 (1901) S. 693; Phys. Z. Bd. 9 (1908) S. 314. — L. N. G. Filon: Phil. Trans. Roy. Soc. 207, A (1908) S. 263. — S. R. Savur: Phil. Mag. (6) Bd. 50 (1925) S. 453.

[8] F. Pockels: Ann. Physik (4) Bd. 7 (1902) S. 745. — L. N. G. Filon: Phil. Trans. Roy. Soc. 207, A (1908) S. 263. — Adams und Williamson: J. Washington Acad. Sc. Bd. 9 (1919) Nr. 20, S. 609; J. Opt. Soc. Amer. Bd. 4 (1920) S. 213. — S. R. Savur: Phil. Mag. (6) Bd. 50 (1925) S. 453. — W. Balmforth und A. J. Holland: J. Soc. Glass Techn. Bd. 29 (1945) Nr. 132, S. 111. — W. Schwiecker: Vortrag in Bad Nauheim, Physikertagung 1950.

Meßmethoden.

Zur Durchführung der optischen Spannungsmessung ist im einfachsten Falle die Verwendung planpolarisierten Lichts notwendig, für spezielle Zwecke wird auch zirkularpolarisiertes Licht benutzt. Weiter wird sowohl monochromatisches als auch weißes Licht verwendet. Als Polarisatoren werden in bekannter Weise NICOLsche Prismen, Polarisationsfolien oder Spiegel verwendet, bei denen das Licht unter dem Polarisationswinkel einfällt. Als Analysatoren finden NICOLsche Prismen und Polarisationsfolien Verwendung. Zur Messung des Gangunterschieds dienen Kompensatoren (BABINET-, BEREK-, EHRINGHAUS-Kompensator oder auch der Viertelwellenplättchen-Analysator). Auf die Wirkungsweise dieser Geräte soll hier nicht weiter eingegangen werden[9].

Das planpolarisierte Licht fällt so in den zu prüfenden Körper ein, daß seine Schwingungsebene mit den beiden Hauptspannungsrichtungen Winkel von 45° einschließt. Hierdurch wird die planpolarisierte Welle in zwei Komponenten zerlegt, deren Schwingungsebenen in den Richtungen der Hauptspannungskomponenten liegen. Diese beiden Komponenten pflanzen sich nun mit der dem Spannungszustand entsprechenden Geschwindigkeit fort und bilden beim Austritt aus dem Prüfkörper im allgemeinen Falle eine elliptisch-polarisierte Welle. Aus der analytischen Untersuchung dieser austretenden Welle wird der relative Gangunterschied bestimmt.

Bei Verwendung weißen Lichts spielt die Dispersion eine Rolle, d. h. der relative Gangunterschied der beiden planpolarisierten Wellen ist von der Wellenlänge des Lichts abhängig. Im Gesichtsfeld gekreuzter Polarisatoren, das bei spannungslosem Prüfkörper dunkel erscheint, werden bei Spannungsfeldern verschiedener Größe durch Interferenz verschiedene Farben sichtbar. Im Analysator erleiden die Wellenlängen des Lichts je nach der Größe des relativen Gangunterschieds infolge der Interferenz eine mehr oder weniger vollständige Auslöschung. Licht, bei dem der Gangunterschied eine, zwei usw. Wellenlängen beträgt, wird im Analysator ausgelöscht[10]. Nimmt man z. B. an, das grüne Licht tritt mit einer Wellenlänge Gangunterschied aus dem Prüfkörper aus, so wird es im Analysator durch Interferenz ausgelöscht. Alles andere Licht, welches infolge der Dispersion im Prüfkörper einen größeren oder kleineren Gangunterschied erhält, wird vom Analysator mit einer entsprechenden Intensität hindurchgelassen und das Gesichtsfeld erscheint in einer purpurroten Farbe (Rot I. Ordnung). Verändert man die Spannung im Prüfkörper, so wird eine andere Farbe den Gangunterschied von einer Wellenlänge erhalten und diese Farbe im Analysator ausgelöscht. Das Gesichtsfeld erscheint entweder in einem nach Blau oder nach Gelb verschobenen Farbton.

Der Glasspannungsprüfer.

Dieses Prinzip verwendet man bei dem häufig benutzten Glasspannungsprüfer mit dem Unterschied, daß man zur Erhöhung der Empfindlichkeit von vornherein ein Glimmerplättchen von solcher Dicke einschaltet, daß das Licht, ohne daß sich der Prüfkörper im Strahlengang befindet, im Analysator purpurrot aussieht.

[9] COKER-FILON: „A Treatise on Photo-Elasticity", Cambridge (1931). — G. MESMER: Spannungsoptik, Berlin (1939). — L. VILLENA: Fotoelasticidad, Madrid (1943). — A. PIRARD: La Photoélasticité, Paris et Liège (1947). — M. M. FROCHT: Photoelasticity, Vol. II, New York (1948). — H. T. JESSOP und F. B. HARRIS: Photoelasticity, Principles and Methods, London (1949). — L. FÖPPL und E. MÖNCH: Praktische Spannungsoptik, Berlin (1950).

[10] MÜLLER-POUILLETS: Physik, II, 2, 1 (1929) S. 994.

Kleine Spannungen im Prüfkörper verursachen durch Subtraktion oder Addition der Gangunterschiede deutlich wahrnehmbare Farbänderungen.

Bei geeigneter Orientierung des zu prüfenden Körpers entspricht also jeder Farbe ein relativer Gangunterschied und damit eine Hauptspannungsdifferenz. Wie früher schon betont wurde, lassen sich hieraus jedoch keine Rückschlüsse auf die einzelnen Hauptspannungskomponenten ziehen, die allein für die Festigkeit des Glases von Bedeutung sind. So erscheinen außer den Stellen, bei denen die Hauptspannungsrichtungen mit dem Polarisationskreuz übereinstimmen, auch alle Punkte, bei denen beide Hauptspannungen gleiche Größe und gleiches Vorzeichen haben, rot, da dort die Hauptspannungsdifferenz null ist (Singularitäten). Die einzelnen Hauptspannungskomponenten können dabei schon solche Größe haben, daß die Festigkeit des Glases gefährdet ist. Für andere m- bzw. $(\sigma_1 - \sigma_2)$-Werte gelten ähnliche Überlegungen: ein bestimmtes m (das entspricht einer bestimmten Farbe) kann durch eine beliebige Anzahl von (σ_1, σ_2)-Paaren, die nur der Bedingung $\sigma_1 - \sigma_2 = \text{const.}$ genügen müssen, hervorgerufen werden. Hierdurch ist die Sicherheit der Aussagen, die mit Hilfe dieser Methode gemacht werden können, beschränkt.

Eindeutig sind die Messungen immer an unbelasteten Rändern, weil dort die senkrecht zum Rand gerichtete Hauptspannung aus Gleichgewichtsgründen null sein muß. Wäre sie es nicht, würde sich der Rand entsprechend der Spannung verschieben. Nur durch Betrachtung des gesamten Spannungsfeldes lassen sich bei einiger Erfahrung qualitative Abschätzungen der Größe der einzelnen Spannungskomponenten durchführen.

Andere Methoden.

Zum Schluß sei kurz auf Methoden hingewiesen, mit deren Hilfe die Ermittlung der einzelnen Hauptspannungskomponenten möglich ist[9]. Es handelt sich einmal um die Integrationsverfahren, die früher schon erwähnt wurden. Hierzu ist es notwendig, das Feld der Hauptlinien aufzunehmen, welches man aus der Schar der Richtungsgleichen ermitteln kann. Die Richtungsgleichen erhält man, wenn man den Prüfkörper in das gekreuzte Polarisationsfeld bringt und alle Stellen markiert, die dunkel erscheinen. Darauf dreht man den Körper um einen bestimmten Winkel, etwa 10°, und kennzeichnet wieder alle dunklen Stellen. Durch entsprechende Wiederholung des Verfahrens bekommt man die gesamte Schar der Richtungsgleichen. Orte, durch die sämtliche Richtungsgleichen hindurchlaufen, sind die schon erwähnten Singularitäten. Aus den Winkelangaben für die einzelnen Richtungsgleichen kann man das gesamte Feld der Hauptlinien ermitteln, weil an den Stellen, an denen das Gesichtsfeld bei gekreuzten Polarisatoren dunkel erscheint, die Richtung der Hauptspannungskomponenten mit der Richtung des Polarisationskreuzes zusammenfällt. In diesem Falle nämlich wird die einfallende planpolarisierte Welle nicht in die beiden senkrecht zueinander schwingenden Komponenten zerlegt, so daß kein relativer Gangunterschied in Erscheinung treten kann. Dieses Hauptlinienfeld ist die Grundlage für die einzelnen Integrationsverfahren, die sich auf die Gleichgewichtsbedingungen der Elastomechanik stützen und die im Rahmen dieses Berichtes nicht besprochen werden sollen.

Ein anderes Verfahren zur Ermittlung der Summe der Hauptspannungskomponenten beruht auf der Messung der Dickenänderung des Modells bei seiner Belastung. Die Messung erfolgt interferometrisch, wobei Vorder- und Rückseite des Modells halbdurchlässig verspiegelt werden. Dieses Verfahren erfordert eine sorgfältige Vorbereitung des Modells und ist nur in den Fällen anwendbar, wo äußere Belastungen angebracht werden.

Schluß.

Dieser Bericht verfolgte das Ziel, einen Überblick über die bei Spannungsuntersuchungen auftretenden Probleme zu geben. Die Darstellung wurde vereinfacht und viele Einzelheiten blieben unberücksichtigt, um die wesentlichen Gesichtspunkte nicht zu verwischen. Zahlenangaben wurden aus denselben Gründen nicht gebracht, sie sind aus den im Literaturverzeichnis angegebenen Arbeiten[11] leicht zu entnehmen. Das beigefügte Literaturverzeichnis ist wegen der großen Anzahl der in Frage kommenden Arbeiten unvollständig.

[11] H. Thiene: Glas, Jena (1931), (1939). – W. Eitel, M. Pirani und K. Scheel: Glastechn. Tabellen, Berlin (1932).

Registrierung von Widerstandsänderungen dünner Drähte mittels Wechselstrom-Kompensationsschaltung[1].

Von

W. Gurski.

Mit 6 Abbildungen.

Mehrere Veröffentlichungen[2, 3] befassen sich damit, den Einfluß zu bestimmen, den Durchmesser- oder Widerstandsschwankungen von Wolframdraht (Schwankungen, die längs des Drahtes auftreten) auf die Lebensdauer von Glühlampen haben, und Geräte zur Registrierung solcher Drahteigenschaften zu bauen. Ein längere Zeit zur Fabrikationsüberwachung benutztes Gerät[3] zur Registrierung von Widerstandsschwankungen dünner Drähte enthielt eine Kompensationsschaltung, die mit Gleichstrom betrieben wurde: Ein von einer Vorratsspule ablaufender Draht führt über Kontakte, die Gleichstrom durch eine Meßstrecke bestimmter Länge des Drahtes schicken. An besonderen Kontakten wird der Spannungsabfall an der Meßstrecke abgenommen und gegen eine andere Gleichspannung kompensiert; wenn die immer gleich lange Meßstrecke von einem Drahtstück mit geändertem Widerstand durchlaufen wird, tritt eine Spannungsdifferenz in der Kompensationsschaltung auf, die einem Bolometerverstärker zugeführt und von einem Schreiber aufgezeichnet wird.

Als das durch Kriegs- und Folgeereignisse verlorene Gerät nachgebaut werden sollte, war ein Bolometerverstärker nicht zu beschaffen. Es wurde deshalb versucht, mit einer Wechselspannungskompensation und nachfolgender Röhrenverstärkung zu arbeiten, obwohl man i. A. eine Wechselspannungskompensation vermeidet, weil bereits sehr geringe Phasenverschiebungen zwischen den beiden Versorgungsspannungen sehr große scheinbare Differenzen in den Amplituden der Spannungen vortäuschen.

In der Grundschaltung (Abb. 1) ist M die Meßstrecke (von 1 bis 15 cm einstellbarer Länge) zwischen den Kontakten 2—3. Der Draht läuft von einer Vorratsrolle Sp 1 bei Kontakt 1 in den Stromkreis ein, berührt 2 und 3 und verläßt den

[1] Originalmitteilung.

[2] F. Koref und H. C. Plaut: Über die Lebensdauer der luftleeren und gasgefüllten Wendellampen und die Ursachen ihres Durchbrennens, Technisch-wissenschaftliche Abhandlungen aus dem Osram-Konzern, Bd. 2, (1931) S. 89—98. Dort weitere Zitate.

[3] A. Dresler, R. Schmidt und H. Willenberg: Ein Gerät zur Registrierung von Widerstandsänderungen dünner Drähte, Technisch-wissenschaftliche Abhandlungen aus dem Osram-Konzern, Bd. 4, (1936) S. 100—103. Dort weitere Zitate.

Stromkreis beim Kontakt 4. (Diese übliche Trennung von Stromzuführungs- und Meßkontakten dient zusammen mit den vergleichsweise großen Vorwiderständen *R* der Vermeidung von Übergangswiderständen.) Die Spannung an *M* wird kompensiert durch die Spannung mit entgegengesetzter Phase an der Vergleichsstrecke *V* zwischen den Kontakten 5 und 6, die an einem fest eingespannten Drahtstück der gleichen Vorratsrolle abfällt. *V* ist immer 1 cm länger als *M*. Die Einstellung auf verschwindende Differenzspannung (bzw. wegen der entgegengesetzten Phase: Summenspannung) zum Abgleich der Apparatur zwischen den Kontakten 3 und 6 geschieht bei stehendem Draht durch die Abgleichwiderstände *A*. Die durch Drahtwiderstandsänderungen bei laufendem Draht an 3—6 auftretende geringe Differenzspannung wird dem Röhrenverstärker und anschließend nach Gleichrichtung

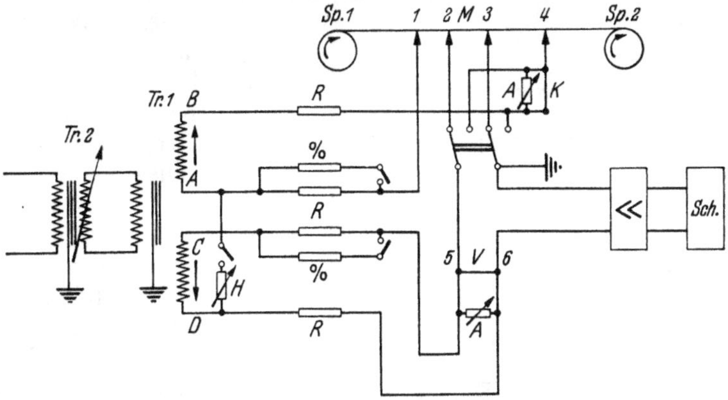

Abb. 1. Kompensationsschaltung

dem Schreiber Sch zugeführt. Die beiden Meßspannungen für *M* und *V* werden einem Transformator *Tr* 1 mit zwei getrennten Sekundärwicklungen von sorgfältig gleichem Aufbau entnommen, und zwar über Widerstände *R* von je 4 k Ω. Diese 8 k Ω je Zweig verhindern an den Kontakten 1 und 4 den Einfluß von Übergangswiderständen. Es wird mit einer Stromdichte von 2 bis 3 A/mm² in den Strecken *V* und *M* gearbeitet; die jeweils notwendige Stromstärke wird eingestellt durch Anzapfungen am Versorgungstransformator *Tr* 2, der aus dem Lichtnetz arbeitet. Beide Transformatoren tragen Schutzwicklungen, alle Verbindungsleitungen sind sorgfältig abgeschirmt, um dem Verstärker nur die Nutzspannung zuzuführen. Er erhält bei einer Meßstrecke von 10 cm Länge bei einer Widerstandsänderung um 1% eine Eingangsspannung von etwa 1,5 mV und ist auf die Netzfrequenz abstimmbar. Beim Abgleich kann die Widerstandsänderung vorgetäuscht werden, indem der Strecke *V* oder *M* ein Strom zugeführt wird, der um z. B. 1 oder 3% von dem der anderen Strecke abweicht. Dies wird erreicht, indem die zu R parallel liegenden und in Abb. 1 mit % bezeichneten Widerstände eingeschaltet werden. Damit können die Ausschläge auf dem Schreiber geeicht werden.

Es hat sich im Verlauf der Messungen gezeigt, daß in den beiden Meßzweigen keine Phasendifferenz auftritt, die das Meßergebnis fälscht. Insbesondere können die einmal erhaltenen Widerstandskurven auf dem Schreiber mühelos reproduziert werden. Ähnlich dem loc. cit. angegebenen Vorgang kann während der Messung bei laufendem Draht auf eine konstante Kontrollstrecke *K* umgeschaltet werden, um eventuelle Nullpunktswanderungen (vorzugsweise durch Verstärker bedingt) erkennen zu können.

Eine Unannehmlichkeit besonderer Art besteht bei solcher Wechselspannungskompensation: Ob die Meßstrecke ihren Widerstand um + 1% oder − 1%

geändert hat, kann am Schreiberausschlag nicht erkannt werden, bzw. ob im Meßkreis M oder im Vergleichskreis V der Parallelwiderstand „%" angelegt wird, erzeugt denselben Schreiberausschlag gegenüber dem Nullabgleich. Man erkennt also nur den Absolutwert der Widerstandsabweichung, jedoch nicht die Richtung, ob Widerstandserhöhung oder -erniedrigung. Ein kleiner Kunstgriff (der vielleicht bekannt, aber uns in der Literatur nicht begegnet ist) erlaubt, trotzdem die Richtung erkennbar zu machen:

Werden (Abb. 1) die Klemmen $A-D$ durch einen sehr hohen Widerstand (von etwa 80fachem Betrag des Widerstandes R) überbrückt, dann tritt zusätzlich zu den besprochenen Spannungen an M und V eine Hilfsspannung an 3—6 auf, die aus der Wicklung $A-B$ gespeist wird, also mit der Teilspannung an M gleichphasig ist. Sie ruft über den Verstärker auf dem Schreiber einen Ausschlag hervor, als sei der Widerstand an M um 5% vergrößert. Wird dieser Schreiberausschlag so eingeregelt, daß er in die Mitte des Schreibbereiches zu liegen kommt, dann wird eine Widerstandsverminderung in M den Schreiberausschlag vermindern, eine Widerstandserhöhung den Schreiberausschlag erhöhen (solange diese Widerstandsänderungen den Wert von 5% nicht übersteigen). Die Hilfsspannung ist so groß einzustellen, daß sie etwas mehr als die Hälfte der erwarteten Gesamt-Spannungsdifferenz zwischen M und V beträgt, und dieser Wert ist auf Schreibermitte einzuregeln. Qualitativ können die Verhältnisse auch wie folgt überblickt werden: In Abb. 2a stelle die Treppenkurve den Widerstand längs des Drahtes dar, der M durchläuft. Der immer gleichbleibende Widerstand in V ist durch die Höhe der gestrichelten Linie angedeutet; er ist gleich dem mittleren Widerstand in M. Da die Ströme in beiden Strecken gleich, aber entgegengesetzt gerichtet sind (die Hilfsspannung sei noch nicht eingeschaltet), werden die Spannungen in M bzw. V durch Abb. 2b dargestellt, in 2c ihre Summenspannung (= Eingangsspannung des Verstärkers), die gleichgerichtet mit dem in 2d schematisch dargestellten zeitlichen Verlauf an den Schreiber abgegeben und von diesem aufgezeichnet wird. Kommt nun zu der Summenspannung aus Abb. 2c die Hilfsspannung (H) in 2e hinzu, dann ergibt sich in 2f eine neue Summenspannung, die gleichgerichtet wieder genau die treppenförmige Ausgangskurvenform zeigt.

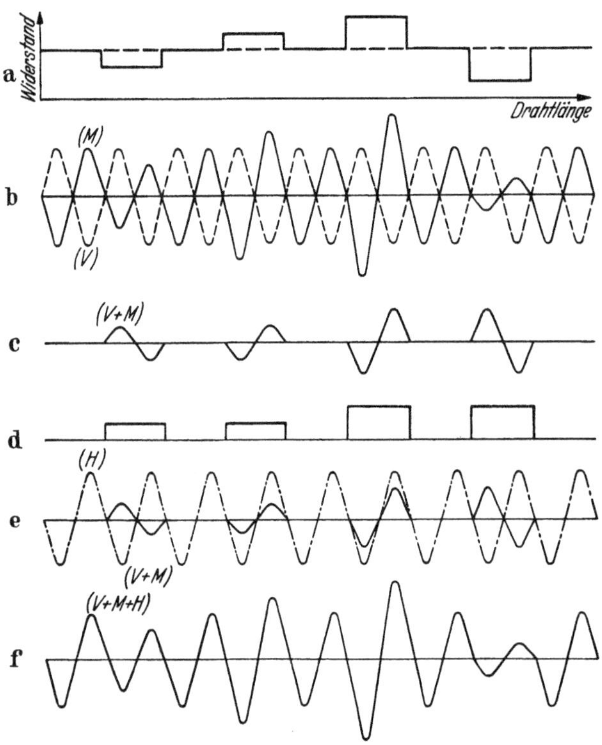

Abb. 2. Wechselspannungskompensation mit Hilfsspannung

Mit einem nach diesen Prinzipien gebauten Gerät konnte gut gearbeitet werden, und die loc. cit. referierten Ergebnisse an Wolframdraht konnten bestätigt werden.

Insbesondere fanden auch wir, daß Meßstreckenlängen von weniger als 10 cm nicht mehr Einzelheiten erkennen lassen und keine wesentlich größeren Widerstandsabweichungen zeigen als solche von 10 cm. Die höchstzulässige Drahtdurchlaufgeschwindigkeit bei der vorliegenden Apparatur wird im wesentlichen durch die mechanische Trägheit bzw. Einstellzeit des Schreibers bedingt und liegt (für 10 cm Meßstreckenlänge) bei etwa 300 m pro Stunde. Sie könnte durch andere Aufzeichnungsorgane, z. B. Oszillographen, erheblich gesteigert werden. Als Stromzuführungs- und Meßkontakte haben sich runde Widiakontakte bewährt. Die vorliegende Einrichtung erlaubt die Messung von Drähten mit einem Durchmesser von etwa 15 bis etwa 100 μ, die mit immer etwa gleichbleibender Stromdichte gemessen werden, so daß die Eingangsspannung für den Verstärker für z. B. 1 % Widerstandsabweichung immer etwa den gleichen Wert hat.

Einige Beispiel-Diagramme mögen verdeutlichen, wie Wolframdrähte mit der Apparatur beurteilt werden können: Alle Diagramme in Abb. 3 bis 6b sind aufgenommen mit einer Meßstrecke *M* von 10 cm und dem gleichen Maßstab für die Widerstandsanzeige. Die Papiergeschwindigkeit auf dem Schreiber betrug durchweg 1,8 m/h, die Drahtdurchlaufgeschwindigkeit rund 4 m/min (Ausnahme: Abb. 5a, etwa 2 m/min). Die Drähte entstammen der Herstellung verschiedener Firmen. In den Abb. 4b, 5b und 6b werden geglühte Drähte gezeigt; sie entstammen den gleichen Drahtspulen wie die zugehörigen ungeglühten Drähte in den Abb. 4a, 5a und 6a, sind insbesondere durch den gleichen Ziehstein gezogen, die Glühtemperaturen lagen oberhalb 900° C.

Abb. 3 zeigt ein ganzes Diagramm von 100 m Drahtlänge. Am Beginn des Diagramms wird der Maßstab festgelegt durch die Abgleichschleife mit + 2,8 % und −2,8 %, mit der die Größe der Widerstandsabweichungen im Verlauf des Diagramms ausgemessen werden können. Der Draht hat in den registrierten 100 m eine „Widerstandsschwankung" (d. h. Differenz von Widerstandsmaximum und -minimum) von rund ± 2 %; Maximum und Minimum des Widerstandes liegen bei etwa 82 m und 89 m auf dem Diagramm, also ziemlich dicht beieinander. Am Ende des Diagramms geht der Ausschlag durch das Umschalten auf die Kontrollstrecke kurzzeitig auf Null zurück, die Kontrolle zeigt ordnungsgemäß den Schreiberausschlag auf der Mitte des Registrierstreifens, und die Abgleichschleife wird befriedigend reproduziert. Man kann bereits aus diesem Diagramm entnehmen, was in anderen von uns aufgenommenen Diagrammen noch deutlicher wird: Daß eine kurze Meßlänge von z. B. 10 m Drahtlänge nicht ausreicht, um die Widerstandsschwankung zu ermitteln. Z. B. würde zwischen 10 und 20 m nur eine Schwankung von rund ± 1,4 % abgelesen werden (oben dagegen: ± 2 %).

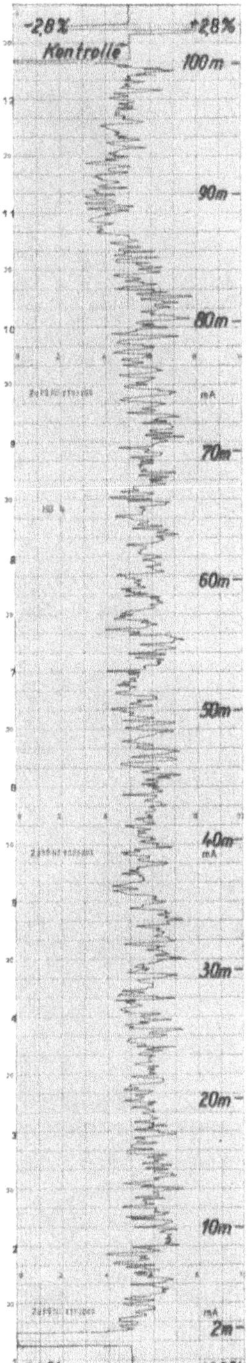

Abb. 3. Gesamtverlauf eines Diagramms. Wolframdraht, 40 μ ⌀, ungeglüht.

Trotzdem vermittelt auch eine solche kurze Meßlänge einen Eindruck von der Gleichmäßigkeit oder Ungleichmäßigkeit des Drahtes, wie die weiteren Abbildungen zeigen[4].

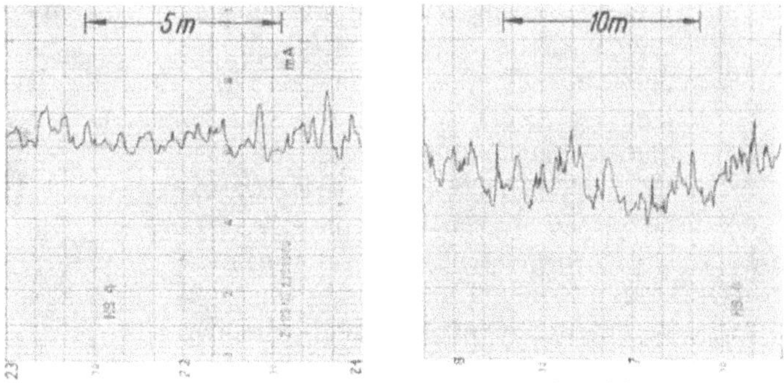

a) ungeglüht b) geglüht

Abb. 4. Wolframdraht 40 μ ∅

Abb. 4a reproduziert den mittleren Teil von Abb. 3 (von etwa 42 bis 58 m; beachte die Genauigkeit, mit der der Kurvenzug in diesem neu aufgenommenen Diagramm wiederholt wird!), ihm wird in Abb. 4b der entsprechende geglühte Draht gegenübergestellt, dessen Widerstandscharakteristik (im Sinne der Ungleichmäßigkeit der Kurve) nicht wesentlich anders verläuft.

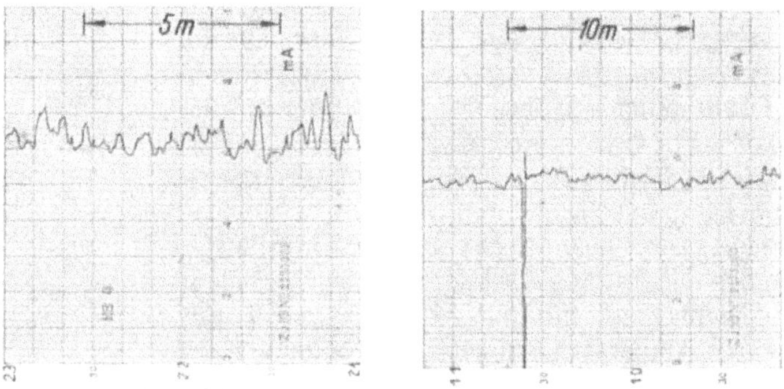

a) ungeglüht b) geglüht

Abb. 5. Wolframdraht 60 μ ∅

Abb. 5a zeigt einen Draht, der bei geringerer Widerstandsschwankung etwa die gleiche unruhige Charakteristik hat wie der in Abb. 4, der geglühte Draht in Abb. 5b hat jedoch eine wesentlich kleinere Schwankung.

(Schwankung ungeglüht rd. $\pm 1\%$, geglüht $\pm 0{,}3\%$. Der Rückgang des Schreibers auf Null in Abb. 5b rührt her von einer größeren Schmutzstelle auf dem Draht, die bei unserer Apparatur durch eine besondere Einrichtung zur auto-

[4] Wollte man diese Gleichmäßigkeit zahlenmäßig erfassen, dann müßte man die „Schwankungssumme je m Drahtlänge" bilden, d. h.: Sind z. B. in L Metern Drahtlänge auf dem Diagramm die aufeinanderfolgenden Widerstands-Maxima M_1, M_2, M_3, ..., die dazwischen liegenden Widerstands-Minima m_1, m_2, m_3, ..., dann wäre diese Schwankungssumme

$$\frac{{}_{\alpha}\sum (M_{\alpha} - m_{\alpha})}{L}$$

ein Maß für die Gleichmäßigkeit.

matischen kurzzeitigen Abschaltung des Schreibers zu seinem Schutz führt; bei Drahtriß schaltet sich eine Alarmeinrichtung ein).

Abb. 6a zeigt einen besonders auffälligen Ausschnitt aus dem Diagramm von einem ungeglühten Draht. Dieser Draht ist bis auf die in Abb. 6a gezeigte extreme Abweichung besonders gleichmäßig, die Widerstandsschwankung liegt für 120

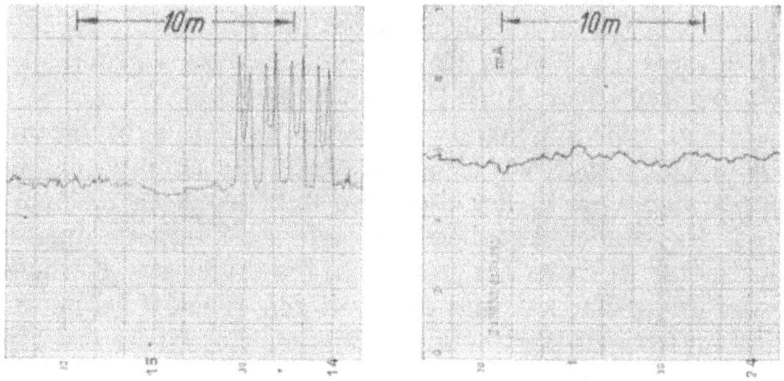

a) ungeglüht b) geglüht

Abb. 6. Wolframdraht 60 μ ⌀.

gemessene Meter bei etwa $\pm$ 0,5 %. Nur an der einen im Diagramm gezeigten Stelle tritt eine charakteristische Abweichung von + 4% auf, wie sie in keinem anderen Diagramm von all den anderen vielen Drähten gefunden wurde. (Im Wiederholungsdiagramm wurde diese Stelle genau so aufgezeichnet.) Welche Ursache für dieses merkwürdige Verhalten maßgebend ist, muß einstweilen dahingestellt bleiben (örtliche innere Verunreinigung des Drahtes, kurzzeitiges Verklemmen im Ziehstein usw.?). Entsprechend dem außerhalb dieser Stelle besonders gleichmäßigen Verhalten dieses Drahtes ist auch der zugehörige geglühte Draht besonders gleichmäßig, wie Abb. 6b zeigt.

Die Auswertung solcher Diagramme erlaubt also die Beurteilung eines Drahtes durch

1. Ermittlung seiner Widerstandsschwankung über die gemessene Drahtlänge,

2. seine Charakterisierung durch den mehr oder weniger ruhigen Verlauf der Kurve (zahlenmäßig faßbar durch die „Schwankungssumme je m Drahtlänge") und

3. durch die Feststellung von Besonderheiten, wie z. B. in Abb. 6a.

Untersuchungen im System Co–WC*.

Von

H. Pfau und **W. Rix.**

Mit 3 Abbildungen.

Co—WC-Mischungen, die in Kohleformen gesintert wurden, werden röntgenographisch untersucht. Bei Abwesenheit von freiem WC kann eine Lösung von WC in Co unterkühlt werden, und der Co—WC-Mischkristall zerfällt nur sehr langsam. Bei Anwesenheit von freiem WC, das als Keim wirkt, entmischt eine Co—WC-Lösung sehr schnell, wobei der Grad der Entmischung von dem Gehalt an freiem WC abhängt. Ist im Co schon Kohlenstoff gelöst, so

* Originalmitteilung.

wird die Löslichkeit für WC geringfügig herabgesetzt. Der Einbau von Kohlenstoff, W oder WC bewirkt im Co eine Aufweitung des Gitters. Die durch WC verursachte Gitteraufweitung gleicht der Summe der durch die entsprechenden W- und C-Mengen verursachten Gitterkonstantenänderungen. Es wird daraus geschlossen, daß sich das WC nicht als Molekül löst, sondern, daß sich die W- und C-Atome des WC unabhängig voneinander im Co lösen.

Untersuchungen im System Co—WC sind schon mehrfach veröffentlicht worden, und es steht wohl fest, daß WC bei hoher Temperatur gut und bei Zimmertemperatur nur wenig im Co löslich ist. Über die Entmischungsgeschwindigkeit einer Co—WC-Lösung bzw. eines Co—WC-Mischkristalls gehen die Ansichten aber vollkommen auseinander. Nach Untersuchungen von WYMAN und KELLEY[1], die von TAKEDA[2] in vollem Umfange bestätigt wurden, geht die Ausscheidung des WC aus dem Co so rasch vor sich, daß weder ein eutektisches Gefüge noch feinste WC-Ausscheidungen in der Co-Phase mikroskopisch nachzuweisen sind. Der WC-Anteil der Bindemittelphase beträgt bei Zimmertemperatur weniger als 1%. Im Hartmetall ist daher der größte Teil des aufgelösten Karbides nach dem Abkühlen wieder ausgeschieden, und zwar auf den ungelöst gebliebenen Karbidkörnern, so daß im fertigen Hartmetall als Bindemittel wieder fast reines Co vorhanden ist[3]. DAWIHL und SCHRÖTER[4] dagegen können diese Feststellung über den raschen Zerfall des Co—WC-Mischkristalls nicht bestätigen. Nach ihren Untersuchungen zeigte vielmehr nach 24stündiger Temperdauer bei 1000° ein Mischkristall mit 10% WC nur sehr geringe Ausscheidungen von WC. Der Mischkristall ließe sich demnach unterkühlen.

Diese sich widersprechenden Angaben über die Entmischungsgeschwindigkeit des Co—WC-Mischkristalls führen zu sehr verschiedenen Ansichten über das Verhalten des Co im Hartmetall. Bekanntlich eignet sich Co für die Hartmetallherstellung viel besser als Ni und Fe. Nach S. TAKEDA[2] tritt in WC—Ni- und WC—Fe-Legierungen bei der Abkühlung keine quantitative Wiederausscheidung des WC aus der festen Lösung ein, so daß die bei beiden Legierungen vorhandene Bindemittelphase spröder ist als das aus praktisch reinem Co bestehende Bindemittel von WC—Co-Legierungen. Aus dem unterschiedlichen Lösungsvermögen der drei Eisenmetalle für WC erklärt sich somit die Überlegenheit des Co. Nach DAWIHL[5] dagegen enthält bei der Abkühlung auch das Co noch WC. Co und Ni müssen grundsätzlich in ihrer sinterfördernden Wirkung auf WC als gleichartig angesehen werden. Die Co-haltigen Hartmetalle sind den Ni-haltigen jedoch überlegen, weil das Co infolge seiner eigenartigen Feinmahlbarkeit eine viel bessere Verteilung über das WC und damit eine bessere Gerüstbildung ergibt als Ni.

Fast alle Hartmetalle bestehen entweder ganz aus einer Co—WC-Mischung oder eine derartige Mischung bildet ihren wesentlichen Bestandteil. Das Verhalten der Co—WC-Mischung wird sich daher grundlegend auf das des gesamten Hartmetalles auswirken. Da die Ansichten über die Entmischungsgeschwindigkeit eines Co—WC-Mischkristalls und daher auch die Vorstellung über die Vorgänge bei der Sinterung und den Aufbau des Hartmetalles so sehr auseinandergehen, war es notwendig, eine Klärung der Widersprüche herbeizuführen. Wir überprüften daher das System Co—WC in bezug auf das Verhalten des Co—WC-Mischkristalls.

Co und Co—WC-Mischungen verschiedener Zusammensetzung wurden im Kohlerohrofen mit Wasserstoffspülung im Kohleschiffchen gesintert. Das Kohleschiffchen

---

[1], [2] L. L. WYMAN u. F. C. KELLEY, S. TAKEDA zitiert nach: F. SKAUPY, Metallkeramik 4. Aufl. (1950) und R. KIEFFER u. W. HOTOP: Pulvermetallurgie u. Sinterwerkstoffe, 2. Aufl. (1948).

[3] F. SKAUPY: Metallkeramik 4. Aufl. (1950) S. 191.

[4] W. DAWIHL u. K. SCHRÖTER: Z. f. Metallkunde Bd. 41 (1950) S. 231—233.

[5] W. DAWIHL: Handbuch der Hartmetalle. S. 195/196 (noch nicht im Druck erschienen).

war dabei aus einem Kohlestab hergestellt, in den senkrecht zur Achse hintereinander mit 10 mm Zwischenraum Löcher von 10 mm Durchmesser und 45 mm Tiefe gebohrt waren. Es gelang so, eine große Zahl von Proben — bis zu 16 — gleichzeitig und daher unter vollkommen gleichen Bedingungen zu sintern. Die Co—WC-Mischungen wurden durch Schütteln gut gemischt, dann wurden ohne weitere Zusätze Stäbe daraus gepreßt und diese Stäbe in die Formen getan. Ein Teil der Proben wurde ungepreßt fest in die Löcher gestampft. Die Temperatur wurde mit einem Pyrometer bestimmt. Im allgemeinen wurde sie dauernd kontrolliert. Die Temperaturschwankungen des Schiffchens betrugen nicht mehr als $\pm 10°$. Bei 24stündiger Sinterdauer ließ sich eine derartig genaue Kontrolle nicht durchführen, aber auch während dieser Sinterzeit dürfte die Temperaturschwankung nicht größer als $\pm 25°$ gewesen sein.

Die Auswertung der Sinterergebnisse erfolgte röntgenographisch mit Co-Strahlung. Es wurde zunächst auf das Verschwinden bzw. auf das Auftreten der Interferenzlinien des WC geachtet. An Vergleichsmischungen wurde festgestellt, daß bei einer Co—WC-Mischung, die 2% WC enthielt (alle %-Angaben dieser Arbeit sind Gewichts-%), die WC-Interferenzlinien zwar schon aufzutreten schienen aber noch so schwach waren, daß man sehr leicht durch subjektive Eindrücke getäuscht werden konnte. Bei 3% WC waren die Reflexe aber so deutlich, daß ein Irrtum unwahrscheinlich wurde. Treten auf einer Röntgenaufnahme daher keine WC-Reflexlinien auf, so können in der untersuchten Probe nicht viel mehr als 3% WC vorhanden sein. Bei allen Proben wurde außerdem die Gitterkonstante des Co und bei einer Anzahl von ihnen auch die des WC bestimmt. Beim WC konnte die Gitterkonstante nach der Rückstrahlmethode ermittelt werden. Beim Co dagegen war diese Methode wegen der ungünstigen Lage der Reflexlinien nicht anwendbar. Die Proben wurden daher gepulvert und in der Debye-Scherrer-Kamera aufgenommen. Die Aufnahmen erfolgten mit der Schlitzblende. Der im Vergleich zu dem der letzten WC-Linien kleinere Reflexwinkel der Co-Linien verringerte die Genauigkeit der Gitterkonstantenbestimmung. Außerdem erschwerte die Verbreiterung der Co-Reflexlinien die Ausmessung der Filme. Diese Verbreiterung ist die Folge von Schwankungen der Gitterkonstanten noch nicht genügend homogenisierter Mischkristalle. Eine weitere Ursache dürfte die durch die mechanische Zerkleinerung hervorgerufene Gitterdeformation sein. Es wurden daher sämtliche Messungen und Gitterkonstantenberechnungen von beiden Bearbeitern und unabhängig voneinander durchgeführt und die erhaltenen Werte gemittelt. Die Bestimmungen unterschieden sich im allgemeinen um $0 - 2 \cdot 0{,}001$ Å. Unterschiede von mehr als 0,003 Å traten im ganzen nur 5mal auf, und zwar bei Mischungen mit wenig Co, bei denen die Co-Linien sehr schwach und daher schlecht zu vermessen waren. Aufnahmen von Mischungen mit weniger als 25% Co konnten nicht ausgewertet werden. Bei ihnen waren die Co-Linien so schwach, daß eine zufriedenstellende Vermessung nicht mehr möglich war.

Fast alle Proben wurden mit Silberkristallmehl als Eichsubstanz versetzt. Bei den Proben mit wenig Co wurden in einigen Fällen auch die WC-Linien als Eichlinien herangezogen. Die Gitterkonstantenbestimmung des Co führten wir an der 113-Interferenzlinie durch. Die 222-Linie ergibt zwar einen etwas größeren Reflexwinkel; da diese Linie aber schwächer ist und vielfach mit WC- oder Ag-Linien zusammenfiel, konnte sie zur Berechnung der Gitterkonstanten nicht herangezogen werden. Beim Ausgangspulver bestimmten wir für Co die Gitterkonstante zu 3,535 Å und für WC zu $a = 2{,}9003$ Å und $c = 2{,}830$ Å. Beide Werte stimmen gut mit den im Schrifttum[6, 7] angegebenen Werten überein.

[6] A. Magneli u. A. Westgren: Z. anorg. allg. Chem. 238 (1938) S. 268—272.
[7] A. Westgren u. G. Phragmen: Z. anorg. allg. Chem. 156 (1926) S. 27.

Die Einbettung der Proben in eine Kohleform bringt es mit sich, daß die Proben während der Sinterung aus dem Kohleschiffchen Kohle aufnehmen können. Um einen Anhaltspunkt für die Menge des Kohlenstoffs zu erhalten, der aus der Schiffchenwand gelöst wird, sinterten wir gleichzeitig Co, gut vermischt mit Zusätzen von 5—10 Gewichtsprozent Ruß und Graphit, und Co ohne Zusätze, das nur als Preßstäbchen in die Kohleform getan war. In allen Fällen ergab sich die gleiche Gitterkonstantenänderung. Wir schließen daraus, daß das Co aus der Kohleform Kohlenstoff bis zur — der betreffenden Temperatur entsprechenden — maximalen Lösungsfähigkeit aufnahm.

Wir sinterten Mischungen bei 1400 und 1600°. Die Schiffchen wurden in den auf die Sintertemperatur erhitzten Ofen geschoben und, sobald sie die Sintertemperatur erreicht hatten, 1 Std. bei dieser Temperatur gehalten und dann durch Hineinschieben in den Kühler abgeschreckt. Dabei fiel die Temperatur in 2½ min von 1600° auf etwa 700°. Die Röntgenaufnahme zeigte bei den Proben, die bei 1400° gesintert waren, bei 25 Gew.-% WC und bei den Proben, die bei 1600° gesintert waren, bei 30 Gew.-% schwache WC-Linien. Es sind demnach bei 1400° etwas über 20 Gew.-% und bei 1600° etwas über 25 Gew.-% WC im Co gelöst. Alle Röntgenaufnahmen der abgeschreckten Proben zeigten nur die Reflexe des kubischen Co.

Tabelle 1. Gitterkonstante des bei 1600° gesinterten und danach abgeschreckten Co—WC-Mischkristalls.

Zusammensetzung (Gewichts-%) Co	— WC	Zahl der Sinterungen	Gitterkonstante und maximale Abweichungen	Co vor der Sinterung mit C angereichert: Gitterkonstante und maximale Abweichung	Zahl der Sinterungen
Co mit C gesättigt		8	3,551 $^{+2}_{-3}$		
97,5	2,5	1	3,555		
95	5	1	3,558		
90	10	4	3,563 ±2	3,563 $^{+1}_{-0}$	3
85	15	1	3,568		
82,5	17,5	1	3,569	3,570 $^{+1}_{-0}$	2
80	20	2	3,573 ±1	3,572	1
75	25	3	3,578 ±1	3,573 $^{+2}_{-1}$	3
70	30	3	3,577 ±1	3,574 ±2	3
65	35	1	3,568		
60	40	3	3,566 $^{+1}_{-2}$	3,560	1
55	45	1	3,566		
50	50	3	3,563 $^{+2}_{-1}$	3,555	1
40	60	3	3,556 $^{+2}_{-3}$	3,560	1
30	70	3	3,553 ±3	3,555	1
25	75	1	3,548		

Bei Proben, die 1 Std. bei 1600° gesintert und dann in 9½ Std. auf 800° abgekühlt wurden, wobei auf linearen Verlauf der Abkühlungskurve geachtet wurde, traten sowohl Reflexlinien der kubischen wie auch der hexagonalen Co-Modifikation auf. Es zeigen sich bei ihnen bereits bei einem Zusatz von 15 Gew.-% die Linien des WC. Es kann demnach nur noch etwas über 10% WC im Co gelöst sein.

Bei einer anderen Versuchsreihe wurden die Proben 1 Std. bei 1600° gesintert, durch Hineinschieben in den Kühler abgeschreckt, dann 24 Std. bei 1000° getempert und wiederum im Kühler abgeschreckt. Röntgenaufnahmen der so behandelten Proben zeigten vom Co nur noch die Reflexlinien der hexagonalen Modifikation. Die WC-Linien treten schon bei Mischungen mit 10% WC auf. Das Co kann also nur noch etwas über 5% WC enthalten.

Die Ergebnisse dieser Versuchsreihen bestätigen also zunächst die Feststellungen von Dawihl und Schröter[4]: Der Co—WC-Mischkristall läßt sich unterkühlen und zerfällt nur sehr langsam. Die Bestimmung der Gitterkonstanten des Co—WC-Mischkristalls zeigt aber, daß dieses Ergebnis nicht ohne weiteres richtig ist, sondern Einschränkungen unterliegt.

Wir bestimmten zunächst die Gitterkonstanten des WC. Es zeigte sich, daß sich immer derselbe Wert ergab, ganz gleichgültig, ob es sich um das Ausgangspulver handelte, um beim Erhitzen in Co ungelöst gebliebenes WC oder um WC, das sich durch langsames Abkühlen oder durch Tempern aus dem Co abgeschieden hatte. In allen Fällen fanden wir den oben angeführten Wert des Schrifttums[7]. Es war daher gerechtfertigt, bei Mischungen mit wenig Co das WC als Eichsubstanz für die Ausmessung der Co—WC-Mischkristallinien zu benutzen.

In den Tab. 1 u. 2 und in den Abb. 1 u. 2 sind die Gitterkonstanten des Co—WC-Mischkristalls aufgeführt. Für die Gitterkonstante ist der Mittelwert, der sich aus

Tabelle 2. Gitterkonstante des bei 1400° gesinterten und danach abgeschreckten Co—WC-Mischkristalls.

Zusammensetzung (Gewichts-%) Co	— WC	Zahl der Sinterungen	Gitterkonstante und maximale Abweichungen	Co vor der Sinterung mit C angereichert: 1 Std. gesintert Gitterkonstante und maximale Abweichung	Zahl der Sinterungen	5 Stunden gesintert Gitterkonstante
Co mit C gesättigt		6	$3{,}548^{+3}_{-5}$			
97,5	2,5	3	3,555 ±2			
95	5	3	3,556 ±3			
90	10	6	3,566 ±4	3,561 ±1	2	3,563
85	15	3	$3{,}572^{+3}_{-2}$			
82,5	17,5	2	3,575 ±2	$3{,}572^{+1}_{-2}$	2	3,572
80	20	1	3,576			
75	25	3	3,576 ±3	$3{,}571^{+0}_{-1}$	2	3,573
70	30	3	$3{,}574^{+7}_{-4}$	3,566	1	3,568
65	35	1	3,563			
60	40	3	$3{,}565^{+2}_{-1}$			3,563
55	45	1	3,562			
50	50	3	3,559 ±3			3,561
40	60	2	$3{,}552^{+2}_{-3}$			3,557
30	70	1	3,539			
25	75	2	$3{,}538^{+1}_{-0}$			

verschiedenen Sinterungen ergibt, und die maximale Abweichung von diesem Mittelwert angegeben. Es ist außerdem die Anzahl der Sinterungen aufgeführt, die zur Mittelwertbildung herangezogen wurde. Aus den Messungen ergibt sich folgendes: Durch Kohlenstoffaufnahme wird die Gitterkonstante des Co vergrößert. WC-Aufnahme vergrößert sie weiter, und mit steigendem WC-Gehalt nimmt die Gitterkonstante des Co—WC-Mischkristalls immer mehr zu. Diese Aufweitung des Gitters geht bei der Sinterung bei 1600° bis 25 Gewichts-% WC, bei 1400° bis 20 Gewichts-% WC, also bis zu den Mischungen, deren Röntgenaufnahme noch keine WC-Linien erkennen läßt. Zeigen sich auf der Röntgenaufnahme WC-

Linien, enthält die Probe also freies WC, so nimmt die Gitterkonstante des Co—WC-Mischkristalls nicht nur nicht mehr zu, sondern mit steigendem WC-Gehalt in sehr starkem Maße wieder ab. Es muß demnach mit steigendem WC-Gehalt auch beim Abschrecken der Probe eine Entmischung des Mischkristalls eingetreten sein. Wie schon oben erwähnt, konnten wir bei Proben mit weniger als 25% Co die Gitterkonstante nicht mehr bestimmen. Um die Werte für noch geringere Co-Gehalte zu erhalten, müssen wir die Kurven in Abb. 1 u. 2 extrapolieren. Diese Extrapolation ergibt, daß für geringere Co-Gehalte die Gitterkonstante des Co—WC-Mischkristalls sich weitgehend der des reinen Co nähert. Der Mischkristall muß also wieder ganz oder doch weitgehend zerfallen sein. Es ergibt sich also, daß die Beobachtung von DAWIHL und SCHRÖTER bei geringem WC- und entsprechend hohem Co-Gehalt, die Beobachtung von WYMAN, KELLEY und TAKEDA dagegen bei geringem Co- und hohem WC-Gehalt zutrifft.

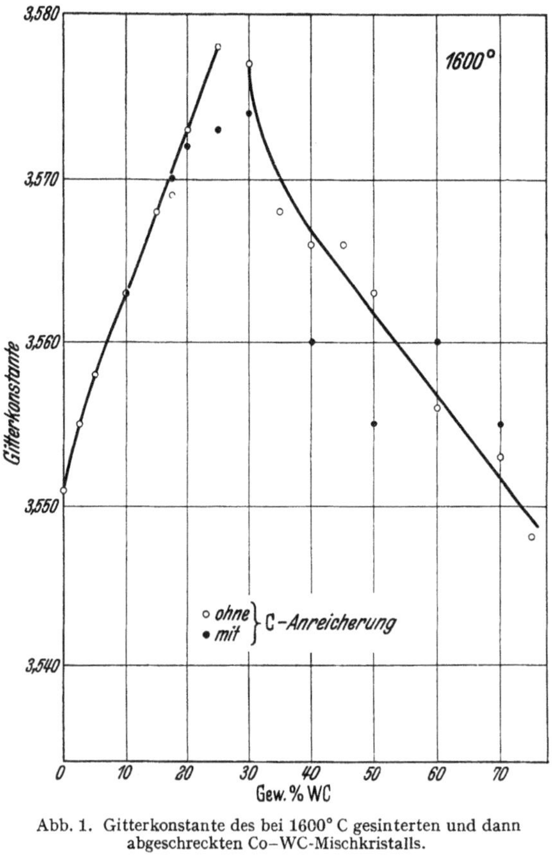

Abb. 1. Gitterkonstante des bei 1600° C gesinterten und dann abgeschreckten Co—WC-Mischkristalls.

Der Entmischungsvorgang des Co—WC-Mischkristalls ist von dem vorhandenen WC abhängig und wird somit zu einem Keimproblem. Co vermag bei 1600° etwa 25 Gewichtsprozent WC zu lösen. Bei Abwesenheit von Keimen entmischt mit sinkender Temperatur diese Lösung nur sehr langsam. Sind aber als Keime WC-Kristalle vorhanden, an die sich das im Co gelöste WC anlagern kann, so kann sich die Lösung sehr schnell entmischen, und es kann sich — auch in C-haltiger Umgebung — ein fast reines Co ergeben. Da die Anlagerung an die WC-Körner die Entmischung bewirkt, so wird nicht nur die Anzahl, sondern in weit stärkerem Maße die Oberfläche des für die Anlagerung wirksamen WC für den Zerfall des Co—WC-Mischkristalls von Bedeutung sein. Je größer nämlich die Oberfläche, desto mehr Anlagerungsfläche ist vorhanden und desto stärker wird die entmischende Wirkung des WC sein. Da bei gleichbleibendem WC-Anteil mit sinkender Korngröße die Gesamtoberfläche zunimmt, wird sich auf die Entmischungskurven wahrscheinlich die Korngröße des ungelösten WC auswirken.

Bei Hartmetallen, die nur Co und WC enthalten, wird — da nur wenig Co und viel WC vorhanden ist — die Entmischung sehr vollkommen sein und das Bindemittel aus weitgehend reinem Co bestehen. Bei Hartmetallen mit größeren Zusätzen dagegen — z. B. TiC — kann der Anteil der wirksamen WC-Oberfläche stark zurückgehen, so daß ein Punkt geringeren WC-Gehaltes der Entmischungskurve zur Auswirkung gelangt. Das Co wird daher bei derartigen Hartmetallen noch größere Mengen von WC enthalten können, was sich wiederum auf das mechanische Verhalten der Bindemittelphase auswirken kann.

DAWIHL[8] äußert die Ansicht, daß die Löslichkeit des WC im Co bei Gegenwart von freiem Kohlenstoff herabgesetzt wird. Bei allen unseren Versuchen tritt als Folge der Kohleeinbettung freier Kohlenstoff auf. Trotzdem lag die von uns beobachtete Löslichkeit des WC im Co noch etwas höher als sie von DAWIHL angegeben wird. Wir untersuchten daher, ob Kohlenstoff die Löslichkeit des WC im Co beeinflußt.

Co-Pulver wurde mit Ruß oder Graphit gut vermischt und in der Kohleform 1 Std. bei 1600° gesintert und dann abgeschreckt. Wir erhielten so ein Co, das bis zur Grenze seiner Lösungsfähigkeit Kohlenstoff in seinem Gitter eingebaut enthielt. Die Röntgenaufnahmen und die Bestimmung der Gitterkonstanten brachten die Bestätigung. Dieses Co wurde zerfeilt, mit WC vermischt und Proben in der oben beschriebenen Weise bei 1400° und 1600° gesintert und abgeschreckt. Die Ergebnisse der Gitterkonstantenbestimmungen dieser Mischungen sind gleichfalls in den Tab. 1 u. 2 und Abb. 1 u. 2 enthalten. Es zeigt sich, daß Kohlenstoff, der im Co gelöst ist, die Löslichkeit für WC geringfügig herabsetzt. Dies macht sich durch das Auftreten von WC-Linien auf den Aufnahmen von Mischungen mit geringerem WC-Gehalt und in der Gitterkonstanten des Co–WC-Mischkristalls bemerkbar. Die Gitterkonstante eines Mischkristalls, bei dem das Co vorher mit Kohlenstoff angereichert wurde, erreichte nicht die Maximalwerte wie im Falle der Mischkristallbildung ohne vorherige C-Anreicherung. Die Herabsetzung der Löslichkeit für WC ist aber nur gering und beträgt höchstens 5%. Wir untersuchten, ob längeres Sintern einen Ausgleich herbeiführen und die Einwirkung des gelösten Kohlenstoffs beseitigen kann und sinterten Proben 5 Std. bei 1400°. Das Ergebnis dieses Versuchs ist auch in Tab. 2 enthalten. Die Gitterkonstante des Lösungshöchstwerts nähert sich zwar etwas mehr dem Wert, der bei der Sinterung ohne vorherige C-Anreicherung gefunden wurde, erreicht ihn aber nicht ganz. Die Untersuchung ergab also, daß in einem mit Kohlenstoff gesättigten Co wahrscheinlich nur die Lösungsgeschwindigkeit, aber nicht die Lösungsfähigkeit für WC herabgesetzt ist.

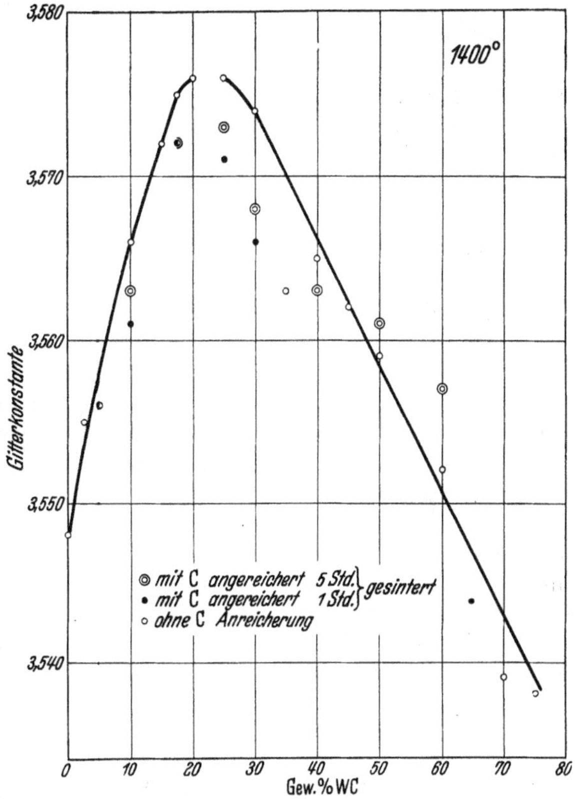

Abb. 2. Gitterkonstante des bei 1400° C gesinterten und dann abgeschreckten Co–WC-Mischkristalls.

[8] W. DAWIHL: Handbuch der Hartmetalle. S. 129.

Kohlenstoff, der im Co nicht gelöst ist, dürfte die Löslichkeit des WC in Co nicht beeinflussen. Es ist aber möglich, daß freier Kohlenstoff indirekt die Löslichkeit herabsetzt, nämlich dann, wenn in einer Mischung feinkörniger freier Kohlenstoff und grobkörniges WC enthalten sind. Es besteht dann die Möglichkeit, daß der Kohlenstoff leichter gelöst wird als das grobkörnige WC, daß daher die Co-Schmelze schon vor dem Aufschmelzen des WC mit C angereichert ist und dadurch die Lösungsfähigkeit für WC herabgesetzt wird.

Freier Kohlenstoff kann aber rein mechanisch durch Behinderung der Diffusion die Vorgänge beeinflussen. Wir untersuchten Sinterkörper aus Co—WC-Mischungen, bei denen zusätzlich Ruß oder Graphit in solchen Mengen zugegeben war, daß beim Aufschmelzen der Kohlenstoff nicht vollständig gelöst werden konnte. Diese Proben zeigten ein inhomogenes Aussehen. Der freie Kohlenstoff wirkte vor allem bei der Entmischung des Co—WC-Mischkristalls sehr störend. Wahrscheinlich kann sich der freie Kohlenstoff zwischen Schmelze und die für die Ausscheidung notwendigen WC-Anlagerungskristalle legen und so dem in der Schmelze vorhandenen WC das Ausscheiden erschweren oder ganz unmöglich machen. Wir fanden bei derartigen Sinterkörpern, daß die Gitterkonstante des Co—WC-Mischkristalls innerhalb kleiner Bereiche des Sinterkörpers sehr stark — bis zu 0,02 Å — schwankte. Stellen mit viel WC im Co wechselten ab mit Stellen, die aus fast reinem Co bestanden.

Wir berechneten aus der Gitterkonstanten des reinen Co und den Atomradien von Co und W[9] die Gitterkonstante eines Co—W-Mischkristalls. Wir nahmen dabei an, daß Co-Atome durch W ersetzt werden. Die aus dem Schrifttum[6] entnommenen experimentell bestimmten Werte des Co—W-Mischkristalls zeigen, daß diese Berechnungsweise zulässig ist. Zwischen den berechneten Werten des Co—W und den gemessenen des Co—WC-Mischkristalls bildeten wir die Differenz (Tab. 3 und Abb. 3). Es zeigt sich, daß eine Differenz auftritt, die zunächst konstant bleibt und erst ab etwa 17,5% WC, also erst dann, wenn die Lösungsfähigkeit des Co für WC schon fast erreicht ist, absinkt, dann aber mit steigendem WC-Gehalt sehr schnell kleiner wird. Aus den oben mitgeteilten Versuchen hatte sich ergeben, daß infolge der Kohleeinbettung bei einer Sinterung das Co sich in jedem Falle mit Kohlenstoff sättigt. Durch die Aufnahme von Kohlenstoff vergrößert sich das Co-Gitter, und zwar um den Differenzbetrag zwischen der Gitterkonstanten des Co—WC- und des Co—W-Mischkristalls (Tab. 3). Wir schließen daraus, daß die Aufweitung des Co-Gitters durch die unabhängig voneinander erfolgende Einlagerung von W- und von C-Atomen erfolgt und daß das WC sich nicht als solches im Co löst, sondern daß die W-Atome und die C-Atome unabhängig voneinander gelöst werden.

Während die W-Atome im Co—W-Mischkristall Plätze von Co-Atomen einnehmen, werden die Kohlenstoffatome, da ihr Radius kleiner als der des Co-Atoms ist und sie trotzdem eine Gitteraufweitung verursachen, wahrscheinlich in die oktaedrischen Lücken des Co-Gitters eingelagert werden.

Unsere Versuche führen uns zu folgender Vorstellung über die Vorgänge bei der Lösung von WC im Co und über den Entmischungsvorgang. WC löst sich im Co nicht als WC-Molekül, sondern als W und als C. Die Löslichkeitskurve des W im Co hat aber große Ähnlichkeit mit der Löslichkeitskurve des C im Co[10]. Es erfolgt daher die Lösung von W- und C-Atomen des WC gleichzeitig und annähernd in gleichem Maße und es wird infolgedessen eine Löslichkeit von WC

[6] Vgl. Fußnote [6] auf S. 195.
[9] R. GLOCKER: Materialprüfung mit Röntgenstrahlen. 3. Aufl. (1949) S. 264.
[10] M. HANSEN: Aufbau der Zweistofflegierungen (1936) S. 352—354 u. S. 515.

vorgetäuscht. Bei der Abkühlung und Ausscheidung baut sich das WC-Gitter aus W- und C-Atomen wieder auf. Betrachtet man daher bei der Sinterung einer Co—WC-Mischung nur den Ausgangs- und Endzustand, so scheint das System quasibinär zu sein. Solange nur WC und Co bei der Sinterung vorhanden sind, ergeben sich auch keine Komplikationen und das System kann ohne weiteres als quasibinär betrachtet werden. Ist aber noch freier — leicht löslicher — Kohlenstoff vorhanden, so kann beim Aufschmelzen das Co schon mit Kohlenstoff gesättigt sein, bevor der Kohlenstoff aus dem WC ganz gelöst ist. In diesem Falle bleibt atomarer und daher sehr reaktionsfähiger Kohlenstoff aus dem WC-Gitter übrig, der sich wahrscheinlich zu Graphit verbindet (aus Versuchen, die wir nicht quantitativ auswerten konnten und die wir daher nur mit Vorbehalt wiedergeben möchten, scheint sich zu ergeben, daß sich aus einer Co—WC-Mischung, die in C-haltiger Umgebung geschmolzen wird, mehr Graphit ausscheidet als aus Co, das unter gleichen Bedingungen geschmolzen wird).

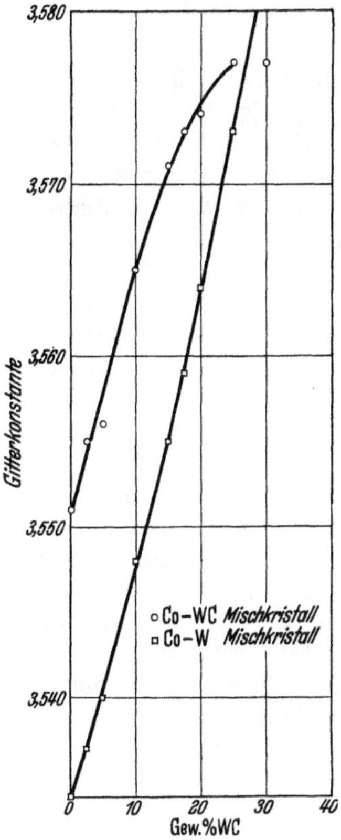

Abb. 3. Gitterkonstante des Co–WC- und des Co–W-Mischkristalls bei gleichem W-Gehalt.

Tabelle 3. Vergleich zwischen den gemessenen Gitterkonstanten des Co—WC- und den berechneten des Co—W-Mischkristalls.

Zusammensetzung (Gewichts-%) Co	WC	Gitterkonstante Co—WC gemessen	Gitterkonstante* Co—W berechnet	△	Zahl der Sinterungen
Co mit C gesättigt		3,551 $^{+2}_{-3}$	3,534	0,017	8
97,5	2,5	3,555 ±2	3,537	0,018	4
95	5	3,556 ±3	3,540	0,016	4
90	10	3,565 $^{+5}_{-4}$	3,548	0,017	10
85	15	3,571 $^{+4}_{-3}$	3,555	0,016	4
82,5	17,5	3,573 ±4	3,559	0,014	3
80	20	3,574 ±2	3,564	0,010	3
75	25	3,577 $^{+2}_{-4}$	3,573	0,004	6
70	30	3,577 ±1	3,583	—0,006	3

* Auf Grund des W-Gehaltes des WC berechnet.

In dieser Tabelle sind von 2,5—25 % WC-Gehalt die Gitterkonstantenwerte aller Sinterungen bei 1400° und 1600° gemittelt.

Zur Kenntnis der Vorgänge bei der Sinterung von Hartmetallegierungen[1].

Von

W. Dawihl und K. Schröter†.

Die Sinterung von Hartmetallkörpern auf WC–Co-Grundlage erfolgt bei 1400 bis 1450°. Es wird von verschiedenen Bearbeitern daraus gefolgert, daß zur Erzielung der charakteristischen Hartmetalleigenschaften die Bildung einer schmelzflüssigen Phase während der Sinterung notwendig ist und daß der Löslichkeit des WC im flüssigen Co und den Ausscheidungsvorgängen des WC aus dieser Lösung bei der Abkühlung die entscheidende Bedeutung für die Ausbildung des besondersartigen Gefügeaufbaus der WC–Co-Hartmetalle zukommt.

Beobachtungen der Verfasser deuten jedoch darauf hin, daß der charakteristische innere Aufbau der Hartmetallegierungen sich bereits bei Temperaturen unterhalb des Auftretens flüssiger Phasen ausbildet. Bei der Sinterung entsteht ein zusammenhängendes Gerüst aus WC-Körnchen, und es konnte durch Auskochversuche an WC–Co-Mischungen mit 6% Co nachgewiesen werden, daß sich das WC-Gerüst schon bei einer Sintertemperatur von 900° ausbildet. Es kann angenommen werden, daß das Co das Verschweißen der WC-Körner begünstigt, da reines WC erst oberhalb 1250° ein zusammenhängendes Gerüst ausbildet. Als niedrigste Schmelztemperatur im System WC–Co werden 1300° gefunden (nach Takeda 1280°). Es ist somit ein Hinweis dafür gegeben, daß eine schmelzflüssige Phase keine notwendige Voraussetzung für die Entstehung des charakteristischen Gerüstaufbaus im WC-Hartmetall zu sein braucht. Bei 900° beruht die Gerüstbildung überwiegend auf punktförmige Berührung der Einzelkörner. Erhebliche Schwindung unter Gleitung der WC-Körner tritt erst bei 1150 bis 1200° ein. In diesem Temperaturgebiet beginnt die Bildung einer festen Lösung von WC in Co. Es ergab sich, daß Co bereits bei 1200° ein verhältnismäßig großes Lösungsvermögen für WC hat und daß der Mischkristall sich unterkühlen läßt. Die Feststellungen von S. Takeda über den raschen Zerfall des WC–Co-Mischkristalls konnten nicht bestätigt werden.

Wenn Entkohlung des WC vermieden wird, ist das System Co–WC quasibinär. Die maximale Lösungsfähigkeit des Co für WC dürfte 10% nicht wesentlich überschreiten.

Es wurden der Schwund und die Gefügeentwicklung im Temperaturgebiet 1150 bis 1250° in Abhängigkeit von der Sinterdauer bestimmt. Dabei wurde großer Wert auf die Vermeidung der Entkohlung und auf genaue Temperaturbestimmung gelegt. Das spezifische Gewicht, die Rockwellhärte und die Schneidleistung eines 80 Stunden bei 1250° gesinterten Hartmetallstücks unterschieden sich nicht von den der technisch zwischen 1400—1500° gesinterten Plättchen, und auch die Festigkeit des WC-Gerüstes war bei beiden Sinterarten gleich. Die Biegefestigkeit der bei 1250° gesinterten Stäbchen lag sogar noch etwas höher als die der technisch gesinterten Hartmetalle.

Es ist also wahrscheinlich, daß die Sinterung von WC–Co-Legierungen bei genügend langer Sinterzeit bereits bei 1250° ebenso vollständig verläuft wie bei Temperaturen, die wesentlich oberhalb des Schmelzpunktes des Eutektikums liegen.

---

[1] Auszug aus der in Z. Metallkunde Bd. 41 (1950) S. 231—233 erschienenen Arbeit.

Auf Grund dieser Beobachtungen lassen sich drei ineinander übergehende Temperaturgebiete bei der Sinterung von Wolframkarbid (WC)-Kobalt-Mischungen unterscheiden:

1. Im Gebiet von 900 bis 1150° tritt Verschweißung der WC-Körner zu einem Gerüst, wahrscheinlich durch dünne Kobaltschichten hindurch, ein. Für eine Schwindung ist die Beweglichkeit der Oberflächenatome noch zu klein.

2. Im Gebiet zwischen 1150 und etwa 1300° findet infolge der steigenden Löslichkeit des WC im festen Kobalt ein Gleiten der WC-Körner und damit eine Schwindung des ganzen Körpers statt. Dies ist wohl im wesentlichen auf eine „Kornumformung" durch Ausgleich der Oberflächenrauhigkeiten sowie auf eine Zerstörung von den die Verschweißung hemmenden Oxydschichten zurückzuführen. Bei genügend langer Glühdauer kann eine Aussinterung erzielt werden. Die Schwindung wird in diesem Gebiet im wesentlichen durch Vorgänge im festen Zustand bestimmt (Trockensinterung).

3. Im Temperaturgebiet etwa oberhalb 1300° tritt durch die größere Lösungsgeschwindigkeit und die höhere Löslichkeit des WC in der in diesem Gebiet auftretenden flüssigen Phase eine sehr starke Beschleunigung der Sinterungserscheinungen ein (Schmelzsinterung). Aus diesem Grunde wird technisch in diesem Gebiet gearbeitet.

Zusammenhänge zwischen der Herstellung von Eisenpulvern und den Eigenschaften der Sinterkörper[1].

Von

W. Dawihl und U. Schmidt.

Mit 4 Abbildungen.

Für die Herstellung von Eisenpulvern für Sinterzwecke sind mehrere Verfahren mit verschieden großem Energie- und Arbeitszeitaufwand ausgearbeitet worden. Eisenpulver, die nach dem Wirbelschlag-, Stampf-, Reduktions-, Druckreduktions-, Eisenschwamm- und Schleuderverfahren hergestellt wurden, unterscheiden sich wesentlich in der Zusammensetzung, dem Schüttvolumen, dem Rüttelvolumen, dem Kornaufbau und der Korngröße (Abb. 1—4), der Porigkeit, der Oxydverteilung sowie einer röntgenographisch nachgewiesenen, mehr oder weniger starken Kornverformung. Es erhebt sich die Frage, inwieweit durch die Preß- und Sinterbehandlung die Eigenschaften der verschiedenartig hergestellten Eisenpulver aufgehoben werden.

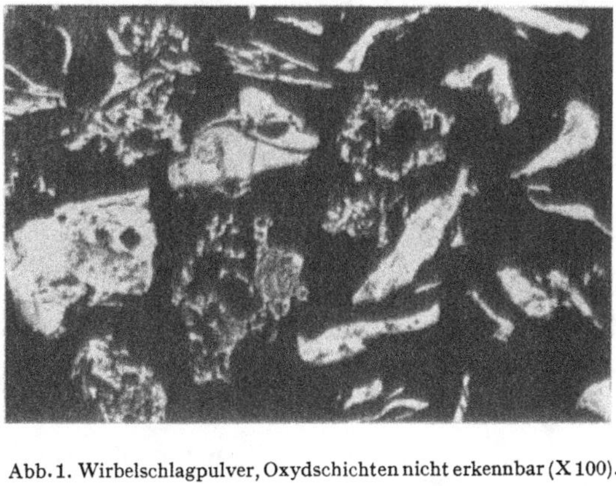

Abb. 1. Wirbelschlagpulver, Oxydschichten nicht erkennbar (X 100).

Der Einfluß der Herstellungsart auf die Preßbarkeit und die Porigkeitsabnahme bei der Sinterung ist erheblich. Die Unterschiede in der Sinterungsfähigkeit der

[1] Auszug aus der in Stahl und Eisen Bd. 65 (1945) S. 9—14 erschienenen Arbeit.

verschiedenen Pulver werden bei höherem Preßdruck etwas ausgeglichen. Außer dem Reduktionspulver ergaben das Wirbelschlag- und das Schleuderpulver die dichtesten Körper.

Das Gefüge der Sinterkörper läßt die kennzeichnende Struktur des Ausgangspulvers noch deutlich erkennen. Auch in der Anordnung der Poren ist noch ein deutlicher Zusammenhang zu den Ausgangspulvern ersichtlich. Besonders die Porenverteilung hängt von der Pulverherstellung insoweit ab, als die Verfahren, die von geschmolzenem, also porenfreiem Eisen ausgehen (Wirbelschlag-, Schleuderverfahren), eine gleichmäßig verteilte feine Porigkeit aufweisen, während die Pulver, die nicht über schmelzflüssiges Eisen hergestellt worden sind, ungleichmäßig verteilte Porigkeit und Poren im Innern der Ferritkörner zeigen. Wie an dem durch Stampfen hergestellten Eisenpulver gezeigt werden konnte, wirkt sich eine zu starke Kaltverformung nachteilig auf die Sintereigenschaften, vor allem auf die Verwachsung der Ferritkristalle aus. Die schuppenartige Struktur dieses Pulvers ist nach 2stündiger Sinterung bei 1400° noch nicht verschwunden, sie beginnt sich erst nach 10stündiger Sinterung bei dieser Temperatur aufzulösen. Die metallographische Untersuchung hat also ergeben, daß sich die Art der Eisenpulverherstellung in verschieden hohem Grade auf die Sinterfähigkeit auswirkt und im Gefügeaufbau der Sinterkörper erkennen läßt. Durch Bestimmung der Härte und der Verformbarkeit wurde nun geprüft, inwieweit sich diese Unterschiede im Gefügeaufbau auf die technologischen Eigenschaften auswirken.

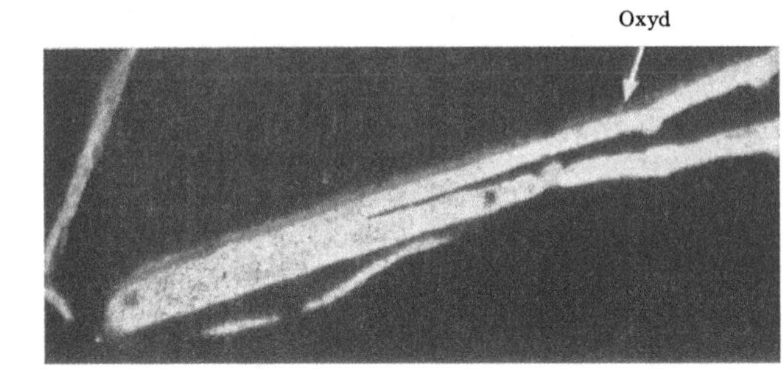

Abb. 2. Stampfpulver, Oxyde auf einzelnen Lamellen 0,5 μ dick (X 2000).

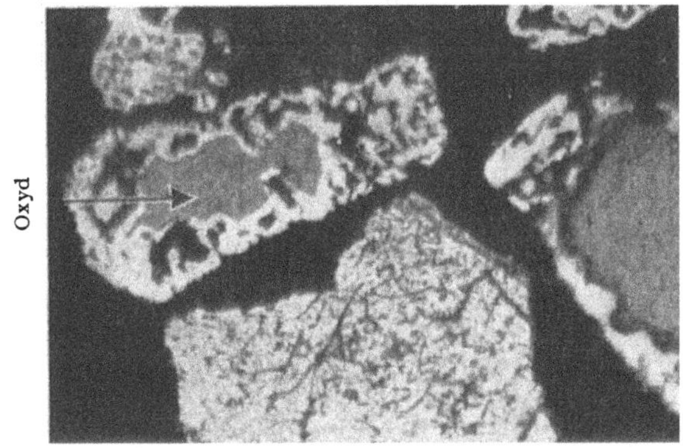

Abb. 3. Druckreduktionspulver, Oxyde im Kern (X 500).

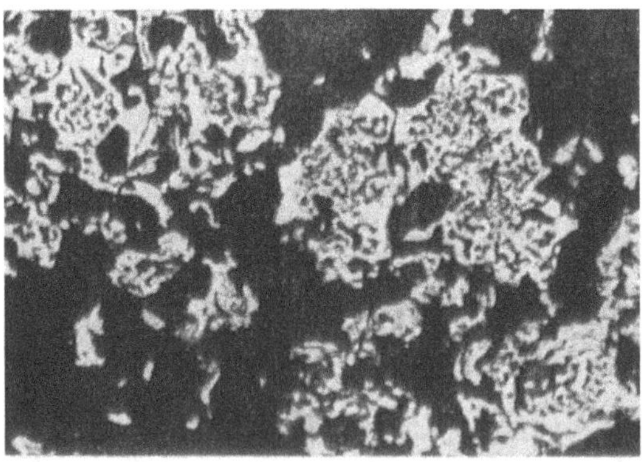

Abb. 4. Eisenschwammpulver, Oxyde auf äußeren und inneren Oberflächen (X 100).

Da eine Bestimmung der BRINELLhärte wegen der verschiedenartigen Verteilung und Größe der Poren keinen eindeutigen Hinweis auf die Härte der Kristalle erwarten ließ, wurden die Härtemessungen mit dem Mikrohärteprüfer nach HANEMANN ausgeführt. Durch eine Reihe von Voruntersuchungen konnte ermittelt werden, daß eine Polierdauer von 1 Stunde erforderlich ist und die Härte auf eine Eindruckdiagonale von 20 μ bezogen werden muß. Die Mikrohärtewerte der Sinterkörper lassen über den Härteabfall beim Glühen hinaus folgendes erkennen:

a) Die Härtewerte der durch Sintern hergestellten Eisenkörper liegen mit Ausnahme des Stampfpulvers zum Teil erheblich niedriger als bei der Vergleichsprobe aus reinem Eisen. Durch eine dem Sintern entsprechende Wärmebehandlung läßt sich die Härte der Schmelzeisenprobe senken, ihre hohe Härte ist deshalb wahrscheinlich auf innere Spannungen zurückzuführen.

b) Die durch das Pressen, besonders bei hohem Preßdruck, hervorgerufene Kaltverformung ist auch nach 2stündiger Glühung bei 1400° noch nicht behoben, auch die durch das Schmieden hervorgerufene nicht.

c) Die Härte der Ferritkristalle ist von den verschiedenen Herstellungsverfahren teilweise in erheblichem Maße abhängig. Das Wirbelschlag- und Schleuderverfahren ergeben die weichsten Kristalle, danach folgen das Eisenschwammpulver, das Druckreduktionspulver und das Reduktionspulver.

d) Die hohe Härte der durch besonders starke Kaltverformung hergestellten Stampfpulver-Sinterkörper wird durch den Preßdruck nicht mehr beeinflußt. Bemerkenswert ist, daß erst nach sehr langer Glühdauer bei hoher Temperatur Härteabfall und polygonale Kristallbildung eintritt.

Röntgenuntersuchungen an den verschiedenen Sinterkörpern ließen ebenfalls erkennen, daß auch in den bei hoher Temperatur hergestellten Sinterkörpern noch Spannungen vorhanden sind. Soweit die vorliegenden Untersuchungsergebnisse eine Deutung zulassen, kann aus der Feststellung, daß die an den Sinterkörpern gefundenen Mikrohärtewerte in keinem eindeutigen Zusammenhang mit der bei der Herstellung der Eisenpulver angewendeten Kaltverformung stehen, abgeleitet werden, daß die verschieden große Härte der Ferritkristalle der Eisensinterkörper höchstwahrscheinlich durch Spannungen hervorgerufen wird, die beim Zusammenwachsen der Kristalle bei der Sinterung, besonders bei ungleichmäßiger Kornform, entstehen, so daß für die Härteunterschiede hierdurch ein mittelbarer Zusammenhang mit der Herstellung der Pulver gegeben ist.

Für die Ermittlung der Verformungsfähigkeit wurden Kaltschmiedeversuche mit einer einfachen Hämmereinrichtung[2] und Biegeversuche durchgeführt. Vorbedingung für diese Versuche war, daß die Ergebnisse von Sinterkörpern verglichen wurden, die gleich großen, nicht zu hohen Porenraum und gleichen Preßdruck hatten, da sich die durch die Kaltverformung beim Pressen hervorgerufenen Spannungen, genau wie bei der Mikrohärte, auch auf die Stauchung bemerkbar machen. Die Korngröße der Prüfkörper im Bereich von 10 bis 100 μ wirkt sich auf das Stauchungsverhalten nur in sehr geringem Umfange aus. Bei stark porigen Prüfkörpern werden bei der Stauchung die Poren ohne nennenswerte Verformung der Kristalle zusammengedrückt, wobei gleichzeitig infolge noch ungenügenden Kornzusammenhangs Rißbildung an den Korngrenzen eintritt. Bei den Biegeversuchen war bemerkenswert, daß besonders bei niedrigem Preßdruck (0,3 t/cm²) und Sinterung auf einen Porenraum von nur noch 7% trotz stärkster Durchbiegung bis zu 180° noch keine Verformung der Kristalle, aber auch noch keine Rißbildung gefunden wurde. Die Verformung machte sich lediglich durch eine Einschnürung des Stabes bemerkbar. Es ist anzunehmen, daß die Adhäsionskräfte zwischen den Kristallen bei geringen Preßdrücken noch so klein sind, daß ein Gleiten der Kristalle längs der Korngrenzen ohne Kornverformung eintritt.

---

[2] Gewicht des Hammers: 600 g, Fallhöhe: 310 mm, Abmessungen der Ausgangsprobe: 4,5 × 4,5 × 10 mm.

Die sich aus den Verformungsversuchen ergebende Reihenfolge der Pulversorten stimmt richtunggebend mit den Werten für die Mikrohärte überein, Sinterung allein hebt also die Unterschiede in der Herstellungsart der Eisenpulver nicht auf. Pulver, die nach dem Wirbelschlag- und dem Schleuderverfahren hergestellt wurden, erreichen bereits durch einfache Sinterung eine Weichheit der Ferritkristalle und eine Verformungsfähigkeit, die bei den anderen Verfahren erst durch Schmieden und Rekristallisation erzielt werden.

Beeinflussung des Schwundes durch Zugkräfte beim Sintern von Metallpulvern[1].

Von

W. Dawihl und W. Rix.

Mit 3 Abbildungen.

Gesetzmäßigkeiten bei der Schwindung — Einfluß äußerer Kräfte auf die Schwindung — Unterschied im Schwund längs und quer zur Zugrichtung der äußeren Kraft.

Bei der Verarbeitung von Metallpulvern zu Formkörpern bestimmter Abmessungen tritt beim Sintern eine Volumenverringerung des bei Zimmertemperatur geformten Körpers ein, die als Schwund bezeichnet wird. Diese Volumenverminderung erfolgt dabei in der Weise, daß das Verhältnis der Abmessungen fast unverändert bleibt, so daß angenommen werden kann, daß sich jedes Pulverteilchen auf den geometrischen Mittelpunkt des betreffenden Körpers zu bewegt. Diese Gesetzmäßigkeit setzt voraus, daß die Pulverteilchen der sie nach dem Mittelpunkt des Körpers ziehenden Kraftwirkung frei folgen können. Wenn also durch äußere Kräfte, die an den Körper angelegt werden, diese freie Beweglichkeit der Pulverteilchen beeinflußt wird, ist auch eine Änderung der obengenannten Gesetzmäßigkeit des Schwindungsverhältnisses zu erwarten. Wir untersuchten deshalb, ob sich die Schwindung von Stäben, die aus Metallpulver durch Pressen hergestellt wurden, durch eine während der Sinterung wirkende Zugbelastung beeinflussen läßt.

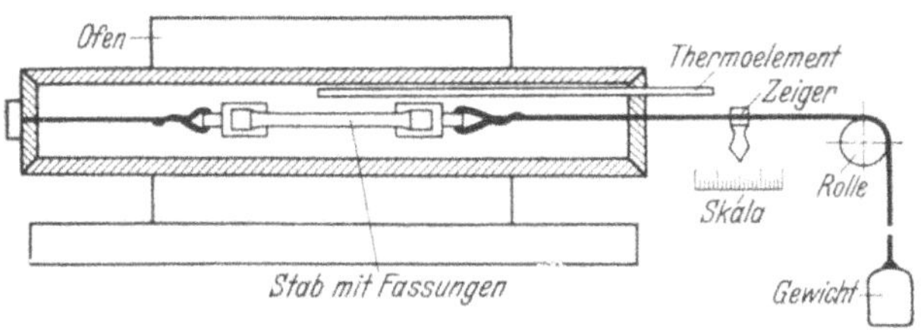

Abb. 1. Skizze der Versuchseinrichtung.

Für die Versuche wurde ein liegender, elektrisch beheizter Ofen verwendet (Abb. 1), in dem der Probestab auf einer Al_2O_3-Unterlage lag bzw. durch Molybdändrähte schwebend gehalten wurde. Die Versuche wurden an reinem Kobaltmetallpulver von etwa 1 μ Korngröße durchgeführt. Aus diesem Metallpulver wurden mit einem Druck von 1900 kg je cm² Stäbe gepreßt, die zur Erzielung einer für die Bearbeitung notwendigen Festigkeit auf 675° in Wasserstoff vorerhitzt wurden. Bei dieser Temperatur trat noch keine Schwindung ein. Dann wurden aus diesen Stäben die Prüfstäbe herausgearbeitet. Der Stab wurde im

[1] Abdruck der in Z. Metallkunde Bd. 40 (1949) S. 115 erschienenen Arbeit.

Ofen an seinen beiden Enden durch Fassungen aus hochgesintertem Aluminiumoxyd gehalten. An diesen Fassungen waren Molybdändrähte angebracht. An der einen Seite war dieser Draht am Ofenende starr befestigt, während der zweite Molybdändraht über eine Rolle lief und an seinem Ende mit einem Gewicht belastet werden konnte. An diesem beweglichen Draht war ein Zeiger angebracht, so daß die während eines Erhitzungsversuches eintretende Längenänderung während des Versuches beobachtet werden konnte. Diese Längenänderung zeigt aber auch die Ausdehnung des Drahtes und das durch die Querschrumpfung des Stabes bewirkte Herausgleiten aus den Fassungen mit an. Es müssen daher die aus den Zeigerangaben entnommenen Längenänderungen auf Grund von Blindversuchen bereinigt werden. Auf eine Wiedergabe dieser Kurven wurde deshalb verzichtet.

Bei der Versuchsdurchführung wurde der zu untersuchende Metallpulverstab bei Zimmertemperatur in den Ofen gebracht, mit dem vorgesehenen Gewicht belastet und dann der Ofen eingeschaltet. Der Temperaturanstieg wurde bei allen Versuchen gleich groß gehalten, er betrug 15° je Minute. War die Versuchstemperatur erreicht, so wurde der Ofen 3 Stunden lang bei dieser Temperatur gehalten und dann ausgeschaltet. Der Stab kühlte also im Ofen unter Belastung ab.

Die Temperaturmessung erfolgte mit einem Thermoelement. Die Lötstelle wurde möglichst nahe an den Stab, und zwar an seine Mitte gebracht. Der Stab befand sich mit seiner ganzen Länge in einer Zone gleichmäßiger Temperatur; während des Versuches wurde das Ofenrohr mit einem Gemisch aus 75% N_2 und 25% H_2 gespült. Die Versuche wurden bei 1000, 1200 und 1350° durchgeführt. Die Ergebnisse sind aus Tab. 1 und aus Abb. 2 und 3 zu ersehen.

Tabelle 1. Zusammenhang zwischen Belastung und Schwund.

Belastung*) in g/mm²	Längenänderung in %	Durchmesseränderung in %	Spez. Gewicht**)
Sintertemperatur: 1000°			
0	8,7	10	7,75
0	8,9	8	7,41
5	8,1	9	7,69
10	5,8	9	7,90
12,5	8,1	11	7,82
15	5,2	11	7,72
20	3,9	9	7,82
25	3,8	12	7,91
30	0,9	10	7,78
37,5	−1,6	13	7,54
Sintertemperatur: 1200°			
0	21,2	21	8,56
2,5	18,7	23	8,49
7,5	15,8	24	8,43
12,5	11,3	30	8,50
12,5	12,1	25	8,51
17,5	9,9	27	8,35
25	5,8	28	8,34
Sintertemperatur: 1350°			
0	21,1	21	8,61
2,5	18,8	24	8,51
5	17,3	24	8,56
5	17,8	25	8,54
5	17,3	22	8,56
7,5	16,0	26	8,59
7,5	15,8	26	—
12,5	13,4	26	8,53
20	7,0	28	8,48
25	−0,5	30	8,28
25	0,9	31	8,39
25	4,0	29	8,45

Sinterzeit: 3 Stunden
Abmessungen des Stabes vor der Sinterung:
Länge: 149,0 mm
Durchmesser: 5,0 mm

*) Querschnitt vor der Sinterung zugrunde gelegt.
**) Da die bei 1000° gesinterten Stäbe sehr porös waren, ist die Bestimmung des spezifischen Gewichtes dieser Stäbe ungenau.

Aus Tabelle 1 ergibt sich, daß bei unbelasteten Stäben der prozentuale Schwund — trotz des großen Unterschiedes zwischen Durchmesser und Länge, die sich wie 1 : 30 verhalten — in der Längsrichtung gleich dem prozentualen Schwund in der Querrichtung ist.

Eine Belastung während der Sinterung wirkt sich sowohl auf den Längs- als auch auf den Querschwund aus. Der Längsschwund, also der Schwund in der Belastungsrichtung, wird durch die Belastung verringert, während der Querschwund, also der senkrecht zur Belastungsrichtung auftretende Schwund, durch

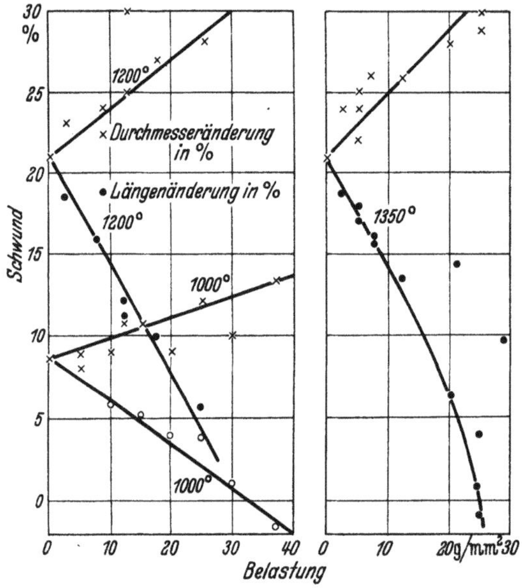

Abb. 2. Längs- und Querschwund von unter Belastung gesinterten Kobaltstäben.

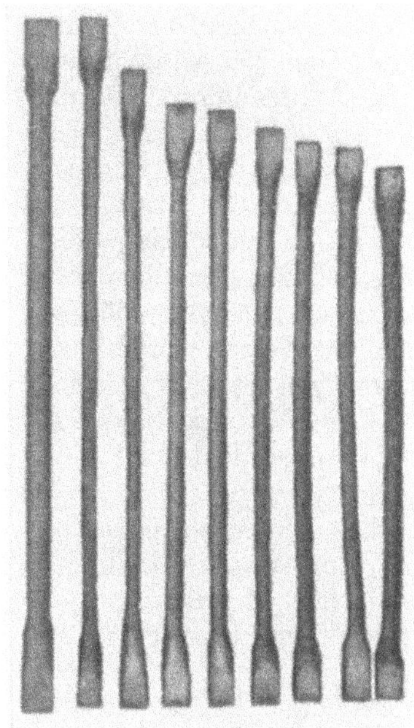

Zum Vergleich: Stab 1: vor der Sinterung, Stäbe 2 bis 9: 3 Stunden bei 1350° gesintert.

Die Belastung betrug bei Stab			
Nr.	g	Nr.	g
2	500	6	150
3	400	7	100
4	300	8	50
5	250	9	0

Abb. 3.
Unter Belastung gesinterte Kobaltstäbe.

die Belastung erhöht wird. Dabei zeigt sich in beiden Fällen ein etwa linearer Zusammenhang zwischen Belastung und Schwund. Der durch die Belastung verhinderte Längsschwund wird durch den Querschwund ausgeglichen. Da das spezifische Gewicht der gesinterten Stäbe mit steigender Belastung aber abnimmt kann dieser Ausgleich jedoch nicht vollständig sein. Dabei ist zu berücksichtigen, daß bei den bei 1000° ausgeführten Versuchen die Bestimmung des spezifischen Gewichtes infolge noch ungenügender Sinterung sehr fehlerhaft ist, und daher der durch die Belastung verursachte Gang im spezifischen Gewicht durch die Fehlerbreite überdeckt wird.

Die Versuchstemperaturen liegen weit über der Entfestigungstemperatur des Kobalts, die etwa 450° beträgt[2]. Es könnte daher die Vermutung auftauchen, daß der Zusammenhang zwischen Belastung und Schwundverminderung nur vorgetäuscht ist, und daß die Stäbe in Wirklichkeit normal schwinden und dann wieder gedehnt werden. Dehnungen konnten bei den Versuchen tatsächlich auch beobachtet werden, wie die Stäbe in Tab. 1 zeigen, die nach der Sinterung länger

[2] E. Maurer: Kruppsche Mh. 4 (1923) S. 165.

geworden sind, als sie ursprünglich waren. Die während der Sinterung an den Zeigerangaben aufgenommenen Dehnungskurven ließen aber erkennen, daß bei geringer Belastung die Dehnung überhaupt nicht bemerkbar ist und auch bei starker Belastung nur in noch zu vernachlässigendem Maße auftritt. Da aber aus den eingangs genannten Gründen die Zuverlässigkeit dieser direkt aufgenommenen Kurven nicht genügend groß erschien, wurde die Dehnung bei zwei Belastungen (100 g und 500 g) gesondert bestimmt. Zu diesem Zweck wurde der gleiche Stab mehrfach gesintert und nach jeder Sinterung seine Abmessungen und sein spezifisches Gewicht bestimmt. Wie die in Tab. 2 niedergelegten Ergebnisse zeigen, ergibt sich aus diesen Versuchen, daß von der durch die Belastung verhinderten Längenabnahme selbst im ungünstigsten Falle nur etwa 15% auf die Dehnung und 85% auf den verhinderten Schwund entfallen.

Aus Tab. 2 ist ferner zu ersehen, daß das spezifische Gewicht bei reiner Dehnung nicht absinkt, sondern zum mindesten unverändert bleibt. Die Beobachtung, daß das bei der Sinterung unter Belastung erreichte spezifische Gewicht von der Größe dieser Belastung abhängig ist, kann daher als ein weiterer Beweis für den Zusammenhang zwischen Belastung und Schwundverhinderung angesehen werden.

Tabelle 2. Änderung der Abmessungen und des spezifischen Gewichtes bei mehrfacher Sinterung des gleichen Stabes.
Sintertemperatur: 1350°; Dauer der Sinterung: 3 Stdn.

	Sinterung Nr.				
	1	2	3	4	5
Belastung bei der Sinterung 100 g = 5 g/mm²					
Länge in mm	123,2	123,2	123,2	123,2	123,5
Durchmesser in mm	3,8	3,8	3,8	3,8	3,8
Spezifisches Gewicht	8,56	8,64	8,67	8,65	8,63
Belastung bei der Sinterung 500 g = 25 g/mm²					
Länge in mm	147,6	152,4	155,1	—	—
Durchmesser in mm	3,5	3,5	3,4	—	—
Spezifisches Gewicht	8,39	8,40	8,41	—	—
Belastung bei der Sinterung in g	100	0	500	500	
Länge in mm	123,2	123,1	123,8	124,7	—
Durchmesser in mm	3,9	3,9	3,9	3,8	—
Spezifisches Gewicht	8,56	8,61	8,62	8,63	—

Die Kräfte, durch die der Schwund beeinflußt werden kann, sind, wie sich aus Tab. 1 ergibt, sehr gering. Sie liegen in der Größenordnung von 0,01 kg/mm² und sind viel geringer als die Zerreißfestigkeiten bei Zimmertemperatur, die für die vorgesinterten Stäbe 1,2 kg/mm² und für die bei 1000° gesinterten Stäbe 7,5 kg/mm² betragen. Es ist daher verständlich, daß bei der Sinterung von Formkörpern aus Metallpulvern schon geringe Reibungskräfte zwischen den Formkörpern und der Unterlage ausreichen, um den Schwund der Formkörper einseitig zu beeinflussen. Um Fehler durch Verziehen oder in dessen Folge Rißbildung beim Sintern zu vermeiden, muß deshalb auf glatte Unterlagen mit möglichst geringer Reibung geachtet werden. Bei größeren Formkörpern ist gegebenenfalls ein Lagern auf Rollen erforderlich. Wie Abb. 3 erkennen läßt, hat sich ein ohne Belastung gesinterter Kobaltstab stark verzogen, während diese Neigung zum Verziehen mit steigender Belastung immer mehr verschwindet.

Zusammenfassung.

Es ist möglich, bei der Sinterung von Kobaltpulver durch geringe Zugbelastung den Schwund zu beeinflussen. Schon eine Belastung von etwa 25 g je mm² vermag in der Belastungsrichtung fast völlig den Schwund zu verhindern. Senkrecht zur Belastungsrichtung wird der Schwund verstärkt. Jedoch bringt die Verstärkung des Querschwundes keinen völligen Ausgleich für den fehlenden Längsschwund, so daß auch die durch die Sinterung erreichte Dichte belastungsabhängig ist.

Korngrößenbestimmung an pulverförmigen Stoffen, insbesondere an Metallpulvern[1].

Von

O. SORGE und A. DANNEIL.

Mit 6 Abbildungen.

Zahlreiche Methoden sind bekannt, die der Bestimmung von Korngrößen pulverförmiger Stoffe dienen. Manche dieser Verfahren ergeben nur angenäherte Werte oder sind lediglich für ganz bestimmte Bereiche anwendbar. Wieder andere Verfahren erfordern sehr umfangreiche Apparate und langwierige Versuche, wenn genaue Werte erhalten werden sollen. Alle Methoden jedoch erzielen Ergebnisse, welche die Beurteilung eines Pulvers in bezug auf seine Korngröße nur verhältnismäßig umständlich und unübersichtlich zulassen. In der vorliegenden Arbeit ist versucht worden, die Korngrößenverhältnisse eines Pulvers mittels einer einfachen Beziehung, bei der alle Korngrößengruppen zusammengefaßt sind, durch einen einzigen Zahlenwert zu kennzeichnen.

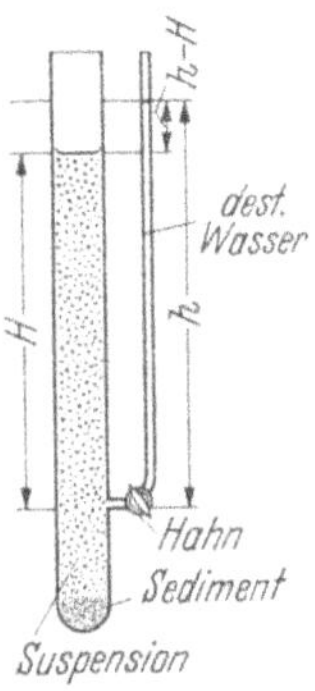

Abb. 1. Schema des Flockungsmessers.

Zur Durchführung unserer Arbeit haben wir uns des WIEGNER-GESSNER-Flockungsmessers bedient, der im Schrifttum, besonders in Arbeiten von LORENZ[2] sowie von SKAUPY[3] ausführlich beschrieben worden ist. Der Apparat arbeitet nach dem Sedimentierverfahren und gestattet, alle Korngrößen genau zu berechnen.

Zunächst sei der Apparat kurz beschrieben.

Der Flockungsmesser besteht im wesentlichen aus zwei kommunizierenden Glasröhren, und zwar aus einem weiten Fallrohr, welches die Aufschlämmung des zu bestimmenden Materials in einer Flüssigkeit aufnimmt, und aus einem engen Meßrohr, das mit derselben Flüssigkeit gefüllt ist. Öffnet man den Verbindungshahn beider Röhren, dann stellen sich die Flüssigkeitsoberflächen in den Röhren so ein, daß die Flüssigkeit im Meßrohr um einen bestimmten Betrag höher steht als im Fallrohr (Abb. 1).

Der Höhenunterschied ist gegeben durch das spezifische Gewicht des aufgeschlämmten Materials. Der Meniskus im Meßrohr sinkt in dem Maße, wie sich das spezifische Gewicht der Aufschlämmung im Fallrohr verringert, d. h. also, wie sich das aufgeschlämmte Gut im Fallrohr absetzt. Das Absinken der Flüssig-

[1] Originalmitteilung.
[2] Chem. Fabrik Bd. 40 (1927) S. 1375 — Papierfabrikant (1926) S. 74, 91.
[3] F. SKAUPY: Metallkeramik (1930).

keitsoberfläche im Meßrohr wird laufend photographisch aufgenommen (Abb. 2); auf diese Weise erhält man eine Fallkurve, aus der sich die Korngrößen des untersuchten Materials bestimmen und errechnen lassen. Die photographische Fallkurve gibt die Flüssigkeitshöhen in zehnfacher Vergrößerung wieder.

Mit Hilfe der STOKESschen Formel lassen sich die Fallzeiten t in Sekunden für die einzelnen Teilchenradien r errechnen. Es ist danach

$$t = \frac{9\eta H}{2g} \frac{1}{r^2} \frac{1}{D-d}. \tag{1}$$

η = innere Reibung der Flüssigkeit,
H = Fallhöhe in cm,
g = Erdbeschleunigung,
r = Teilchenradius in cm (in $\mu = r \cdot 10^4$),
D = spezifisches Gewicht der aufgeschwemmten Masse,
d = spezifisches Gewicht der Flüssigkeit.

Die Fallkurve wird in Anlehnung an das graphische Verfahren von SV. ODÉN[4] ausgewertet, bei dem man die absoluten Korngrößen erhält.

Die Abszisse der Kurve stellt die Zeitachse dar. Man kann also auf ihr die Fallzeiten (t_1, t_2, t_3) der einzelnen Korngrößen abtragen, die nach der STOKESschen Formel errechnet worden sind (Abb. 3).

Jeder Fallzeit ist eine bestimmte Korngröße zugeordnet.

Die Gesamthöhe A der Anfangsordinate entspricht der Gesamtmenge des ursprünglich aufgeschwemmten Pulvers und wird gleich 100 gesetzt.

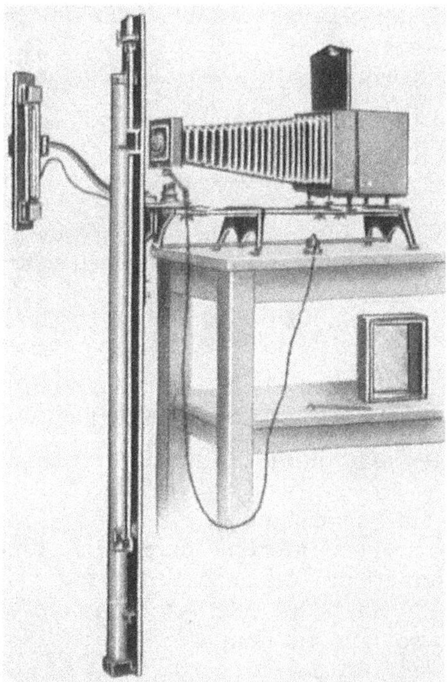

Abb. 2. Flockungsmesser nach WIEGNER-GESSNER.

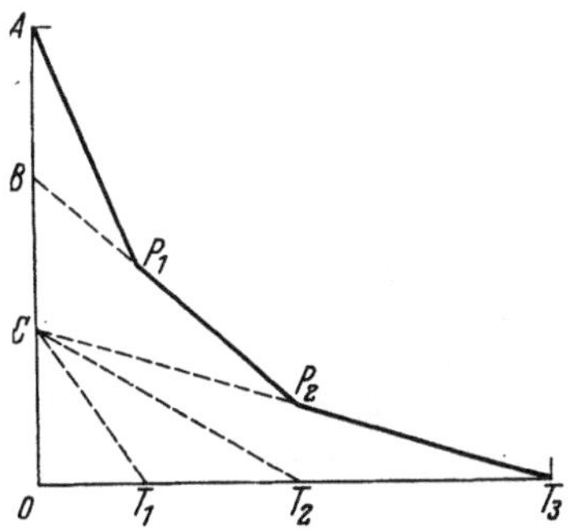

Abb. 3. Bestimmung der Gewichtsanteile aus den Kurvenabschnitten.

Ein Abschnitt auf der Anfangsordinate stellt somit Gewichtsprozente der Pulvermenge dar.

In einem Pulver mögen nun gleich große Mengen dreier verschiedener Korngrößen mit den Fallzeiten (t_1, t_2, t_3) vorhanden und die Fallkurven der drei Korngrößen durch die in (Abb. 3) gestrichelten Linien (CT_1, CT_2, CT_3) gegeben sein. Die Fallkurve des gesamten Pulvers läßt sich dadurch konstruieren, daß man die

[4] SV. ODÉN: Kolloid-Z. Bd. 18 (1916) S. 33 u. Bd. 26 (1920) S. 100.

zu gleichen Fallzeiten gehörigen Ordinaten der Kurven der Einzelkorngrößen addiert, woraus sich dann die Gesamtfallkurve $AP_1P_2T_3$ ergibt. Die Fallkurve ist also eine diskontinuierliche Kurve, die sich aus kleinen linearen Stücken zusammensetzt. Die Verlängerungen der Verbindungslinien zweier Korngrößenpunkte teilen auf der Anfangsordinate die Strecken AB, BC und CO ab, welche die prozentualen Mengen der den Fallzeiten t_1, t_2, t_3 zugeordneten Korngrößenfraktionen darstellen.

Diese Abschnitte lassen sich nun durch Differenzbildung aus den Ordinatenabschnitten b_n (AO, BO, CO) berechnen, die zu den entsprechenden Verlängerungsgeraden gehören. Die Abschnitte b_n errechnen sich nach der Formel

$$b_n = y_n + \frac{x_n (y_n - y_{n+1})}{x_{n+1} - x_n}. \tag{2}$$

Man hat so einen Weg, die prozentuale Korngrößenverteilung zu errechnen, deren Genauigkeit naturgemäß um so größer wird, je kleiner man die einzelnen Korngrößengrenzen wählt.

Aus diesen Werten kann man nun zu einem einfachen Vergleichswert gelangen, wenn man aus den einzelnen Korngrößenstufen die Gesamtteilchenmenge berechnet.

Man denke sich hierbei die Teilchen als kugelförmig und betrachte für die kleinen Intervalle den Teilchenradius r als konstant.

Wird die Menge in Gramm und der Teilchenradius in μ eingesetzt, dann ist die Teilchenzahl N_r eines Intervalls

$$N_r = \frac{F(r) \cdot 10^9}{\frac{4}{3} \pi r^3 s}, \tag{3}$$

wobei $F(r)$ die Gewichtsmenge im betreffenden Intervall und s das spezifische Gewicht des Stoffes bedeuten. Die Summe der Teilchenwerte N_r der einzelnen Körnungsstufen ergibt dann die Gesamtteilchenzahl

$$N = \sum \frac{F(r)}{r^3} \, \frac{10^9}{\frac{4}{3} \pi s}. \tag{4}$$

Da für die Beurteilung der Körnung jedoch nur relative Werte erforderlich sind, kann man auf die Einbeziehung des Wertes $\frac{10^9}{\frac{4}{3} \pi s}$ in die Rechnung verzichten, da dieser Wert für alle Pulver des gleichen Stoffes konstant ist.

Man hat also nur die $F(r)$-Werte der einzelnen Intervalle durch r^3 zu dividieren und hieraus die Summe zu bilden und erhält so einen Zahlenwert, der ein vergleichbares Maß für die Feinheit der Pulver bietet. Diese Zahl H, die als Häufigkeitszahl bezeichnet sei, entspricht also dann der Formel

$$H = \frac{F(r)}{r^3}. \tag{5}$$

Um sich ein Bild zu machen, was diese Häufigkeitszahl aussagt, kann man aus ihr den mittleren Teilchenradius berechnen, den man ebenfalls als Vergleichswert verwenden könnte. Der mittlere Teilchenradius ist:

$$r_m = \left(\frac{100}{H}\right)^{\frac{1}{3}}. \tag{6}$$

So stehen uns zwei Werte zur Verfügung, die mittels einer Zahl den Körnungscharakter festlegen.

Als praktisches Beispiel haben wir die Untersuchung von Molybdänpulver gewählt. Für in Wasser aufgeschlämmtes Molybdän ergeben sich nach Gleichung (1) folgende Fallzeiten und Abszissenlängen, wobei 1 Stunde gleich 21 mm gesetzt ist (Tab. 1):

Tabelle 1.

Teilchenradius r in μ	Fallzeiten in Sek.	Abszissenlängen in mm	Teilchenradius r in μ	Fallzeiten in Sek.	Abszissenlängen in mm
0,1	5 484 600	31 990	4,5	2708	15,8
0,2	1 370 300	7 999	5,0	2194	12,8
0,3	609 410	3 560	6,0	1524	8,9
0,4	342 790	2 000	7,0	1119	6,6
0,5	219 330	1 280	8,0	857	5,0
0,6	152 350	889	9,0	677	3,9
0,7	111 930	653	10	548	3,2
0,8	85 698	500	12	381	2,2
0,9	67 711	390	14	280	1,6
1,0	54 846	319,9	16	214	1,3
1,2	38 088	222,3	18	169	0,99
1,4	27 986	163,2	20	137	0,80
1,6	21 424	125,0	25	88	0,50
1,8	16 928	98,8	30	61	0,36
2,0	13 703	79,9	35	45	0,26
2,5	8 775	51,2	40	34	0,20
3,0	6 094	35,6	45	27	0,16
3,5	4 477	26,1	50	22	0,13
4,0	3 428	20,0			

Es wurden untersucht die Molybdänpulver Mo 844, 848 und 849, deren Fallkurven in den Abb. 4 bis 6 wiedergegeben sind. Die Auswertung der Absetzkurven ergab folgende Korngrößenverteilung (Tab. 2):

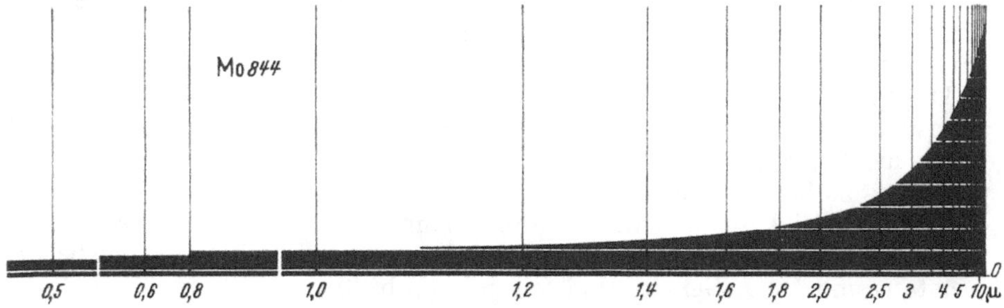

Abb. 4.

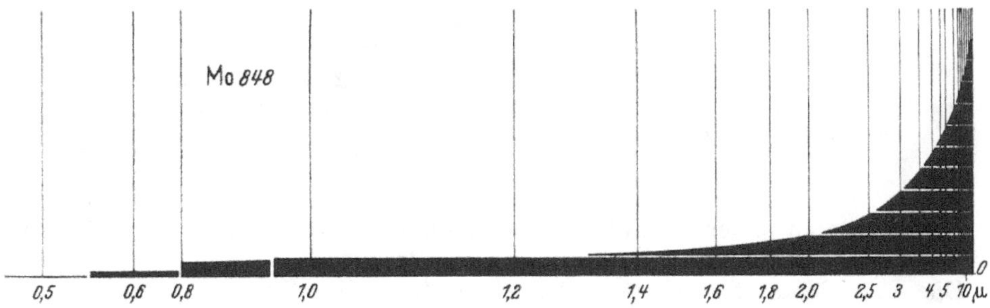

Abb. 5.

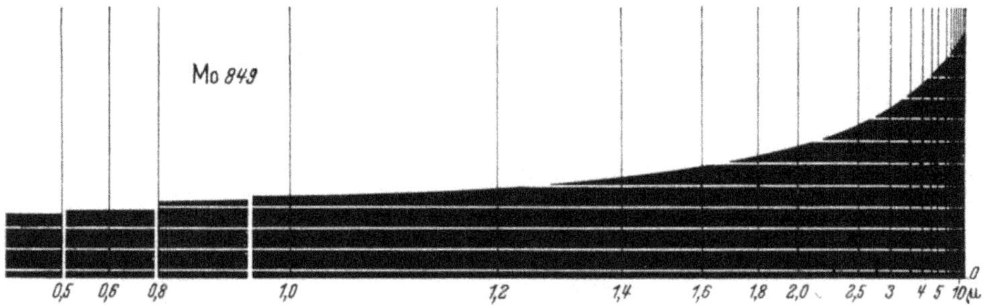

Abb. 6.

Tabelle 2.

Teilchen-radius μ	844 %	848 %	849 %	Teilchen-radius μ	844 %	848 %	849 %
0 ...0,5	10,4	6,8	29,8	3,0... 3,5	4,5	6,3	3,0
0,5...0,6	1,0	3,9	4,8	3,5... 4,0	7,4	8,6	1,4
0,6...0,8	1,6	0,5	5,3	4,0... 4,5	0,4	5,5	2,6
0,8...1,0	2,9		3,3	4,5... 5,0	5,3		0,1
1,0...1,2	5,2	2,8	9,9	5,0... 6,0	0,8	4,6	0,6
1,2...1,4	4,0	5,5	6,7	6,0... 7,0	0,2	1,3	
1,4...1,6	7,2	3,2	3,6	7,0... 8,0			1,2
1,6...1,8	5,5	7,1	2,1	8,0... 9,0	2,9	2,1	0,8
1,8...2,0	12,7	10,2	11,5	9,0...10,0		0,6	
2,0...2,5	14,5	16,1	8,1	10,0...12,0		1,5	0,3
2,5...3,0	13,5	12,0	4,2	12,0...18,0		1,5	0,7

Bei der kritischen Betrachtung dieser Werte ist zu berücksichtigen, daß in den Metallpulvern auch nennenswerte Mengen von Oxyd vorhanden sind.

Wie sich durch Abschlämmversuche ergeben hat, findet sich das gesamte Oxyd in der feinsten Korngrößenstufe vor, was ja auch erklärlich ist, da es infolge seines niedrigen spezifischen Gewichtes eine ganz erheblich kleinere Fallgeschwindigkeit hat. Diese Korngrößengruppe ist jedoch die ausschlaggebende, weshalb die Korngrößenverteilung des reinen Metallpulvers durch das Vorhandensein des Oxydgehaltes nicht richtig wiedergegeben wird. Deshalb ist es zweckmäßig, ihn bei der Auswertung zu berücksichtigen.

Den Oxydanteil kann man aus der Glühzunahme berechnen, wobei anzunehmen ist, daß das Oxyd als MoO_2 vorliegt. Die Zunahmen und die sich daraus ergebenden Sauerstoff- und MoO_2-Gehalte sind folgende (Tab. 3):

Tabelle 3.

Mo	Zunahme %	Sauerstoff %	MoO_2 %	Korngrößen-anteil 0 bis 0,5 μ %	Reines Metall innerhalb 0 bis 0,5 μ %
844	47,5	1,7	6,8	10,4	3,6
848	48,6	1,0	4,0	6,8	2,8
849	48,3	1,1	4,4	29,8	25,4

Die Anteile an reinem Metall erhält man dadurch, daß man die MoO_2-Gehalte in der Korngrößengruppe 0 bis 0,5 μ in Abzug bringt.

Die Häufigkeitszahl und der mittlere Teilchenradius für die einzelnen Pulver betragen dann (Tab. 4):

Tabelle 4.

	Häufigkeitszahl		Mittlerer Teilchenradius	
Mo	Oxydhaltiges Metall	Reines Metall	Oxydhaltiges Metall μ	Reines Metall μ
844	695	278	0,52	0,71
848	471	223	0,60	0,76
849	1973	1815	0,36	0,37

Hieraus wird deutlich, daß die Metalle 844 und 848 eine annähernd gleiche Korngröße haben und sich lediglich durch ihren Oxydgehalt unterscheiden, dagegen ist das Metall 849 erheblich feiner. Die mittleren Teilchenradiuswerte zeigen, daß der des Metalls 849 nur etwa halb so groß ist wie die der Metalle 844 und 848.

Die Häufigkeitszahl kann ein recht guter Anhalt zur Beurteilung der Materialien in solchen Fällen sein, in denen die Korngröße des Ausgangsmaterials das Verhalten der aus ihm hergestellten Erzeugnisse beeinflußt, z. B. bei Drähten und Blechen die Dehnung, Biegsamkeit, Rekristallisation usw. Ebenso ist dieses Verfahren schon erfolgversprechend bei der Untersuchung von Gettersubstanzen, Füllmaterialien u. dgl. angewandt worden.

Eine selbstregistrierende Sedimentationswaage[1].

Von

O. HERRMANN.

Mit 4 Abbildungen.

Einleitung.

Die Pulverkeramik hat in den letzten Jahren erheblich an Bedeutung gewonnen. Die Güte der Erzeugnisse dieser Industrie ist wesentlich von der Korngrößenverteilung der verwendeten Pulver abhängig. Es ist daher notwendig, die Kornverteilung ständig einer betrieblichen Kontrolle zu unterwerfen. AGTE, SCHÖNBORN und SCHROETER[2] stellten die verschiedenen Meßverfahren zur Ermittlung der Kornverteilung zusammen. Eine neuere Arbeit erschien während der Drucklegung von O. FUCHS[3]. Die bekanntesten Methoden beruhen entweder darauf, daß man mit Hilfe eines Mikroskopes die Korngrößen mühselig ausmißt und sich so ein statistisches Mittel über die Korngrößenverteilung verschafft, oder die Pulver werden der Schlämmanalyse, die sich die Gesetzmäßigkeit der Sedimentation kleiner Körper in einem zähen Medium zunutze macht, unterworfen. Da ihre Auswertung sehr zeitraubend ist, erfordern beide Verfahren einen sehr erheblichen Aufwand in den Betrieben. Es sollte daher eine Methode zur Verfügung stehen, die es gestattet, schnell und mit genügender Genauigkeit die notwendigen Fabrikationsunterlagen bezüglich der Kornverteilung der Pulver zu ermitteln. Im folgenden soll nun eine solche Meßvorrichtung beschrieben werden.

Die Grundlage der Meßmethode.

Die hier beschriebene Klassierungseinrichtung geht von dem Prinzip der Schlämmanalyse aus. Die Grundlagen dieser Methode sollen, obwohl man sie als

[1] Originalmitteilung.
[2] AGTE, SCHÖNBORN und SCHROETER: Dr. Blau-Sonderheft der Z. f. techn. Phys., 1925.
[3] O. FUCHS: Chem. Ing. Techn. Bd. 24 (1952) S. 25.

bekannt voraussetzen kann, noch einmal erörtert werden. Nach einem Gesetz von STOKES sinken kleine Pulverkörner mit einem Durchmesser r und der Dichte σ in einem Mittel (Flüssigkeit) von der Dichte ϱ und der dynamischen Zähigkeit η unter dem Einfluß der Erdschwere mit einer Geschwindigkeit von

$$v = \frac{2\,g\,r^2\,(\sigma - \varrho)}{9\,\eta}\,,$$ worin r in cm, σ und ϱ in g/cm^3 und die Zähigkeit η in Poise $(g/cm \cdot s)$

einzusetzen sind.

Diese Formel von STOKES ist ausführlich in der Literatur behandelt worden[4, 5].

Die Formel gilt für Korngeschwindigkeiten unter 0,5 cm/s. Damit ist die Korngröße festgelegt, mit der bei Schlämmanalysen exakte Werte erhalten werden können. Gröbere Körner sind durch die Siebanalyse zu erfassen. Das Gesetz von STOKES gilt für genau kugelförmige Teilchen. In der Praxis ist diese Vorbedingung meistens nicht erfüllt. Infolgedessen kann man durch die Schlämmanalyse nur einen aequivalenten Radius des Kornes ermitteln. Dies hat sich in der Praxis nicht als Nachteil herausgestellt. Auch die optische Ausmessung eines Kornes ergibt ausschließlich einen Durchmesser in einer Ebene und gestattet somit auch nicht die genaue Bestimmung eines unregelmäßig geformten Teiles.

Das STOKESsche Gesetz gestattet, die einzelnen Fraktionen durch die verschiedenen Fallgeschwindigkeiten zu gewinnen und deren Aequivalent-Durchmesser zu bestimmen. Dies ist aber nur dann der Fall, wenn das einzelne Korn frei in der Schlämmflüssigkeit fallen kann, ohne durch benachbarte Körner beeinflußt zu werden. Dies ist eine sehr wichtige Voraussetzung für die Durchführung einer genauen Schlämmanalyse. Sobald die Körner zur Koagulation neigen, muß die Schlämmanalyse zu falschen Ergebnissen führen. Mit anderen Worten, es soll eine ideale Suspension vorliegen. Man wird vor jeder Schlämmanalyse sorgfältigst zu prüfen haben, ob sich das Schlämmgut in der Flüssigkeit dispergieren läßt und während des Analysenvorganges nicht koaguliert.

Die bekannteste Methode zur Durchführung einer exakten Schlämmanalyse wurde von ANDREASEN[6] angegeben. Die mit seiner Apparatur gewonnenen Ergebnisse werden in der Literatur als sehr genau angegeben. Sie verlangen aber einen erheblichen Zeitaufwand.

Bei der hier beschriebenen Apparatur wurde von folgendem Gedanken ausgegangen:

Taucht man die Waagschale einer empfindlichen Waage in eine Flüssigkeit und läßt in dieser Flüssigkeit von dem Flüssigkeitsspiegel ausgehend Pulverkörner sedimentieren, so wird sich ein Teil der Pulverkörner, da die Waagschale den Querschnitt des Standgefäßes nicht ausfüllt, neben derselben auf dem Boden des Standgefäßes absetzen. Ein anderer Teil der Pulverkörner wird auf die Waagschale absinken und dadurch die Waage aus der Ruhelage herausbringen. Registriert man nun die Gewichtszunahme der Waagschale in bestimmten Zeitintervallen, so erhält man genau, wie bei jeder anderen Schlämmanalyse, den Korndurchmesser aus der Fallgeschwindigkeit und gleichzeitig den prozentualen Gewichtsanteil der Körner mit diesem Durchmesser. Registriert man die Gewichtszunahme über der Zeit, so bekommt man direkt die sogenannte Summenlinie, die die Summe aller Anteile in Prozent angibt, deren Durchmesser größer ist als der zugehörige Abszissenwert anzeigt.

[4] H. GESSNER: Kolloid-Chemisches Taschenbuch, Leipzig 1947.
[5] H. GESSNER: Kolloid-Z. Bd. 118 (1950) S. 165—172.
[6] A.H.M. ANDREASEN u. I. I.V. LUNDBERG: Ber. Dtsch. Keram. Gesellschaft Bd. 11 (1930) S. 249.

Beschreibung der Waage.

Abb. 1 zeigt den Gesamtaufbau der selbsttätig registrierenden Waage[7]. Sie besteht aus einem Waagebalkensystem, das bei Metallpulvern einen Meßbereich von etwa 500 mg bei einer Vorlast von etwa 2 g besitzt. Mit dem Waagebalkensystem ist eine Schreibfeder gekuppelt. Die Nullstellung der Schreibfeder kann bei verschiedener Vorlast erreicht werden. Bringt man durch Belastung den Waagebalken aus der Ruhelage heraus, so wird durch einen Quecksilber-Schaltkontakt, bzw. beim Einbau eines Waagebalkensystems mit einem Meßbereich von z. B. nur 25 mg durch eine Fotozellensteuerung, der Waagebalken durch einen Synchronmotor in die Ruhelage zurückgeführt. Die Schreibfeder als Zeiger zeigt die Höhe der Belastung an. Die Registriertrommel wird ebenfalls durch einen Synchronmotor, der in 15 Minuten eine Umdrehung macht, angetrieben. Das geschriebene Diagramm hat bei einer Länge von 200 mm eine Höhe von 110 mm.

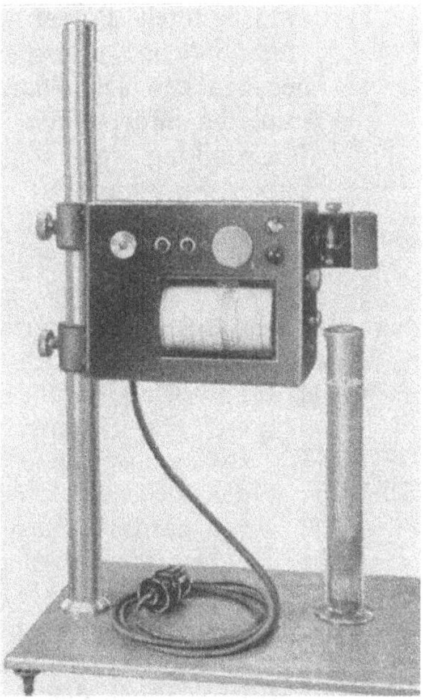
Abb. 1. Automatische Sedimentationswaage, Gesamtansicht.

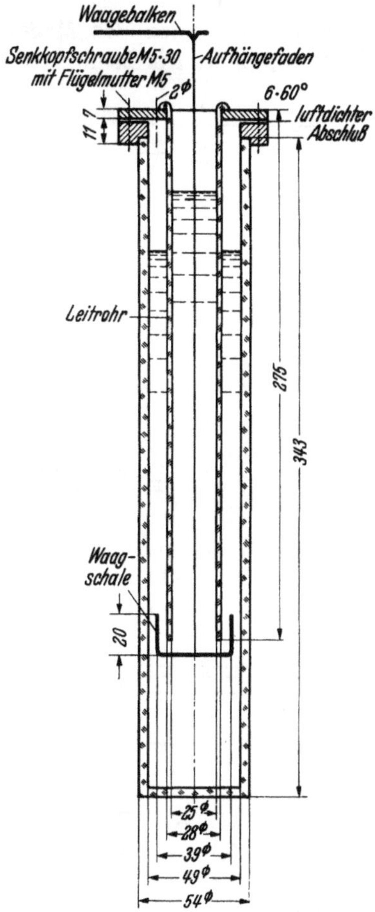

Abb. 2. Schnitt durch das Standgefäß.

Besondere Beachtung war der Konstruktion des Standgefäßes zu widmen. In Abb. 2 ist dasselbe schematisch wiedergegeben. In dem Standgefäß hängt an einem Aufhängefaden die mit einem hohen Rand versehene Waagschale. Ein Leitrohr ragt in dieselbe hinein und sorgt so dafür, daß alle in das Leitrohr eingebrachten Pulverkörner auf der Waagschale sedimentieren. Um wilde Bewegungen der Waagschale beim Einfüllen des Sedimentationsgutes zu vermeiden, ist das Leitrohr luftdicht in das Standgefäß eingesetzt. Das Pulver wird in einem

[7] Die Waage kann von der Fa. Dr. W. W. Loebe u. Kühn, Berlin-Waidmannslust, bezogen werden.

kleinen Schüttelkölbchen in einer erprobten Flüssigkeit aufgeschlämmt. Der Inhalt des Kölbchens wird dann nach Herstellung der Suspension in das Leitrohr eingefüllt. Durch den luftdichten Abschluß zwischen Leitrohr und Standgefäß steht dann der Flüssigkeitsspiegel im Leitrohr über dem des Standgefäßes. Beim Einfüllen wird der Synchronmotor der mit Registrierpapier bespannten Registriertrommel und der Synchronmotor für den Antrieb des Waagebalkensystems eingeschaltet. Eine weitere Bedienung der Waage ist nicht erforderlich.

Beispiel eines Meßergebnisses.

In den Abb. 3 u. 4 sind zwei mit der Waage erhaltene Diagramme wiedergegeben. Sie zeigen das Meßergebnis mit einem sehr groben und sehr feinen Wolframpulver. Ein Millimeter der Ordinate der Original-Diagramme entspricht einem Prozent der Einwaage. Der Unterschied in der Korngrößenverteilung tritt in den Diagrammen bei diesen beiden Pulvern sehr deutlich hervor.

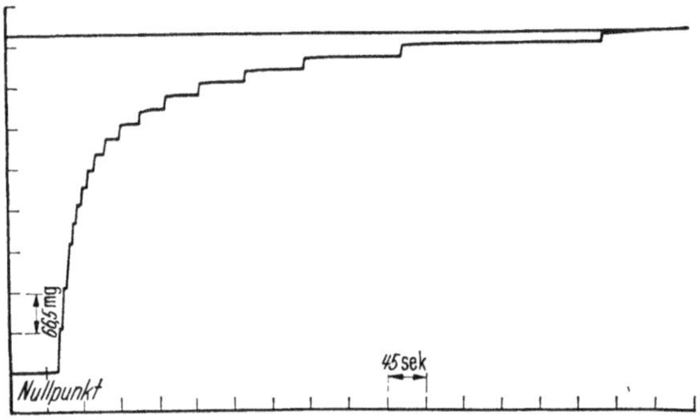

Abb. 3. Diagramm eines grobkörnigen Wolframpulvers. Diagramm Nr. 92 vom 7. 3. 1952. Wolframpulver: V 295/7506 in H_2O dest.; Einwaage: 709 mg; Fallhöhe: 28 cm; 1 U = 900 sec.

Bei Betriebskontrollen der verarbeiteten Pulver werden stets ähnliche Voraussetzungen gegeben sein. Die Waage gibt nun die Möglichkeit, durch Verwendung von Registrierpapier, das vorher mit entsprechenden Koordinaten bedruckt wurde, bei gleicher Einwaage, gleicher Fallhöhe, gleicher Schlämmflüssigkeit und gleichem spezifischem Gewicht des Kornmaterials, die Summenlinie direkt schreibend zu erhalten. Verwendet man dann noch Transparentpapier, so kann der Betriebsmann sofort nach der Messung durch Deckung mit der Sollkurve feststellen, welche Qualität das zu verarbeitende Pulver besitzt. Dies dürfte neben der schnellen Meßmöglichkeit ein weiterer wesentlicher Vorteil der Meßapparatur sein. Die Umlaufzeit der Trommel wird man so wählen, daß die günstigste Meßgenauigkeit erreicht wird. Die Fallzeit ist dem Quadrat des Korndurchmessers umgekehrt proportional. Die Abszisse des mit der Waage erhaltenen Diagramms gibt somit direkt d^2 an. Wegen großer Kornunterschiede wird es vielfach wünschenswert sein, die Umlaufsgeschwindigkeit der Trommel zu Beginn der Messung zu erhöhen. Dies kann durch eine Umschaltung der Übersetzung des Synchronmotors erfolgen. Die Größe des Meßbereichs der Torsionswaage wird sich nach der Art des Schlämmgutes richten. Die Größe der Einwaage kann man stets so wählen, daß der Gesamtmeßbereich der Waage ausgenutzt

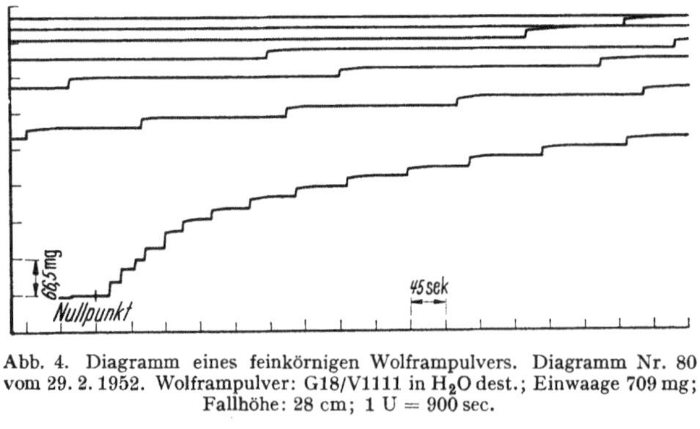

Abb. 4. Diagramm eines feinkörnigen Wolframpulvers. Diagramm Nr. 80 vom 29. 2. 1952. Wolframpulver: G18/V1111 in H_2O dest.; Einwaage 709 mg; Fallhöhe: 28 cm; 1 U = 900 sec.

wird. Nicht immer wird es in der Praxis erforderlich sein, die Anteile aller Kornfraktionen zu ermitteln. Zur Beschleunigung der Messung kann man also dann auch so vorgehen, daß man nur Ausschnitte aus der Kornverteilungskurve erhält. Es wird demnach von Fall zu Fall zu entscheiden sein, unter welchen Bedingungen die Messungen mit der Apparatur durchgeführt werden müssen, um die von seiten des Betriebes gestellten Fragen schnellstens zu beantworten.

Inhaltsverzeichnis
nach Verfassern geordnet.

GPSR Compliance
The European Union's (EU) General Product Safety Regulation (GPSR) is a set of rules that requires consumer products to be safe and our obligations to ensure this.

If you have any concerns about our products, you can contact us on

ProductSafety@springernature.com

In case Publisher is established outside the EU, the EU authorized representative is:

Springer Nature Customer Service Center GmbH
Europaplatz 3
69115 Heidelberg, Germany

www.ingramcontent.com/pod-product-compliance
Lightning Source LLC
Chambersburg PA
CBHW060143090926
51106CB00030B/1317
* 9 7 8 3 6 4 2 5 2 6 3 9 8 *